普通高等教育“十四五”计算机基础系列教材

# 办公自动化实验案例教程

主　编◎陈玲萍　唐风帆　罗景丹
副主编◎尤　通　唐宗渤　陈志康　曹志娟

中国铁道出版社有限公司
CHINA RAILWAY PUBLISHING HOUSE CO., LTD.

## 内 容 简 介

本书以应用案例为主线，结合教育部考试中心最新颁布的《全国计算机等级考试二级 MS Office 高级应用考试大纲（2019 版）》，以 Office 2019 为操作平台编写而成。本书分为五部分。第一部分介绍办公自动化的基础知识及办公常用软、硬件设备；第二、三、四部分深入浅出地介绍 Word 2019、Excel 2019、PowerPoint 2019 精选应用案例的操作方法及涉及的计算机等级考试二级考点讲解；第五部分通过两个综合应用案例训练学生综合运用三大软件的能力。

本书主要针对工商管理类专业精选案例，实用性强，通过案例引出重点概念及涉及的知识。本书强调理论知识与实践操作紧密结合，详细讲解了各类操作技巧，可作为应用型本科工商管理类专业及其他专业的办公自动化高级应用课程教材或实验指导书，也可作为相关读者的学习参考书。

**图书在版编目（CIP）数据**

办公自动化实验案例教程/陈玲萍，唐风帆，罗景丹主编. —北京：中国铁道出版社有限公司，2023.3（2023.7 重印）
普通高等教育“十四五”计算机基础系列教材
ISBN 978-7-113-29952-1

Ⅰ.①办…　Ⅱ.①陈…②唐…③罗…　Ⅲ.①办公自动化-应用软件-高等学校-教材　Ⅳ.①TP317.1

中国国家版本馆 CIP 数据核字（2023）第 014698 号

书　　名：办公自动化实验案例教程
作　　者：陈玲萍　唐风帆　罗景丹

策　　划：陆慧萍　　编辑部电话：（010）63549508
责任编辑：陆慧萍　包　宁
封面设计：刘　颖
责任校对：刘　畅
责任印制：樊启鹏

出版发行：中国铁道出版社有限公司（100054，北京市西城区右安门西街 8 号）
网　　址：http://www.tdpress.com/51eds/
印　　刷：河北宝昌佳彩印刷有限公司
版　　次：2023 年 3 月第 1 版　2023 年 7 月第 2 次印刷
开　　本：787 mm×1 092 mm 1/16　印张：15.75　字数：413 千
书　　号：ISBN 978-7-113-29952-1
定　　价：45.00 元

# 前言

建设高质量教育体系是构建新发展格局的基础环节，而“信息化、数字化和智能化”是高质量教育体系的主要特征。掌握办公自动化基础知识，灵活运用办公自动化软件，具备良好的信息技术素质，对应用型本科专业学生来说是不可或缺的就业竞争优势。实验是办公自动化软件应用能力培养的重要环节，本书作为“办公自动化软件应用”课程的配套教材，不仅要将Word、Excel、Powerpoint涉及的知识点讲清讲透，更需结合具体案例激发学生学习兴趣，锻炼学生举一反三的能力，帮助学生学以致用，提高操作技能，提升灵活有效处理工作中遇到的问题的能力。

本书分为五大部分。第一部分介绍办公自动化的基础知识及办公软、硬件设备；第二部分为Word 2019应用案例讲解，精选案例4个；第三部分为Excel 2019应用案例讲解，精选案例7个；第四部分为PowerPoint 2019应用案例讲解，精选案例2个；第五部分为综合应用案例讲解，精选案例2个。本书精选案例主要针对工商管理类专业，每个案例分别从案例提要、案例介绍、案例分析、案例实操等进行剖析与讲解，使读者能够有的放矢地进行学习并掌握相关知识点及操作技巧。

本书由桂林信息科技学院多位实践教学经验丰富的教师编写，由陈玲萍、唐风帆、罗景丹担任主编，尤通、唐宗渤、陈志康、曹志娟担任副主编，具体分工如下：第一部分由尤通编写，第二部分由罗景丹编写，第三部分由曹志娟、陈志康编写，第四部分由唐宗渤编写，第五部分由唐风帆编写。全书由陈玲萍统稿。

由于编写时间仓促，加之编者水平有限，因此书中难免有疏漏和不妥之处，敬请广大读者给予批评指正。

编　者

2022年11月

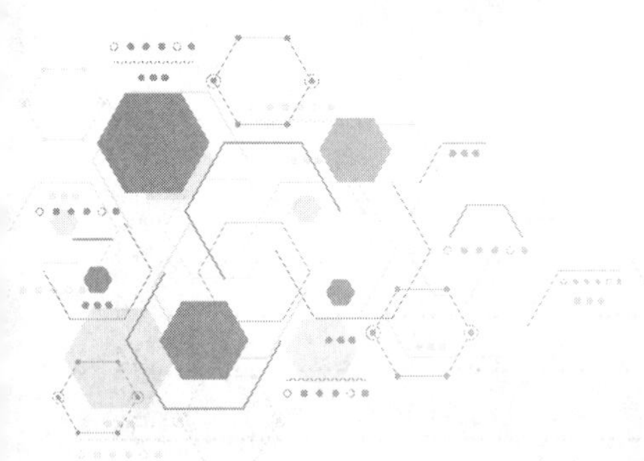

# 目 录

## 第一部分 办公自动化基础知识



## 第二部分 Word 文档应用案例

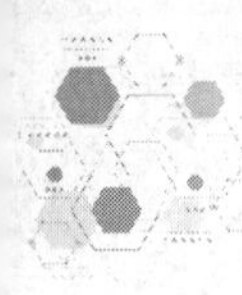





## 第三部分 Excel 表格制作与数据分析案例

## 第四部分　PowerPoint 演示文稿案例



## 第五部分　Office 综合应用案例

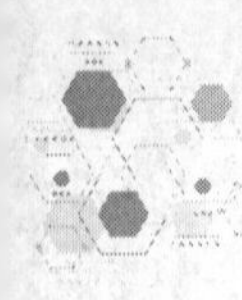

# 第一部分

# 办公自动化基础知识

# 第 1 章 办公自动化概论

## 1.1 办公自动化的概念

办公自动化（Office Automation，OA）是将现代化办公和计算机技术结合起来的一种新型的办公方式。办公自动化没有统一的定义，凡是在传统的办公室中采用各种新技术、新机器、新设备从事办公业务，都属于办公自动化的领域。通过实现办公自动化，或者说实现数字化办公，可以优化现有的管理组织结构，调整管理体制，在提高效率的基础上，增加协同办公能力，强化决策的一致性。

办公自动化的概念由美国通用汽车公司 D. S. 哈特于 1936 年首次提出。

20 世纪 70 年代，美国麻省理工学院教授 M. C. Zisman 将其定义为："办公自动化就是将计算机技术、通信技术、系统科学及行为科学应用于传统数据处理难以处理的数量庞大且结构不明确的、包括非数值型信息的办公事务处理的一项综合技术。"

1985 年，我国召开第一次办公自动化规划讨论会，与会的专家、学者们将办公自动化定义为："办公自动化是利用先进的科学技术，不断使人的一部分办公业务活动物化于人以外的各种设备中，并由这些设备与办公室人员构成服务于某种目标的人—机信息处理系统，其目的是尽可能充分地利用信息资源，提高生产率、工作效率和质量，辅助决策，求得更好的效果，以达到既定（即经济、政治、军事或其他方面的）目标。"

办公自动化的核心任务是应用办公系统为各领域各层次的办公人员提供所需的信息，如图 1-1 所示。

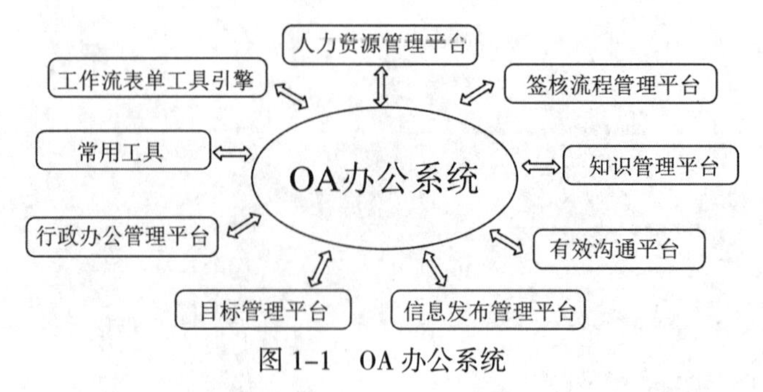


图 1-1　OA 办公系统

## 1.2　办公自动化的作用

办公自动化的作用主要包括：

（1）实现办公活动的高效率、高质量。办公自动化的开展，使参与办公活动的人员能够使用新的手段改变传统的信息生成、传输、处理的手段和方法。

（2）实现办公信息处理的大容量、高速度。以计算机为代表的办公设备，处理速度快、存储容量大，在相应软件配合下，可向办公人员提供多种多样的服务，对各项办公业务工作会起到辅助决策的作用。

（3）实现办公活动的智能化。自动化、智能化的信息设备可以代替工作人员完成那些重复的、琐碎的以及适合使用智能化机器的工作，以提高办公速度以及准确性，提高业务处理的智能化水平。

## 1.3　办公自动化的发展历程

办公自动化的发展大致经历了三个阶段：

**1. 实现了个体工作自动化**

第一代办公自动化的特点：以个人计算机和办公软件为主要特征，软件基于文件系统和关系型数据库系统，以结构化数据为存储和处理对象，强调对数据的计算和统计能力，实现了数据统计和文档写作电子化，完成了办公信息载体从原始纸介质向电子介质的飞跃。

20 世纪 60 年代，人类社会出现了一次新的技术革命——信息革命。信息化社会的出现使社会信息量迅猛增加，使得办公人员和办公费用也大量增加，但办公效率却相对较低。据不完全统计，在一些主要工业化国家中，大约有 40%以上的工作人员从事办公室工作。

20 世纪 70 年代初期到中期，发达国家为解决办公业务量急剧增加对企业生产率产生巨大影响的问题，提出了办公自动化理念。

20 世纪 80 年代中期，OA 技术在我国得到了较快的发展，从中央到地方各级政府部门率先采用 OA 技术，使办公效率和办公质量不断提高，我国一些大中型企业也先后引入 OA 技术，提高了企业的发展空间和竞争力。

**2. 实现了工作流程自动化**

第二代办公自动化的特点：以网络为中心，非结构化数据的信息流（或工作流）为主要存储和处理对象，不仅提高了办公效率，还增强了系统的安全性。

从信息技术的发展来看，基于关系型数据库的第一代办公自动化系统存在许多不足：

（1）个人计算机的负担过重，价格偏高。

（2）缺乏公共的基础通信平台，通用性差、可再用性低，不具备通信和协同工作的能力。

（3）系统自适应能力差，只能按开发时确定的思路、流程和功能处理信息。

（4）信息管理只限于机关、企事业自身内部，没有或缺少外部信息来源。

随着局域网、广域网和因特网的高速发展，办公自动化的内涵也发生了变化。自 1982 年美国国防部把 TCP/IP 协议作为网络标准正式生效以来，全世界越来越多的个人计算机联到了 Internet 上，可方便浏览查询世界各地的信息资源，解决了第一代办公自动化存在的诸多不足。

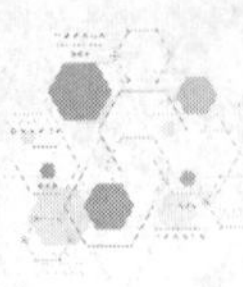



**3. 实现以知识管理为核心**

第三代办公自动化的特点：以网络（Internet/Intranet/Extranet）为中心，以数据、信息所提炼和组织的知识为主要处理内容和对象。1996 年，世界经济合作与发展组织（Organization for Economic Cooperation and Development，OECD）在“科学技术和产业展望”的报告中首次提出了知识经济（Knowledge Economic）的新概念，知识经济的建立和发展主要指发展科学技术、教育以及创新（Innovation）、应变能力（Responsiveness）、生产率（Productivity）和技能素质（Competency）为主要内涵的知识管理（Knowledge Management）。“办公”的内容已经不再是简单的文件处理和行政事务，而是一个管理的过程，在办公管理中，工作人员之间最基本的联系是沟通、协调和控制，这些基本要求在以知识管理为核心的办公自动化系统中都将得到满足。

办公自动化系统的发展恰好与数据、信息和知识的演变同步，即由以数据为主要处理内容的第一代办公自动化发展到以信息为主要处理内容的第二代办公自动化，再发展到以知识为主要处理内容的第三代办公自动化。办公自动化的 3 个发展阶段中实现了两个飞跃，即由数据处理向信息处理的飞跃，由信息处理向知识处理的飞跃。在办公自动化系统的发展中，使用办公自动化系统的人员范围逐步扩大，由机关、企事业行政人员扩展到企业的管理层及企业的全体员工。

近几年，5G 充分支撑了云办公，尤其是企业未达到复工复产的情况下，人员可以通过 5G 实现在线办公、在家生产。5G 建成后，大带宽、低时延、广连接等特点可同步车间生产，这对企业是非常有益的。

## 1.4　办公自动化的模式

**1. 个人办公自动化**

个人办公自动化指支持个人办公的计算机应用技术，这些技术包括文字处理、数据处理、电子报表处理以及图像处理技术等内容。

**2. 群体办公自动化**

群体办公自动化是支持群体间动态办公的综合自动化系统，为区别传统意义上的办公自动化系统，特指针对地域分散的一个群体，借助计算机及网络技术，共同协调与协作来完成一项任务。它包括群体工作方式研究和支持群体工作的相关技术研究、应用系统的开发等部分。通过建立协同工作的环境，跨专业和超地理界限的信息交流和业务交汇的协同化自动办公的技术和系统，来改善人们进行信息交流的方式，消除或减少人们在时间和空间上相互分隔的障碍，从而节省工作人员的时间和精力，提高群体工作质量和效率。它有两个特征，网络化和智能化。

群体办公自动化的基础是通信，自然的工作组通信发生在地理上是分布的用户之间（本地通信可认为是分布系统的特例），因此网络通信是至关重要的，并且在合作环境中处理多媒体文件传输和数据控制是很复杂的。而基于计算机的或者以计算机为媒体的通信，并没有完全和其他通信形式相结合。异步的基于文本的电子邮件和公告板与同步的电话和面对面的交谈是不同的：人们不能在任意的两个电话号码之间传送文件。把计算机处理技术和通信技术结合起来可以帮助解决这个问题。

群体办公自动化的形式是合作，与通信相似，合作是小组活动的重要内容。在群体活动中，任意一项活动都必须是多人合作完成。有效的合作要求人们必须共享信息。但是当前的信息系统尤其是数据库系统在很多情况下把人们互相隔离开。比如，当两个设计人员使用同一个 CAD 数据库进行操作时，他们不可能同时修改同一个设计物体的不同部分并且知道他的合作者所做的修改；他们必须通过互相检查才能知道对方所做的工作。许多任务都需要良好的共享环境，可以在适当的时候友好地通知群组的活动信息以及各个用户的活动。

群体办公自动化的关键是协调。如果一个组的活动是协调的，那么它的通信和合作将会大大得到加强。一个不能很好地进行协调的工作小组，它的成员之间势必会经常发生冲突和重复劳动。当几个部分共同组成一个任务时，协调本身被看作一个必不可少的活动。当前的数据库应用提供了对共享对象的访问，然而大多数软件工具只提供对单用户的支持，对支持小组的协调这一重要功能所做的却很少。

## 1.5　办公自动化的层次

OA 系统、信息管理级 OA 系统和决策支持级 OA 系统是广义的或完整的 OA 系统构成中的三个功能层次。三个功能层次间的相互联系可以由程序模块的调用和计算机数据网络通信手段做出。一体化的 OA 系统的含义是利用现代化的计算机网络通信系统把三个层次的 OA 系统集成一个完整的 OA 系统，使办公信息的流通更为合理，减少许多不必要的重复输入信息的环节，以期提高整个办公系统的效率。

一体化、网络化的 OA 系统的优点是，不仅在本单位内可以使办公信息的运转更为紧凑有效，而且也有利于和外界的信息沟通，使信息通信的范围更广，能更方便、快捷地建立远距离的办公机构间的信息通信，并且有可能融入世界范围内的信息资源共享。

**1．事务处理型**

OA 技术分为三个不同的层次：第一个层次只限于单机或简单的小型局域网上的文字处理、电子表格、数据库等辅助工具的应用，一般称为事务型办公自动化系统。办公事务 OA 系统中，最为普遍的应用有文字处理、电子排版、电子表格处理、文件收发登录、电子文档管理、办公日程管理、人事管理、财务统计、报表处理、个人数据库等。这些常用办公事务处理的应用可制作成应用软件包，包内的不同应用程序之间可以互相调用或共享数据，以便提高办公事务处理的效率。这种办公事务处理软件包应具有通用性，以便扩大应用范围，提高其利用价值。此外，在办公事务处理方面可以使用多种 OA 子系统，如电子出版系统、电子文档管理系统、智能化的中文检索系统（如全文检索系统）、光学汉字识别系统、汉语语音识别系统等。在公用服务业、公司等经营业务方面，使用计算机替代人工处理的工作日益增多，如订票、售票系统，柜台或窗口系统，银行业的储蓄业务系统等。事务型或业务型的 OA 系统其功能都是处理日常的办公操作，是直接面向办公人员的。为了提高办公效率，改进办公质量，适应人们的办公习惯，要提供良好的办公操作环境。

**2．管理控制型**

信息管理型 OA 系统是第二个层次。随着信息利用重要性的不断增加，在办公系统中对和本单位的运营目标关系密切的综合信息的需求日益增加。信息管理型的办公系统，是把事务型（或业务型）办公系统和综合信息（数据库）紧密结合的一种一体化的办公信息处理系统。综合数据库存放该有关单位的日常工作所必需的信息。例如，在政府机关，这些综合信息包括政策、法令、法规，有关上级政府和下属机构的公文、信函等的政务信息；一些公用服务事业单

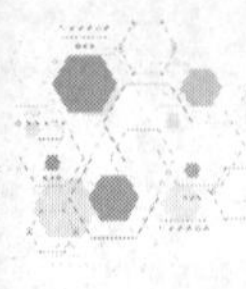



位的综合数据库包括和服务项目有关的所有综合信息；公司企业单位的综合数据库包括工商法规、经营计划、市场动态、供销业务、库存统计、用户信息等。作为一个现代化的政府机关或企、事业单位，为了优化日常的工作，提高办公效率和质量，必须具备供本单位的各个部门共享的这一综合数据库。这个数据库建立在事务级 OA 系统基础之上，构成信息管理型的 OA 系统。

3. 辅助决策型

决策支持型 OA 系统是第三个层次。它建立在信息管理级 OA 系统的基础上。它使用由综合数据库系统所提供的信息，针对所需要做出决策的课题，构造或选用决策数字模型，结合有关内部和外部的条件，由计算机执行决策程序，作出相应的决策。随着三大核心支柱技术：网络通信技术、计算机技术和数据库技术的成熟，世界上的 OA 系统已进入新的层次，在新的层次中系统有四个新的特点：

（1）集成化。软硬件及网络产品的集成，人与系统的集成，单一办公系统同社会公众信息系统的集成，组成了“无缝集成”的开放式系统。

（2）智能化。面向日常事务处理，辅助人们完成智能性劳动，如汉字识别、对公文内容的理解和深层处理、辅助决策及处理意外等。

（3）多媒体化。包括对数字、文字、图像、声音和动画的综合处理。

（4）运用电子数据交换（EDI）。通过数据通信网，在计算机间进行交换和自动化处理。

这个层次包括信息管理型 OA 系统和决策型 OA 系统。例如，事务级 OA 系统称为普通办公自动化系统，而信息管理级 OA 系统和决策支持级 OA 系统称为高级办公自动化系统。例如，市政府办公机构，实质上经常定期或不定期地收集各区、县政府和其他机构报送的各种文件，然后分档存放并分别报送给有关领导者阅读、处理，然后将批阅后的文件妥善保存，以便以后查阅。领导者研究各种文件之后作出决定，一般采取文件的形式向下级返回处理指示。这一过程，是一个典型的办公过程。在这一过程中，文件本身是信息，其传送即是信息传送过程。但应当注意到，领导在分析决策时，可能要翻阅、查找许多相关的资料，参照研究，才能决策，所以相关的资料查询、分析，决策的选择也属于信息处理的过程。

## 1.6 办公自动化的发展趋势

随着各种技术的不断进步，办公自动化的未来发展趋势将体现以下几个特点：

1. 办公信息数字化、多媒体化

在办公活动中，人们主要采用计算机对信息进行处理，计算机所处理的信息都是数字信息，很多信息都被处理成数字方式，这样存储处理就更方便。

同时，随着多媒体技术、虚拟现实技术的应用，使人们处理信息的手段和内容更加丰富，使数据、文字、图形图像、音频及视频等各种信息形式都能使用计算机处理，它更加适应并有力支持人们以视觉、听觉、触觉、味觉、嗅觉等多种方式获取及处理信息的方式。

2. 办公环境网络化、国际化

在人们的日常生活中，网络的应用已改变了人们的生活方式，也改变了人们的工作方式，完备的办公自动化系统能把多种办公设备连成办公局域网，进而通过公共通信网或专用网连成广域办公网，特别是 Internet 网络的发展与普及，通过 Internet 网络可连接到地球上任何角落，从而实现信息的高速传播。它可以跨越时间与空间，特别是在与国外的办公联系中，更是应用得十分方便与广泛。

**3．办公操作无纸化、无人化、简单化**

由于计算机要求处理的信息数字化及办公环境的网络化使得跨部门的连续作业免去了以纸介质为载体的传统传递方式。采用无纸化办公，一方面可以节省纸张；另一方面速度快、准确度高，便于文档的编辑和复用，它非常适合电子商务和电子政务的办公需要。

对于一些要求 24 小时办公、办公流程及作业内容相对稳定、工作比较枯燥、易疲劳、易错、劳动量较重的一些工作场合，可以采用无人值守办公，如自动存取款机的银行业务、夜间传真及电子邮件自动收发等。

由于计算机系统的高速发展，相关办公软件已十分成熟，操作界面更为直观，使得人们在办公活动中操作使用、维护与维修等更加简单。

**4．办公业务集成化**

在早期的办公活动中，计算机系统大多是单机运行，或是各个部门分别开发自己的应用系统。在这种情况下，由于所采用的软件、硬件可能出自多家厂商，软件功能、数据结构、界面等也会因此不同。随着业务的发展、信息的交流，人们对办公业务集成性的要求将会越来越高。办公业务集成包括：①设备的集成，即实现异构系统下的数据传输与处理，这是办公系统集成的基础；②应用程序的集成，即实现各种应用程序在同一环境下运行；③数据的集成，不仅包括相互交换数据，而且要实现数据的互操作和解决数据语义的异构问题，以真正实现数据共享。

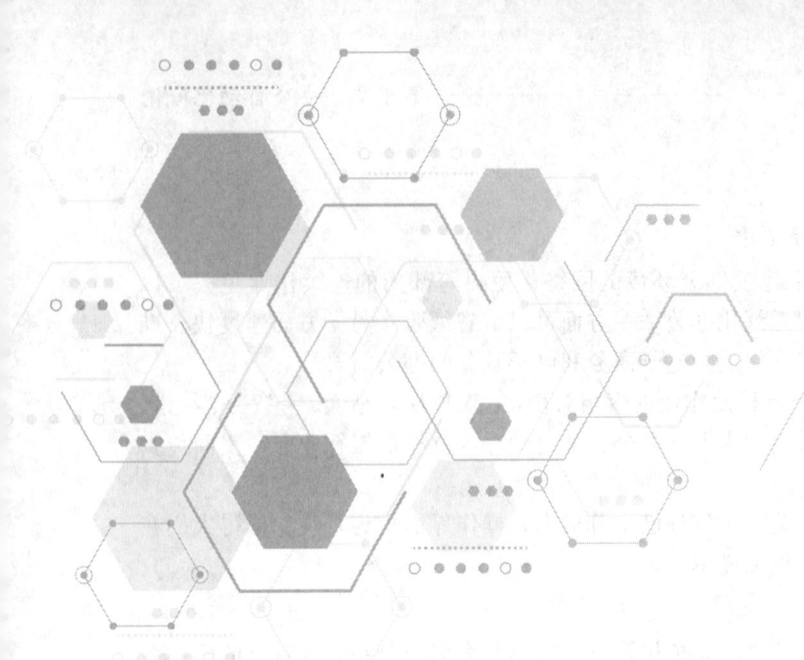

# 第 2 章 办公设备的认识

办公设备包括传统的办公用品和现代化的办公设备。传统的办公用品历来以笔、墨、纸、砚文房四宝，记事本、记录本、电话、钢笔等为主；现代化的办公设备包括计算机、打印机、扫描仪、电话、传真机、复印机等。办公自动化的环境要求办公设备主要以现代化设备为主。现代办公设备的水平与成熟程度，直接影响 OA 系统的应用与普及。

办公自动化是以提高办公效率、保证工作质量和舒适性为目标的综合性、多学科的实用技术。一般由计算机、电话机、传真机、文字处理机、声像存储等各类终端设备以及相应的软件组成。其内容包括语音、数据、图像、文字信息等的一体化处理。

办公自动化系统的硬件组成模式一般与系统要求、企业规模和组织结构以及地域分布密切相关。

常用的自动化办公设备主要有计算机、多功能一体机、投影仪、交互式一体机、刻录机、平板电脑等设备。

## 2.1 计 算 机

计算机是一种用于高速计算的现代电子计算机器，可以进行数值计算，也可以进行逻辑计算，还具有存储记忆功能，是能够按照程序运行，自动、高速处理海量数据的现代化智能电子设备。由硬件系统和软件系统所组成，没有安装任何软件的计算机称为裸机。可分为超级计算机、工业控制计算机、网络计算机、个人计算机（见图 2-1）、嵌入式计算机五类，较先进的计算机有生物计算机、光子计算机、量子计算机等。

图 2-1　个人计算机

1．计算机的重要组成部分

（1）CPU（见图 2-2）。CPU 即中央处理器，是一台计算机的运算核心和控制核心。其功能主要是解释计算机指令以及处理计算机软件中的数据。CPU 由运算器、控制器、寄存器、高速缓存及实现它们之间联系的数据、控制及状态的总线构成。作为整个系统的核心，CPU 也是整个系统最高的执行单元，因此 CPU 已成为决定计算机性能的核心部件，很多用户都以它为标准来判断计算机的档次。

图 2-2　CPU

（2）主板（见图 2-3）。主板是计算机中各个部件工作的一个平台，它把计算机的各个部件紧密连接在一起，各个部件通过主板进行数据传输。也就是说，计算机中重要的“交通枢纽”都在主板上，它工作的稳定性影响着整机工作的稳定性。

在整合型主板中常把声卡、显卡、网卡部分或全部集成在主板上。

（3）硬盘（见图 2-4）。硬盘属于外部存储器，机械硬盘由金属磁片或玻璃磁片制成，而磁片有记忆功能，所以存储到磁片上的数据，不论是开机，还是关机状态下，都不会丢失。硬盘容量很大，已达 TB 级，尺寸有 3.5、2.5、1.8、1.0 英寸等，硬盘接口分为 IDE、SATA、SCSI、光纤通道、M2-SATA、M2-Nvme 和 SAS 七种，其中 SATA 最普遍。

固态硬盘是用固态电子存储芯片阵列而制成的硬盘，由控制单元和存储单元（FLASH 芯片）组成。固态硬盘在产品外形和尺寸上也可与普通硬盘一致，但是固态硬盘比机械硬盘速度更快。

图 2-3　主板

图 2-4　硬盘

（4）显卡（见图 2-5）。显卡在工作时与显示器配合输出图形、文字，作用是将计算机系统所需要的显示信息进行转换驱动，并向显示器提供行扫描信号，控制显示器的正确显示，是连接显示器和个人计算机主板的重要元件，是“人机对话”的重要设备之一。

（5）内存（见图 2-6）。内存又称内部存储器或者随机存储器（RAM），分为 DDR、SDRAM、ECC、REG（但是 SDRAM 由于容量小、存储速度慢、稳定性差，已经被 DDR 淘汰了），内存属于电子式存储设备，它由电路板和芯片组成，特点是体积小、速度快、有电可存、无电清空，即计算机在开机状态时内存中可存储数据，关机后将自动清空其中的所有数据。

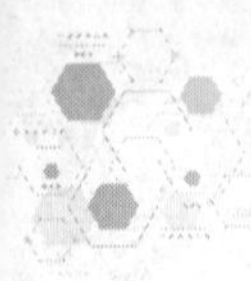

图 2-5　显卡

图 2-6　内存（条）

（6）电源（见图 2-7）。电源是计算机中不可缺少的供电设备，它的作用是将 220 V 交流电转换为计算机中使用的 5 V、12 V、3.3 V 直流电，其性能的好坏，直接影响到其他设备工作的稳定性，进而会影响整机的稳定性。笔记本计算机在自带锂电池情况下，能提供有效电源。

图 2-7　电源

（7）声卡。声卡是组成多媒体计算机必不可少的一个硬件设备，其作用是当发出播放命令后，声卡将计算机中的声音数字信号转换成模拟信号送到音箱上发出声音。

（8）网卡。网卡是工作在数据链路层的网络组件，是局域网中连接计算机和传输介质的接口，不仅能实现与局域网传输介质之间的物理连接和电信号匹配，还涉及帧的发送与接收、帧的封装与拆封、介质访问控制、数据的编码与解码以及数据缓存的功能等。网卡的作用是充当计算机与网线之间的桥梁，它是用来建立局域网并连接到 Internet 的重要设备之一。目前绝大部分网卡都集成到主板中。

（9）显示器（见图 2-8）。显示器是计算机的 I/O 设备，即输入/输出设备。它是一种将一定的电子文件通过特定的传输设备显示到屏幕上的显示工具。显示器有大有小，有薄有厚，品种多样，其作用是把计算机处理完的结果显示出来。它是一个输出设备，是计算机必不可少的部件之一，分为 CRT、LCD、LED 三大类，接口有 VGA、DVI、HDMI、DP、type-C、S-video、AV 接口。

图 2-8　显示器

（10）鼠标和键盘（见图 2-9）。鼠标是计算机的一种外接输入设备，也是计算机显示系统纵横坐标定位的指示器，当人们移动鼠标时，计算机屏幕上就会有一个箭头指针跟着移动，并可以很准确地指到想指的位置，快速地在屏幕上定位，它是人们使用计算机不可缺少的部件之一。键盘分为有线和无线，是主要的人工学输入设备，通常为 104 或 105 键，用于把文字、数字等输到计算机上，以及操控计算机。键盘和鼠标接口有 PS/2 和 USB 两种。

图 2-9　鼠标和键盘

### 2. 计算机组装操作步骤

若要组装一台计算机，一般会选择单独购买机箱、电源、主板、CPU、硬盘、显卡、内存条、显示器、鼠标键盘、耳机等，这里主要讨论对计算机性能会产生影响的硬件，其他物件很多都是看个人喜好以及对产品质量的追求。

组装计算机的安装过程其实并不烦琐，这里先介绍大概的装机过程框架：首先把计算机配件准备好，然后拆开主板、CPU、内存条、散热器包装盒，将 CPU 固定到主板上，然后安装内存条，接着安装散热器，全部安装好之后拆开机箱，把装好的部分硬件固定到机箱中，再将电源安装到机箱中，然后开始插线，插完线之后安装硬盘，硬盘装好后，如果有独立显卡的话，就安装独立显卡，显卡装好后装机完成。下面讲解操作细节与注意事项。

**步骤 01**：主板与 CPU 之间的安装（见图 2-10），两种安装方式，一种是 AMD 处理器的安装，另一种是 Intel 处理器的安装，主板的底座上与 CPU 都有防呆缺口设计，首先把 CPU 压紧装置掀开，再对准缺口放下 CPU，将 CPU 压紧即可。

**步骤 02**：安装 CPU 散热器（见图 2-11），散热器有风冷、水冷、分体等常见的形式，最常用的就是风冷与水冷。安装风冷与水冷看起来简单，如果不仔细观察同样容易出问题，尤其是散热器底座的安装位置，有的需要在主板背后安装底座背板，在主板正面要考虑散热器的锁扣是不是会碰到主板上的电容电阻、内存条、显卡，此外还要看散热器的供电接口是不是能够得着，综合检查这些要素后，散热器就安装成功了。

图 2-10　主板与 CPU 之间的安装

图 2-11　CPU 散热器

**步骤 03**：安装内存条（见图 2-12），内存条也是防呆缺口设计的，装到主板前先要将内存条两边的锁扣按下，然后将内存条沿着防呆缺口插入插槽，内存两边的锁扣会自动扣死，如果是多根内存条，要注意双通道的安装，一般是同种颜色的主板内存插槽支持双通道。

**步骤 04**：安装电源（见图 2-13），将上面安装好 CPU、内存条的主板放到机箱中，安装之前要检查主板是否挡板。如果是集成在主板上的直接安装即可；如果是有单独的挡板，直接对准矩形口与主板的插孔一致即可。装好后，使用螺钉将主板固定住。

图 2-12　安装内存条

图 2-13　安装电源

电源的安装需要注意走线，要考虑到主板供电、CPU 供电、显卡供电、硬盘供电等距离，确认好位置之后，再追求走线美观，电源走线完成后，再进行跳线，跳线是组装计算机过程中比较难的一个环节。跳线又称九根针插线法，通常在主板的右下角，主板上对应有英文字母：电源开关 Power，重启 Reset，硬盘指示灯 HDD LED，电源指示灯 Power LED。一般来说这几根针分正负极，+代表正极，-代表负极，插线时对号入座即可。

**步骤 05**：安装硬盘（见图 2-14），现在有些主板是含有 M.2 接口的，它的位置通常在显卡的正下方，安装时将硬盘插入卡槽接口；若是安装 SATA 接口的硬盘，将数据线、供电线各一根分别插上即可。

**步骤 06**：安装显卡（见图 2-15），机箱的显卡挡板需要拆卸一部分，预留的位置够显卡接口安装即可，如果安装的手法不娴熟，容易碰到主板，因此这一步可以在安装挡板时一起完成。显卡装好后，要检查是否需要独立供电。

图 2-14　安装硬盘

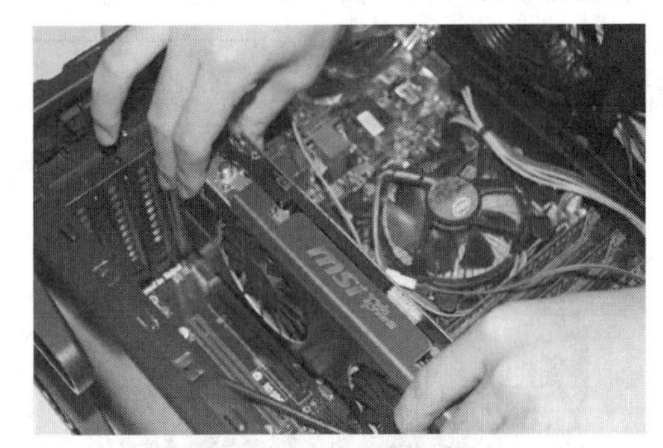

图 2-15　安装显卡

至此，计算机组装完成，连接电源，连接显示器后，将计算机开机，如果能正常显示，就可以安装操作系统、使用计算机进行工作了。

## 2.2　多功能一体机

多功能一体机（见图 2-16）是以打印为基础，同时具备扫描、复印和传真等功能的实用型办公机器。随着科学技术的进步，多功能一体机得到了普及，新型的多功能一体机还可以支持存储卡打印和蓝牙打印等功能。

### 1．多功能一体机重要组成部分

（1）打印机。打印机是现在日常办公的必要用品之一，任何档案、文件的纸质版都需要经过打印机进行复印、打印，能提供强大的办公生产力，在企业办公中逐渐扮演着越来越重要的角色。常用的打印机有喷墨打印机和激光打印机。

图 2-16　多功能一体机

（2）扫描仪。扫描仪是一种捕获影像的装置，作为一种光机电一体化的计算机外设产品，扫描仪是继鼠标和键盘之后的第三大计算机输入设备，它可将影像转换为计算机可以显示、编辑、存储和输出的数字格式，是功能很强大的一种输入设备。

### 2．多功能一体机安装步骤

多功能一体机的安装并不是直接插上电源，将墨盒、打印纸等全部和打印机安装在一起，就能正常使用的，设备连接后，还需要在计算机上安装驱动程序才能正常工作。

在同一局域网下，或者同一办公室共享办公设备是一种资源共享、节约资源的方式，下面以 Brother DCP-7180DN 打印机为例，介绍多功能一体机驱动程序安装及共享的主要步骤。

**步骤 01**：在 Brother 打印机官网下载 Brother DCP-7180DN 一体机驱动，并解压到当前文件夹中，单击其中的 DCP-7180DN-inst-B1-CHN.exe 应用程序，进入许可证协议界面，阅读许可证协议后，单击“是”按钮，如图 2-17 所示。

**步骤 02**：进入连接类型界面，选择“本地连接(USB)”单选按钮，单击“下一步”按钮，如图 2-18 所示。

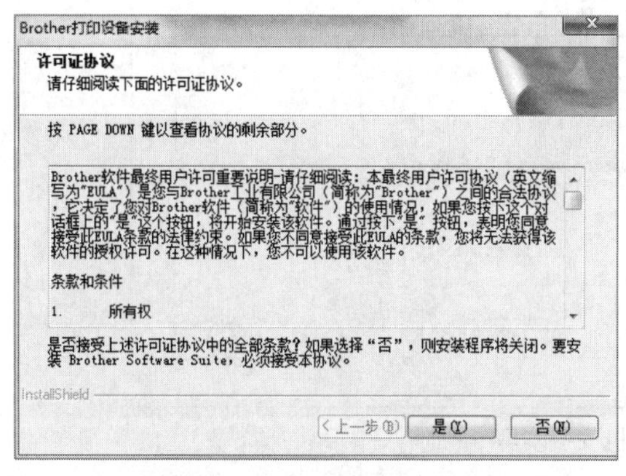

图 2-17　打印机安装步骤 1

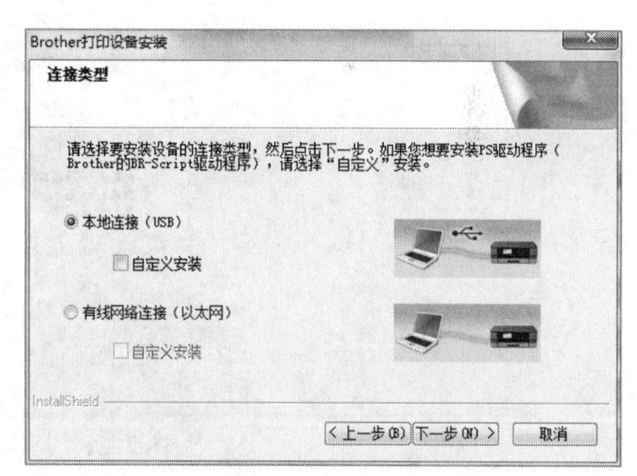


图 2-18　打印机安装步骤 2

**步骤 03**：进入“连接设备”界面，按照提示依次单击“下一步”按钮，等待 Brother DCP-7180DN 一体机驱动安装结束，连接打印机即可，如图 2-19 所示。

**步骤 04**：打印机安装完成后，接下来，打开 Windows 10 操作系统的“开始”菜单，选择“设置”→“设备”→“打印机和扫描仪”，在右边弹出的打印机中选中 Brother DCP-7180DN 打印机，单击“管理”按钮，如图 2-20 所示。在打开的打印机管理窗口中单击“打印测试页”按钮，若能打印出来，则表示打印机安装成功。

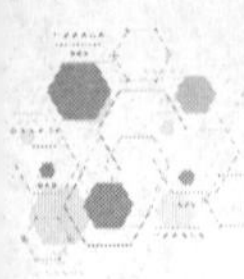

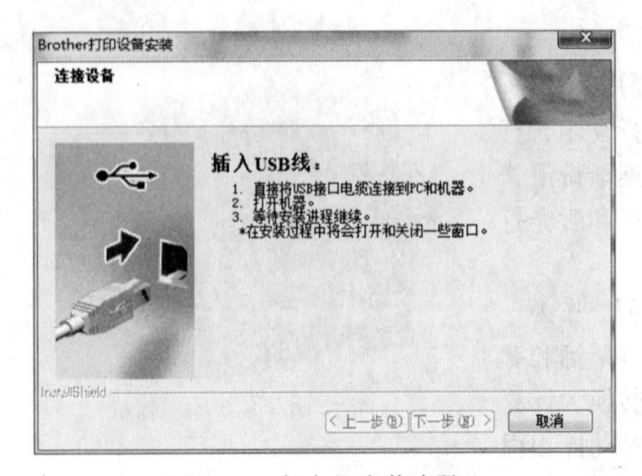


图 2–19　打印机安装步骤 3

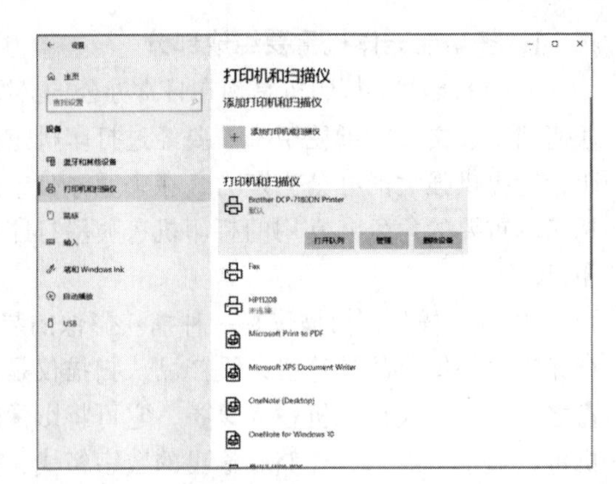


图 2–20　打印机安装步骤 4

**步骤 05**：在打开的窗口中，单击“打印机属性”超链接，在弹出的属性对话框中选择“共享”选项卡，勾选“共享这台打印机”复选框，“共享名”可以不用更改，如图 2–21 所示。

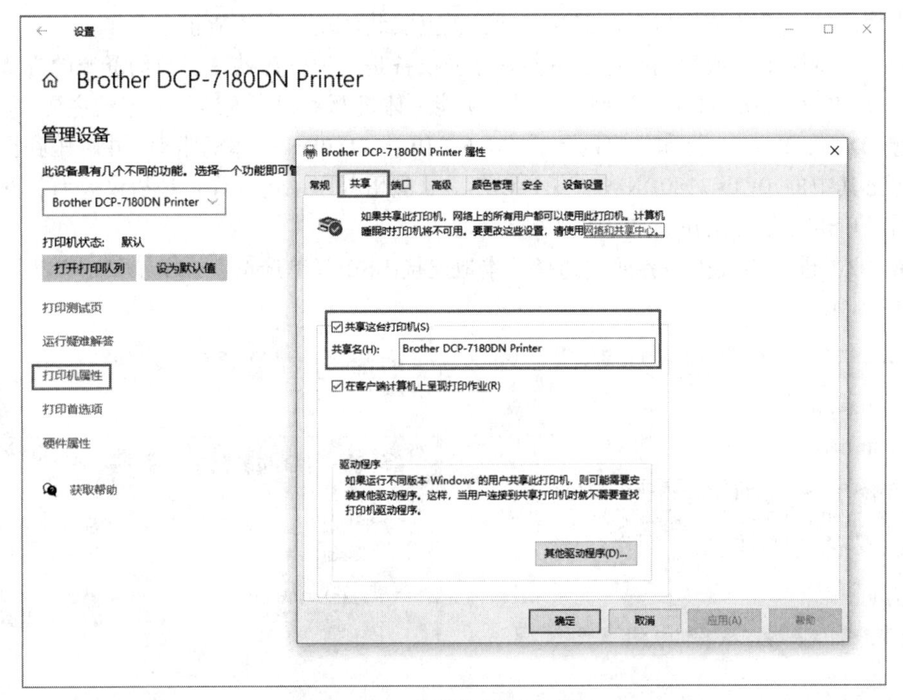


图 2–21　打印机安装步骤 5

**步骤 06**：接下来设置访问权限，让他人可以从网络上找到共享的打印机，单击“开始”菜单，选择“设置”，在设置界面中选择“网络和 internet”，打开“以太网”窗口，单击“更改高级共享设置”超链接，如图 2–22 所示。在窗口中找到“专用（当前配置文件）”的“文件和打印机共享”区域，选择“启用文件和打印机共享”单选按钮，如图 2–23 所示。同样的，在“所有网络”的“密码保护的共享”区域，选择“无密码保护的共享”单选按钮，如图 2–24 所示。然后“保存更改”，其他人即可从网络上找到此台计算机上的共享打印机。

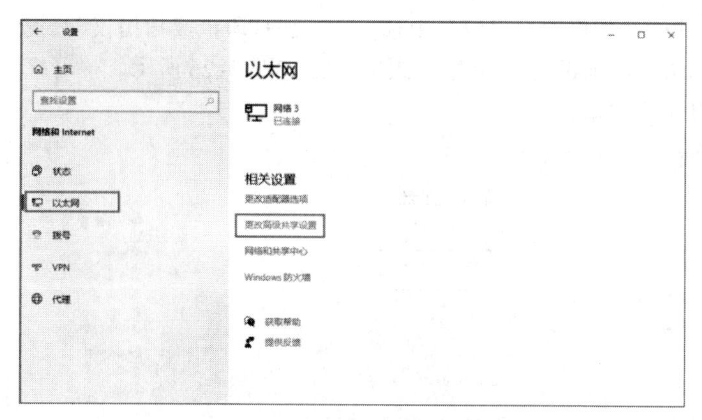


图 2-22　打印机安装步骤 6 之 1

针对不同的网络配置文件更改共享选项

Windows 为你所使用的每个网络创建单独的网络配置文件。你可以针对每个配置文件选择特定的选项。

专用 (当前配置文件)

网络发现

如果已启用网络发现，则这台计算机可以发现网络上的其他计算机和设备，而且其他网络计算机也可以发现这台计算机。

◉ 启用网络发现

☑ 启用网络连接设备的自动设置。

○ 关闭网络发现

文件和打印机共享

启用文件和打印机共享时，网络上的用户可以访问通过此计算机共享的文件和打印机。

◉ 启用文件和打印机共享

○ 关闭文件和打印机共享

来宾或公用

所有网络

图 2-23　打印机安装步骤 6 之 2

所有网络

公用文件夹共享

打开“公用文件夹共享”时，网络上包括家庭组成员在内的用户都可以访问公用文件夹中的文件。

◉ 启用共享以便可以访问网络的用户可以读取和写入公用文件夹中的文件

○ 关闭公用文件夹共享(登录到此计算机的用户仍然可以访问这些文件夹)

媒体流

当媒体流启用时，网络上的用户和设备便可以访问此计算机上的图片、音乐以及视频。此计算机还可以在网络上查找媒体。

选择媒体流选项...

文件共享连接

Windows 使用 128 位加密帮助保护文件共享连接。某些设备不支持 128 位加密，必须使用 40 或 56 位加密。

◉ 使用 128 位加密帮助保护文件共享连接(推荐)

○ 为使用 40 或 56 位加密的设备启用文件共享

密码保护的共享

如果已启用密码保护的共享，则只有具备此计算机的用户帐户和密码的用户才可以访问共享文件、连接到此计算机的打印机以及公用文件夹。若要使其他人具备访问权限，必须关闭密码保护的共享。

○ 有密码保护的共享

◉ 无密码保护的共享

图 2-24　打印机安装步骤 6 之 3

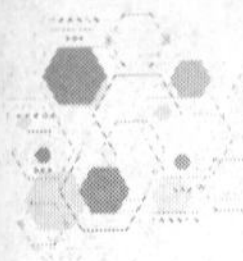

**步骤 07**：从其他计算机的“设置”中选择“添加打印机或扫描仪”，找到此台计算机上的共享打印机名，单击“添加设备”按钮，如图 2-25 和图 2-26 所示。接着打印测试页，成功打印出来就完成了打印机共享。

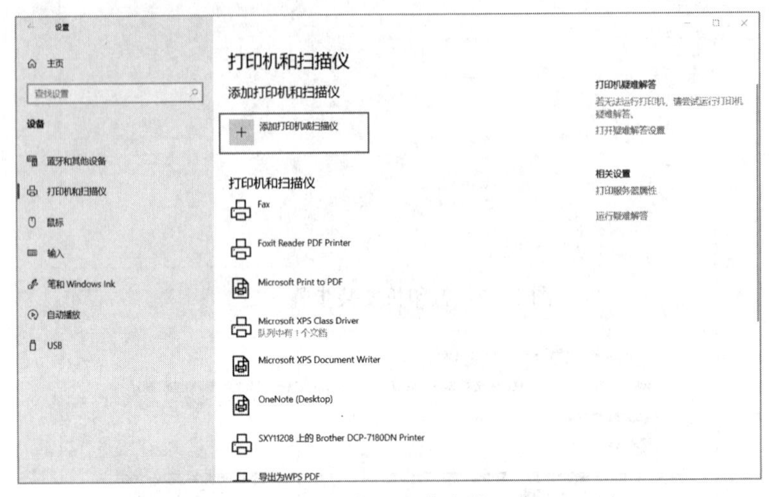


图 2-25　打印机安装步骤 7 之 1

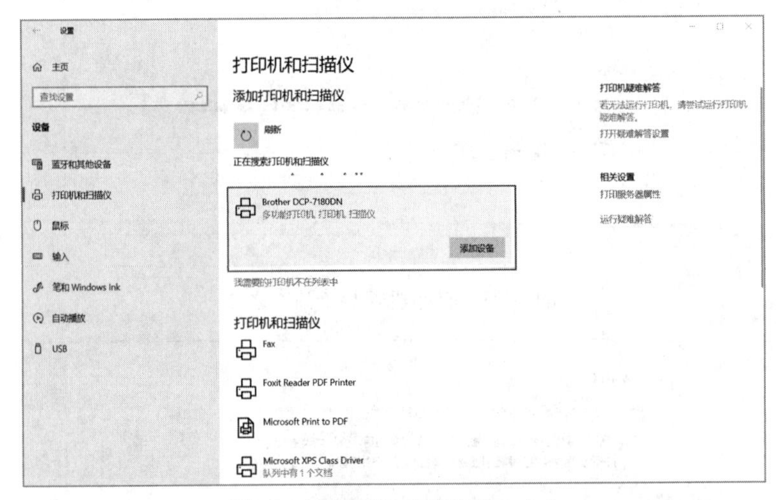


图 2-26　打印机安装步骤 7 之 2

## 2.3　投　影　仪

投影仪（见图 2-27）又称投影机，是一种可以将图像或视频投射到幕布上的设备，可以通过不同的接口同计算机、VCD、DVD、BD、游戏机、DV 等相连接播放相应的视频信号。

投影仪广泛应用于家庭、办公室、学校和娱乐场所，根据工作方式不同，有 CRT、LCD、DLP、3LCD 等不同类型。根据环境和功能可将投影仪分为：家庭影院型、便携商务型投影仪、教育会议型投影仪、主流工程型投影仪、专业剧院型投影仪、测量投影仪等。各个类型的功能和特性也有所不同。

图 2-27　投影仪

## 2.4　交互式一体机

交互式一体机作为一个新型多媒体互动终端，涵盖投影仪、电子白板、计算机、电视、音响、功放、视频会议等功能，为社会的发展和群众生活带来了诸多便利。

交互式一体机以高清液晶屏为显示和操作平台，具备书写、批注、绘画、同步交互、多媒体娱乐、网络会议整合等功能，融合高清显示、人机交互、多媒体信息处理和网络传输等多项技术，是信息化时代中办公、教学、图文互动演示的优选解决方案。

由于交互式一体机技术的发展，大尺寸及高端新品的问世促使一体机产品开拓应用新领域，商务领域、大型展会及活动都已被纳入一体机应用辖区，这意味着交互式一体机不仅局限于教育市场，同时向商务市场及高端市场进军。

交互式一体机可以使用手指、教鞭、书写笔等任意不透明的物体进行书写和触摸操作，如图 2-28 所示，无须专用书写笔，提高人机之间的体验感受。交互式一体机的环境适应能力强，满足不同需求。不怕划伤、撞击，防暴、防水、防尘、防油污、抗电磁干扰、抗光干扰，能满足各种环境要求。显示效果好，亮度和对比度高，不伤眼睛，图像的清晰度高，可视角度大，满足教学应用视频与图像多的场景，各个位置的人均能看清。

图 2-28　交互式一体机

## 2.5　刻　录　机

刻录机又称刻录光驱，是可以刻录光盘的光驱。计算机用来读写光碟内容的机器，也是在台式机和笔记本计算机中比较常见的一个部件。传统的光驱只能读不能写，只有刻录机可以把数据写入光盘。刻录机可以分两种：一种是 CD 刻录，另一种是 DVD 刻录（见图 2-29）。使用

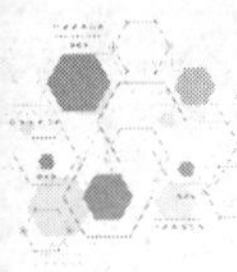



刻录机可以刻录音像光盘、数据光盘、可启动光盘等，方便存储数据和携带。

图 2–29　刻录机

# 2.6　平板电脑

平板电脑（见图 2–30）又称便携式计算机，是一种小型、方便携带的个人计算机，以触摸屏作为基本的输入设备。它拥有的触摸屏允许用户通过触控笔或数字笔进行作业而不是传统的键盘或鼠标。用户可以通过内建的手写识别、屏幕上的软键盘、语音识别或者一个真正的键盘实现输入。平板电脑按结构设计大致可分为两种类型，即集成了键盘的“可变式平板电脑”和可外接键盘的“纯平板电脑”。平板电脑本身内建了一些新的应用软件，用户只要在屏幕上书写，即可将文字或手绘图形输入计算机。

平板电脑在外观上，具有与众不同的特点。有的就像一个单独的液晶显示屏，只是比一般的显示屏要厚一些，在内部配置了硬盘等必要的硬件设备。它像笔记本计算机一样，体积小而轻，可以随时转移使用场所，比台式机具有移动灵活性。

平板电脑的最大特点是，触摸屏和手写识别输入功能，以及强大的笔输入识别、语音识别、手势识别能力，且具有移动性。

图 2–30　平板电脑

# 2.7　计算机接口

随着社会发展需求，计算机的硬盘配置也在不断更新换代，计算机接口的种类也越来越多，而且这些接口的外形极为相似，不易分辨，很多人计算机使用了很久也搞不清楚这些接口的功能，对于刚接触计算机的人来说，那就更难上加难了。下面详细介绍一下计算机常用接口。

## 1. VGA 接口

VGA（Video Graphics Array，视频图形阵列）是 IBM 公司于 1987 年提出的一个使用模拟信号的计算机显示标准。VGA 接口即计算机采用 VGA 标准输出数据的专用接口。VGA 接口共有 15 针，分成 3 排，每排 5 个孔，是显卡上应用最为广泛的接口类型，绝大多数显卡都带有此种接口。它传输红、绿、蓝模拟信号以及同步信号（水平和垂直信号）。

### 2. DVI 接口

DVI 接口是由 1998 年 9 月，在 Intel 开发者论坛上成立的数字显示工作小组（Digital Display Working Group，DDWG）发明的一种用于高速传输数字信号的技术，有 DVI-A、DVI-D 和 DVI-I 三种不同类型的接口形式。DVI-D 只有数字接口，DVI-I 有数字和模拟接口，应用主要以 DVI-D(24+1)为主。

### 3. HDMI 接口

高清多媒体接口（High Definition Multimedia Interface，HDMI）是一种全数字化视频和声音发送接口，可以发送未压缩的音频及视频信号。HDMI 可用于机顶盒、DVD 播放机、个人计算机、电视、游戏主机、综合扩大机、数字音响与电视机等设备。HDMI 可以同时发送音频和视频信号，由于音频和视频信号采用同一条线材，大大简化了系统线路的安装难度。

### 4. DP 接口

Display Port（DP）是一个由 PC 及芯片制造商联盟开发，视频电子标准协会（VESA）标准化的数字式视频接口标准。该接口免认证、免授权金，主要用于视频源与显示器等设备的连接，并且支持携带音频、USB 和其他形式的数据。

此接口的设计是为取代传统的 VGA、DVI 和 FPD-Link（LVDS）接口，如图 2-31 所示。通过主动或被动适配器，该接口可与传统接口（如 HDMI 和 DVI）向后兼容。

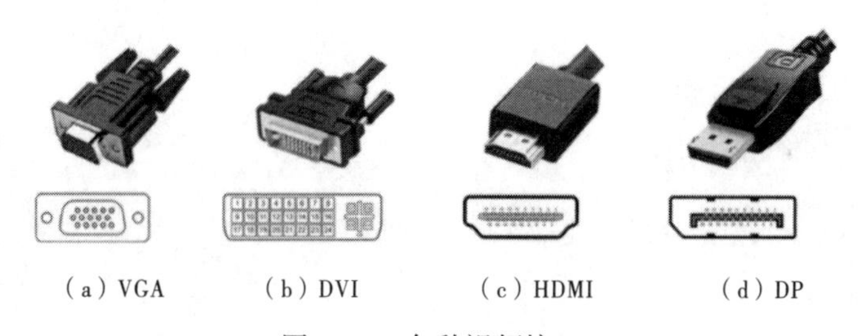

（a）VGA　（b）DVI　（c）HDMI　（d）DP

图 2-31　各种视频接口

### 5. USB Type-C

USB Type-C 是一种 USB 接口外形标准，拥有比 Type-A 及 Type-B 均小的体积，既可以应用于 PC（主设备）又可以应用于外围设备（从设备，如手机）的接口类型。

USB Type-C 有四对 TX/RX 分线，两对 USBD+/D-，一对 SBU，两个 CC，另外还有四个 VBUS 和四个地线。

2022 年 6 月 7 日，欧洲议会和欧洲理事会一致同意，将自 2024 年秋天起在欧盟境内统一使用 Type-C 接口用于移动设备充电。

### 6. 雷电接口

雷电接口是一种整合型传输接口。雷电接口（Thunderbolt）是一种 I/O 技术，它将数据、音频和视频流的快速传输速率以及内置电源组合到一个接口中。

雷电接口有以下几个特点：

（1）可以更快地传输大文件。

（2）可以外接显卡坞。

（3）可以扩展 4K 或 8K 显示屏。

（4）可以实现“一个接口实现所有接口”的功能。

由于 Type-C 接口和雷电第三版的接口很相似，因此一般带有雷电接口的设备都会在旁边标记一个“闪电”标记，如图 2-32 所示。

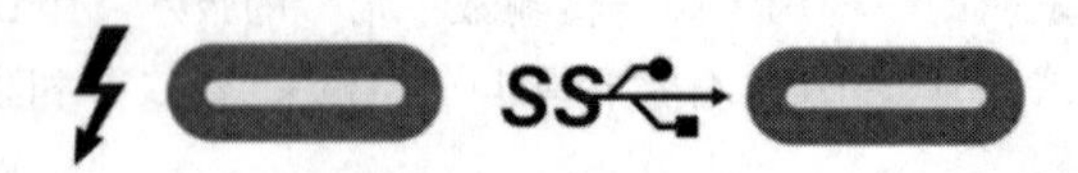


（a）雷电接口　　（b）Type-C 接口

图 2-32　雷电接口

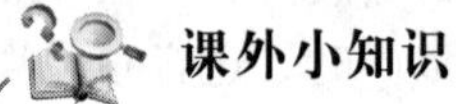

**课外小知识**

全功能 Type-C 接口和雷电 4 的主要区别如下：

Type-C 是指物理接口，现在很多手机正反能插的椭圆形充电接口就是 Type-C 接口。全功能是指支持的功能齐全，即支持充电、数据、DP 协议等。Thunderbolt（雷电 4）是英特尔开发的一种高速协议，它可以提供电力，并根据使用情况动态调整数据和视频带宽。所以，从物理结构上来说，两者是一样的。但是想要把 Type-C 变成雷电 4 接口，就需要解决协议认证的问题。

# 第3章 办公软件的认识

有了设备还不能进行办公，计算机系统分为硬件和软件两大部分，硬件相当于人的身体，而软件相当于人的灵魂。办公自动化的应用当中，设备必须搭配软件才能发挥其作用。常用的软件有计算机的操作系统软件和工具软件及各类专业软件。

## 3.1 操作系统

操作系统是一组主管并控制计算机操作、运用和运行硬件、软件资源和提供公共服务来组织用户交互的相互关联的系统软件程序。根据运行的环境，操作系统可以分为桌面操作系统、手机操作系统、服务器操作系统、嵌入式操作系统等。

在计算机中，操作系统是其最基本也是最为重要的基础性系统软件。从计算机用户的角度来说，计算机操作系统体现为其提供的各项服务；从程序员的角度来说，其主要是指用户登录的界面或者接口；如果从设计人员的角度来说，就是指各式各样模块和单元之间的联系。事实上，全新操作系统的设计和改良的关键工作就是对体系结构的设计，经过几十年的发展，计算机操作系统已经由一开始的简单控制循环体发展成为较为复杂的分布式操作系统，再加上计算机用户需求的愈发多样化，计算机操作系统已经成为既复杂而又庞大的计算机软件系统之一。

### 1. 主要功能

操作系统对于计算机来说十分重要，从使用者角度来说，操作系统可以对计算机系统的各项资源板块开展调度工作，其中包括软硬件设备、数据信息等，运用计算机操作系统可以减少人工资源分配的工作强度，使用者对于计算的操作干预程度减少，计算机的智能化工作效率就可以得到很大的提升。其次在资源管理方面，如果由多个用户共同管理一个计算机系统，那么可能有冲突或矛盾存在于两个使用者的信息共享当中。为了更加合理地分配计算机的各个资源板块，协调计算机系统的各个组成部分，就需要充分发挥计算机操作系统的职能，对各个资源板块的使用效率和使用程度进行一个最优的调整，使得各个用户的需求都能够得到满足。最后，操作系统在计算机程序的辅助下，可以抽象处理计算机系统资源提供的各项基础职能，以可视化的手段向使用者展示操作系统功能，减低计算机的使用难度。

操作系统主要包括以下几个方面的功能：

（1）进程管理：其工作主要是进程调度，在单用户单任务的情况下，处理器仅为一个用户

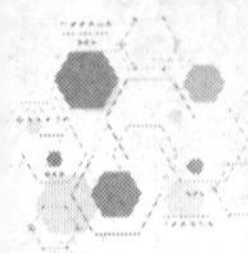



的一个任务所独占，进程管理的工作十分简单。但在多道程序或多用户的情况下，组织多个作业或任务时，就要解决处理器的调度、分配和回收等问题。

（2）存储管理的功能：存储分配、存储共享、存储保护、存储扩张。

（3）设备管理的功能：设备分配、设备传输控制、设备独立性。

（4）文件管理：文件存储空间的管理、目录管理、文件操作管理、文件保护。

（5）作业管理负责处理用户提交的任何要求。

**2. 用途分类**

计算机的操作系统根据不同的用途分为不同的种类，从功能角度分析，分别有实时系统、批处理系统、分时系统、网络操作系统等。

实时系统主要是指系统可以快速地对外部命令进行响应，在对应的时间里处理问题，协调系统工作。

分时系统可以实现用户的人机交互需要，多个用户共同使用一个主机，很大程度上节约了资源成本。分时系统具有多路性、独立性、交互性、及时性的优点，能够将用户-系统-终端任务实现。

批处理系统出现于 20 世纪 60 年代，批处理系统能够提高资源的利用率和系统的吞吐量。

网络操作系统是一种能代替操作系统的软件程序，是网络的心脏和灵魂，是向网络计算机提供服务的特殊的操作系统。借由网络达到互相传递数据与各种消息，分为服务器及客户端。而服务器的主要功能是管理服务器和网络上的各种资源和网络设备的共用，加以统合并控管流量，避免有瘫痪的可能性，而客户端就是有着能接收服务器所传递的数据来运用的功能，好让客户端可以清楚地搜索所需的资源。

计算机中常安装的操作系统有：微软公司的 Windows 操作系统，如 Windows 7、Windows 10 和 Windows 11 版本都是常用软件。苹果公司在其设备上安装 Mac OS 操作系统。这两个操作系统都是面向大众的，而很多公司根据自身的需要会对 Linux 操作系统进行深度开发，从而形成本公司办公的独有软件操作系统。

## 3.2 Windows 10 系统的安装

计算机的硬件组装完成后，计算机是不能运行的，必须要给计算机安装操作系统以后计算机才能工作。下面以 U 盘为启动盘安装 Windows 10 操作系统为例进行讲解。

准备工作：

- U 盘一个（8 GB）。
- 在微软官网上购买和下载 Windows 10 版本的家庭版镜像文件。
- 在 U 启动官网中下载 UEFI 版 U 盘启动工具，并安装。
- 正常使用的计算机一台。
- 刚组装无操作系统的计算机一台。

**步骤 01**：制作 UEFI 版 U 盘启动盘（见图 3-1）。

将准备好的 U 盘插入计算机 USB 接口并静待软件对 U 盘进行识别，由于此次 U 启动采用全新功能智能模式，可自动为 U 盘选择兼容性强与适应性高的制作方式，相较过去版本可省去多余的选择操作。故而无须做任何改动，保持默认参数设置并直接单击“开始制作”按钮即可，如图 3-2 所示。

图 3-1　制作 UEFI 版 U 盘启动盘 1

图 3-2　制作 UEFI 版 U 盘启动盘 2

此时，弹出的警告窗口中告知会清除 U 盘上的所有数据，请确认 U 盘中数据是否另行备份，确认完成后单击“确定”按钮，如图 3-3 所示。

制作过程可能要花 2 ~ 3 min，在此期间请耐心等待并勿进行其他与 U 盘相关操作，如图 3-4 所示。

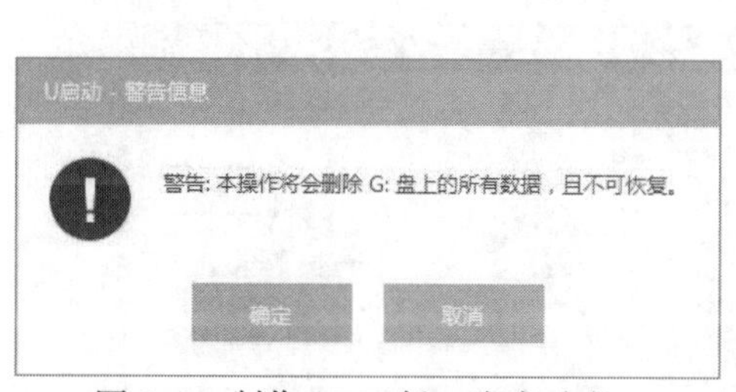


图 3-3　制作 UEFI 版 U 盘启动盘 3

图 3-4　制作 UEFI 版 U 盘启动盘 4

制作成功后，单击“是”按钮对制作完成的 U 盘启动盘进行模拟启动测试，如图 3-5 所示。

随后若弹出图 3-6 所示的界面，说明 U 盘启动盘制作成功（注意：此功能仅作启动测试，切勿进一步操作）。按【Ctrl+Alt】组合键释放鼠标，单击右上角的“关闭”按钮退出模拟启动测试。

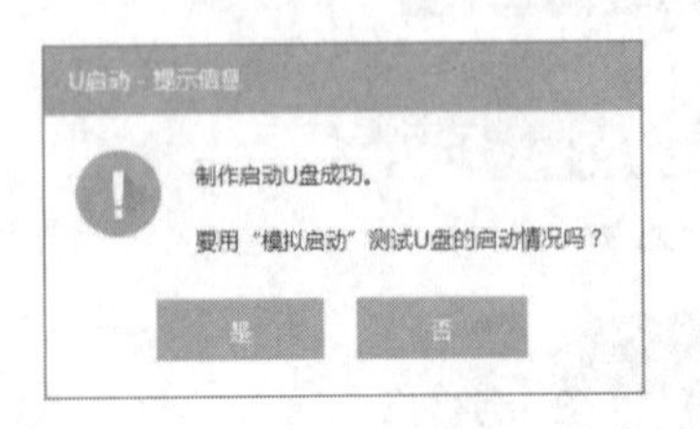


图 3-5　制作 UEFI 版 U 盘启动盘 5

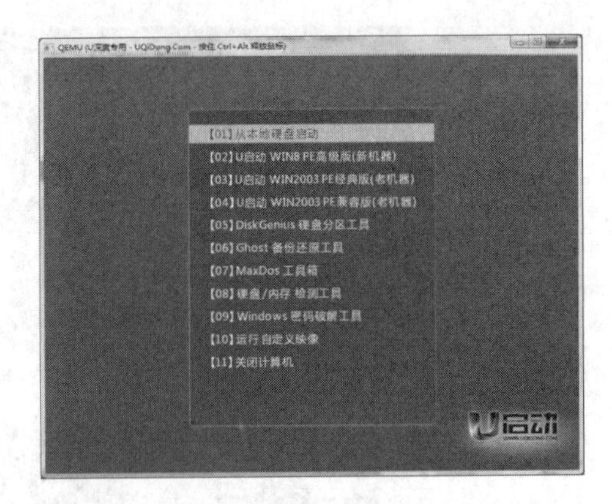

图 3-6　制作 UEFI 版 U 盘启动盘 6

将 Windows 10 的镜像复制到 U 盘启动盘的 GHO 目录下，这样 U 启动 UEFI 启动 U 盘便制作成功了。

**步骤 02**：将制作好的 U 启动盘插入计算机 USB 接口（如果是台式机，建议插在主机箱的后置接口），然后开启计算机，等到屏幕上出现开机画面（见图 3-7）后按快捷键（不同计算机的快捷键不一样，基本上不断地按【F12】【F11】【Esc】或【Delete】键都可以），制作 UEFI 版 U 盘启动盘。

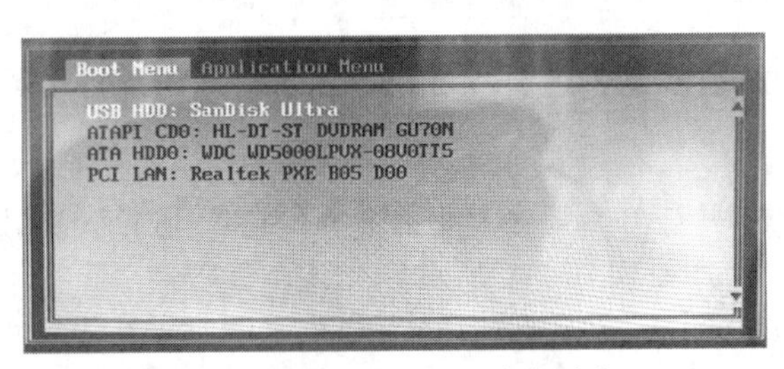


图 3-7　制作 UEFI 版 U 盘启动盘 1

进入到 U 启动主菜单页面，接着将光标移至“02u 启动 WIN8 PE 标准版（新机器）”，按【Enter】键确认，如图 3-8 所示。

**步骤 03**：进入 PE 系统后，双击打开桌面上的 U 盘启动 PE 装机工具。打开工具主窗口后，单击“映像文件路径”后面的“浏览”按钮，如图 3-9 所示。

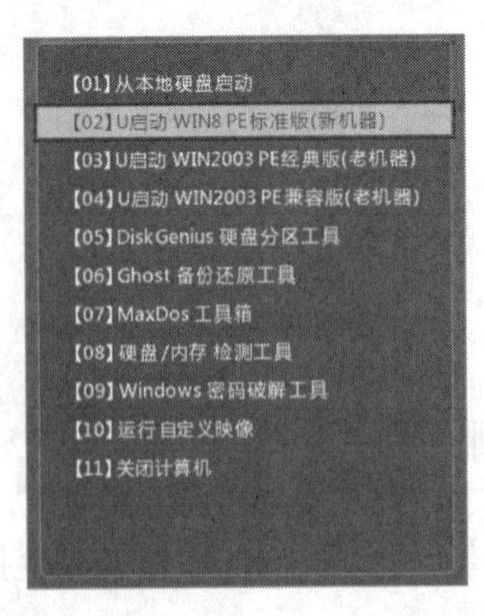


图 3-8　制作 UEFI 版 U 盘启动盘 2

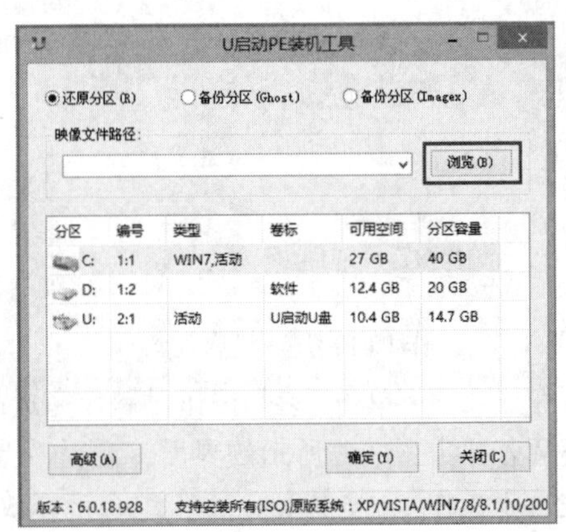


图 3-9　打开 U 启动 PE 装机工具

**步骤 04：** 接着找到并选中 U 盘启动盘中的 Windows 10 系统 ISO 镜像文件，单击“打开”按钮即可，如图 3-10 所示。

**步骤 05：** 映像文件添加成功后，只需在分区列表中选择 C 盘作为系统盘，然后单击“确定”按钮即可，如图 3-11 所示。

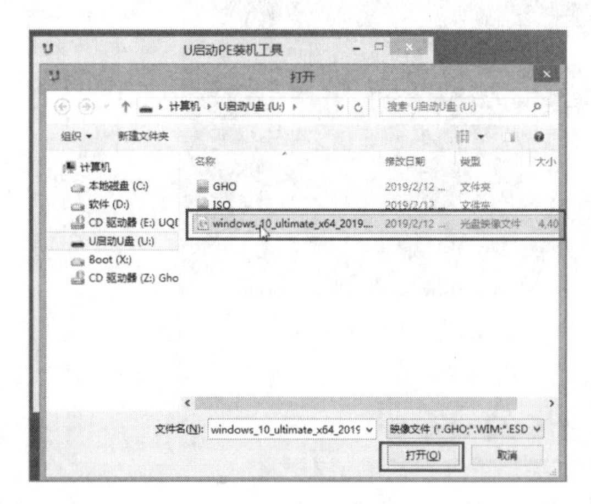


图 3-10　选中 U 盘启动盘中的 Windows 10 系统 ISO 镜像文件

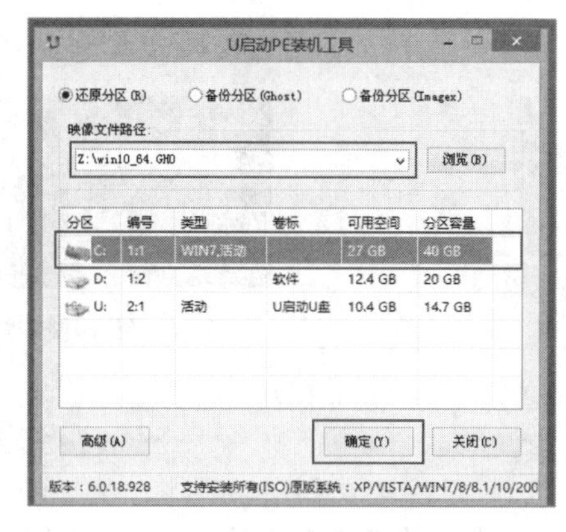


图 3-11　选择 C 盘作为系统盘

**步骤 06：** 随后会弹出一个询问框，提示用户即将开始安装系统。确认还原分区和映像文件无误后，单击“确定”按钮，如图 3-12 所示。

**步骤 07：** 完成上述操作后，程序开始释放系统镜像文件，安装 Ghost Windows 10 系统。用户只需耐心等待操作完成并自动重启计算机即可，如图 3-13 所示。

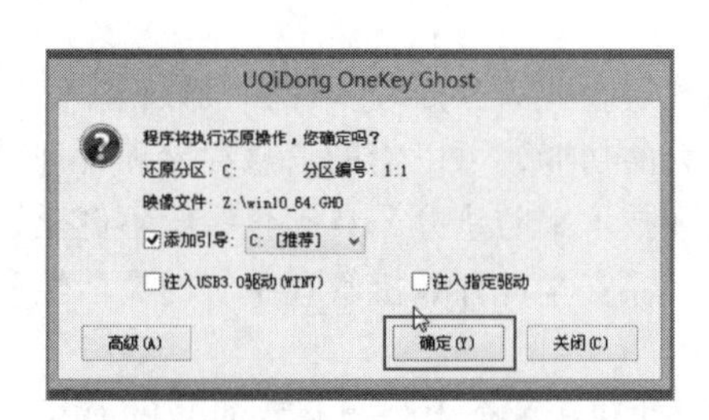


图 3-12　确认还原分区和映像文件

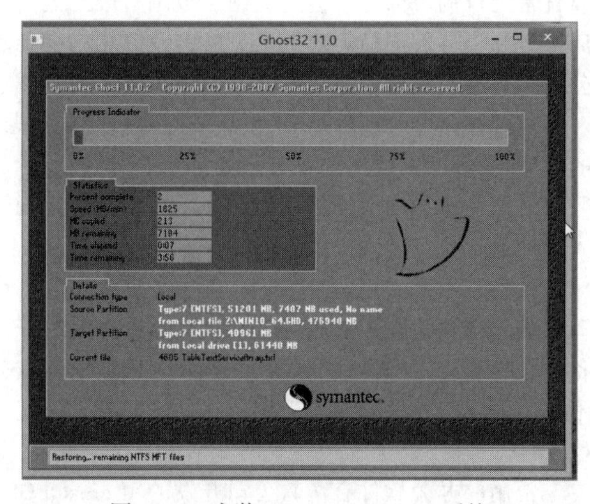


图 3-13　安装 Ghost Windows 10 系统

**步骤 08：** 重启计算机后，即可进入 Ghost Windows 10 系统桌面，如图 3-14 所示。

根据 Windows 10 系统的提示填写相关信息即可完成 Windows 10 系统的初始化。

**步骤 09：** 激活 Windows 10 系统。单击 Windows 10 桌面左下角的“开始”按钮，从打开的扩展面板中单击“设置”按钮。在 Windows 10 的“设置面板”中依次单击“更新和安全”→“激活”。单击“更改产品密钥”输入购买的正版密钥，单击“下一步”按钮，即可完成激活操作。

至此，Windows 10 操作系统安装成功。

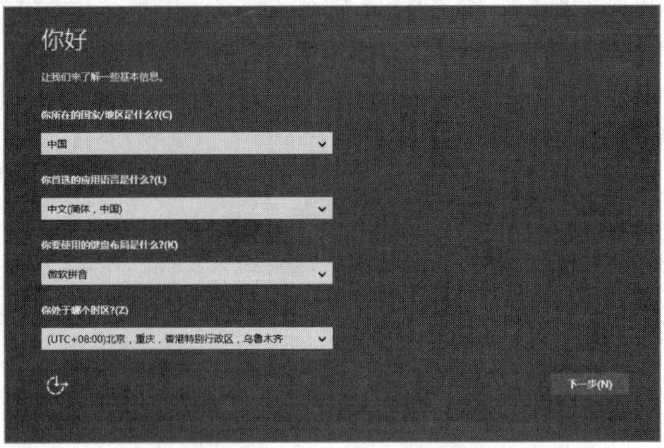

图 3-14　进入 Ghost Windows 10 系统桌面

## 3.3　办 公 软 件

办公软件是指可以进行文字处理、表格制作、幻灯片制作、图形图像处理、简单数据库的处理等方面工作的软件。办公软件朝着操作简单化，功能细化等方向发展。

计算机已经广泛应用于人们工作、生活的各个方面，上班族只要一打开计算机，基本上 90% 以上都需要使用办公软件，无论是起草文件、撰写报告还是统计分析数据，办公软件已经成为工作必备的基础软件。有时也会把协同 OA、图像处理软件纳入到办公软件范畴，它们也是支撑日常工作的一部分，但覆盖用户范围有限。大到社会统计，小到会议记录，数字化的办公，离不开办公软件的鼎力协助。另外，政府用的电子政务，税务用的税务系统，企业用的协同办公软件，这些都属于办公软件。

随着国内办公软件 WPS 在互联网时代的重新崛起，到钉钉、腾讯、石墨文档等云编辑软件的横空出世，微软办公软件向 Office 365 迅速过渡，计算机自主可控替代环境也日趋成熟，办公软件产品形态和市场格局到了一个关键拐点，处于巨变前夜。这势必关乎相关企业的研发投入和产业定位与宏观决策。

社会各界都使用计算机进行各种数据处理、生产管理、企业服务处理。计算机数据库是计算机办公自动化技术的关键。计算机数据库具有非常强大的功能，可以借助信息存储和管理设备为领导和员工提供便利。我们积极采用先进的数据处理技术来防止办公自动化系统不健全、不完善，在工作过程中的工作数据损失的管理系统，以确保安全，计算机管理系统的灵活性和稳定性。

常用的办公软件有微软公司开发的 Microsoft Office 软件和我国金山公司开发的 WPS Office，常用组件有 Word、Excel、PowerPoint 等。WPS Office 软件是非常受欢迎的一款办公软件，WPS Office 个人版对个人用户永久免费。WPS Office 可以实现办公软件最常用的文字、表格、演示、PDF 阅读等多种功能。具有内存占用低、运行速度快、云功能多、强大插件平台支持、免费提供在线存储空间及文档模板的优点。支持阅读和输出 PDF（.pdf）文件、具有全面兼容微软 Microsoft Office 97-2010 格式（doc/docx/xls/xlsx/ppt/pptx 等）独特优势。覆盖 Windows、Linux、Android、iOS 等多个平台。WPS Office 支持桌面和移动办公。WPS 移动版通过 Google Play 平台，已覆盖 50 多个国家和地区。

# 3.4　Office 2019 的界面以及特点

Office 2019（见图 3–15）在 2019 年第二季度发布，其新增了许多智能功能，新版 Office 相比 Office 2016 更流畅、更实用，除了设计灵感缺席之外，其余功能已基本同步最新版 Office 365。但有一点需要特别注意，那就是 Office 2019 只能在 Windows 10 操作系统和 Windows 11 操作系统中安装，而这也是和 Office 2016 最不一样的地方。

图 3–15　Office 2019

相较而言，Office 2019 增加了如下新功能：

（1）动画选项卡。Office 2019 并没有在界面上做出太多调整，唯一能够感觉到的，是切换标签时变得更加平顺与顺滑。动画风格和 Windows 10 有些契合，也就是淡入淡出效果，不过总体看没有对性能造成任何拖累，反而比 Office 2016 更流畅一些。当然由于 GIF 帧率的缘故，示意图看起来可能有些卡顿，实际操作很流畅。

（2）平滑切换（PPT）。PowerPoint 增加一项平滑切换，有点类似于 Keynote 中的神奇移动。比如你在前一页幻灯片中建立了一组文字，然后把它复制到后一页幻灯片，接下来再对字体位置和排列进行一些调整。

这样将两页幻灯设成平滑切换后，就能在播放画面看到神奇的变形切换了。其实这个效果和常说的补间动画有些类似。

（3）缩放定位。缩放定位可以看作平滑切换的另一个版本，只不过平滑切换是针对对象的，而缩放定位则针对幻灯片。

上面这组动画很好地展现了缩放定位的效果，比如你建立了一组平行幻灯片，传统方法是顺序或者通过建立超链接的方式解决前后衔接问题。而缩放定位则可以直接利用幻灯片缩略图进行衔接，还可以由用户自主指定进入子幻灯片后是顺序播放，还是返回总幻灯片。

（4）新 IFS 等函数。Excel 2019 加入了几个新函数，其中比较有代表性的包括 IFS、CONCAT、TEXTJOIN。以多条件判断 IFS 为例，以往当出现多个条件（即各条件是平行的，没有层次之分）时，需要借助 IF 嵌套或是 AND、OR 配合实现，这样的操作除了公式复杂、运行效率低以外，还很容易出错，不利于后期的修改与排错。

新 IFS 函数可以直接将多个条件同时写出来，语法结构类似于 IFS(条件 1，结果，条件 2，结果，条件 3，结果，...)，能够同时支持 127 个条件公式。不过这里有一个兼容性问题，即新函数只能在最新版 Office 365 或 Office 2019 上面打开，历史版本(如 2016 版)打开后会显示公式出错。

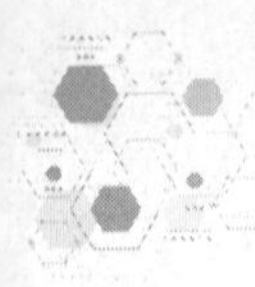

（5）3D 模型。PowerPoint 2019 支持 3D 模型，通过插入菜单中的 3D 模型按钮，可以直接将标准的 3D 模型文件导入 PPT 中。插入好的模型，可以搭配鼠标拖动，任意改变模型大小及角度。如果配合前面介绍的平滑切换，还可以实现炫酷的展示动画，对于模型展示效果也更好。

（6）内置图标。单击 Office 2019“插入”选项卡中的“图标”按钮，可以很容易地为文档、PPT 添加一个图标。软件内置了上百种各个门类的 SVG 图标，你可以随意搜索并插入。相比传统的网络下载，内置图标除了搜索更加方便以外，还可以根据实际需要调整图标颜色。同时由于是矢量元素，这些图标还可以任意变形而不必担心虚化的问题。

（7）漏斗图/旭日图。Excel 2019 增加了几个新图表，比如大家平时用得比较多的漏斗图和旭日图。其实在老版中，这些图表也能借助其他方法得到，只不过操作有些麻烦，不太为人所知罢了。而在 Excel 2019 中，直接在图表库中双击就能实现。

（8）地图图表。地图也是此次 Excel 2019 新增加的一种图表，可以通过地理位置在地图标识实现数据对比。目前软件可以实现省一级（不必加入省字）地理位置识别，用来制作销售业绩报表非常方便。

（9）横式翻页。这项功能类似于之前的阅读视图，能够让使用者像翻书一样横屏翻动页面，不过从实际使用来看，该功能的使用效能还有待考究，主要是横版后文字及内容都会变小且无法修改，反而让文档更加难以阅读。

除了上面这些大的功能改进外，各组件的选项面板也有一些细节变化。不过对于一般用户来说，这些变化就没有太大必要了，实际使用时也很少会有调整。

### 1. Word 2019 工作界面

Word 主要用于完成文字处理和文档编排工作。Word 2019 的工作界面由标题栏、功能区、快速访问工具栏、用户编辑区等部分构成。Word 2019 工作界面如图 3-16 所示，各元素的名称和功能见表 3-1。

图 3-16　Word 2019 工作界面

表 3-1　Word 2019 工作界面组成及其功能

| 名　称 | 功　能 |
|---|---|
| 快速访问工具栏 | 用于放置常用的工具按钮，如“保存”“撤销”“重复” |
| “文件”菜单 | 由信息、新建、打开、保存、另存为、保存到网盘、历史记录、打印、共享、导出、关闭、账户、反馈和选项组成，可以对 Office 进行多种初始化设置 |
| 选项卡 | 显示各个功能区的名称 |
| 标题栏 | 用于显示当前文档的名称 |
| 功能区 | 包含大部分功能按钮，并分组显示，方便用户使用 |
| 状态栏 | 用于显示当前文档的信息 |
| 文档编辑区 | 用于输入和编辑文档内容 |
| 视图按钮及显示比例 | 用于更改不同版式的视图，如“阅读视图”“页面视图”“Web 版式视图”等；通过显示比例标尺可以更改当前编辑区的显示比例 |

**知识小贴士**

Word 小技巧

在 Word 中，为了扩大编辑区，以看到更多文档内容，可在“视图”选项卡的“显示”组中取消勾选“标尺”复选框，隐藏标尺。当需要使用时，再勾选“标尺”复选框，恢复标尺的显示。

### 2. Excel 2019 工作界面

除了和 Word 2019 的工作界面拥有相同的标题栏、功能区、快速访问工具栏等元素以外，Excel 2019 还有自己的特点。Excel 2019 工作界面如图 3-17 所示，其独有元素的名称及功能见表 3-2。

图 3-17　Excel 2019 工作界面

表 3-2　Excel 2019 工作界面组成及其功能

| 名　称 | 功　能 |
| --- | --- |
| 名称框 | 名称框可以显示当前活动单元格是哪个单元格；当用鼠标选择一个单元格区域时,可以显示当前选择了几行几列 |
| 编辑栏 | 编辑栏内可以直接输入和编辑文本 |
| 行号 | 行号按数字从上向下进行竖向排列，Excel 2019 共 1 048 576 行，其范围是 1 ~ 1 048 576 |
| 列标 | 列标按字母从左到右进行横向排列，Excel 2019 共 16 384 列，其范围是 A ~ XFD |
| 工作区 | 用于选择单元格，进行输入和编辑文档内容 |
| 工作表导航及标签 | 用于显示和切换工作表 |

知识小贴士

Excel 小技巧

Office Excel 2019 的工作界面将软件的功能集中到窗口上方的功能区中，更便于用户查找与使用。与传统的菜单栏和工具栏界面相比，功能区会占用较多的屏幕显示区域。若需要扩大用户编辑区，可单击窗口右上角的 按钮，或按【Ctrl+F1】组合键，将功能区隐藏。

3．PowerPoint 2019 工作界面

PowerPoint 2019 的工作界面中相对于其他组件的独有元素是幻灯片浏览窗格，其中显示了演示文稿中每张幻灯片的序号和缩略图。PowerPoint 2019 工作界面如图 3–18 所示，工作界面组成及其功能见表 3–3。

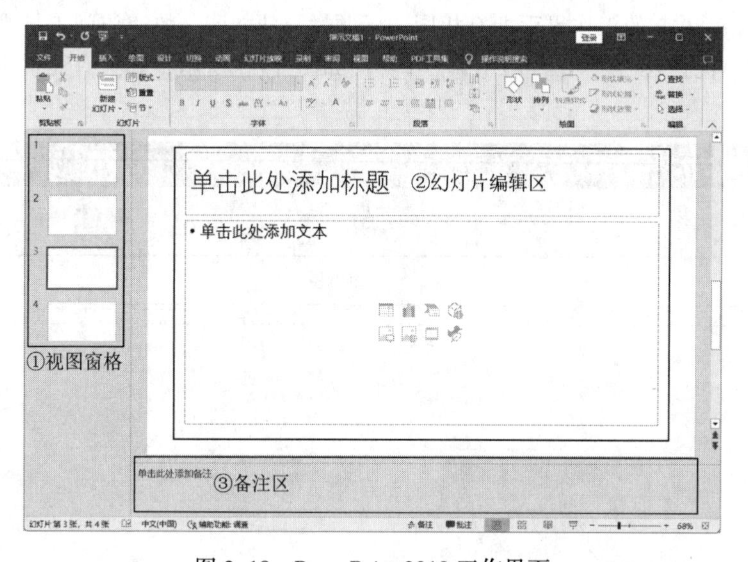


图 3–18　PowerPoint 2019 工作界面

表 3-3　PowerPoint 2019 工作界面组成及其功能

| 名　称 | 功　能 |
| --- | --- |
| 视图窗格 | 常用的视图窗格有普通视图和大纲视图 |
| 幻灯片编辑区 | 这是创建和编辑实际幻灯片的区域，可以添加编辑和删除文本、图像、形状和多媒体 |
| 备注区 | 备注区域是为了让用户在演示文稿中添加注释。这些注释不会显示在屏幕上。这些只是演示者的快速参考 |

**知识小贴士**

PowerPoint 小技巧

Office PowerPoint 2019 拥有非常多的快捷键，并且这些快捷键还是可视化的。就算是初学者，相信只要使用一段时间后，也可以顺利地熟记它们。按【Alt】键，即可在功能区看到 Office PowerPoint 2019 的可视化快捷键，用【Alt】键配合键盘上的其他键，就可以很方便地调用 Office PowerPoint 2019 的各项功能。

在 Office 2019 中，选择“文件”→“选项”→“自定义功能区”，在“自定义功能区”界面中添加新的选项卡和选项组，将自己常用的 Office 操作按钮放置在一个界面中，方便个人的办公操作，提高工作效率。

# 3.5　Adobe 软件介绍

Adobe 系列软件包括 Photoshop、Acrobat、Pagemaker、Audition 以及 Premiere 等多种实用工具（见图 3-19），具备多种帮助用户处理各种学习、办公所需的图像处理、图像设计与排版、声音处理等功能。

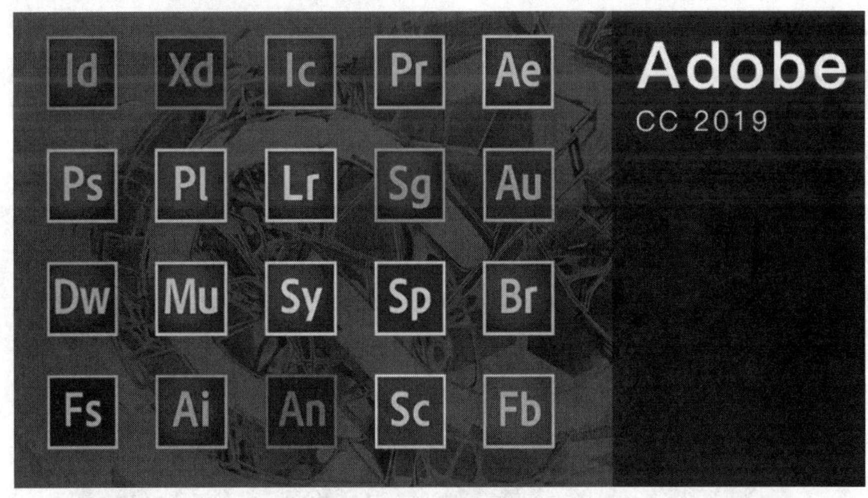


图 3-19　Adobe 软件

## 1. Photoshop（Ps）

Photoshop 简称 Ps（见图 3-20），是 Adobe 系列中的平面图像处理软件，是目前市场上较为流行的平面图像处理软件，它具有强大的编辑绘制图像、制作图像特效及文字特效的功能，加上其友善、简捷的界面（尤其是中文版），所以在国内平面设计、广告设计、装帧设计、艺术摄影、网页设计、动画设计、游戏娱乐、印刷等领域的应用十分广泛。

PS 的主要功能有图像编辑、合成、校色、特效制作，其中：

使用 PS 可以对图像作各种变换，如放大、缩小、旋转、倾斜、镜像、透视等；也可以进行复制、去除斑点、修补、修饰图像的残损等处理。

图像合成是将多幅图像通过图层操作，以及多种工具组合应用，得到一幅内容完整、传达明确意义的图像。

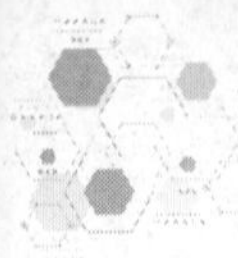



校色调色是对图像的颜色进行明暗、色偏的调整和校正，也可在不同颜色模式之间进行转换，以满足图像在不同领域，比如网页设计、印刷、多媒体等方面应用。

特效制作是指综合应用滤镜、通道及各种工具得到的特殊效果，如特效字、纹理材质等。

图 3-20　Photoshop

2．Adobe Premiere Pro（Pr）

Premiere Pro 简称 Pr（见图 3-21），是适用于电影、电视和网络的领先视频编辑软件、创意工具，与其他 Adobe 应用程序和服务的集成以及 Adobe Sensei 的强大功能可帮助用户在一个无缝工作流程中将素材制作成精美的电影和视频。

图 3-21　Adobe Premiere Pro

Pr 是一款非常优秀的视频编辑软件，它简单易学、运行稳定，可以剪辑视频、添加视频特效、添加转场效果、添加字幕、视频调色、渲染输出等一系列操作，被广泛应用于影视媒体制作、宣传片制作、个人影视工作室、自媒体影视制作等领域。它与 Adobe 其他软件高度集成，可非常自由、良好的协同工作，满足用户在视频创作上的高质量作品要求。

工作原理：视频编辑软件是将图片、背景音乐、视频等素材经过编辑后，生成视频的工具，除了简单地将各种素材合成视频，视频编辑软件通常还具有添加转场特效、MTV 字幕特效、添加文字注释的功能，因此，视频编辑软件也属于多媒体视频编辑的范畴。

Pr 在影视制作领域有着相当大的用户群体，具有其他同类软件无法比拟的众多插件和协同软件，例如 Ps/Ae/Ai 等软件与 Pr 的协同工作，并且，软件友好上手快，使用简单又稳定，是不少后期工作者喜好使用的视频剪辑软件之一。

### 3. Adobe After Effects（Ae）

Adobe After Effects 简称 Ae（见图 3-22），是 Adobe 系列的一款图形视频处理软件，是一个灵活的基于层的 2D 和 3D 后期合成软件，包含了上百种特效及预置动画效果，与同为 Pr、Ps、Id 等软件可以无缝结合，创建无与伦比的效果。在影像合成、动画、视觉效果、非线性编辑、设计动画样稿、多媒体和网页动画方面都有其发挥余地。适用于从事设计和视频特技的机构，包括电视台、动画制作公司、个人后期制作工作室以及多媒体工作室。属于层类型后期软件。

Adobe After Effects 软件可以帮助用户高效且精确地创建无数种引人注目的动态图形和震撼人心的视觉效果。利用与其他 Adobe 软件的紧密集成和高度灵活的 2D 和 3D 合成，以及数百种预设的效果和动画，为电影、视频、DVD 和 Flash 作品增添令人耳目一新的效果。

图 3-22　Adobe After Effects

### 4. Adobe Dreamweaver（Dw）

Adobe Dreamweaver 简称 Dw（见图 3-23），中文名称“梦想编织者”，最初为美国 Macromedia 公司开发，2005 年被 Adobe 公司收购。Dw 是集网页制作和管理网站于一身的所见即所得网页代码编辑器。利用对 HTML、CSS、JavaScript 等内容的支持，设计师和程序员可以在几乎任何地方快速制作和进行网站建设。

Dw 是第一套针对专业网页设计师特别发展的视觉化网页开发工具，利用它可以轻而易举地制作出跨越平台限制和跨越浏览器限制的充满动感的网页。

Dw 使用所见即所得的接口，亦有 HTML（标准通用标记语言下的一个应用）编辑的功能，借助经过简化的智能编码引擎，轻松地创建、编码和管理动态网站。访问代码提示，即可快速了解 HTML、CSS 和其他 Web 标准。使用视觉辅助功能减少错误并提高网站开发速度。

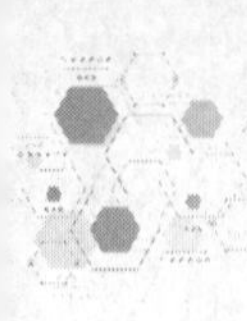

图 3-23　Adobe Dreamweaver

# 第二部分

# Word文档应用案例

# 第 4 章 公文文档制作

## 4.1 案例提要

随着电子计算机的广泛使用，机关开始运用各种办公自动化工具，而且还利用计算机组成机关管理自动化系统。电子计算机集数据、文字、影像和声音处理于一身，使办公进入一个快速、准确的崭新阶段，因而公文处理需要更高的技术。

本章主要涉及的知识点有：

- 双行合一制作
- 行间距设置
- 绘制形状格式
- 左右对齐设置
- 文字替换

## 4.2 案例介绍

智创科技有限责任公司在生产经营过程中，产品生产出现了问题。桂林分公司的刘俊在工作中发现是由于生产机械受损导致的产品出现问题，并利用下班时间通过钻研找到了解决办法。智创科技公司决定要给予刘俊表扬和奖励，由公司办公室和桂林分公司联合出具表彰通报文件。通报是宣传教育、通报信息的文种，适用于表彰先进、批评错误、传达重要精神或告知重要情况。通报除了起到嘉奖或告诫作用外，还有交流的作用。表彰通报是对表现优秀的人的一种表扬通报，在制作该文档时应注意突出表扬的事项。

具体要求如下：

（1）表头文字设置为：宋体、红色、一号、加粗、居中，文本段落设置为：左右缩进 4 字符，段后间距 1 行。

（2）发文字号设置为：宋体、五号、居中，段后设置 1.5 磅红线。

（3）将受表彰人员设置为：刘俊，并在第一个刘俊前强调是桂林分公司。

（4）标题文本格式设置为：黑体、小二号、加粗，段落设置为：居中、1.5 倍行距、段前段后空 1 行。

（5）称呼设置为：宋体、四号、加粗，段落设置为：左对齐、1.5 倍行距。

（6）正文内容设置为：宋体、四号、两端对齐、首行缩进两个字符，行距为 1.5 倍行距。

（7）署名及日期设置为：宋体、四号、右对齐、段落与正文间隔两行、1.5 倍行距。

（8）将“先进个人”“20000 元”文本内容设置为：红色、加粗。

（9）签发信息设置格式为：宋体、四号，段落与日期文本间隔一行，1.5 倍行距。

（10）将文档另存为“刘俊先进个人荣誉称号通报.PDF”文件进行分发。

## 4.3　案例分析

公务文书是法定机关与组织在公务活动中，按照特定的体式、经过一定的处理程序形成和使用的书面材料，又称公务文件。无论从事专业工作，还是从事行政事务，都要学会通过公文来传达政令政策、处理公务，以保证协调各种关系，决定事务使工作正确地、高效地进行。

公文用纸幅面采用国际标准 A4 型（210 mm×297 mm），左侧装订。天头（上白边）为（37±1）mm，订口（左白边）为（28±1）mm，版心尺寸为 156 mm × 225 mm。一般每面排 22 行，每行排 28 字，并撑满版心。张贴的公文用纸大小，根据实际需要确定。

公文版心内的各要素划分为版头、主体、版记三部分。置于公文首页红色分隔线以上的份号、密级和保密期限、紧急程度、发文机关标志、发文字号、签发人等要素统称版头；置于红色分隔线（不含）以下的标题、主送机关、正文、附件说明、发文机关署名、成文日期、印章、附注、附件等要素统称主体；抄送机关、印发机关和印发日期等要素统称版记。

在制作公文文书时需要注意三个关键点。

（1）形式和格式上的规范性，注意表头和表底书写规范。

（2）公文语体的简明性，观点严谨、鲜明，文字朴实、庄重。

（3）内容和程序合法。

## 4.4　案例实操

（1）表头文字设置为：宋体、红色、一号、加粗、居中，文本段落设置为：左右缩进 4 字符，段后间距 1 行。

**步骤 01**：打开“公文素材”文档，选中表头发布单位文字“智创科技有限责任公司办公室智创科技有限责任公司桂林分公司”，单击“段落”选项组中的“中文板式”按钮，在打开的下拉菜单中选择“双行合一”命令，如图 4-1 所示，弹出“双行合一”对话框。在文字需要分行处插入空格，在“预览”区域查看显示结果，符合要求后单击“确定”按钮。

**步骤 02**：设置红头文字格式，选中部门名称文字“智创科技有限责任公司办公室智创科技有限责任公司桂林分公司”，在“字体”和“段落”选项组中将其格式为：宋体、红色、一号、加粗、居中，选中“文件”二字，在“字体”和“段落”选项组中将其格式设置为：宋体、红色、一号、加粗、居中，效果如图 4-2 所示。

**步骤 03**：选中红头文件文字，单击“段落”选项组右下角的对话框启动器按钮，弹出“段落”对话框。将“对齐方式(G)”设置为“分散对齐”，“缩进”设置为左右侧各缩进“4 字符”，在“间距”设置中，将“段后(F)”设置为“1 行”，单击“确定”按钮，如图 4-3 所示。

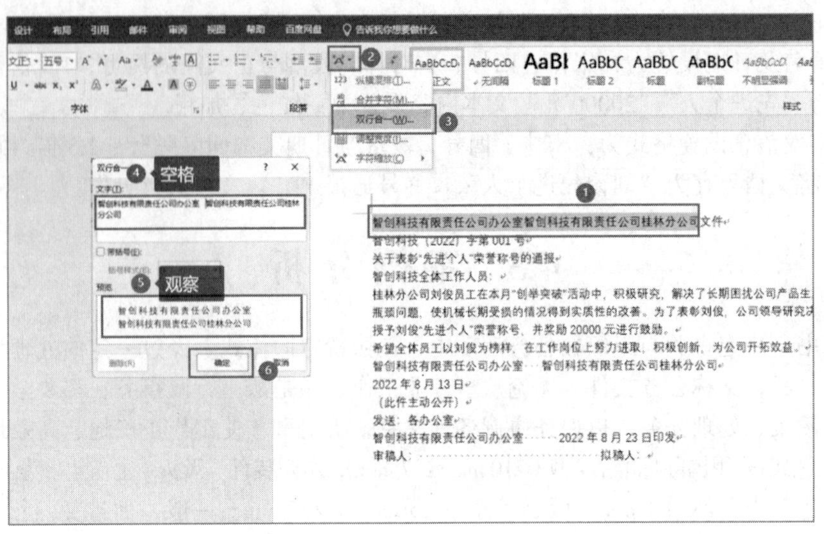

图 4–1　表头文字设置

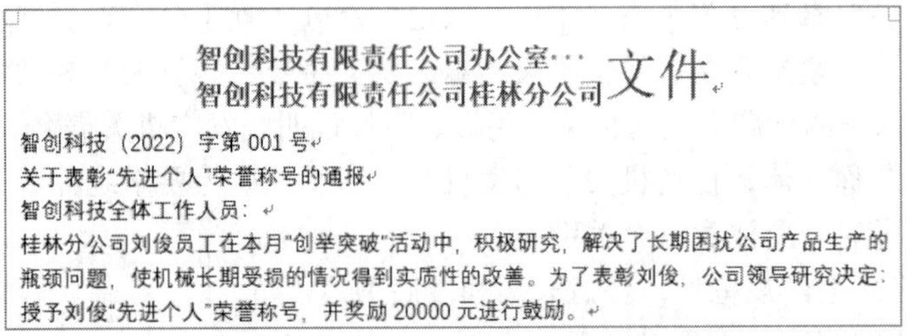

智创科技有限责任公司办公室<br>智创科技有限责任公司桂林分公司 文件

智创科技（2022）字第 001 号

关于表彰"先进个人"荣誉称号的通报

智创科技全体工作人员：

桂林分公司刘俊员工在本月"创举突破"活动中，积极研究，解决了长期困扰公司产品生产的瓶颈问题，使机械长期受损的情况得到实质性的改善。为了表彰刘俊，公司领导研究决定：授予刘俊"先进个人"荣誉称号，并奖励 20000 元进行鼓励。

图 4–2　红头文字设置

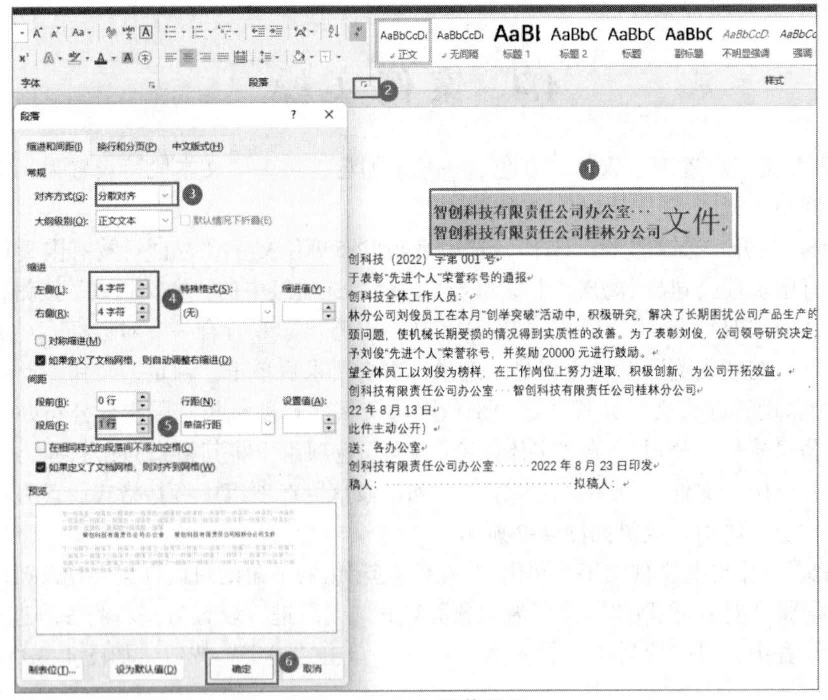

图 4–3　红头段落设置

（2）发文字号设置为：宋体、五号、居中，段后设置 1.5 磅红线。

**步骤 01**：选中发文字号所有文字，将文字设置为：宋体、五号、居中。

**步骤 02**：选择“设计”选项卡，单击“页面边框”按钮，弹出“边框和底纹”对话框，选择“边框(B)”选项卡，“样式(Y)”选择实线，“颜色(C)”设置为“红色”，“宽度(W)”设置为“1.5 磅”，在“预览”区域将看到段落下面打上了红线，“应用于(L)”设置为“段落”，单击“确定”按钮，如图 4–4 所示。

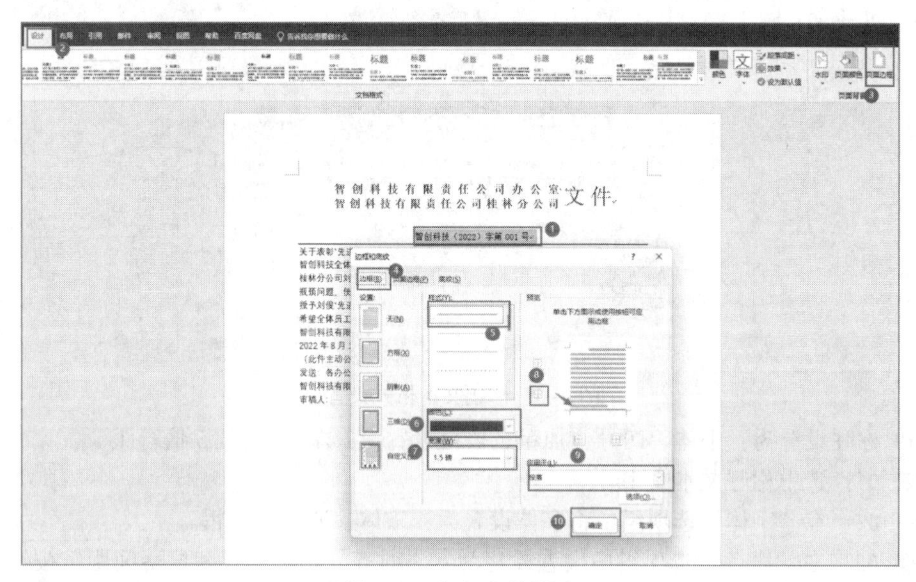


图 4–4　发文字号设置

（3）将受表彰人员设置为：刘俊，并在第一个刘俊前强调是桂林分公司。

**步骤 01**：单击“开始”选项卡，在“编辑”选项组中单击“替换”按钮，弹出“查找和替换”对话框。

**步骤 02**：在“查找和替换”对话框的“查找内容(N)”文本框中输入“XX”，在“替换为(I)”文本框中输入“刘俊”，单击“确定”按钮，如图 4–5 所示。

**步骤 03**：将光标定位在第一个刘俊前并添加文字“桂林分公司”。

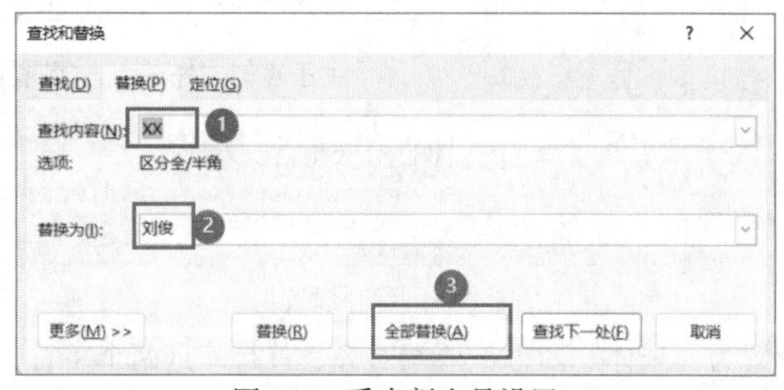


图 4–5　受表彰人员设置

（4）标题文本格式设置为：黑体、小二号、加粗，段落设置为：居中、1.5 倍行距、段前段后空 1 行。

**步骤 01**：选中标题文字“关于表彰‘先进个人’荣誉称号的通报”。

**步骤 02**：在“字体”选项组中将文本设置为：黑体、小二号、加粗。

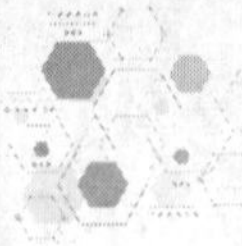

**步骤 03**：单击“段落”选项组右下角的对话框启动器按钮，弹出“段落”对话框，将“对齐方式(G)”设置为“居中”，“间距”设置为段前段后“1 行”，“行距(N)”设置为“1.5 倍行距”，单击“确定”按钮，如图 4-6 所示。

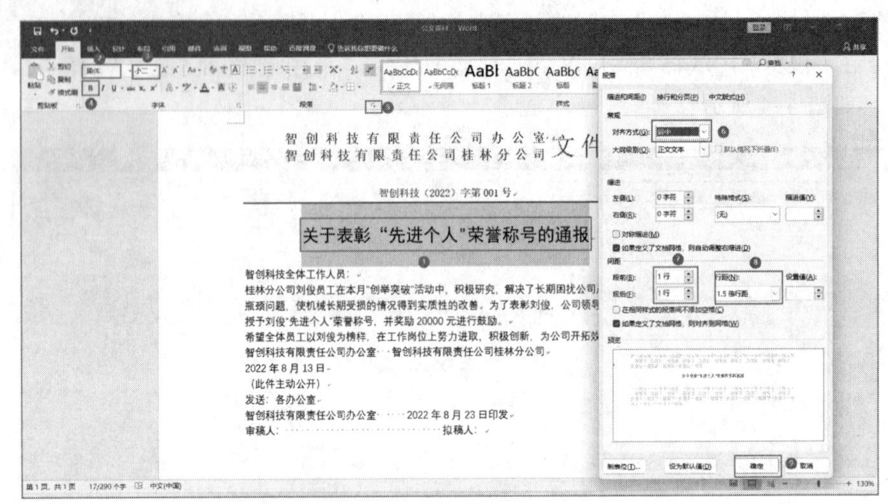

图 4-6　标题文本格式设置

（5）称呼设置为：宋体、四号、加粗，段落设置为：左对齐、1.5 倍行距。

**步骤 01**：选中称呼文本文字。

**步骤 02**：在“字体”选项组中将字体设置为：宋体、四号、加粗。

**步骤 03**：在“段落”选项组中设置段落为：左对齐，单击“行和段落间距”按钮，选择“1.5”，如图 4-7 所示。

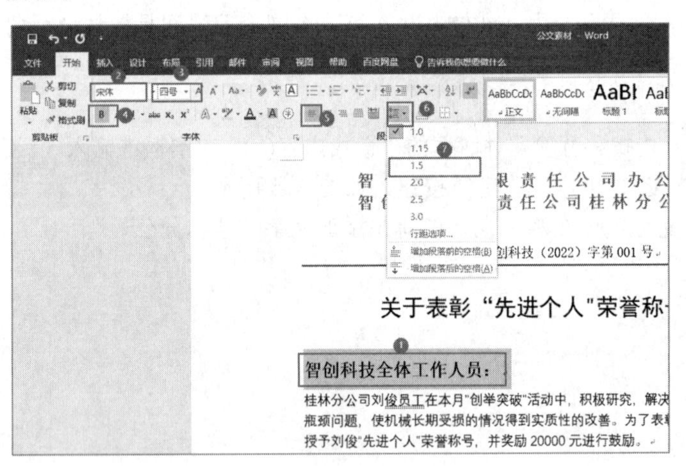

图 4-7　称呼设置

（6）正文内容设置为：宋体、四号、两端对齐、首行缩进两个字符，行距为 1.5 倍行距。

**步骤 01**：选中正文文字。

**步骤 02**：在“字体”选项组中将字体设置为：宋体、四号。

**步骤 03**：单击“段落”选项组右下角的对话框启动器按钮，弹出“段落”对话框，将“对齐方式(G)”设置为“两端对齐”，“特殊格式(S)”设置为“首行缩进”，“缩进值(Y)”为“2 字符”，“行距(N)”设置为“1.5 倍行距”，单击“确定”按钮，如图 4-8 所示。

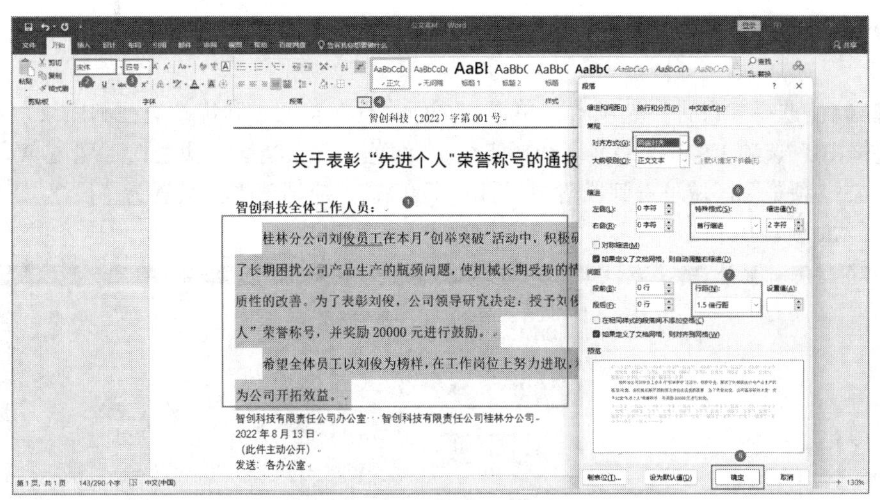


图 4-8　正文内容设置

（7）署名及日期设置为：宋体、四号、右对齐、段落与正文间隔两行、1.5 倍行距。

**步骤 01**：选中署名及日期文字。

**步骤 02**：在“字体”选项组中将字体设置为：宋体、四号。

**步骤 03**：在“段落”选项组中设置段落为：右对齐，单击“行和段落间距”按钮，选择“1.5”。

**步骤 04**：将光标定位在署名前，按两次【Enter】键，使正文与署名间隔两行，如图 4-9 所示。

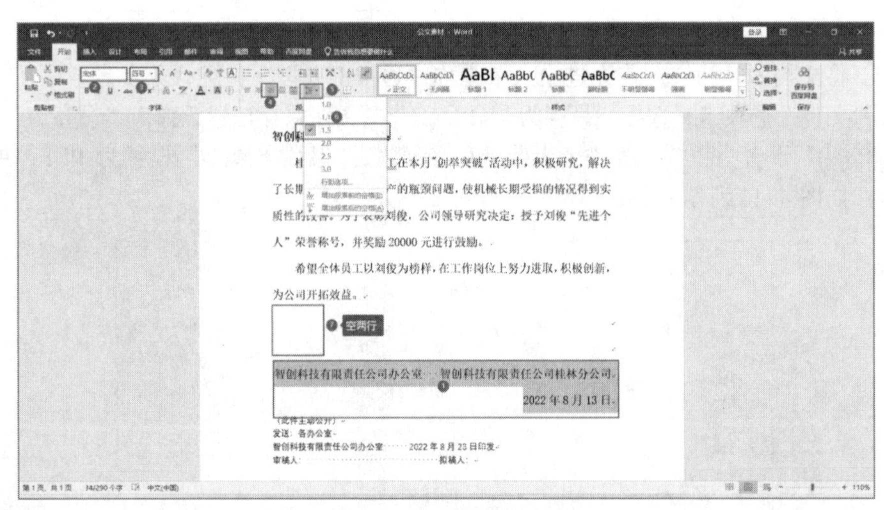


图 4-9　署名及日期设置

（8）将“先进个人”“20000 元”文本内容设置为：红色、加粗。

**步骤 01**：选择“先进个人”文字，在字体中将文本设置为：红色、加粗。

**步骤 02**：选择“20000 元”文字，在字体中将文本设置为：红色、加粗。

（9）签发信息设置格式为：宋体、四号，段落与日期文本间隔一行，1.5 倍行距。

**步骤 01**：将光标定位在日期文本后面，按【Enter】键空一行。

**步骤 02**：选中签发信息文本文字，在“字体”选项组中将字体设置为：宋体、四号。

**步骤 03**：在“段落”选项组中设置段落为：左对齐，单击“行和段落间距”按钮，选择“1.5”。

**步骤 04**：选择“设计”选项卡，单击“页面边框”按钮，弹出“边框和底纹”对话框，选择“边框(B)”选项卡，“样式(Y)”选择实线，“颜色(C)”设置为“黑色”，“宽度(W)”设置为“1 磅”，在“预览”区域可看到段落中间打上了红线，“应用于(L)”设置为“段落”，单击“确定”按钮，如图 4-10 所示。

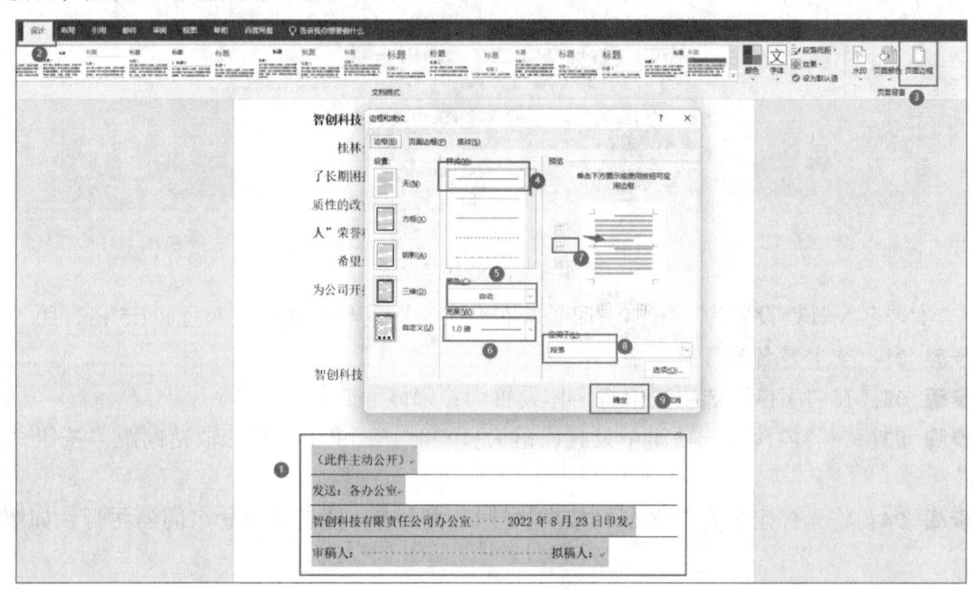


图 4-10　签发信息设置

（10）将文档另存为“刘俊先进个人荣誉称号通报.PDF”文件进行分发。

单击“文件”选项卡，选择“另存为”命令，选择文件保存位置，弹出“另存为”对话框，将“文件名(N)”设置为：刘俊先进个人荣誉称号通报，“保存类型(T)”设置为 PDF，单击“确定”按钮，如图 4-11 所示。

图 4-11　文件分发

# 第 5 章 批量请柬制作

## 5.1 案例提要

春节将近，公司准备召开春节联谊会以答谢客户，需要向所有客户发放一份制作精美的联谊会请柬。请柬的样式由小王按公司要求设计，客户的信息存入 list.docx 文档中，包括单位名称、职务、姓名、性别、地域等，需要小王掌握邮件合并、批量生成文档方法，准确快速地完成此项工作。

本案例主要通过制作春节联谊会请柬来学习通过邮件合并批量生产文档的方法，主要涉及的知识点有：

- 特殊字符的查找替换
- 将文字转换成表格
- 应用列表自动编号
- 列表缩进量的调整
- 内置表格样式的应用
- 首行缩进设置
- 添加制表符
- 域的概念及应用
- 水印的制作
- 邮件合并
- 邮件合并规则的设置
- 邮件合并条件筛选

## 5.2 案例介绍

小王需要为公司的每位客户准备一份春节联谊会的请柬，根据下列要求帮助她完成请柬的制作：

（1）将文件 List.docx（.docx 为文件扩展名）中的内容按以下要求整理成客户信息表作为下一步邮件合并的数据源：

① 将文档中以“1/4 全角空格”分隔的文本转换为 5 列 16 行、与窗口同宽的表格。

② 在最左侧插入一列，输入可以自动变化的序号 1，2，3，…，设置序号无缩进、编号之后无分隔符，且在单元格内居中显示。

③ 为表格应用一个内置的表格样式，适当调整列宽、字体、字号以及对齐方式。

④ 保存并关闭该文档。

（2）按请柬样例，设计一份精美的请柬，并以 Word.docx 文件名保存。具体要求如下：

① 为标题“请柬”二字用任一文本效果，并加大其字号、改变其字体和颜色，居中显示。

② 在标题“请柬”二字上方添加带声调的拼音，拼音与汉字应在一行中显示。

③ 修改请柬正文的颜色并加大其字号，设置相应段落的首行缩进效果和行间距。

④ 将落款中包含人名及日期的两行文本在页面的右侧居中显示。

⑤ 在“附:联谊会流程”下方的时间和后续文本之间添加右对齐的制表符。

⑥ 在请柬页脚的右侧位置插入公司的联系电话，该电话已被定义为文档属性“Tel”。

⑦ 图片“背景 jpg”与页面大小相同，以该图片原始大小作为请柬的水印、用冲蚀方式平铺整个页面背景。

（3）以 Word.docx 为合并主文档，按下列要求为 List.docx 列表中的客户生成请柬：

① 在“尊敬的”右侧插入客户姓名，并根据性别添加后缀“先生”或“女士”。

② 仅为北京和河北的客户生成请柬。

③ 为符合条件的每位客户生成独立的文档，并以“请柬.docx”为文件名保存。

④ 保存合并主文档 Word.docx。

## 5.3 案例分析

在利用 Word 编辑文档时，通常会遇到这样的情况，多个文档的主要内容、布局相同，只是具体的数据有所变化，如请柬、准考证、获奖证书、会议代表证、通知单、成绩报告单等。对于这类文档的处理，可以使用 Word 提供的邮件合并功能，直接从数据源处提取数据，将其合并到 Word 文档中，最终自动生成一系列输出文档，不但快速而且准确。

实现邮件合并功能的三个关键步骤如下：

（1）链接数据源。邮件合并的一般数据源为二维表格或二维数据库，可以是 Excel 文件、Word 文件、Access 数据库、SQL Server 数据库等，可以选择其中一种文件类型作为邮件合并的数据源。

（2）创建主文档。主文档是一个 Word 文件，包含了文档所需的基本内容并设置了格式。主文档中的文本和图片格式在合并后都固定不变。

（3）关联主文档和数据源。利用 Word 提供的邮件合并功能，实现将数据源合并到主文档中的操作，得到最终的合并文档。

## 5.4 案例实操

（1）整理数据源文件。

① 将文档中以“1/4 全角空格”分隔的文本转换为 5 列 16 行、与窗口同宽的表格。

**步骤 01**：打开 List.docx，选中需转换的文本内容，单击“开始”选项卡中的“替换”按钮，弹出“查找和替换”对话框，单击“更多”按钮。

**步骤 02**：设置查找内容，光标定位在“查找内容”文本框中，单击最下方的“特殊格式（E）”按钮，选择“1/4 全角空格”；设置替换内容，光标定位在“替换为”文本框中，在英文状态下输入“,”。注意：此处的逗号一定要在英文输入法状态下输入，否则在后续操作中的“文字分隔符位置”处无法识别中文状态下的“,”，如图 5-1 所示。

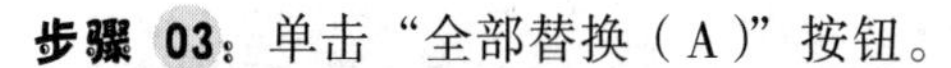

**步骤 03：** 单击“全部替换（A）”按钮。

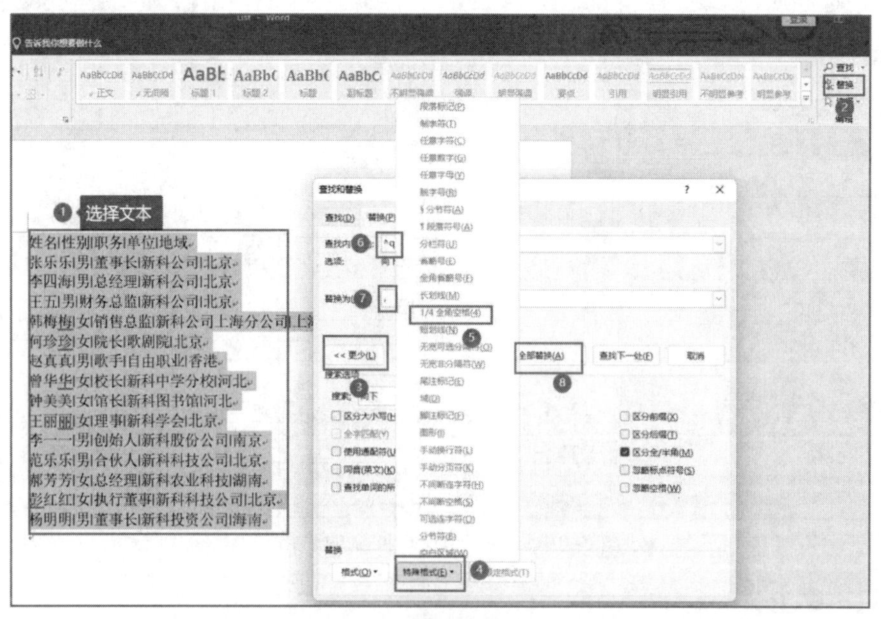


图 5–1　转换文本内容

**步骤 04：** 文字转换为表格。单击“插入”选项卡中的“表格”按钮，选中“将文本转换为表格”命令，弹出“将文本转换为表格”窗口，将“列数”设置为“5”，在“文字分隔位置”中选择“逗号”，单击“确定”按钮，如图 5–2 所示。

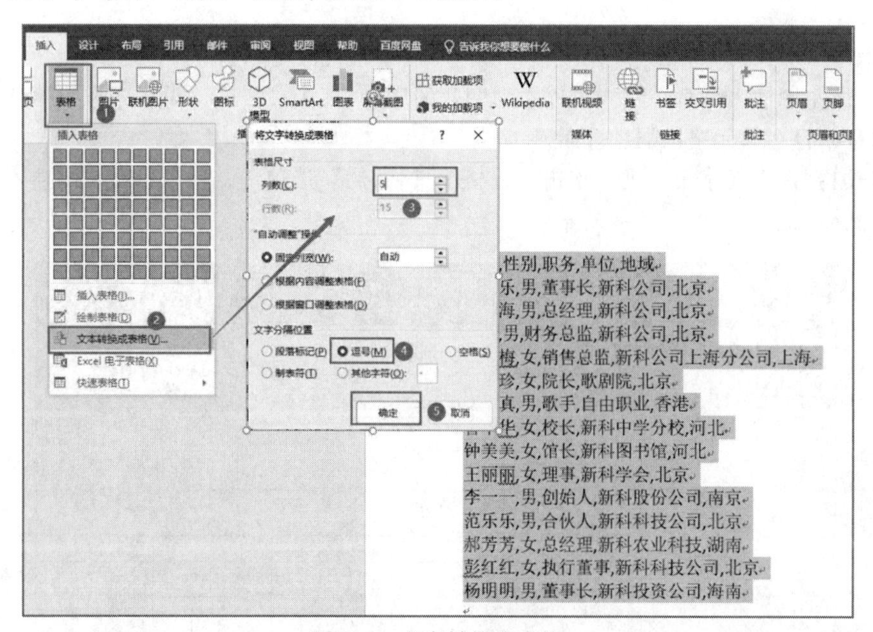


图 5–2　文字转换为表格

**步骤 05：** 设置“与窗口同宽的表格”，选中表格，单击“表格工具–布局”选项卡，单击“属性”按钮，弹出“表格属性”对话框，在“尺寸”区域中将“度量单位(M)”设置为“百分比”，“指定宽度(W)”设置为“100%”即可，如图 5–3 所示。

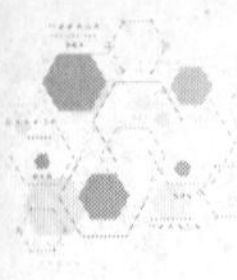



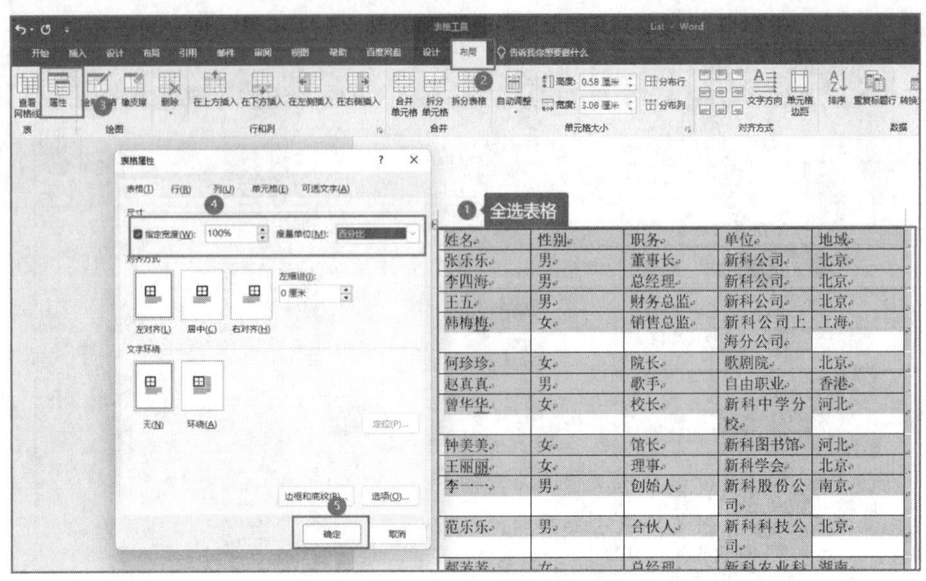


图 5-3　设置“与窗口同宽的表格”

**知识小贴士**

本案例给出的数据源是 list.docx 文档，可利用 word“文字转换为表格”功能将文档内容转换为二维表格。在做文字转换成表格过程中发现“1/4 全角空格”是“文字分隔位置”中不可读取的，这时需要用到查找、替换功能，先将“1/4 全角空格”替换成空格、段落标记、逗号等“文字转换为表格”可读取的分隔符，再通过“将文字转换成表格”功能将文字转换为二维表格。

② 在最左侧插入一列，输入可以自动变化的序号 1，2，3，…，设置序号无缩进、编号之后无分隔符，且在单元格内居中显示。

**步骤 01**：选中表格第一列，单击“表格工具-布局”选项卡，单击“在左侧插入”按钮，在表格左侧插入空列，如图 5-4 所示。

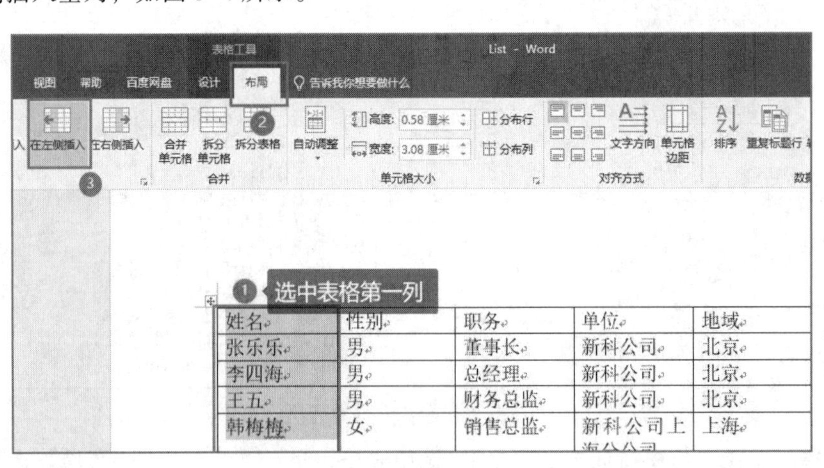


图 5-4　设置表格样式 1

**步骤 02**：在新插入列的第一个单元格中输入“序号”并居中，然后选中要编号的单元格，单击“开始”选项卡中的“编号”按钮，在弹出的下拉菜单中选择“定义新编号格式”命令，弹出“定义新编号格式”对话框，“样式编号(N)”选择“1,2,3,…”样式，并在“编号格式(O)”中去掉“.”，单击“确定”按钮，如图 5-5 所示。

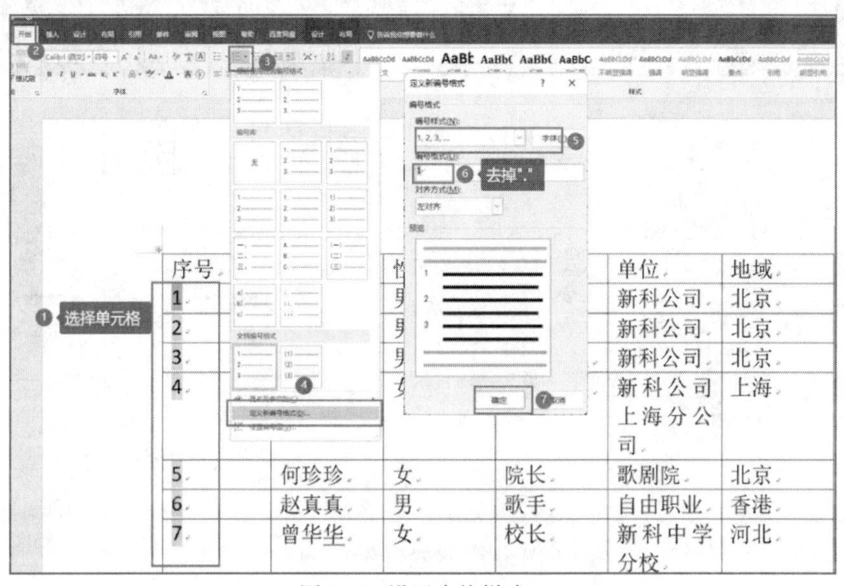


图 5-5　设置表格样式 2

**步骤 03**：选中序号文字，右击后在弹出的快捷菜单中选择“调整列表缩进量”命令，将“文本缩进（T）”设置为“0 厘米”，“编号之后（W）”设置为“不特别标注”，如图 5-6 所示。选中序号后单击“段落”选项组中的“居中”按钮。

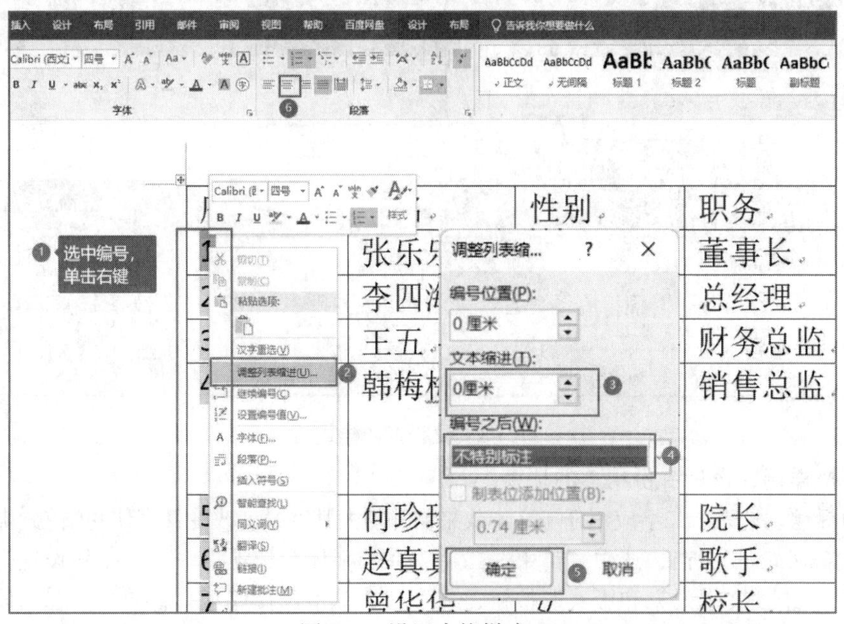


图 5-6　设置表格样式 3

③ 为表格应用一个内置的表格样式，适当调整列宽、字体、字号以及对齐方式。

**步骤 01**：选中表格，单击“表格工具-设计”选项卡，在“表格样式”中单击下拉按钮，选择“网格表 4-着色 1”样式，如图 5-7 所示。

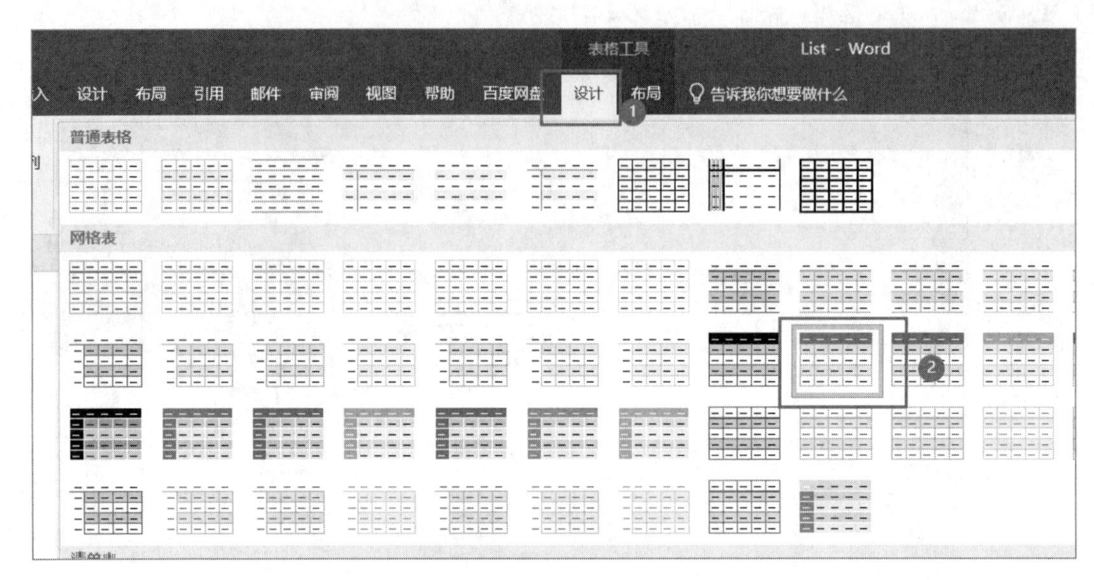


图 5-7　设置表格样式 4

**步骤 02**：选中表格内的文本内容，单击“表格工具-布局”选项卡，单击“自动调整”按钮，在下拉菜单中选择“根据内容自动调整表格(C)”命令，在“对齐方式”选项组中单击“水平居中”按钮，如图 5-8 所示。

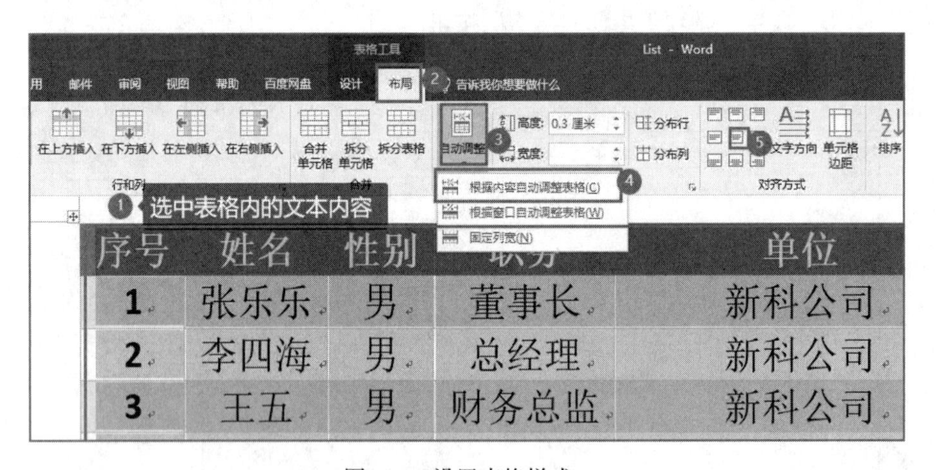


图 5-8　设置表格样式 5

（2）按样例，设计一份精美的请柬。

① 为标题“请柬”二字应用任一文本效果，并加大其字号、改变其字体和颜色，居中显示。

打开 Word.docx 文档，选中“请柬”二字，在“字体”选项组中，将字体设置为：微软雅黑、小一。单击“文本效果和版式”按钮，在下拉菜单中选择任意一种效果。在“段落”选项组中单击“居中”按钮，如图 5-9 所示。

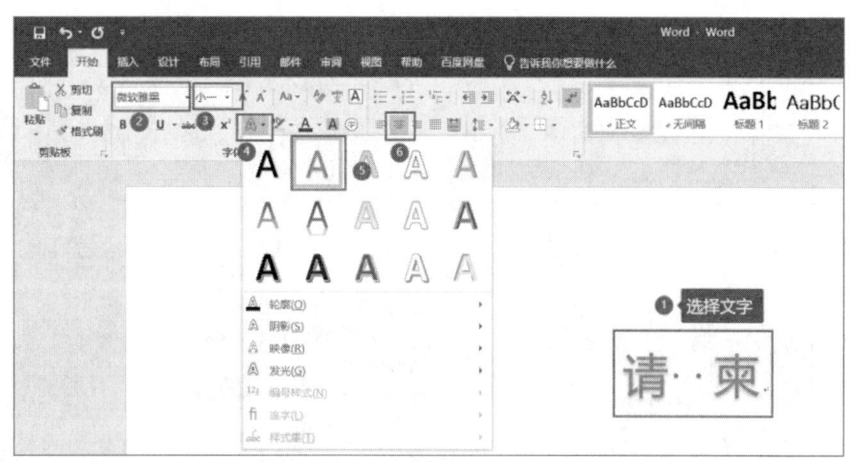


图 5–9　标题“请柬”应用文本效果

② 在标题“请柬”二字上方添加带声调的拼音，拼音与汉字应在一行中显示。

选中“请柬”二字，单击“字体”选项组中的“拼音指南”按钮，弹出“拼音指南”对话框，检查拼音是否正确，无误后单击“确定”按钮，如图 5–10 所示。

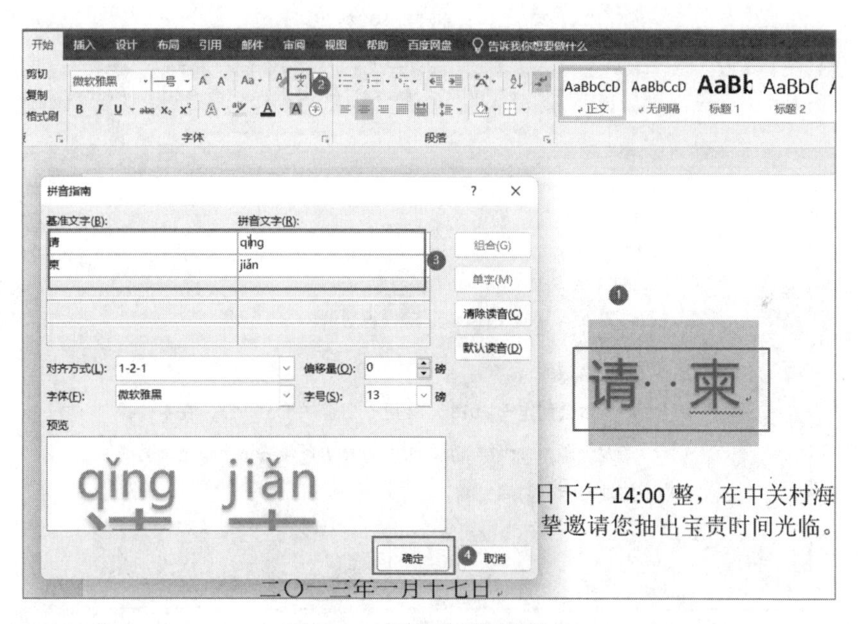


图 5–10　添加带声调的拼音

③ 修改请柬正文的颜色并加大其字号，设置相应段落的首行缩进效果和行间距。

**步骤 01**：选中正文文字，在“字体”选项卡中将字体设置为黑体、三号。

**步骤 02**：单击“段落”选项组右下角的对话框启动器按钮，弹出“段落”对话框，将“特殊格式（S）”设置为“首行缩进”，将“缩进值(Y)”设置为“2 字符”，“行距(N)”设置为“1.5 倍行距”，单击“确定”按钮，如图 5–11 所示。

④ 将落款中包含人名及日期的两行文本在页面的右侧居中显示。

选中包含人名及日期的两行文本，在“段落”选项卡中单击“居中”按钮，然后单击“增加缩进量”按钮，适当增加缩进量使文本靠右显示，如图 5–12 所示。

图 5-11　设置段落效果

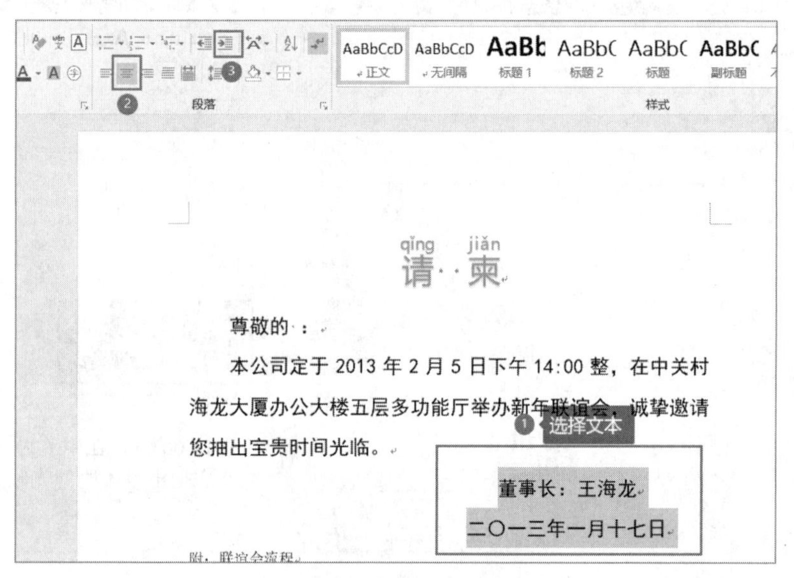


图 5-12　设置落款效果

⑤ 在“附：联谊会流程”下方的时间和后续文本之间添加右对齐的制表符。

**步骤 01**：选中文字后右击，在弹出的快捷菜单中选择“段落”命令，弹出“段落”对话框，单击“制表位”按钮，弹出“制表位”对话框，在“制表位位置（T）”文本框中输入 20 字符，将“对齐方式”设置为“右对齐”，“引导符”设置为“1 无(1)”，单击“设置”按钮，单击“确定”按钮，如图 5-13 所示。

**步骤 02**：将光标定位到待插入制表符的位置，按【Tab】键插入制表符，如图 5-14 所示。

**步骤 03**：选中“附：联谊会流程及下方的时间”和后续文本，在“字体”选项卡中将字体设置为：微软雅黑、四号、浅蓝，如图 5-15 所示。

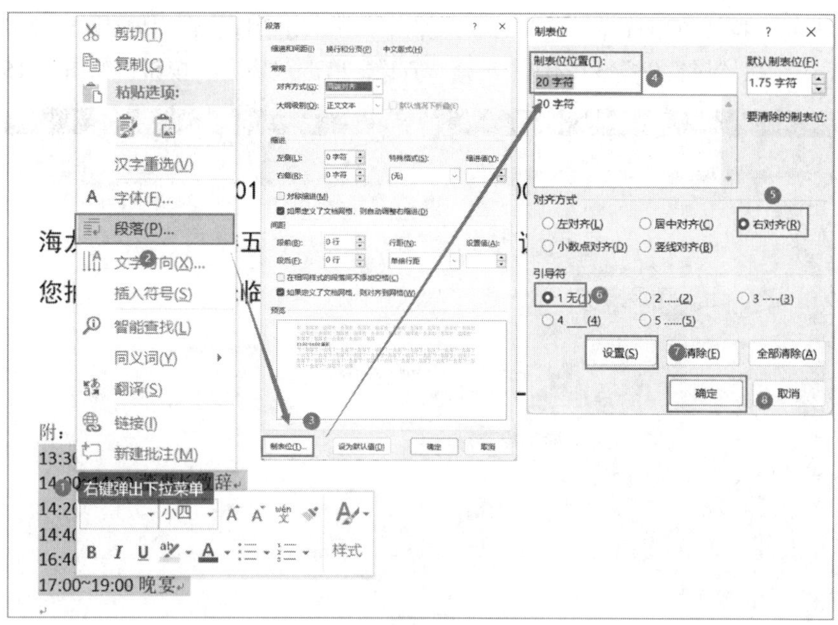


图 5-13　添加右对齐

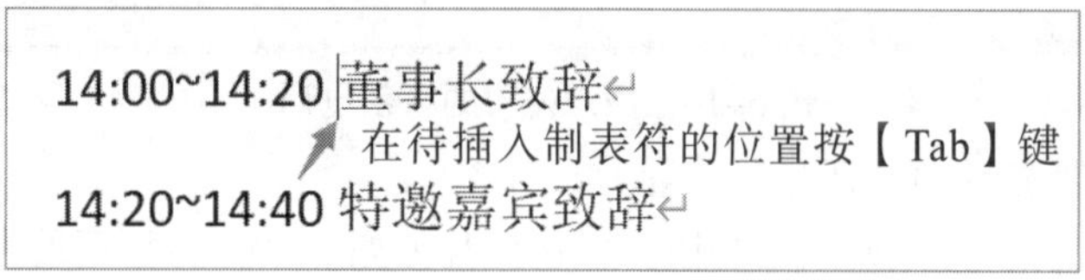

14:00~14:20 董事长致辞

在待插入制表符的位置按【Tab】键

14:20~14:40 特邀嘉宾致辞

图 5-14　插入制表符

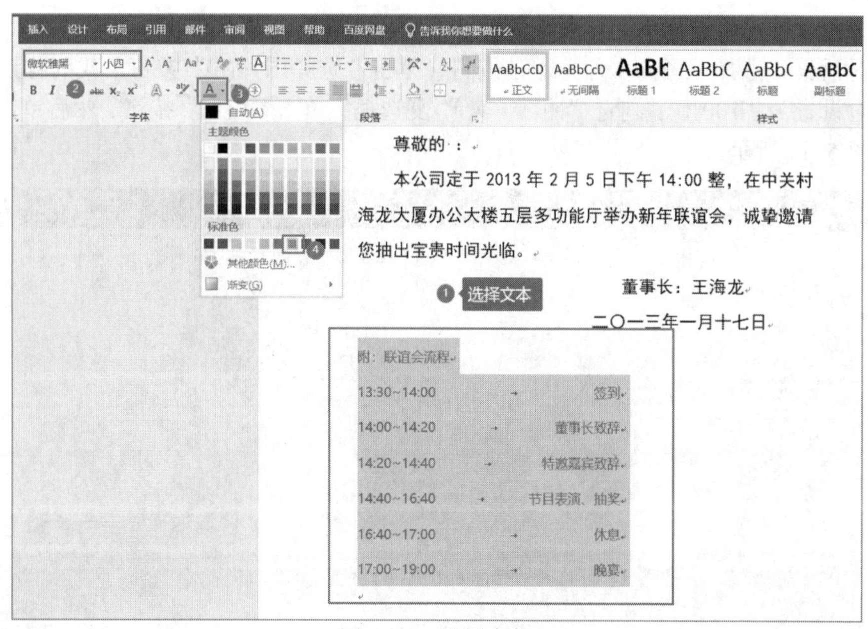


图 5-15　设置字体

⑥ 在请柬页脚的右侧位置插入公司的联系电话，该电话已被定义为文档属性“Tel”。

**步骤 01**：光标定位在页脚处双击，进入“页眉页脚工具-设计”选项卡，单击“文档信息”

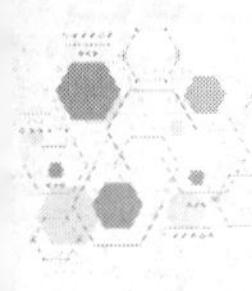

按钮，在弹出的下拉菜单中选择“域”命令，弹出“域”对话框，在“域名(F)”列表框中选择“DocProperty”，在“属性(P)”列表框中选择“Tel”，单击“确定”按钮，如图 5-16 所示。

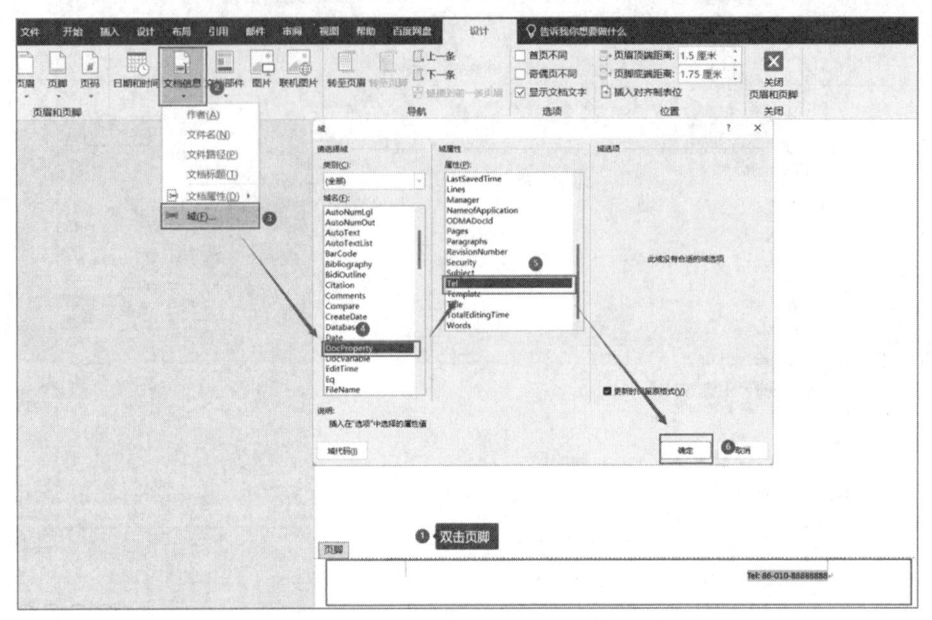


图 5-16　插入公司的联系电话

**步骤 02：**将页脚显示的电话号码设置为右对齐。

⑦ 图片“背景.jpg”与页面大小相同，以该图片原始大小作为请柬的水印、用冲蚀方式平铺整个页面背景。

选择“设计”选项卡，单击“水印”按钮，在下拉菜单中选择“自定义水印”命令，弹出“水印”对话框，选择“图片水印”单选按钮，单击“选择图片(P)”按钮，找到背景.jpg，将“缩放(L)”设置为“100%”，勾选“冲蚀（W）”复选框，单击“应用”按钮，然后单击“关闭”按钮，如图 5-17 所示。

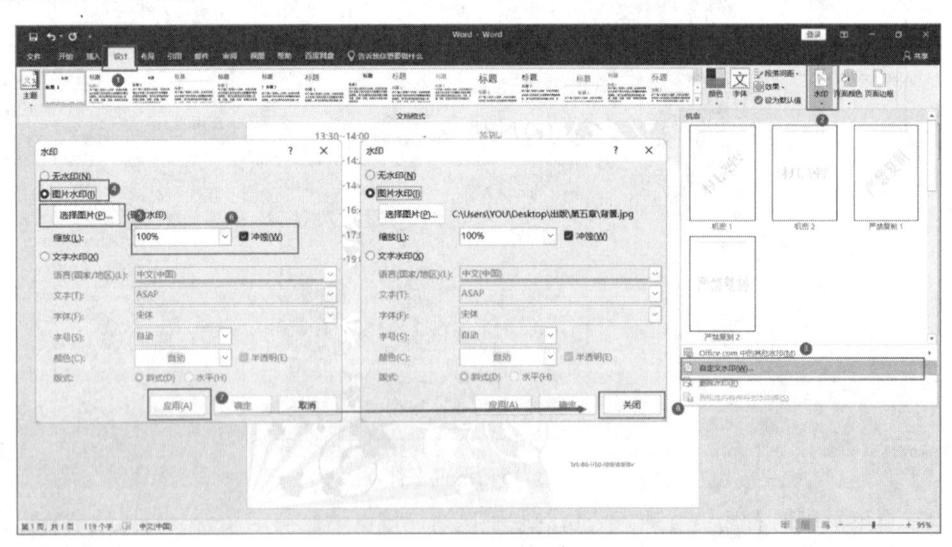

图 5-17　设置页脚

（3）以 Word.docx 为合并主文档，按下列要求为 List.docx 列表中的客户生成请柬：

① 在“尊敬的”右侧插入客户姓名，并根据性别添加后缀“先生”或“女士”。

**步骤 01**：光标定位在“尊敬的”之后，单击“邮件”选项卡，单击“选择收件人”按钮，在下拉菜单中选择“使用现有列表(E)”命令，弹出“选择数据源”对话框，选择 List.docx 文件，单击“打开”按钮，如图 5-18 所示。

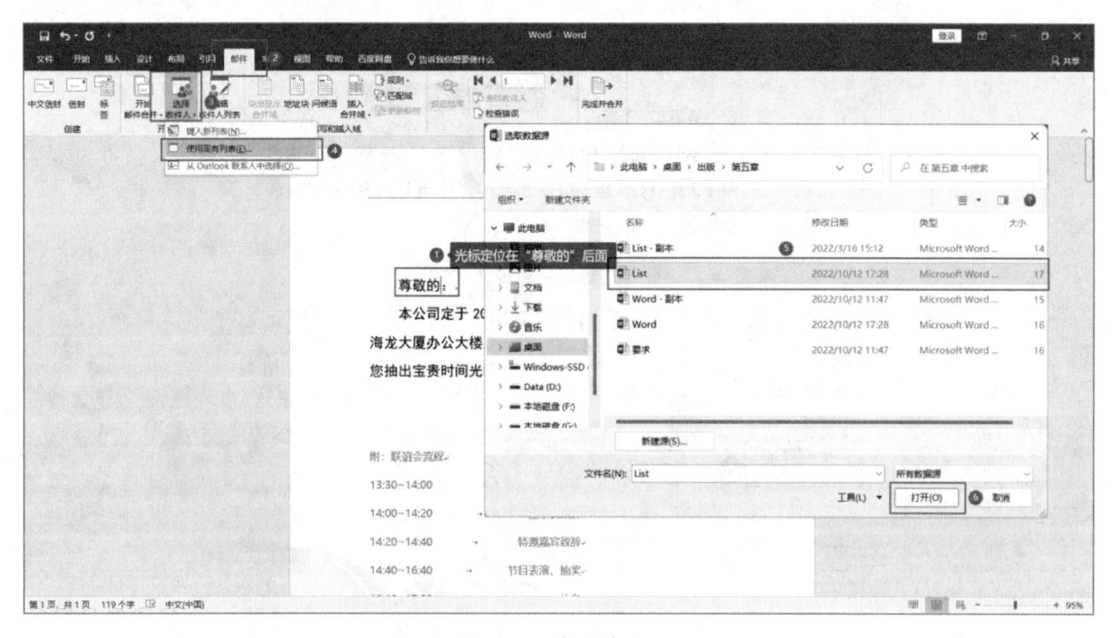


图 5-18　生成请柬 1

**步骤 02**：在“编写和插入域”选项组中单击“插入合并域”按钮，在下拉菜单中选择“姓名”命令，如图 5-19 所示。

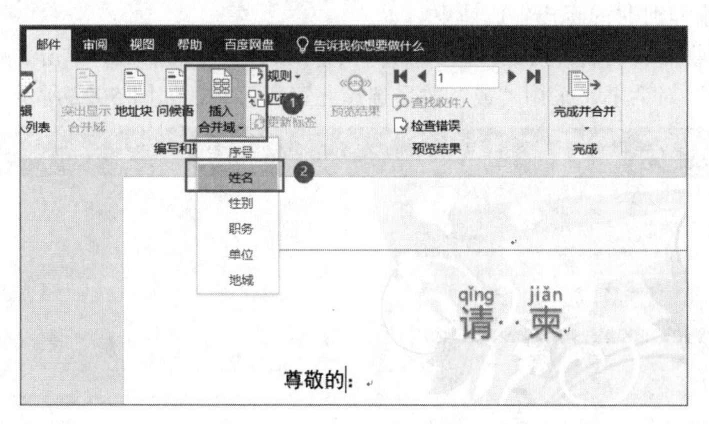


图 5-19　生成请柬 2

**步骤 03**：光标定位在“《姓名》”之后，在“编写和插入域”选项组中单击“规则”按钮，在下拉菜单中选择“如果…那么…否则（I）…”命令，如图 5-20 所示。

**步骤 04**：在弹出的“插入 Word 域:如果”对话框中，按照图 5-21 所示进行填写，最后单击“确定”按钮。

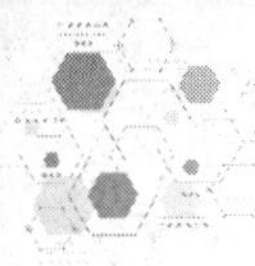

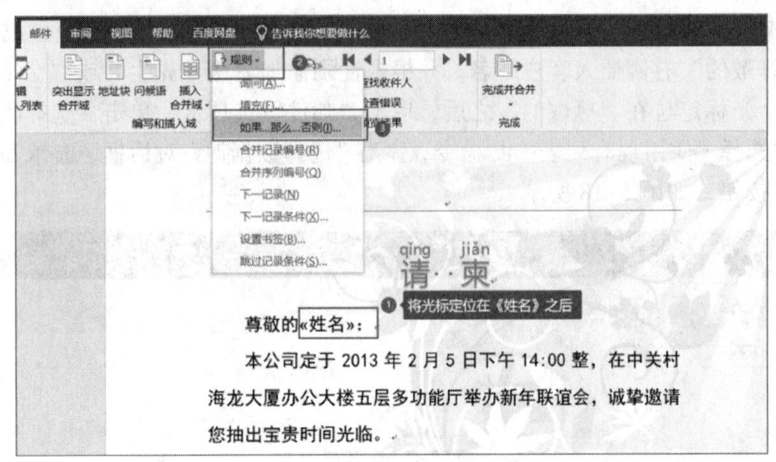


图 5–20　生成请柬 3

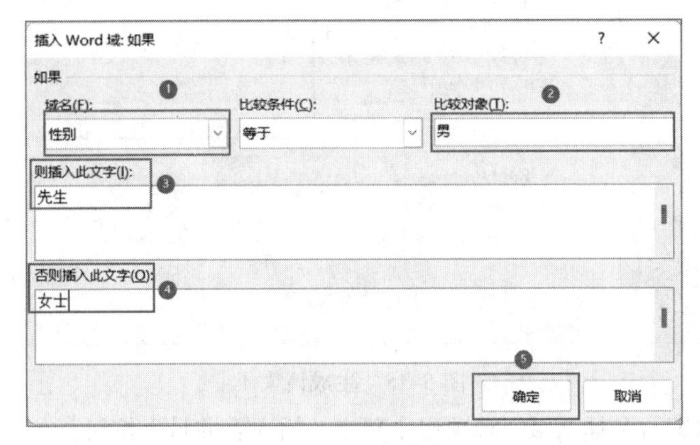


图 5–21　生成请柬 4

② 仅为北京和河北的客户生成请柬。

单击“编辑收件人列表”按钮，弹出“邮件合并收件人”对话框，单击“筛选(F)”超链接，弹出“查询选项”对话框，采用“或”关系选择北京和河北，如图 5–22 所示。

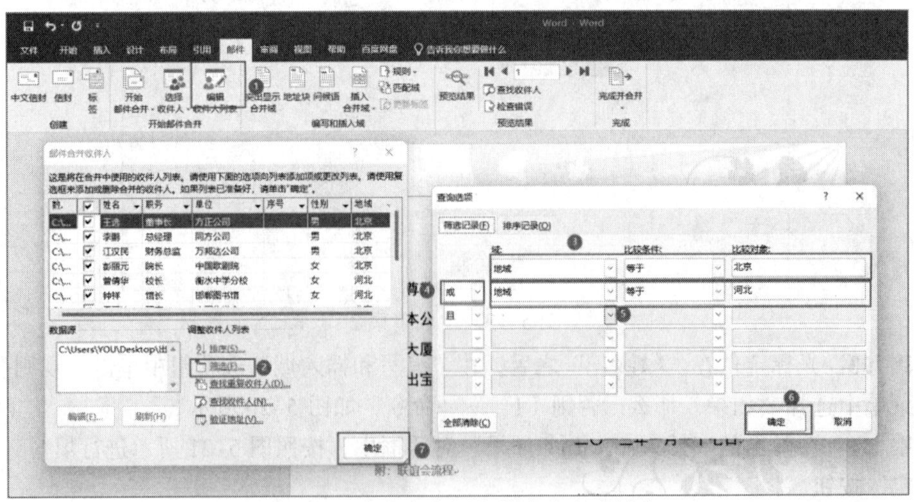


图 5–22　为北京和河北的客户生成请柬

③ 为符合条件的每位客户生成独立的文档，并以“请柬.docx”为文件名保存。

**步骤 01**：单击“完成并合并”按钮，在弹出的下拉菜单中选择“编辑单个文档”命令，弹出“合并到新文档”对话框，选择“全部(A)”单选按钮，单击“确定”按钮，如图 5-23 所示，生成一个新的 Word 文档。

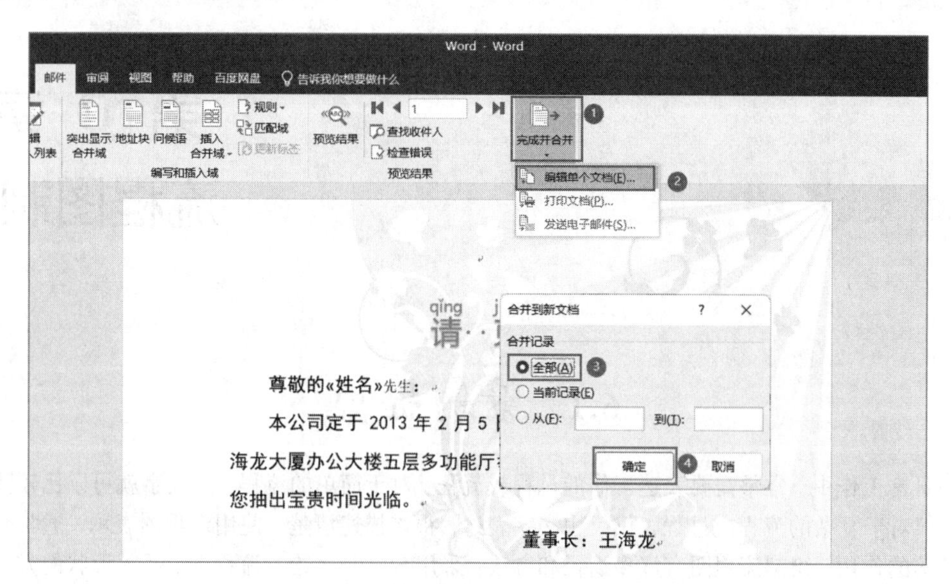


图 5-23　为符合条件的每位客户生成请柬

**步骤 02**：在新的 Word 文档中，将文档以“请柬.docx”为文件名保存。

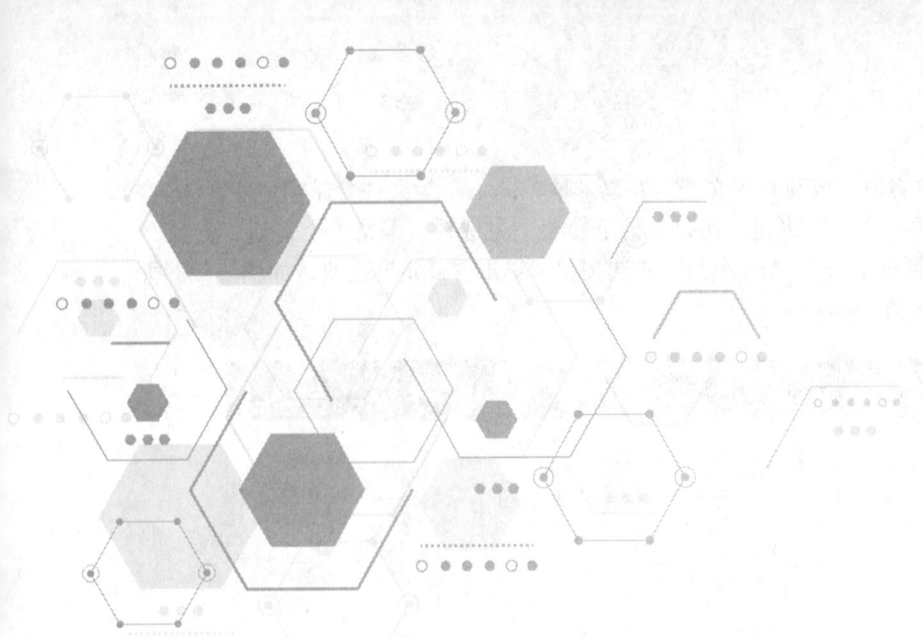

# 第 6 章 流程图制作

## 6.1 案例提要

在日常工作中，常常需要表达工作的过程或流程。对于简单的流程，用文字就可以比较清晰地表达，但对于复杂的流程或过程，仅仅用文字表达，很难描述清楚。使用流程图表示，通常会起到事半功倍的作用。绘制流程图有许多途径和方法：采用 SmartArt 绘制流程图、插入形状的方式绘制流程、使用思维导图软件（MindManager）或用专业的流程图绘制软件（如 Project、Visio 等）。

本案例主要涉及的知识点有：

- 用形状制作流程图
- 设置流程图样式

## 6.2 案例介绍

小王在做文秘工作时，常常需要绘制各种流程，如会议流程、办事流程、商业规划、记录重要会议过程中的奇思妙想等，希望能通过图形的形式，向各部门进行有效传达。这次工作中领导交代小王要向公司所有人说明公司的请假申请程序，小王决定用 Word 制作流程图进行讲解。

（1）在 Word 中新建一个画布。

（2）绘制流程图框架。利用形状格式插入形状“矩形”“椭圆”“箭头”，绘制流程图。

（3）在流程图中添加文字，设置形状样式“彩色轮廓-蓝色，强调颜色 1”；设置形状轮廓“无边框”。

（4）美化流程图。设置文字为“宋体、4 号”；设置形状轮廓为红色；字体艺术字“填充：白色；边框：橙色；主题色 2；清晰阴影：橙色，主题色 2”；所有线条“形状轮廓”设置为“粗细 2.25 磅”；设置三个审批者“形状样式”为“细微效果 蓝色，强调颜色 5”；设置艺术字样式为“映像-紧密映像-4 磅-偏移量”；“文本轮廓”为“蓝色”；移动画布至合适位置“浮于文字上方”。

## 6.3 案例分析

Word 有各种图形形状，如“线条”“矩形”“箭头”“星号”“标注”等，每个类别又包含多个图形，可以满足常见流程图的绘制，因此本案例采用插入形状方式绘制流程图。在制作流程图时需要注意如下三个关键点：

（1）注意在制作流程图前，要对流程图有一个构思。

（2）注意对流程图进行美化。

（3）注意核对各环节是否连贯。

## 6.4　案例实操

（1）插入一个画布。

在页面中创建用于绘图的区域。单击“插入”选项卡，在“插图”选项组中单击“形状”按钮，在弹出的菜单中选择“新建画布”命令，如图 6–1 所示。

图 6–1　新建画布

注：如不使用画布，直接在图中插入形状，会导致各个图形之间不能用连接符连接。

（2）绘制流程图框架。利用形状格式插入形状“矩形”“椭圆”“箭头”，绘制流程图。

**步骤 01**：添加相应的框格。单击“形状格式”选项卡，在“插入形状”选项组中选择“矩形”和“椭圆”，如图 6–2 所示。

图 6–2　添加框格

**步骤 02**：设置水平居中。选中中间列图形，在“排列”选项组中单击“对齐”按钮，选择“水平居中”，如图 6–3 所示。

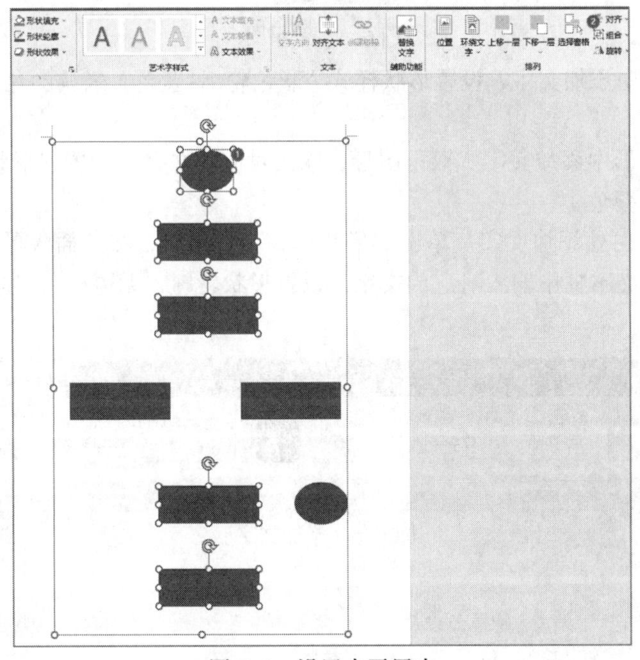

图 6–3　设置水平居中

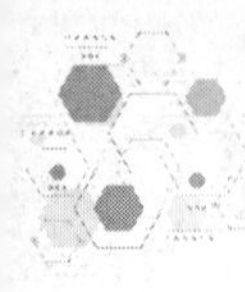



**步骤 03**：插入箭头。单击“形状格式”选项卡，在“插入形状”选项组中选择“直线箭头”，连接垂直方向上的图标。选择“肘形箭头”，连接两侧方向上的图标，如图 6-4 所示，设置效果如图 6-5 所示。

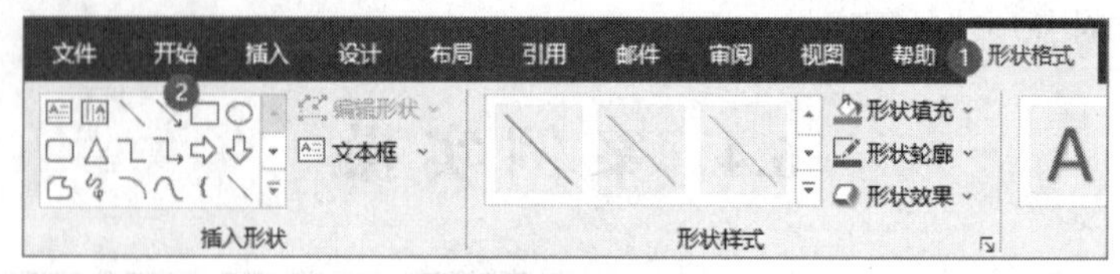


图 6-4　插入箭头

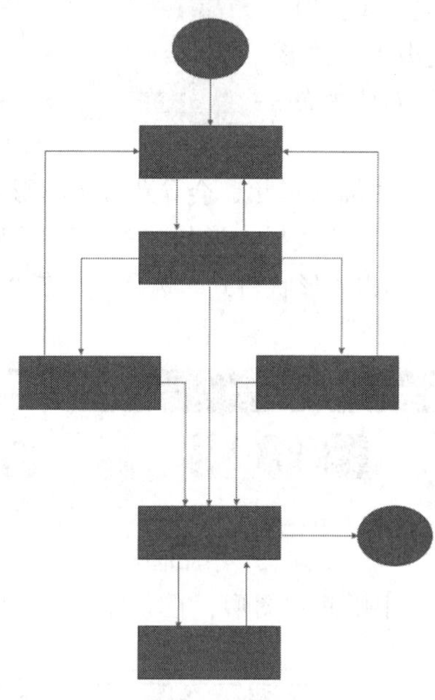

图 6-5　效果图

（3）在流程图中添加文字，设置形状样式“彩色轮廓-蓝色，强调颜色 1”；设置形状轮廓“无边框”。

**步骤 01**：在图形中添加文字。双击图形，输入对应的文字。设置“形状样式”，选择“彩色轮廓-蓝色，强调颜色 1”。

**步骤 02**：在空白处添加文字。单击“形状格式”选项卡，在“插入形状”选项组中选择“横排文本框”。在文本框中输入对应的文字。设置形状轮廓“无边框”，如图 6-6 所示，设置效果如图 6-7 所示。

图 6-6　添加文字

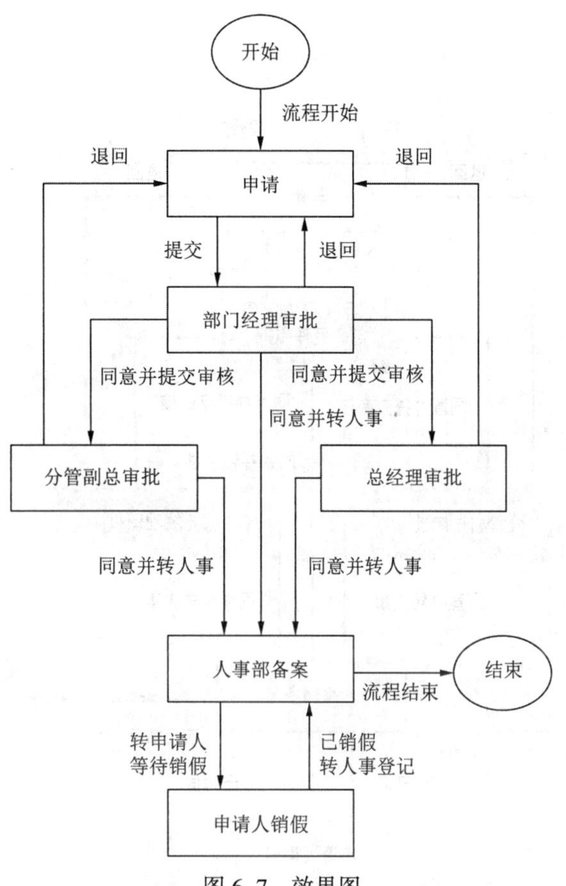


图 6–7　效果图

（4）美化流程图。设置文字为“宋体、4 号”；设置形状轮廓为红色；字体艺术字“填充：白色；边框：橙色；主题色 2；清晰阴影：橙色，主题色 2”；所有线条“形状轮廓”设置为“粗细 2.25 磅”；设置三个审批者“形状样式”为“细微效果 蓝色，强调颜色 5”；设置艺术字样式为“映像–紧密映像–4 磅–偏移量”；“文本轮廓”为“蓝色”；移动画布至合适位置“浮于文字上方”，设置效果如图 6–8 所示。

**步骤 01：**设置字体。将画布中所有文字设置为宋体、4 号。

**步骤 02：**设置“开始”和“结束”为红色。设置“形状轮廓”为红色，字体艺术字选择“填充：白色；边框：橙色；主题色 2；清晰阴影：橙色，主题色 2”。

**步骤 03：**设置线条。将画布中所有线条“形状轮廓”设置为：粗细 2.25 磅。

**步骤 04：**设置“审批”样式。设置三个审批者“形状样式”为“细微效果 蓝色，强调颜色 5”。

**步骤 05：**设置“备案”样式。设置艺术字样式“文本效果”为“映像–紧密映像–4 磅–偏移量”；“文本轮廓”为“蓝色”。

**步骤 06：**移动画布。选中画布，单击“形状格式”选项卡，在“排列”选项组中选择“浮于文字上方”，移动画布至合适位置。

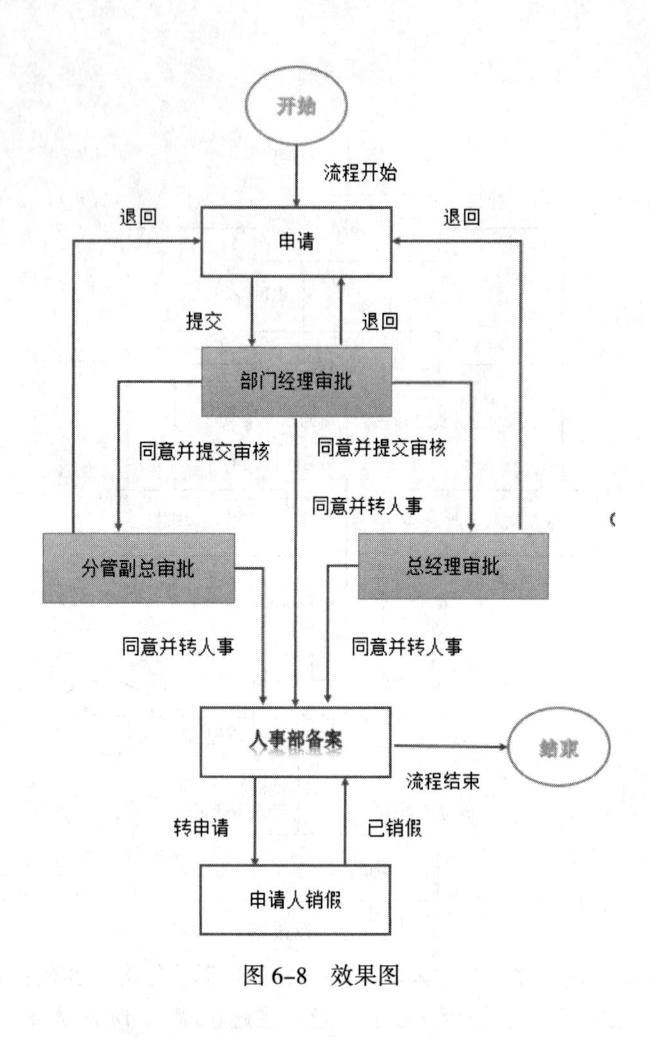
开始
流程开始
退回
申请
退回
提交
退回
部门经理审批
同意并提交审核
同意并提交审核
同意并转人事
分管副总审批
总经理审批
同意并转人事
同意并转人事
人事部备案
结束
流程结束
转申请
已销假
申请人销假

图 6-8　效果图

# 第 7 章 产品介绍方案排版

## 7.1 案例提要

在使用 Word 进行长篇文档排版的过程中，格式是困扰人们的一个大问题。大部分人对于格式的调整总是似懂非懂，经常出现格式错误。本章通过对某公司的一个产品解决方案进行排版，总结出一套快速设定论文格式的方法，能对长篇论文排版起到系统性的指导作用。

使用这套论文格式设置方法，可以有效地节约时间，并且修改方便。其主要原则有以下三点：

（1）长篇文档的内容和格式设置分开，不要在内容写作过程中调整任何格式；

（2）将文档分为多个章节部分，分别设置格式，最后合并文档形成完整的论文文档；

（3）针对格式要求逐项设置，不要使用模板。避免遗漏和套用格式会发生的冲突。

主要涉及的知识点有：

- 页面设置
- 样式设置
- 分隔符
- 自定义多级列表
- 域函数应用
- 页眉页脚设置

## 7.2 案例介绍

小王是新科信息科技有限公司的新员工，目前公司接到客户要求，让他们提供一个《慕课制作与应用解决方案》。目前的方案内容他已经写好，但是文档的格式不会设置，下面按照新科公司的文件格式要求，帮助小王对《慕课制作与应用解决方案》文档进行排版。

具体要求如下：

（1）设置页面，全文页边距上下 2.5 cm、左 3 cm、右 3 cm；将所有字体设置为宋体小四，首行缩进 2 个字符，行间距为 1.5 倍。

（2）制作封面，将题目分为两行，设置字体为黑体 36 号，并进行加粗居中处理，将字体往下移动两行；将标题下方的图片设置为居中，并将图片样式设置为“上下型环绕”，将“公司名称”和“日期”放置在图片下方，设置字体为宋体 18 号居中。整体效果可参考示例文件“封面效果.JPG”。

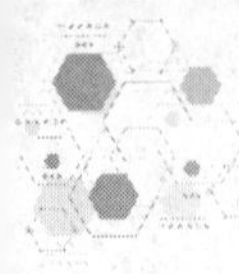



（3）单独设立“知识产权条款”“免责声明”“目录”页面，并将标题文字设置为黑体三号加粗居中，标题设置与内容距离为段后间距 1 行。

（4）设置文档的标题样式，具体要求如下：

一级标题：黑体四号，加粗，居中，段前分页，段后间距 0.5 行。

二级标题：黑体小四，加粗，左对齐。

三级标题：楷体小四，左对齐。

（5）设置自定义多级列表样式，具体要求如下：

将其自动编号的“一级标题”样式修改为“第 1 章，第 2 章，第 3 章...”。

将其自动编号的“二级标题”样式修改为“1.1，1.2，2.1...”。

将其自动编号的“三级标题”样式修改为“1.1.1，1.1.2，2.1.1...”。

所有样式的对齐位置和文本缩进位置都设置为“0”。

（6）将文档中的所有标题进行样式设置，把原来的编号删除。

（7）设置文档的页码：

其中“封面”不设页码，“知识产权条款”“免责声明”“目录”页码设置为：页码在页面底部，格式为大写罗马字符居中。

其余页面格式为：奇数页靠右下角，偶数页靠左下角；页码格式设置为“第*页　共*页”。

（8）设置正文页眉，其中奇数页页眉为公司名称“新科信息科技有限公司”居中，偶数页页眉为当前章节一级标题的编号和标题。

（9）将文档中的图片居中，并对图片重新编号，编号格式为“图 2-1”，其中“2”表示为当前章节编号，“1”表示为该章节的第一张图片。

（10）制作一个包含三级标题的正式目录。

（11）将文档另存为“慕课制作与应用.pdf”文件。

## 7.3　案例分析

每个公司或组织的文件格式都有所不同，通常 Word 文档的纸张和页面是 A4 纸打印；默认页边距上下各为 2.54 cm，左右边距各为 3.18 cm；字符间距为默认值（缩放 100%，间距：标准）。

制作长文档前要规划好各种基本设置：首先对页面进行设置，如纸张和页边距；然后对文字进行共性设置，如文字大小、字体样式；最后设置文档段落，全选文档正文，对特殊格式、行间距等进行设置。

其次是样式设置，如果要对每段进行设置的话，是比较复杂不易操作的，需要从中寻找技巧，先从共性问题下手进行排版，然后再对个性问题做精细化处理，同时对不同的篇章部分一定要分节，而不是分页。

按照正式出版物的惯例，章、节、目序号的级序规定如下：1、1.1、1.1.1、(1)、①。

设置完成后，可以通过打印预览查看效果。

如果有特殊文档样式要求，可以进一步利用功能区进行设置。

## 7.4　案例实操

（1）设置页面，全文页边距上下 2.5 cm、左 3 cm、右 3 cm。对文档内容进行分节，使得

“封面”“知识产权条款”“免责声明”“目录”作为一节，其余正文内容各部分作为一节。

**步骤 01**：打开“慕课制作与应用.docx”文档，单击“布局”选项卡中的“页边距”按钮，在下拉菜单中选择“自定义页边距（A）”命令，弹出“页面设置”对话框，将上下页边距设置为“2.5 厘米”，左右页边距设置为“3 厘米”，单击“确定”按钮，如图 7-1 所示。

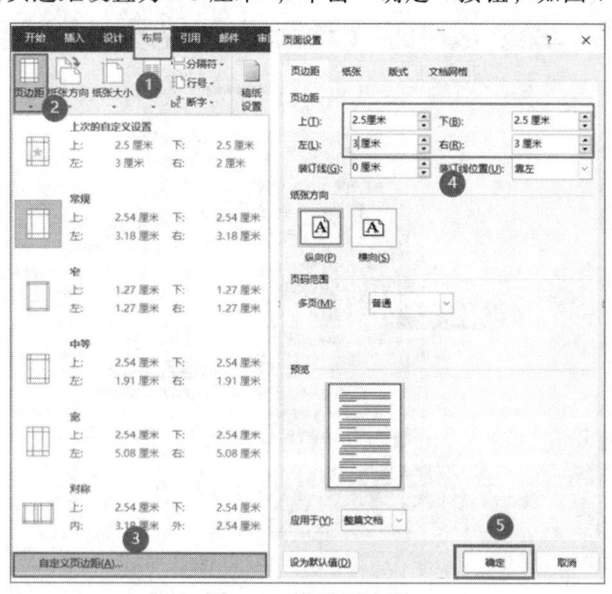


图 7-1　设置页边距

**步骤 02**：单击“文件”选项卡，在弹出的菜单中选择“选项”命令，弹出“Word 选项”对话框，单击“显示”按钮，勾选“显示所有格式标记(A)”复选框，如图 7-2 所示。这样操作方便观察文档的格式。

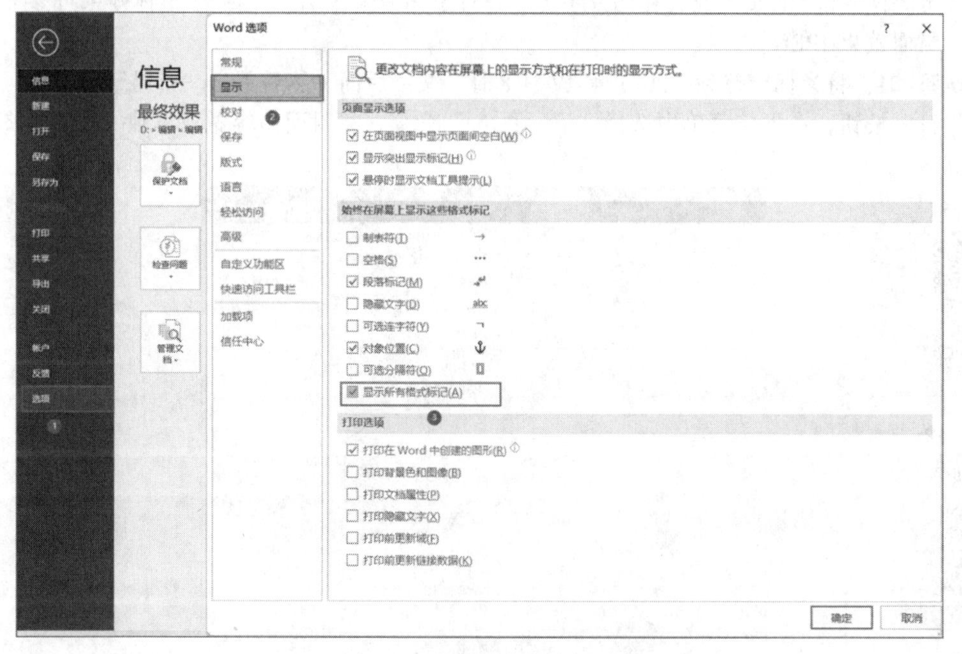


图 7-2　显示所有格式标记

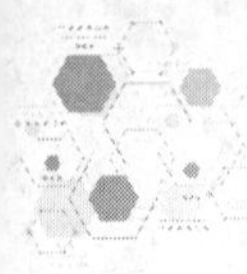



**步骤 03**：按【Ctrl+A】组合键全选文档的内容，单击“开始”选项卡，在“字体”选项组中将字体设置为：宋体，小四。单击“段落”选项组右下角的对话框启动器按钮，弹出“段落”对话框，将“特殊格式（S）”设置为“首行缩进”，“缩进值（Y）”设置为“2 字符”；再将“行距（N）”设置为“1.5 倍行距”，单击“确定”按钮，如图 7–3 所示。

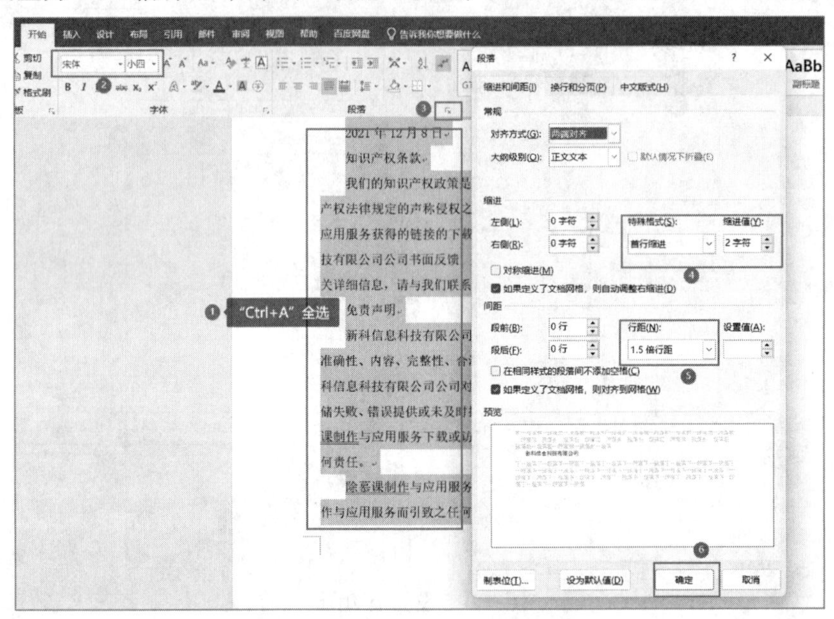


图 7–3　设置行间距

（2）制作封面，将题目分为两行，设置字体为“黑体 36 号”，并进行“加粗居中”处理，将字体往下移动两行；将标题下方的图片设置为“居中”，并将图片样式设置为“上下型环绕”，将“公司名称”和“日期”放置在图片下方，设置字体为宋体 18 号居中。整体效果可参考示例文件“封面效果.JPEG”。

**步骤 01**：将光标定位到“2021 年 12 月 8 日”文字后面，然后单击“布局”选项卡，单击“分隔符”按钮，在下拉菜单中选择“下一页(N)”命令，将封面内容做成单独一页，如图 7–4 所示。

●微视频

分隔符

●微视频

封面制作

图 7–4　设置分页

**步骤 02：** 选中封面页中的所有内容，单击“字体”选项组中的“清除所有格式”按钮，如图 7–5 所示。

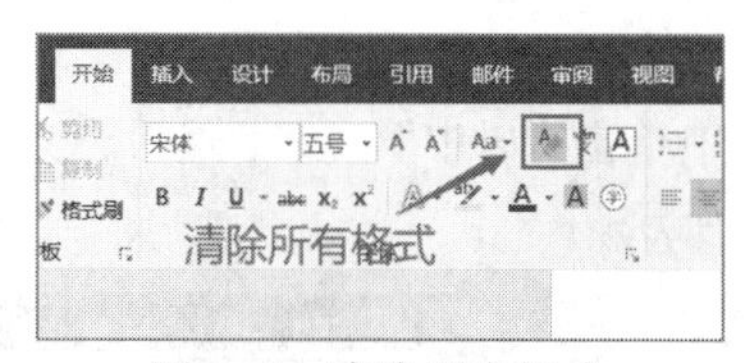

图 7–5　清除所有格式

**步骤 03：** 选中标题文字“慕课制作与应用解决方案”，将文字设置为：黑体、36 号、加粗，并在“段落”选项组中将文本进行居中。将光标放在标题文字前面，按【Enter】键在文档顶格空出两行，将光标放在标题文字后面，按【Enter】键使图片与标题空出一行，如图 7–6 所示。

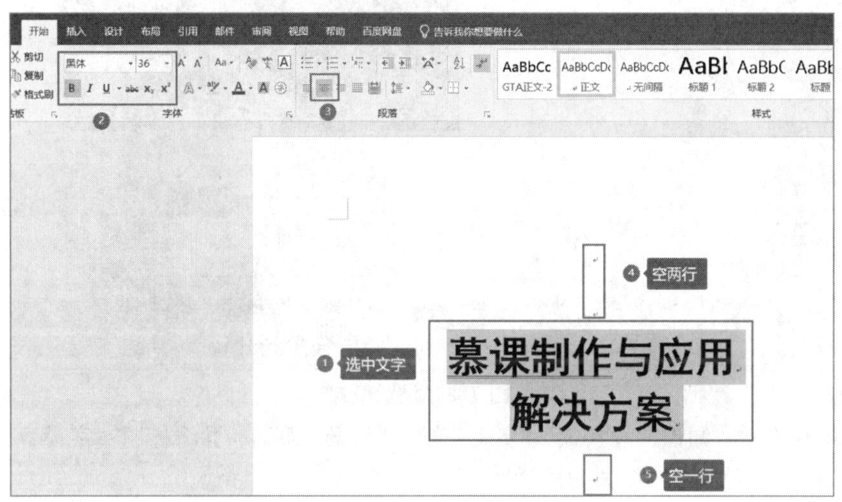

图 7–6　设置文字格式

**步骤 04：** 选中图片，在“段落”选项组中将图片进行居中；出现“图片工具–格式”选项卡，单击“环绕文字”按钮，选择“上下型环绕”，如图 7–7 所示。

图 7–7　设置环绕方式

**步骤 05**：选中“公司名称”和“日期”，将字体设置为：宋体、18 号，在“段落”选项组中单击“居中”按钮，然后将光标定位在公司名称前面，按【Enter】键空出 4 行即可，如图 7-8 所示。

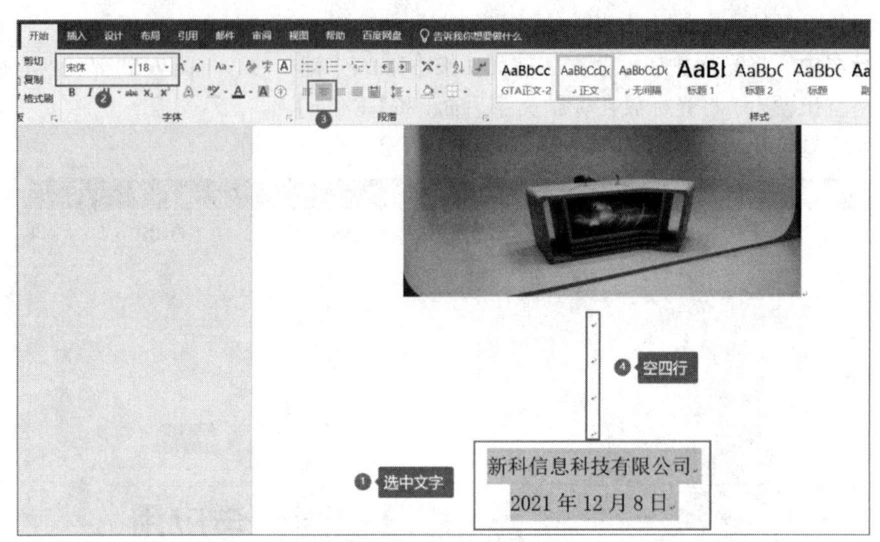


图 7-8　设置格式

（3）单独设立“知识产权条款”“免责声明”“目录”页面，并将标题文字设置为黑体三号加粗居中，标题设置与内容距离为段后间距 1 行。

**步骤 01**：将光标定位在“免责声明”标题前，按【Ctrl+Enter】组合键插入一个分页符。

**步骤 02**：选中“知识产权条款”标题，单击“字体”选项组中的“清除所有格式”按钮，清除标题格式，然后在“字体”选项组中将字体设置为：黑体、三号、加粗，在“段落”选项组中将字体进行居中，单击“段落”选项组右下角的对话框启动器按钮，弹出“段落”对话框，将“间距”设置为“段后”1 行，“行距”为 1.5 倍，如图 7-9 所示。

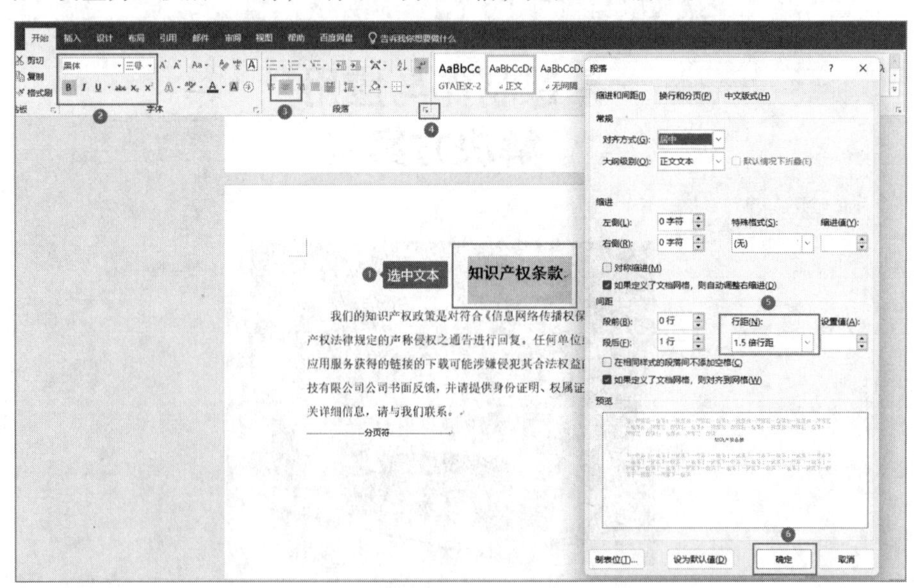


图 7-9　设置行距

**步骤 03：** 设置字体格式以后直接单击“剪贴板”选项组中的“格式刷”按钮，此时光标变成带有一把“刷子”的图案，按住鼠标选中“免责声明”标题文字，然后释放鼠标，“免责声明”标题的格式就设置完成了。

**步骤 04：** 将光标定位在“免责声明”页面后，单击“插入”选项卡，在“页面”选项组中选择“空白页”，如图 7-10 所示，在“免责声明”页面后插入一个空白页。

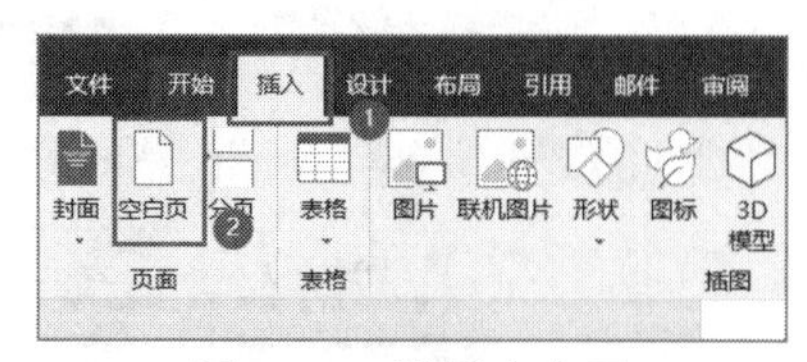


图 7-10　设置空白页

**步骤 05：** 在空白页中输入“目录”，然后继续使用格式刷的方法将“目录”标题设置为黑体三号加粗居中。

**步骤 06：** 将光标定位在“目录”标题后，按【Enter】键，跳到下一行。单击“布局”选项卡中的“分隔符”按钮，在弹出的菜单中选择“分节符”下方的“连续(O)”命令，如图 7-11 所示。

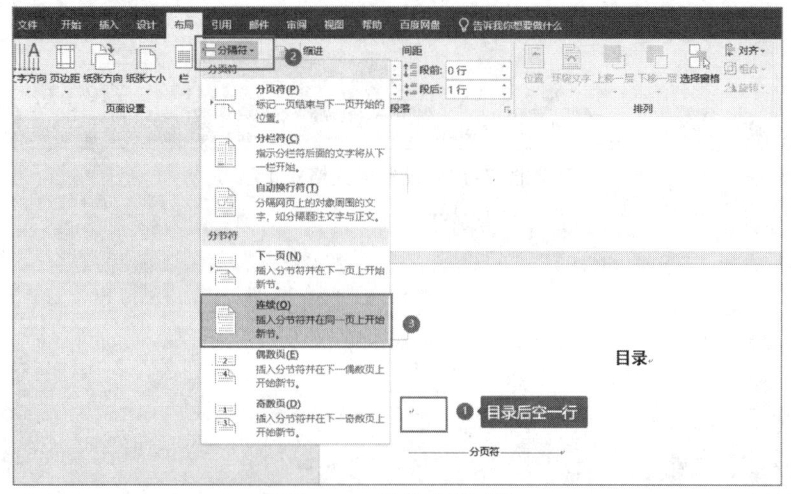


图 7-11　设置文档页码

（4）设置文档的标题样式，具体要求如下：

一级标题：黑体四号，加粗，居中，段前分页，段后间距 0.5 行。

二级标题：黑体小四，加粗，左对齐。

三级标题：楷体小四，左对齐。

微视频

目录

微视频

样式基本操作

**步骤 01：** 在“开始”选项卡中的“样式”选项组中找到“标题 1”样式，右击，在弹出的快捷菜单中选择“修改(M)”命令，弹出“修改样式”对话框，将字体设置为黑体四号，加粗，居中。继续单击“修改样式”窗口左下角的“格式(O)”按钮，选择“段落(P)”命令，弹出“段落”对话框，将“间距”设置为段后 0.5 行，行距 1.5 倍。在“段落”对话框中选择“换行和分页”选项卡，在分页区域勾选“段前分页(B)”复选框。单击“确定”按钮完成设置，如图 7-12 所示。

**步骤 02：** 在“样式”选项组中找到“标题 2”样式，右击，在弹出的快捷菜单中选择“修改(M)”命令，弹出“修改样式”对话框，将字体设置为黑体小四，加粗，左对齐。单击“修改样式”对话框左下角的“格式(O)”按钮，选择“段落(P)”命令，弹出“段落”对话框，将“间距”设置段前、段后均为“0”，行距 1.5 倍。单击“确定”按钮完成设置，如图 7-13 所示。

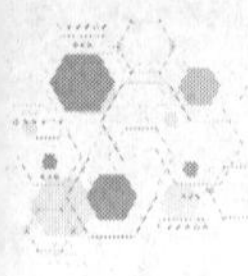



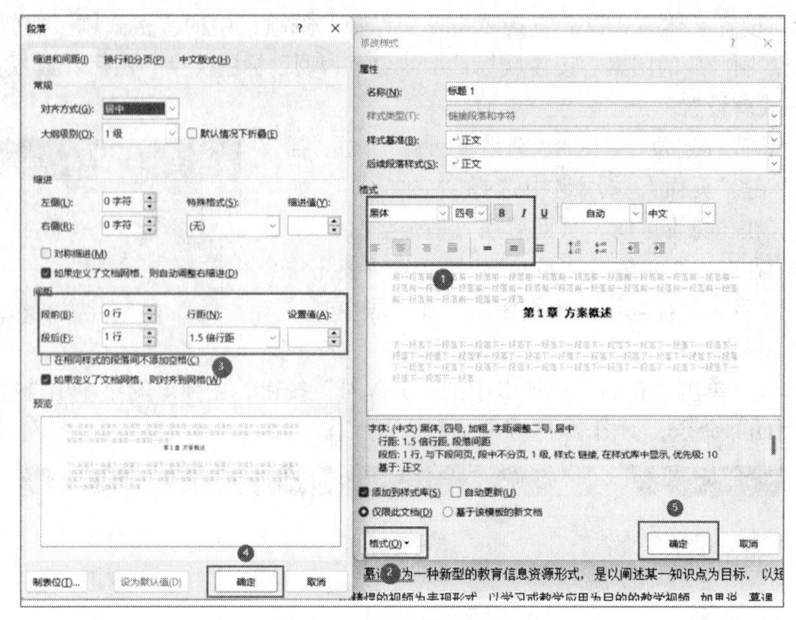

图 7-12　设置样式格式 1

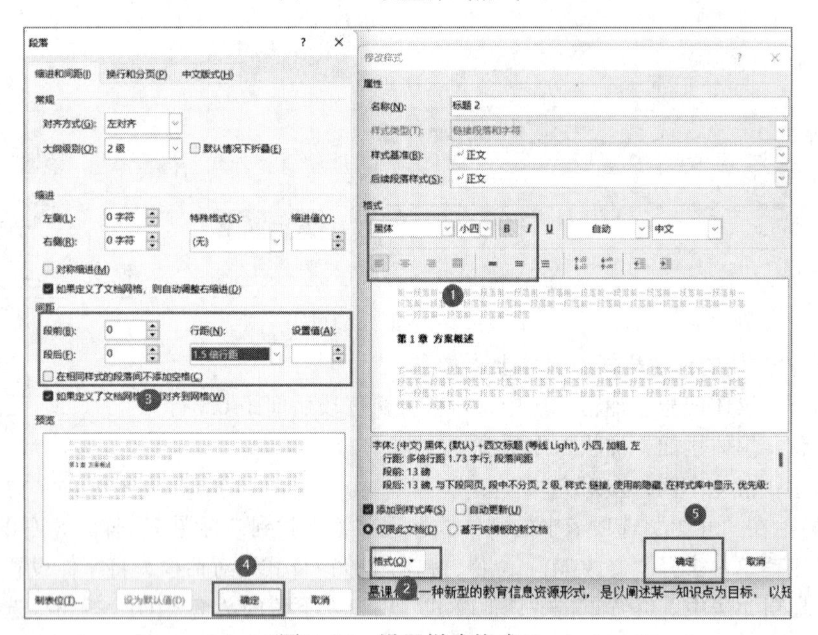

图 7-13　设置样式格式 2

**步骤 03**：单击“样式”选项组右下角的对话框启动器按钮，在弹出“样式”窗格中单击“选项”按钮，弹出“样式窗格选项”对话框，在“选择要显示的样式(S)”下拉列表中选择“所有样式”命令，单击“确定”按钮。在“样式”窗格中滚动下拉滑块，找到“标题 3”样式，右击，在弹出的快捷菜单中选择“修改(M)”命令，弹出“修改样式”对话框，将字体设置为楷体、小四，左对齐。单击“修改样式”对话框左下角的“格式(O)”按钮，选择“段落(P)”命令，弹出“段落”对话框，将“间距”设置段前、段后均为“0”，行距 1.5 倍。单击“确定”按钮完成设置，如图 7-14 所示。

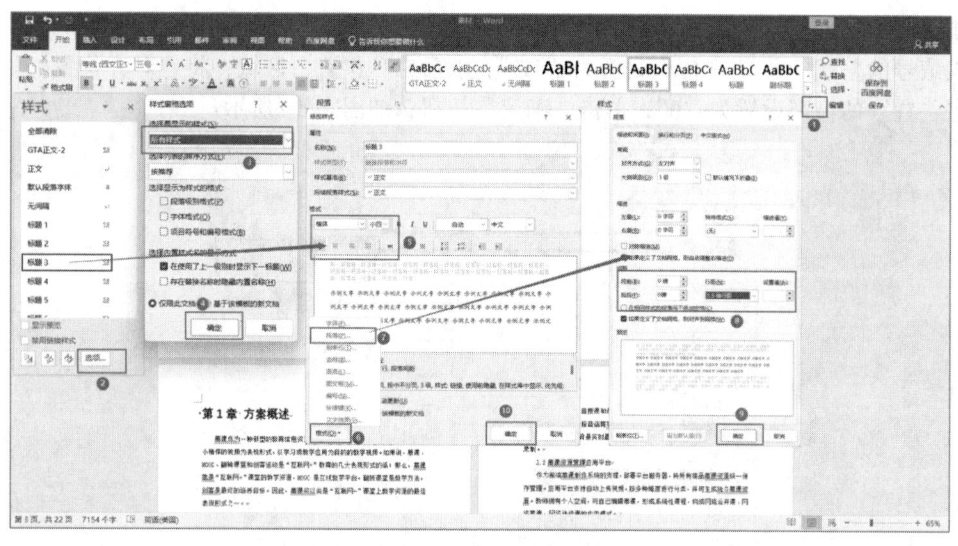


图 7-14　设置样式格式 3

（5）设置自定义多级列表样式，具体要求如下：

将其自动编号的“一级标题”样式修改为“第 1 章，第 2 章，第 3 章...”。

将其自动编号的“二级标题”样式修改为“1.1，1.2，2.1...”。

将其自动编号的“三级标题”样式修改为“1.1.1，1.1.2，2.1.1...”。

所有样式的对齐位置和文本缩进位置都设置为 0。

**步骤 01**：在“段落”选项组中单击“多级列表”按钮，在弹出的菜单中选择“定义新的多级列表(D)”命令，弹出“定义新多级列表”对话框。

**步骤 02**：单击左下角的“更多(M)”按钮，选择“1”级别，在“输入编号的格式(O)”文本框中的“1”前面输入“第”字，在编号“1”的后面输入“章”字，其中“1”字不能修改变动。然后在“将级别链接到样式(K)”下拉列表中选择“标题 1”。在“位置”区域，将“对齐位置”和“文本缩进位置”的值都设置为“0”，单击“确定”按钮，如图 7-15 所示。

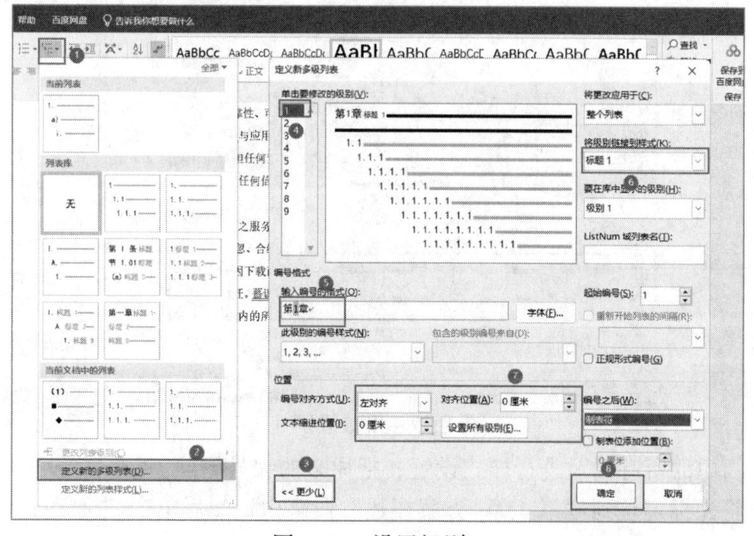


图 7-15　设置级别 1

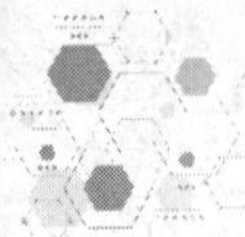



**步骤 03**：选择“2”级别，在“将级别链接到样式(K)”下拉列表中选择“标题 2”，检查“输入编号的格式(O)”文本框中是否为“1.1”，然后在“位置”区域，将“对齐位置”和“文本缩进位置”的值都设置为“0”，单击“确定”按钮，如图 7–16 所示。

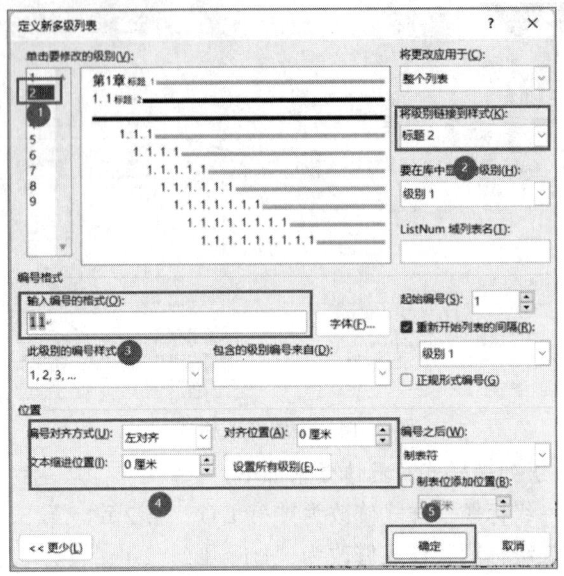

图 7–16　设置级别 2

**步骤 04**：选择“3”级别，在“将级别链接到样式(K)”下拉列表中选择“标题 3”，检查“输入编号的格式(O)”文本框中是否为“1.1.1”，然后在“位置”区域，将“对齐位置”和“文本缩进位置”的值都设置为“0”，如图 7–17 所示。

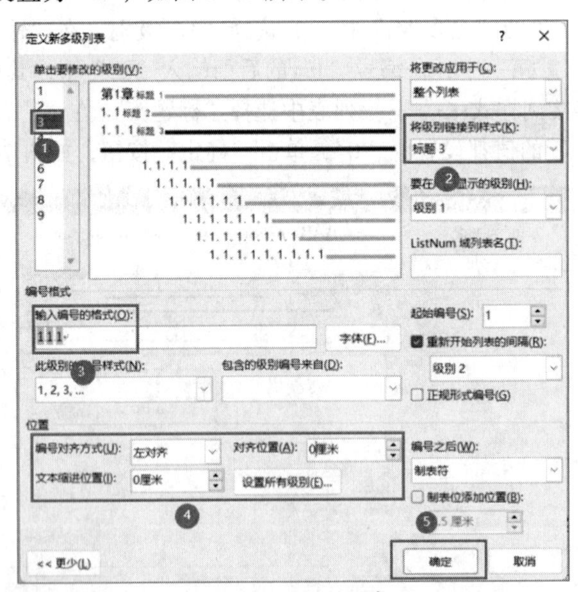

图 7–17　设置级别 3

（6）将文档中的所有标题进行样式设置，把原来的编号删除。

**步骤 01**：将光标定位到“第 1 章　方案概述”段落中，然后单击“标题 1”样式，此时标题题目为“第 1 章　第 1 章　方案概述”，把中间的“第 1 章”文字删除即可，如图 7–18 所示。

然后继续找到第 2 章、第 3 章等一级标题，按照刚才的方法进行设置，得到所有一级标题。

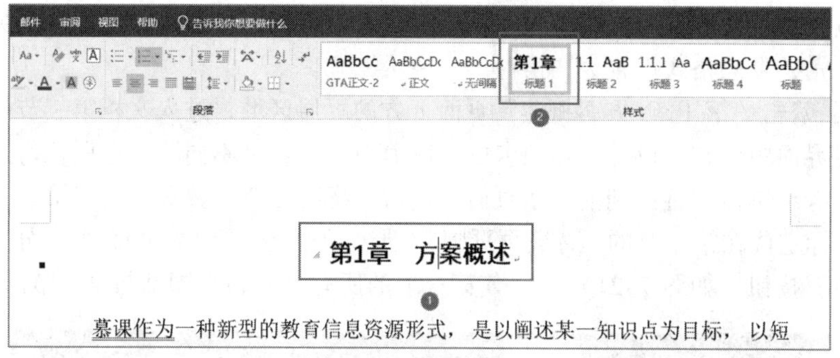

图 7–18　应用样式 1

**步骤 02**：将光标定位到“3.1 慕课制作系统”段落中，然后单击“标题 2”样式，如图 7–19 所示，此时标题题目为“3.1　3.1 慕课制作系统”，把中间的“3.1”文字删除即可。然后继续找到其他二级标题，按照此方法进行设置，得到所有二级标题。

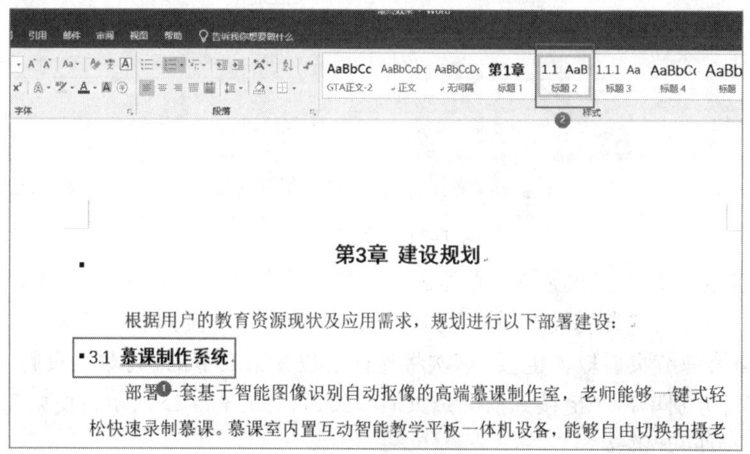

图 7–19　应用样式 2

**步骤 03**：将光标定位到“6.2.1 教师”段落中，然后单击“标题 3”样式，如图 7–20 所示，此时标题题目为“6.2.1　6.2.1 教师”，把中间的“6.2.1”文字删除即可。然后继续找到其他三级标题，按照此方法进行设置，得到所有三级标题。

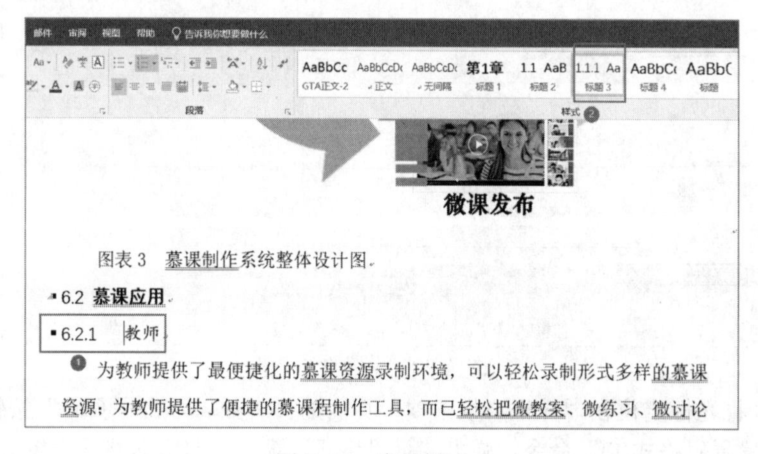

图 7–20　应用样式 3

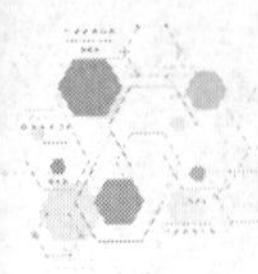

（7）设置文档的页码。其中“封面”不设页码；“知识产权条款”“免责声明”“目录”页码设置为：页码在页面底部，格式为大写罗马字符居中；其余页面格式为：奇数页靠右下角，偶数页靠左下角；页码格式设置为“第*页　共*页”

**步骤 01**：双击“第 1 章 方案概述”页面上方的页眉区域，进入文档第三节的“页眉和页脚工具”编辑界面中，在“设计”选项卡中，取消勾选“首页不同”复选框，勾选“奇偶页不同”复选框。继续单击“链接到前一条页眉”按钮，将第三节奇数页页眉与第二节页眉取消链接，依次将光标定位在第三节的“奇数页页脚”“偶数页页眉”“偶数页页脚”，分别单击“链接到前一条页眉”按钮，如图 7-21 所示，使第三节的所有页眉和页脚都与第二节断开链接。

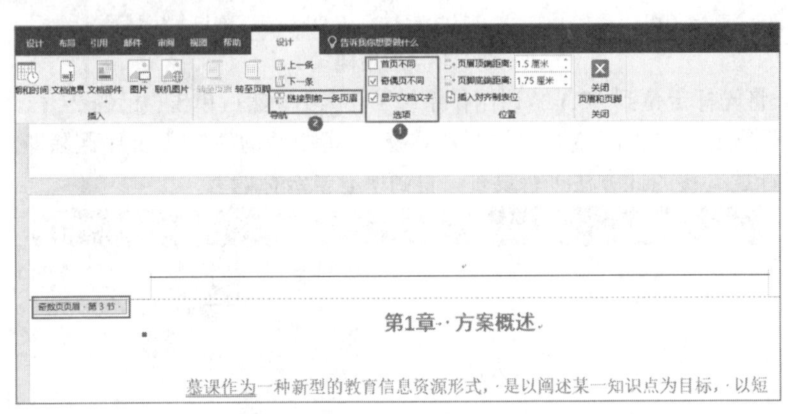


图 7-21　设置页眉 1

**步骤 02**：双击“知识产权条款”页面的页眉处，进入第二节页眉页脚编辑，取消勾选“首页不同”复选框，勾选“奇偶页不同”复选框。继续单击“链接到前一条页眉”按钮，将第二节奇数页页眉与第一节页眉取消链接，依次将光标定位在第二节的“奇数页页脚”“偶数页页眉”“偶数页页脚”，分别单击“链接到前一条页眉”按钮，如图 7-22 所示，使第二节的所有页眉和页脚都与第一节断开链接。

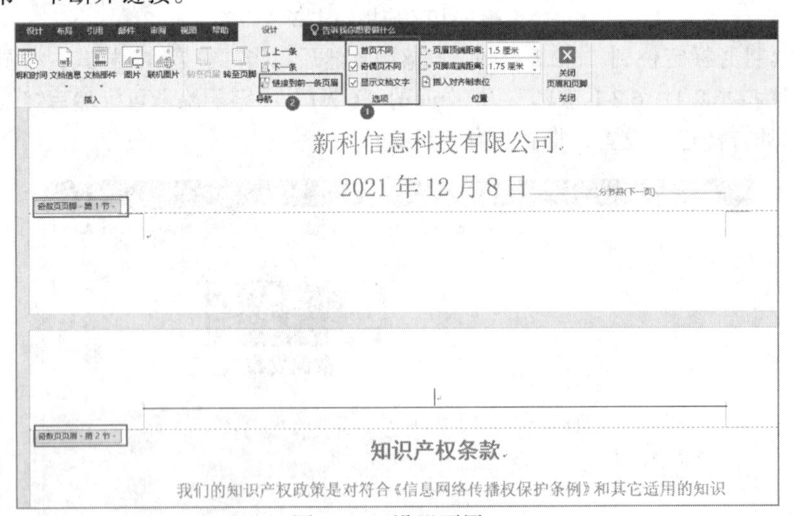


图 7-22　设置页眉 2

**步骤 03**：将光标定位在“知识产权条款”页面的页脚处，单击“页码”按钮，在下拉菜单中选择“设置页码格式(F)”命令，弹出“页码格式”窗口，将编码格式设置为“I,II,III,…”

罗马数字格式，选中“起始页码(A)”单选按钮，设置为“I”，单击“确定”按钮，如图 7-23 所示。

图 7-23　设置页码 1

**步骤 04：**单击“页码”按钮，在下拉菜单中选择“页面底端(B)”命令，然后选择“普通数字 2”样式页脚，完成第二节奇数页页码设置。然后将光标定位在“免责声明”页的页脚处，继续单击“页码”按钮，在下拉菜单中选择“页面底端(B)”命令，然后选择“普通数字 2”样式页脚，如图 7-24 所示，完成第二节偶数页页码设置。

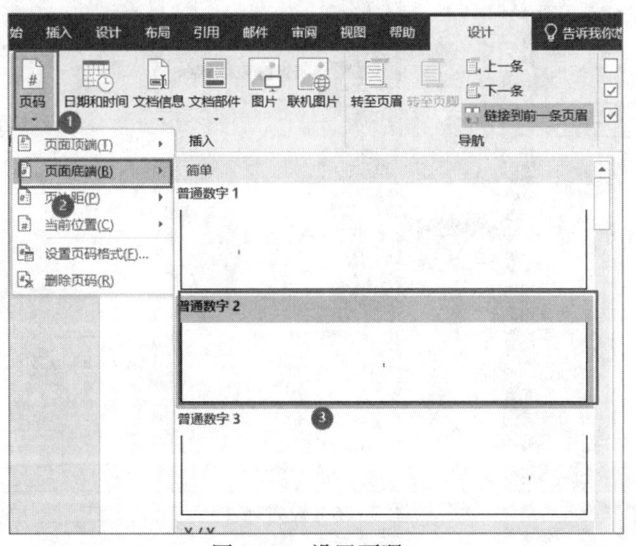


图 7-24　设置页码 2

**步骤 05：**将光标定位在“第 1 章　方案概述”页面的页脚处，输入文字“第页共页”，将文字进行靠右对齐。将光标放在“第”和“页”两字中间，然后单击“文档部件”按钮，在下拉菜单中选择“域(F)”命令，弹出“域”对话框，在“域名”列表框中找到并选择“Page”，

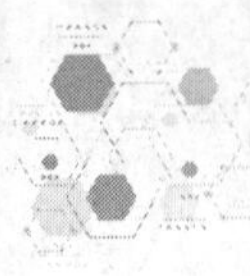



在“格式(T)”列表框中选择“1,2,3,...”格式，单击“确定”按钮，如图 7-25 所示。得到“第1页共页”。

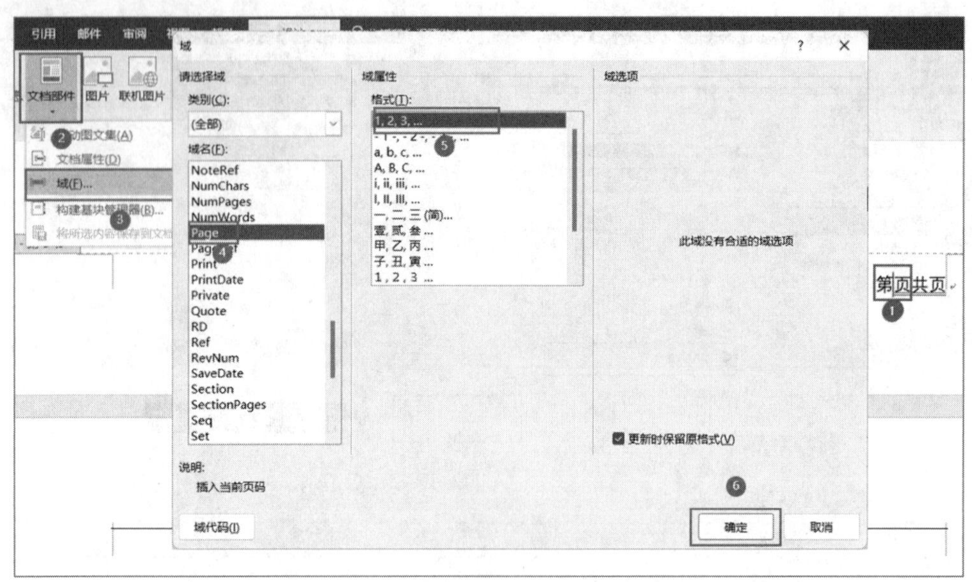

图 7-25　设置页码 3

**步骤 06**：将光标放在“共”和“页”两字中间，然后单击“文档部件”按钮，在下拉菜单中选择“域(F)”命令，弹出“域”对话框，在“域名”列表框中找到并选择“NumPages”，在“格式(T)”列表框中选择“1,2,3,...”格式，单击“确定”按钮，如图 7-26 所示，得到“第1页共 26 页”。

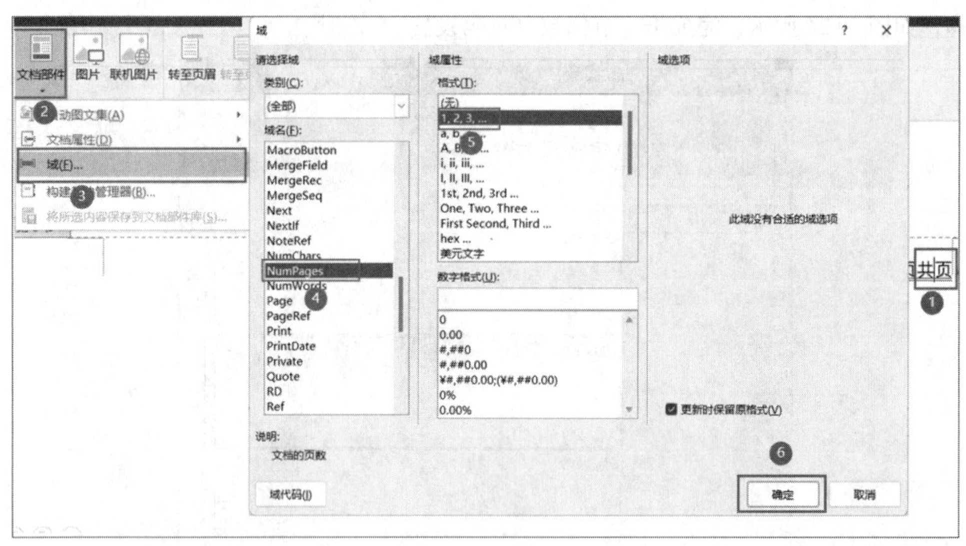

图 7-26　设置域 1

**步骤 07**：检查正文部分的页码，计算出通过“NumPages”域函数计算出的页码数与实际页码的差值，本案例目前差值是“6”，因此要将总页码数减去“6”。按【Alt+F9】组合键，此时页码变成“第{PAGE * Arabic*MERGEFORMA}页共{NUMPAGES * Arabic *MERGEFORMAT}页”，选中“{NUMPAGES * Arabic *MERGEFORMAT}”，再按【Ctrl+F9】组合键，此时函数变成“{{NUMPAGES * Arabic *MERGEFORMAT}}”，将函数编辑成“{={NUMPAGES * Arabic *MERGEFORMAT}-6}”，如图 7-27 所示，再次按【Alt+F9】组合键，得到“第 1 页共 20 页”。

客户服务中心主要由热线电话员和售后服务管理人员组成，全面协调、跟踪和监督系统集成及售后服务等环节，提供全天 24 小时的技术支持服务，及时帮助客

第{ PAGE * Arabic * MERGEFORMAT }页共{= { NUMPAGES * Arabic * MERGEFORMAT } -6}页

图 7-27　修改函数数值

**步骤 08：** 重复步骤 6、步骤 7 的操作，将第三节的偶数页设置为靠左的页码格式。

（8）设置正文页眉，其中奇数页页眉为公司名称“新科信息科技有限公司”居中，偶数页页眉为当前章节一级标题的编号和标题。

**步骤 01：** 将光标定位在第三节奇数页页眉处，输入“新科信息科技有限公司”并居中。

**步骤 02：** 将光标定位在第三节偶数页页眉处，单击“文档部件”按钮，在下拉菜单中选择“域(F)”命令，弹出“域”对话框，在“域名”列表框中找到“StyleRef”函数，在“域属性”区域的“样式名”列表框中选择“标题 1”，在“域选项”区域，勾选“插入段落编号(G)”复选框，单击“确定”按钮，如图 7-28 所示。此时页眉出现“第 2 章”。

**步骤 03：** 在“第 2 章”文字后面空两格，继续单击“文档部件”按钮，在下拉菜单中选择“域(F)”命令，弹出“域”对话框，在“域名”列表框中找到“StyleRef”函数，在“域属性”区域的“样式名”列表框中选择“标题 1”，单击“确定”按钮，如图 7-29 所示。此时页眉出现“第 2 章　需求分析”。

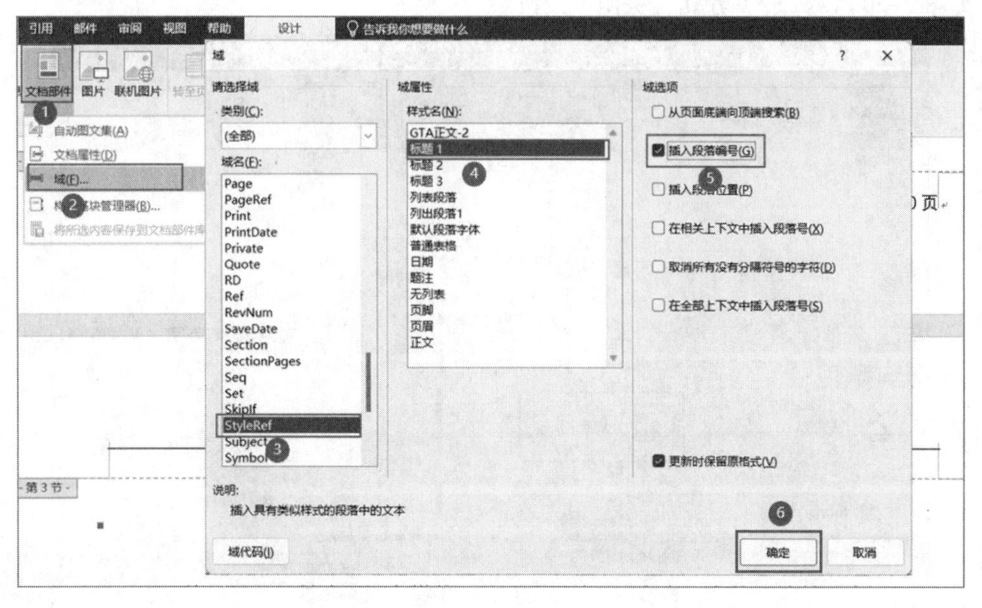


图 7-28　设置域 2

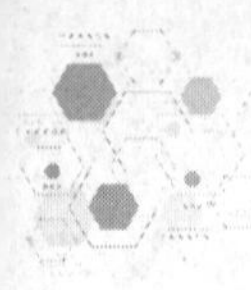

图 7–29　设置域 3

（9）将文档中的图片居中，并对图片重新编号，编号格式为“图 2–1”，其中“2”表示为当前章节编号，“1”表示为该章节的第一张图片。

**步骤 01**：选中文档中的一张图片，单击“视图”选项卡，单击“宏”按钮，在下拉菜单中选择“录制宏(R)”命令，弹出“录制宏”对话框，将“宏名(M)”设置为“图片编码”，然后单击“键盘(K)”按钮，弹出“自定义键盘”对话框，在“请按新快捷键”文本框中输入组合键“Ctrl+1”，然后在“将更改保存在(V)”下拉列表中选择“慕课制作与应用”，单击“指定”按钮，如图 7–30 所示，然后单击“关闭”按钮。

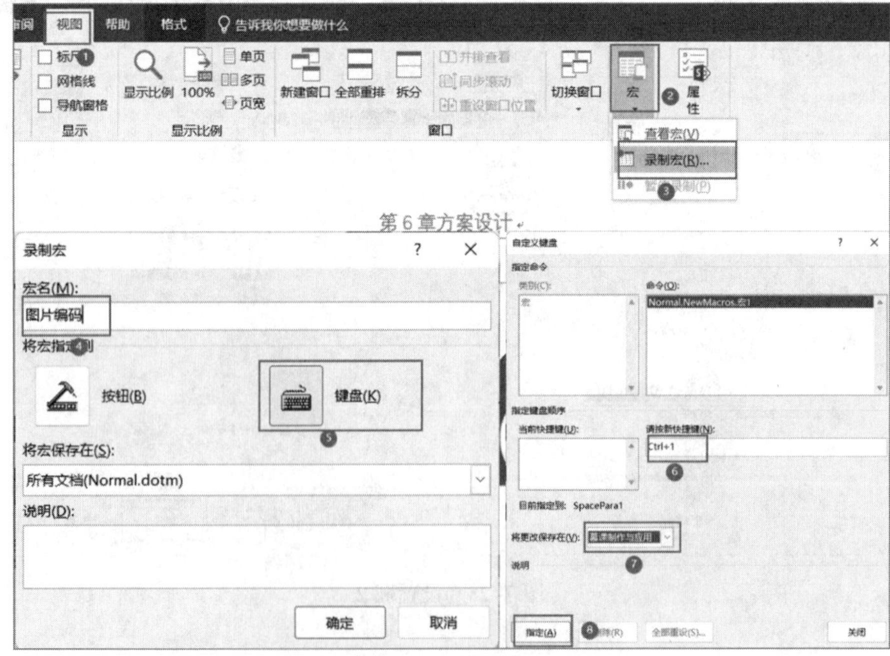

图 7–30　设置宏 1

**步骤 02：**单击“引用”选项卡，单击“插入题注”按钮，弹出“题注”对话框，单击“新建标签(N)”按钮，弹出“新建标签”对话框，输入“图”，单击“确定”按钮，然后将“标签(L)”设置为“图”，单击“编号(U)”按钮，弹出“题注编号”对话框，将“格式(F)”设置为“1,2,3,…”，勾选“包含章节号”复选框，并设置“章节起始样式(P)”为“标题 1”，“使用分隔符(E)”为“连接符”，如图 7-31 所示，单击“确定”按钮，返回“题注”窗口，继续单击“确定”按钮。此时图片下方生成该图片的编号“图 5-1”。

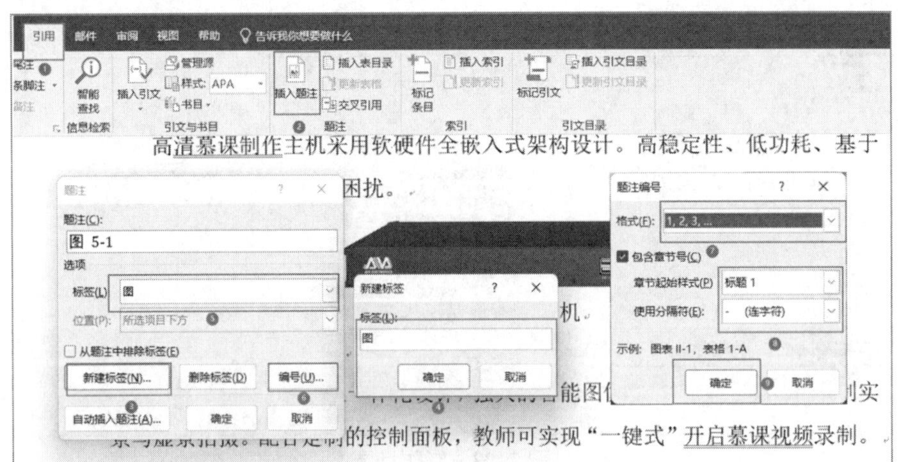


图 7-31　设置题注

微视频

脚注尾注题注

**步骤 03：**单击“开始”选项卡，在“段落”选项组中将编号进行居中；单击“视图”选项卡，单击“宏”按钮，在下拉菜单中选择“停止录制(R)”。

**步骤 04：**将原来图片下方的编号删除，将图片名称剪切到自动生成的编码后方，如图 7-32 所示。

图 7-32　录制宏

**步骤 05：**继续选中下一张图片，按【Ctrl+1】组合键在图片下方生成自动编号，重复步骤 4 操作。通过重复步骤 5 和步骤 4 操作把所有图片进行重新编码。

（10）制作一个包含三级标题的正式目录。

将鼠标定位在“目录”页的“目录”标题下一行，单击“引用”选项卡，单击“目录”按

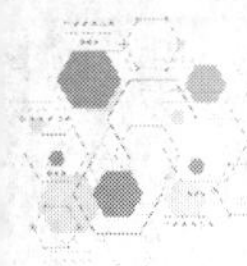



钮，在下拉菜单中选择“自定义目录(C)”命令，弹出“目录”对话框，将“格式(T)”设置为“正式”，“显示级别(L)”设置为“3”，单击“确定”按钮，如图 7-33 所示，自动生成该文档的目录。

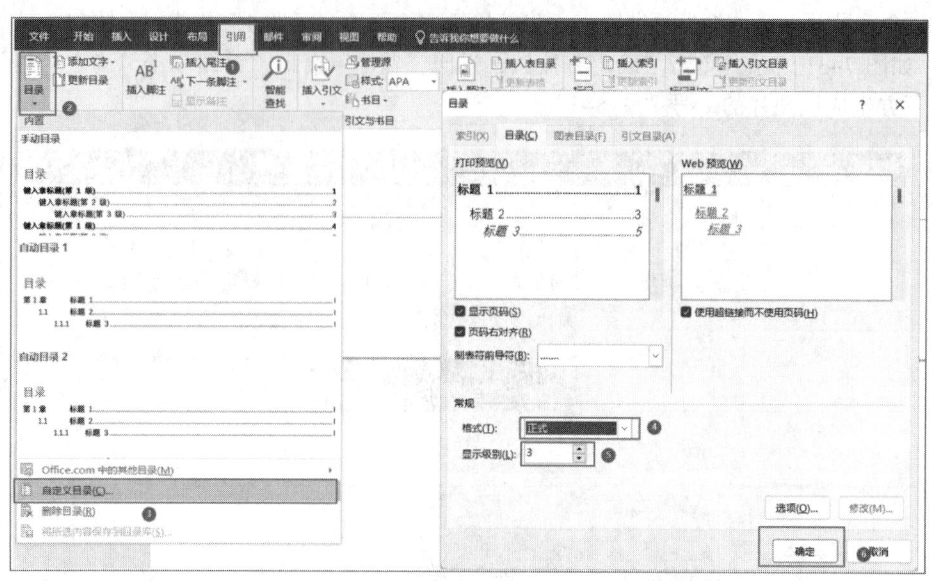

图 7-33　制作目录

（11）将文档另存为“慕课制作与应用.pdf”文件。

单击“文件”选项卡，选择“另存为”命令，单击“这台电脑”选择好要保存的位置，然后将“文件名(N)”设置为“慕课制作与应用”，“保存类型(T)”设置为“PDF”格式，单击“保存”按钮完成，如图 7-34 所示。

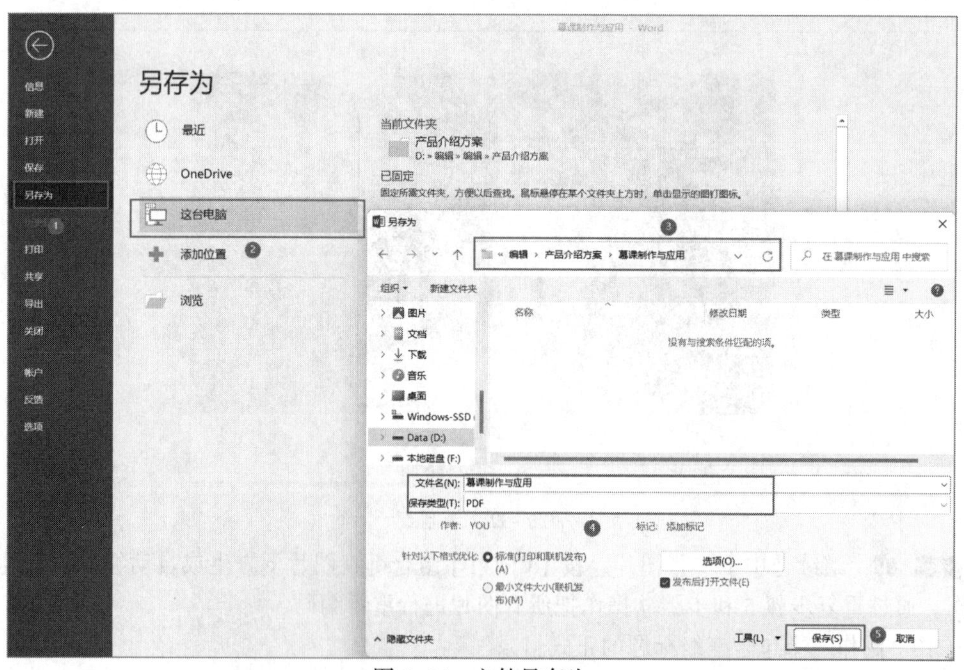

图 7-34　文件另存为

# 第三部分

# Excel 表格制作与数据分析案例

# 第 8 章 员工信息档案表制作与统计

## 8.1 案例提要

小罗是某企业人力资源部门的工作人员，现在到年底了，部门经理让小罗使用 Excel 统计 2019 年员工信息情况，包括员工的入职与离职情况、员工的基本信息管理、制作对应的数据透视表。

本案例主要通过 Excel 表格制作员工信息档案统计表，提高对员工的档案信息管理效率，主要涉及如下知识点：

- 高级筛选
- YEAR 函数
- &连接符
- IF 函数
- 通过自定义格式隐藏号码
- 首行缩进设置
- 多关键字排序
- MONTH 函数
- LEN 函数
- 公式填充

## 8.2 案例介绍

小罗现在要使用 Excel 来统计 2019 年员工情况。

根据下列要求，帮助小罗运用已有的原始数据完成下列工作：

（1）在“19 年入职”工作表中的 A 列到 E 列中，填入 2019 年新入职的员工信息（出现在“19 年末”工作表中，但不出现在“19 年初”工作表中的记录）。

（2）在“19 年离职”工作表中的 A 列到 E 列中，填入 2019 年离职的员工信息（出现在“19 年初”工作表中，但不出现在“19 年末”工作表中的记录）。

（3）对“19 年入职”和“19 年离职”工作表中的数据进行排序，首先按照部门拼音首字母升序排序，如果部门相同则按照工号升序排序。

（4）在工作表“19 年末”中，不要改变记录的顺序，完成下列工作：

① 将“出生日期”列中的数据转换为日期格式，如“1968 年 10 月 9 日”。

② 在“年龄”列中，计算每位员工在 2019 年 12 月 31 日前的年龄，规则为“××岁××个月”

（不足 1 个月按 0 个月计算），例如“1968 年 10 月 9 日”出生的员工，年龄显示为“51 岁 2 个月”。

③ 在“电话类型”列中，填入每个员工的电话类型，如果电话号码为 11 位填入“手机”，如果电话号码为 8 位，填入“座机”。

④ 通过设置单元格格式，将“电话”列中的数据显示为“*”，如果是手机号码显示 11 个“*”，座机号码显示 8 个“*”。

（5）根据“19 年末”工作表中的数据，自新的名为“员工数据分析”工作表的 A6 单元格开始创建数据透视表和数据透视图，要求如下（可参考效果图“数据透视表和数据透视图.png”）。

① 统计每个部门中员工的数量和占比，占比保留整数。

② 按照效果图，修改数据透视表的列标题名称。

③ 在 D6:L16 单元格区域中，创建数据透视图，按照效果图设置网格线和坐标轴，删除所有字段按钮，并将图例置于底部。

④ 在 A1:E5 单元格区域中，为“学历”字段插入切片器显示为 5 列 1 行，且按钮从左到右按照“博士、硕士、本科、大专和中专”的顺序显示。

⑤ 将 A1:L17 单元格区域设置为打印区域，页面方向为横向，确保内容在一个页面中，垂直和水平方向都居中对齐。

（6）在保护状态下，“19 年末”工作表中的所有单元格都可以被选中，但是“电话号码”列中的数据不会在编辑栏中显示实际号码（注意：不要使用密码）。

## 8.3　案例分析

第（1）（2）问中无论是新入职员工的信息还是离职员工的信息，都可以转换为两个表中相同信息的筛选问题，即利用 Excel 提供的高级筛选功能筛选出两个表中相同记录。新入职员工出现在“19 年末”工作表中，但不出现在“19 年初”工作表中的记录；离职员工即出现在“19 年初”工作表中，但不出现在“19 年末”工作表中的记录。

第（4）题第①问数据转换为日期格式，先考虑利用 Excel 的查找替换功能，把数据转换成标准的日期格式如“××××/××/××”或“××××-××-××”，再通过自定义格式功能转换成“××××年××月××日”。

第（4）题第②问利用 YEAR 函数求出出生年，用当前年 2019 年减去出生年即得到××岁，用 MONTH 函数求出出生月份，再用 12 减去出生月份即得到当前年龄是某岁××个月。再用连接符“&”把两个函数值及固定的字符“岁”“个月”依次连接起来，得到题目要求的效果。

第（4）题第④问利用自定义单元格格式可将电话号码隐藏，在设置单元格格式时[ ]内可是一个条件表达式，满足条件的单元格设置成分号前的格式，不满足的设置成分号后的格式。

## 8.4　案例实操

（1）在“19 年入职”工作表中的 A 列到 E 列中，填入 19 年新入职的员工信息。

**步骤 01：** 打开“Excel 素材.xlsx”文件，选择“19 年末”工作表中的“A2:E51”单元格区域并复制，单击“19 年入职”工作表，选中“A2”单元格进行粘贴。

**步骤 02：** 保持“19 年入职”工作表中数据选中状态不变，单击“数据”选项卡“排序和

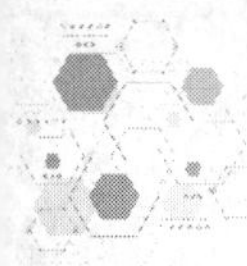



筛选”选项组中的“高级”按钮，如果出现提示对话框“......是否将该行包含进选定区域中?”单击“否(N)”按钮，如图 8-1 所示。

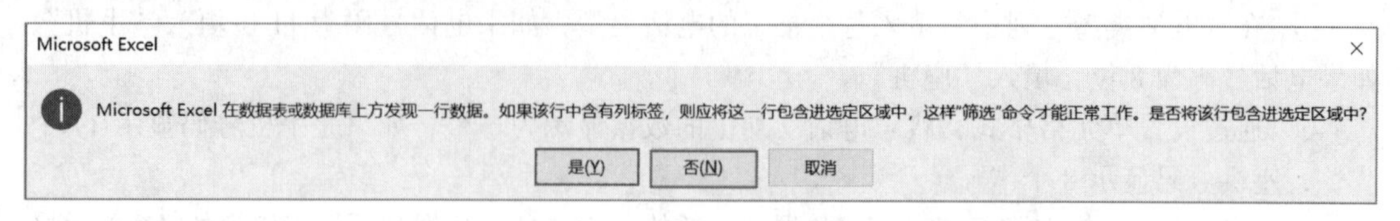


图 8-1　保持数据状态

**步骤 03：**在弹出的“高级筛选”对话框中，单击“条件区域”，切换到“19 年初”工作表，选择“A2:E55”单元格区域，按【Enter】键，单击“确定”按钮，关闭“高级筛选”对话框，如图 8-2 所示。

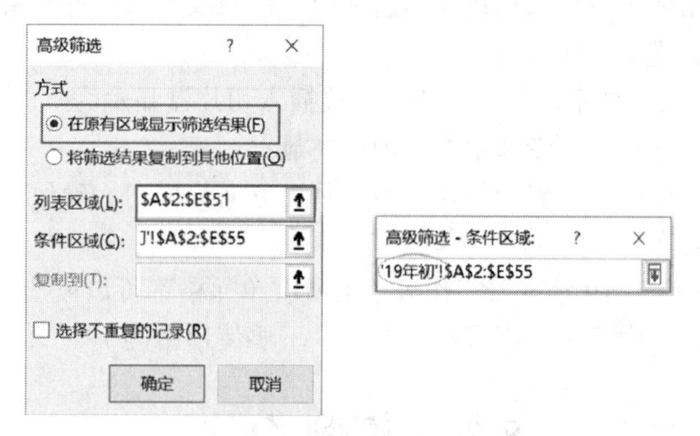


图 8-2　高级筛选

**步骤 04：**保持“19 年入职”工作表中数据选中状态不变，右击，在弹出的快捷菜单中选择“删除行”命令，在弹出的对话框中单击“确定”按钮，如图 8-3 所示。

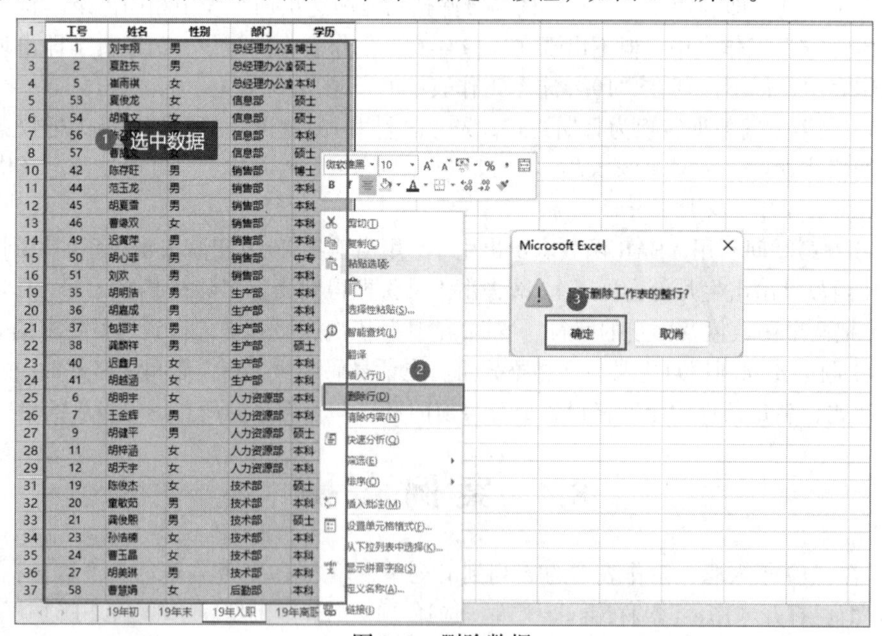


图 8-3　删除数据

**步骤 05：** 单击“数据”选项卡“排序和筛选”选项组中的“清除”按钮，如图 8-4 所示。

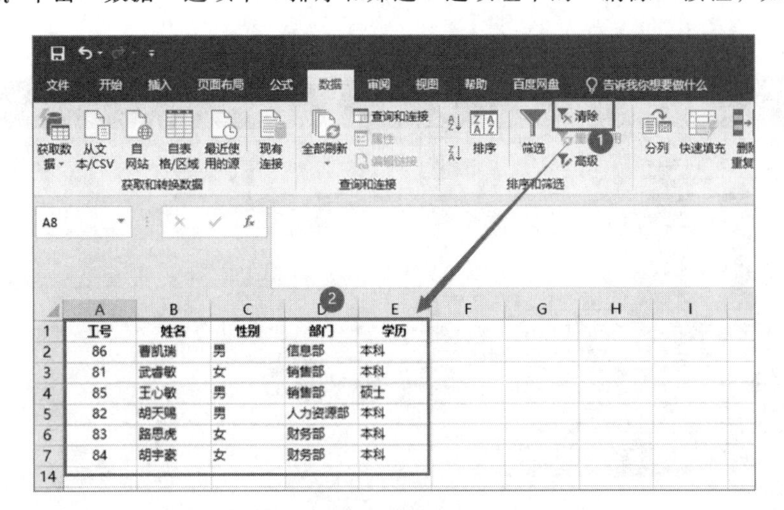


图 8-4　清除数据

（2）在“19 年离职”工作表中的 A 列到 E 列中，填入 19 年离职的员工信息（出现在“19 年初”工作表中，但不出现在“19 年末”工作表中的记录)。

思路与上题相同，只是“列表区域”与“条件区域”的设置不同，以下只提供步骤，不再附具体操作图。

**步骤 01：** 复制“19 年初”工作表中“A2:E55”单元格区域，单击“19 年离职”工作表中的 A2 单元格进行粘贴。

**步骤 02：** 保持“19 年离职”工作表中数据选中状态不变，单击“数据”选项卡“排序和筛选”选项组中的“高级”按钮。如果出现提示对话框“....是否将该行包含进选定区域中?”，单击“否(N)”按钮。

**步骤 03：** 在弹出的“高级筛选”对话框中，单击“条件区域”，切换到“19 年末”工作表，选择 A2:E51 单元格区域，按【Enter】键，单击“确定”按钮，关闭“高级筛选”对话框。

**步骤 04：** 保持“19 年离职”工作表中数据选中状态不变，右击，在弹出的快捷菜单中选择“删除行”命令，在弹出的对话框中单击“确定”按钮。

**步骤 05：** 单击“数据”选项卡“排序和筛选”选项组中的“清除”按钮。

（3）对“19 年入职”和“19 年离职”工作表中的数据进行排序，首先按照部门拼音首字母升序排序，如果部门相同则按照工号升序排序。

**步骤 01：** 选中“19 年入职”工作表中“A1:E7”单元格区域，单击“数据”选项卡“排序和筛选”选项组中的“排序”按钮，弹出“排序”对话框，在“主要关键字”下拉列表中选择“部门”，“次序”设置为“升序”，单击上方的“添加条件”按钮，将下方的“次要关键字”选择为“工号”，将“次序”设置为“升序”，最后单击“确定”按钮，如图 8-5 所示。

**步骤 02：** 选中“19 年离职”工作表中“A1:E11”单元格区域，按照上述同样的方法，对“19 年离职”工作表设置排序。

（4）在工作表“19 年末”中，不要改变记录的顺序，完成下列工作：

① 将“出生日期”列中的数据转换为日期格式，如“1968 年 10 月 9 日”。

**步骤 01：** 选中“19 年末”工作表中的“H2:H51”单元格区域，单击“开始”选项卡“编辑”选项组中的“查找和选择”下拉按钮，在下拉列表中选择“替换”命令，弹出“查找和替换”对话框。

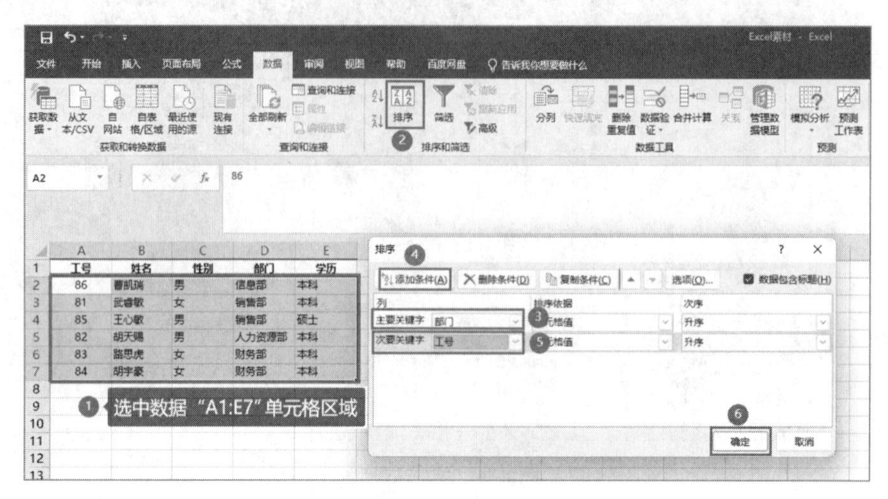


| 工号 | 姓名 | 性别 | 部门 | 学历 |
|---|---|---|---|---|
| 86 | 曹凯瑞 | 男 | 信息部 | 本科 |
| 81 | 武睿敏 | 女 | 销售部 | 本科 |
| 85 | 王心敏 | 男 | 销售部 | 硕士 |
| 82 | 胡天赐 | 男 | 人力资源部 | 本科 |
| 83 | 陆思虎 | 女 | 财务部 | 本科 |
| 84 | 胡宇豪 | 女 | 财务部 | 本科 |

图 8-5　高级筛选

**步骤 02**：在对话框的“查找内容”文本框中输入(英文状态下输入)“,”，在“替换为”文本框中输入“/”，如图 8-6 所示，单击“全部替换”按钮替换完成后，单击“关闭”按钮。

| 出生日期 | 年龄 |
|---|---|
| 1968,10,9 | |
| 1969,6,18 | |
| 1982,8,26 | |
| 1976,8,6 | |
| 1978,7,7 | |
| 1980,4,23 | |
| 1977,8,24 | |
| 1984,12,22 | |
| 1982,2,2 | |
| 1977,7,14 | |
| 1974,4,4 | |
| 1982,3,1 | |
| 1981,4,7 | |
| 1981,3,2 | |

查找和替换
查找(D)　替换(P)
查找内容(N): ,　必须是英文,
替换为(E): /　必须是英文/
选项(T) >>
全部替换(A)　替换(R)　查找全部(I)　查找下一个(F)　关闭

图 8-6　替换

**步骤 03**：选中“H2:H51”单元格区域，右击，在弹出的快捷菜单中选择“设置单元格格式”命令，弹出“设置单元格格式”对话框，在单元格左侧的列表框中选中“自定义”选项，在右侧的“类型”列表框中选择“yyyy"年"m"月"d"日"”，单击“确定”按钮，如图 8-7 所示。最后适当调整 H 列的列宽，使数据能够完整地显示出来。

② 在“年龄”列中，计算每位员工在 2019 年 12 月 31 日前的年龄，规则为“××岁××个月”(不足 1 个月按 0 个月计算)，例如“1968 年 10 月 9 日”出生的员工，年龄显示为“51 岁 2 个月”。

选中 I2 单元格，输入公式“=DATEDIF(H2,DATE(2019,12,31),"y")&"岁"&DATEDIF(H2,DATE(2019,12,31),"ym")&"个月"”，输入完成后按【Enter】键确认，此时“I2”单元格显示为“51 岁 2 个月”，双击“I2”单元格右下角的“自动填充”按钮填充至 I51 单元格，如图 8-8 所示。

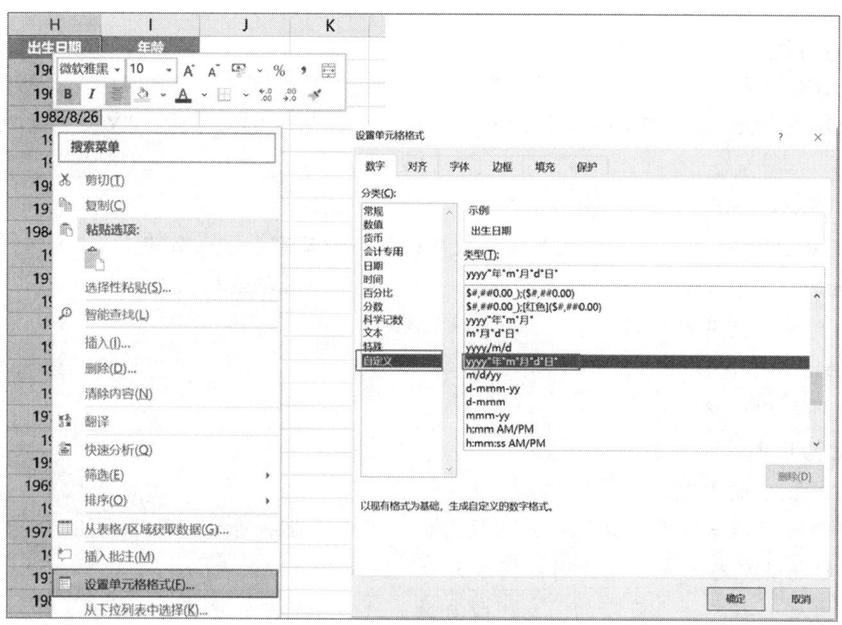

图 8–7　设置单元格格式

**注意**

在 Excel 文件中通过公式进行计算时，所输入的符号必须是英文状态下输入。

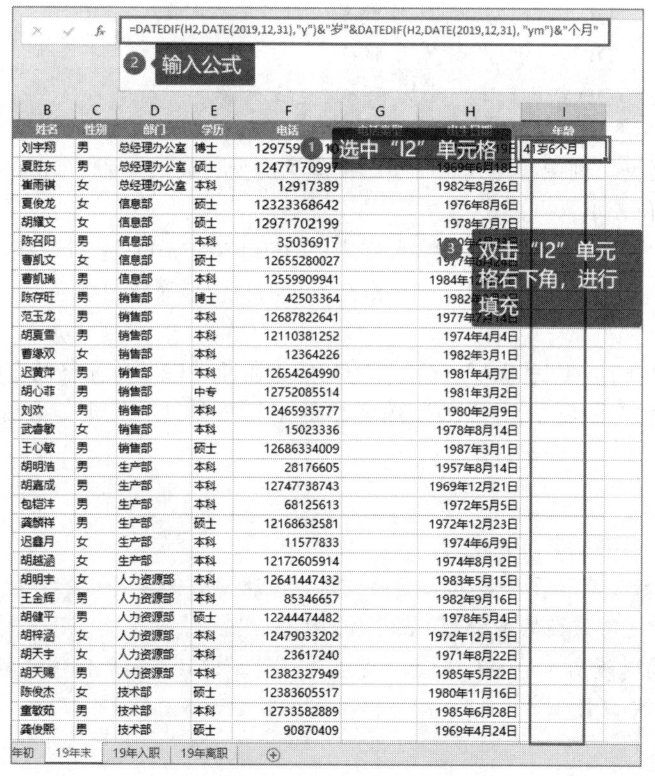


图 8–8　输入公式 1

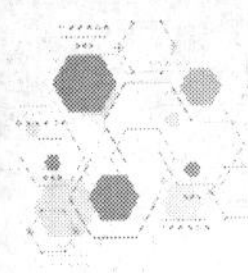



**知识小贴士**

DATEDIF 函数是 Excel 隐藏函数，其在帮助和插入公式中没有。返回两个日期之间的年/月/日间隔数。常使用 DATEDIF 函数计算两日期之差，包含"D"、"M"、"Y"、"YD"、"YM"、"MD"。

语法：DATEDIF(start_date,end_date,unit)

start_date：为一个日期，它代表时间段内的第一个日期或起始日期。

end_date：为一个日期，它代表时间段内的最后一个日期或结束日期。

unit：为所需信息的返回类型。

注：结束日期必须晚于起始日期。

"Y"时间段中的整年数。

"M"时间段中的整月数。

"D"时间段中的天数。

"MD"起始日期与结束日期的同月间隔天数，忽略日期中的月份和年份。

"YD"起始日期与结束日期的同年间隔天数，忽略日期中的年份。

"YM"起始日期与结束日期的同年间隔月数，忽略日期中的年份。

假如 A1 单元格写的是张三的生日，是一个日期，那么就可以计算出张三从出生到现在多少岁，多少个月，多少天，下一次过生日还有多少天等等。例如，下面的公式可以计算出 A1 单元格的日期和编辑当天的时间差。

=DATEDIF(A1,TODAY(),"Y")计算年数差。

=DATEDIF(A1,TODAY(),"M")计算月数差。

=DATEDIF(A1,TODAY(),"D")计算天数差。

=DATEDIF(A1,TODAY(),"YD")计算下一次生日天数差。

③ 在“电话类型”列中，填入每个员工的电话类型，如果电话号码为 11 位填入“手机”，如果电话号码为 8 位，填入“座机”。

操作步骤：选中“G2”单元格，输入公式“=IF(LEN(F2)=11,"手机","座机")”，输入完成后按【Enter】键确认输入，双击“G2”单元格右下角的自动填充按钮填充至“G51”单元格，如图 8-9 所示。

公式“=IF(LEN(F2)=11,"手机","座机")”的功能是判断“F2”单元格的字符是“11”时，函数计算输出结果为“手机”，当“F2”单元格的字符不是“11”时，函数计算输出结果为“座机”。

**知识小贴士**

Len(text)：得到字符串的长度。

text：必需参数，表示要查找其长度的文本，空格将作为字符进行计数。

text 类型变量返回值数据类型为 Long（长整型）。

函数执行成功时返回字符串的长度，发生错误时返回-1。如果任何参数的值为 NULL，则 Len()函数返回 NULL。

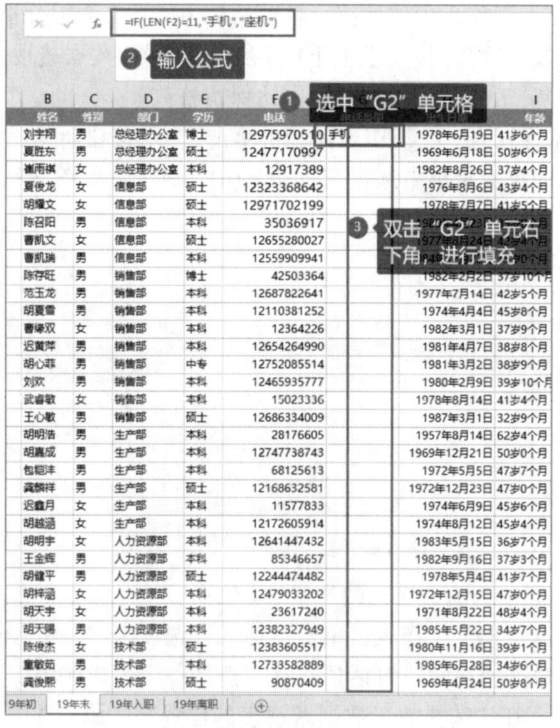


图 8-9 输入公式 2

④ 通过设置单元格格式，将“电话”列中的数据显示为“*”，如果是手机号码显示 11 个“*”，座机号码显示 8 个“*”。

**步骤 01**：选中 F2:F51 单元格区域后右击，在弹出的快捷菜单中选择“设置单元格格式”命令，弹出“设置单元格格式”对话框。在单元格左侧的列表框中选中“自定义”选项，在右侧的“类型”文本框中输入“[>9999999999] "***********";"********"”，如图 8-10 所示。

图 8-10 设置单元格格式

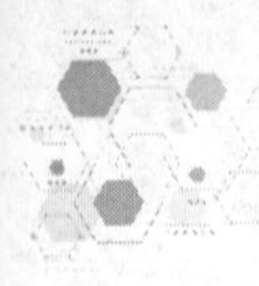



（5）根据“19 年末”工作表中的数据，自新的名为“员工数据分析”工作表的 A6 单元格开始创建数据透视表和数据透视图，要求如下（可参考效果图“数据透视表和数据透视图.png”）。

① 统计每个部门中员工的数量和占比，占比保留整数。

**步骤 01**：创建数据透视表。在工作表标签中单击“⊕”按钮新建一个空白工作表，右击空白工作表标签，在弹出的快捷菜单中选择“重命名(R)”命令，如图 8-11 所示。将工作表名称修改为“员工数据分析”。

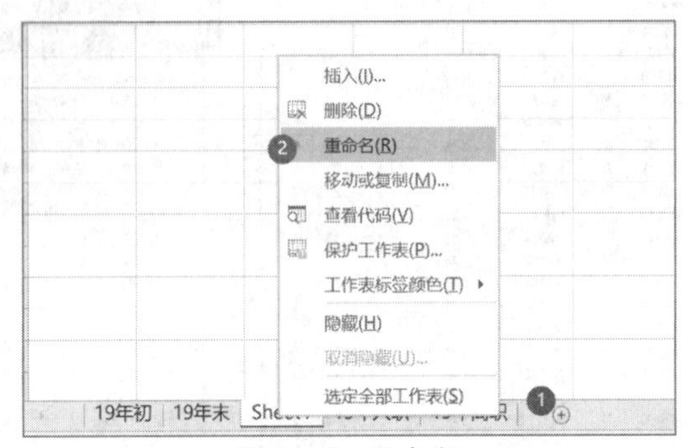


图 8-11　重命名

**步骤 02**：选择“19 年末”工作表，单击“插入”选项卡“表格”选项组中的“数据透视表”按钮，弹出“创建数据透视表”对话框，在“选择一个表或区域”文本框中已经默认选择“19 年末”工作表数据，在“选择放置数据透视表的位置”区域，选中“现有工作表”单选按钮，单击“位置”文本框右侧的“选取数据”按钮，选择“员工数据分析”工作表中的“A6”单元格，单击“确定”按钮，如图 8-12 所示。

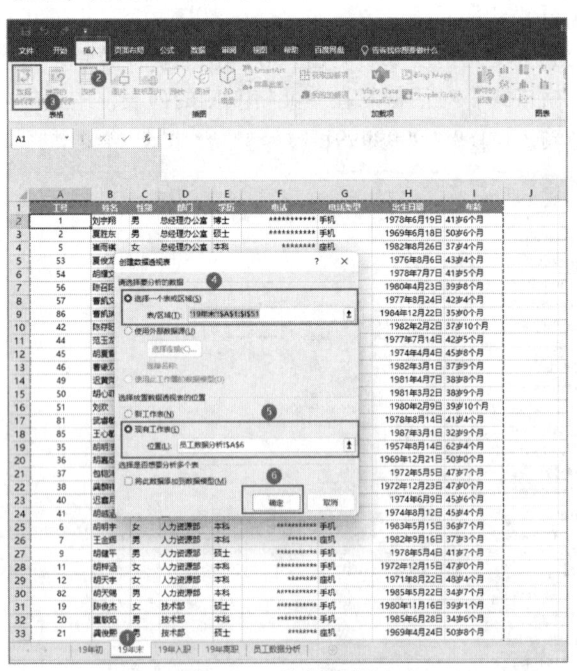

图 8-12　数据透视表

**步骤 03**：在“员工数据分析”工作表中，将右侧“数据透视表字段”任务窗格中的“部门”字段拖动到“行”区域中，拖动两次“工号”字段至“值”区域中，单击第一个“工号”

字段右下角的下拉按钮，选择“值字段设置”命令，弹出“值字段设置”对话框，将“自定义名称”修改为“人数”，将“计算类型”选择为“计数”，单击“确定”按钮，如图 8-13 所示。

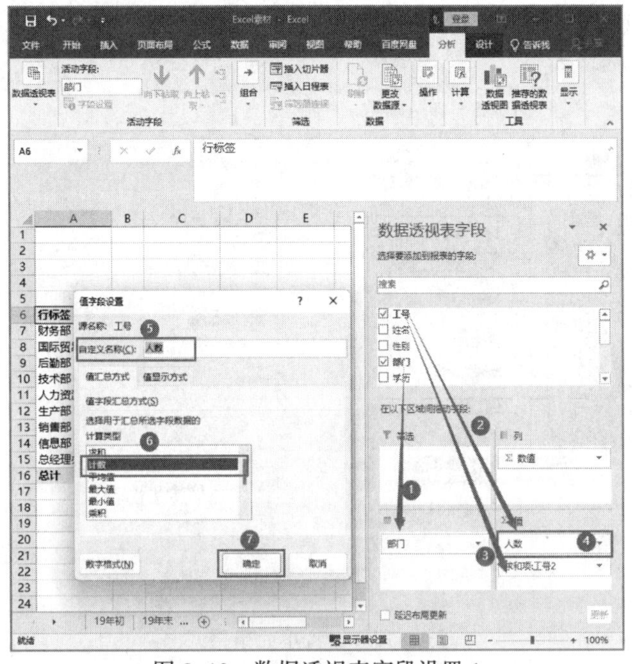


图 8-13　数据透视表字段设置 1

**步骤 04**：设置字段和值显示方式。单击第二个“工号”字段右下角的下拉按钮，选择“值字段设置”命令，弹出“值字段设置”对话框，将“自定义名称”修改为“占比”，将“计算类型”选择为“计数”，单击“值显示方式”按钮，将值显示方式设置为“列汇总的百分比”，单击“确定”按钮，如图 8-14 所示。

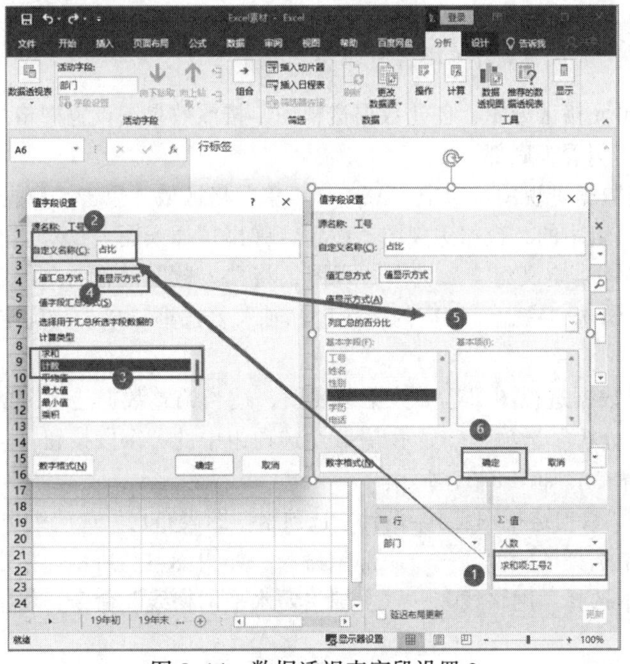


图 8-14　数据透视表字段设置 2

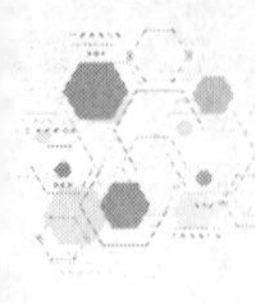



选中“C7:C16”单元格区域，右击，在弹出的快捷菜单中选择“设置单元格格式”命令，弹出“设置单元格格式”对话框中，选择“百分比”选项，将小数位数设置为“0”，单击“确定”按钮，如图 8-15 所示。

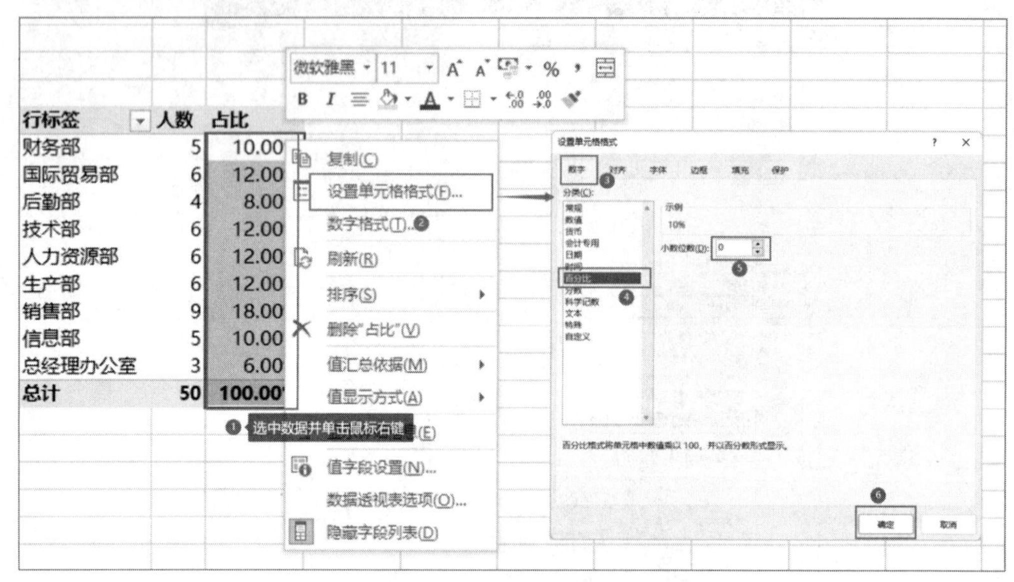


图 8-15　设置单元格格式

② 按照效果图，修改数据透视表的列标题名称。

**步骤 01**：双击 A6 单元格，将标题修改为“部门”。

**步骤 02**：双击 B6 单元格，将标题修改为“人数”。

**步骤 03**：双击 C6 单元格，将标题修改为“占比”。

**注意**

若操作过程中，部门列顺序和参考样例不一致，可以手动调整。

③ 在 D6:L16 单元格区域中，创建数据透视图，按照效果图设置网格线和坐标轴，删除所有字段按钮，并将图例置于底部。

**步骤 01**：创建数据透视图。选中“A6:C15”单元格区域，单击“数据透视表工具-分析”选项卡“工具”选项组中的“数据透视图”按钮，弹出“插入图表”对话框，在左侧列表框中选中“组合”，弹出“自定义组合”数据透视图，将“人数”设置为“簇状柱形图”，“占比”设置为“折线图”，勾选“占比”对应的“次坐标轴”复选框，单击“确定”按钮，如图 8-16 所示。

**步骤 02**：设置数据透视图。选中数据透视图，适当调整数据透视图的大小及位置，单击“数据透视图工具-分析”选项卡“显示/隐藏”选项组中的“字段按钮”按钮，在下拉菜单中选择“全部隐藏”命令，如图 8-17 所示。

**步骤 03**：单击“数据透视图工具-设计”选项卡“图表布局”选项组中的“添加图表元素”按钮，在下拉菜单中选择“图例”→“底部”命令，如图 8-18 所示。单击“添加图表元素”按钮，在下拉菜单中选择“网格线”→“主轴主要水平网格线”命令，将水平网格线取消。

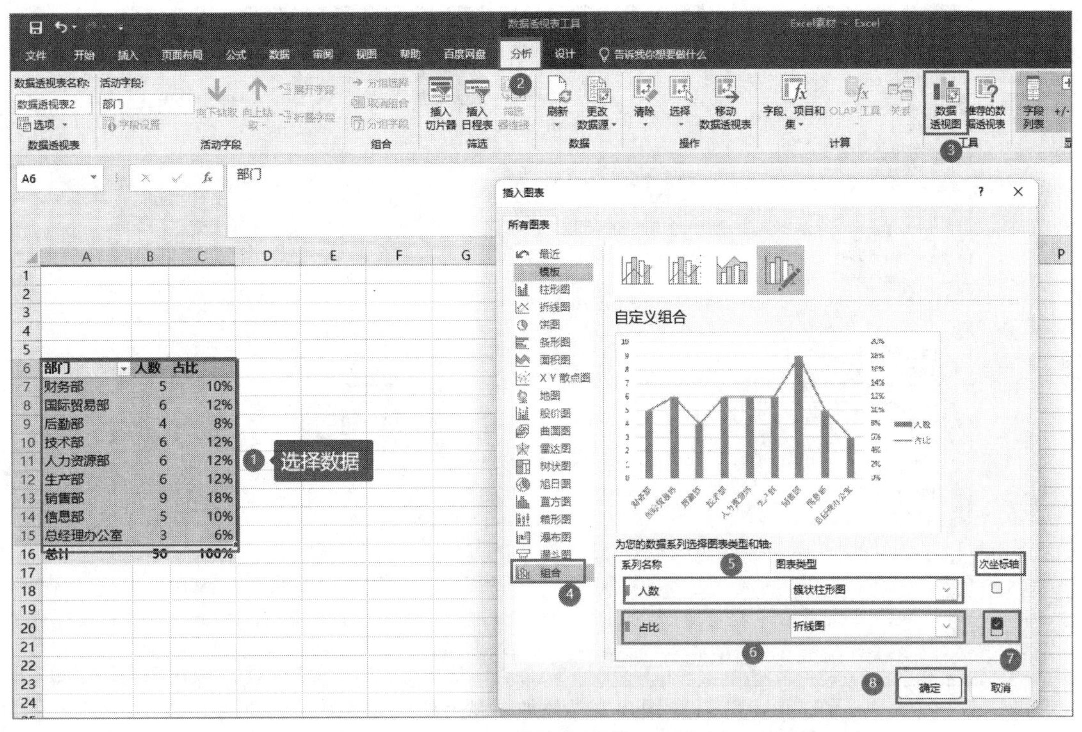


图 8-16　数据透视表工具

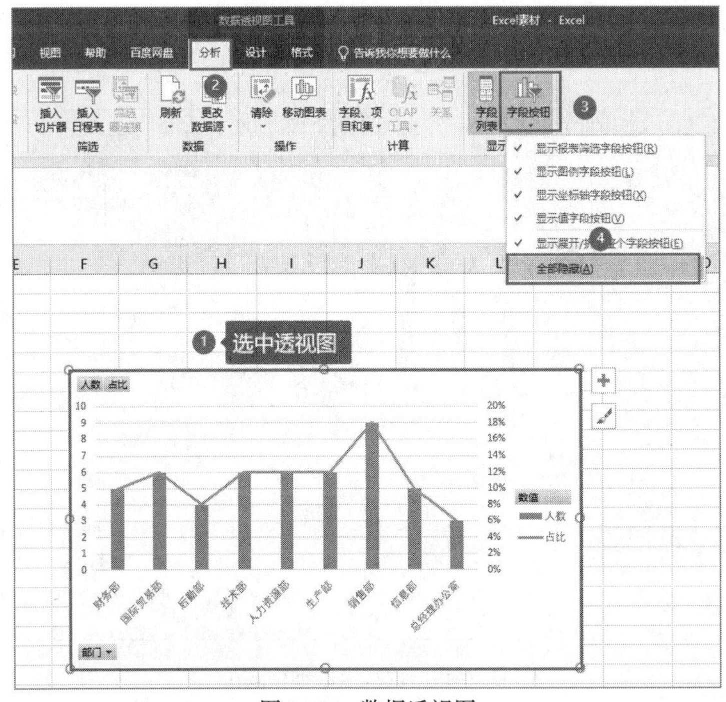


图 8-17　数据透视图

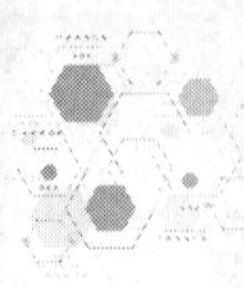



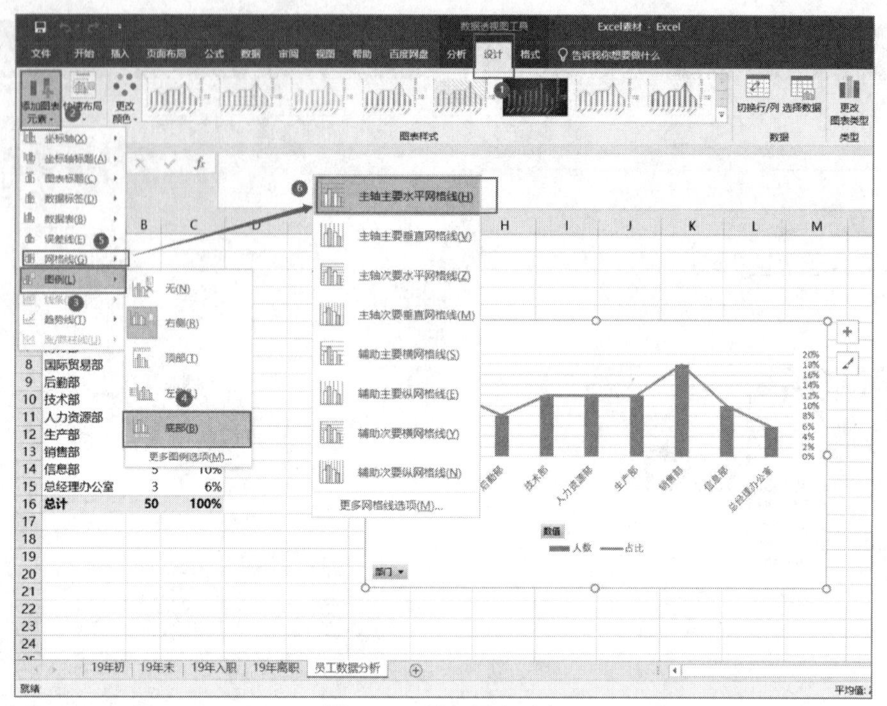

图 8-18　添加图表元素

**步骤 04**：选中主垂直坐标轴，右击，在弹出的快捷菜单中选择“设置坐标轴格式(F)”命令，在右侧出现“设置坐标轴格式”任务窗格，将“单位”中的“大”修改为“2.0”，如图 8-19 所示。

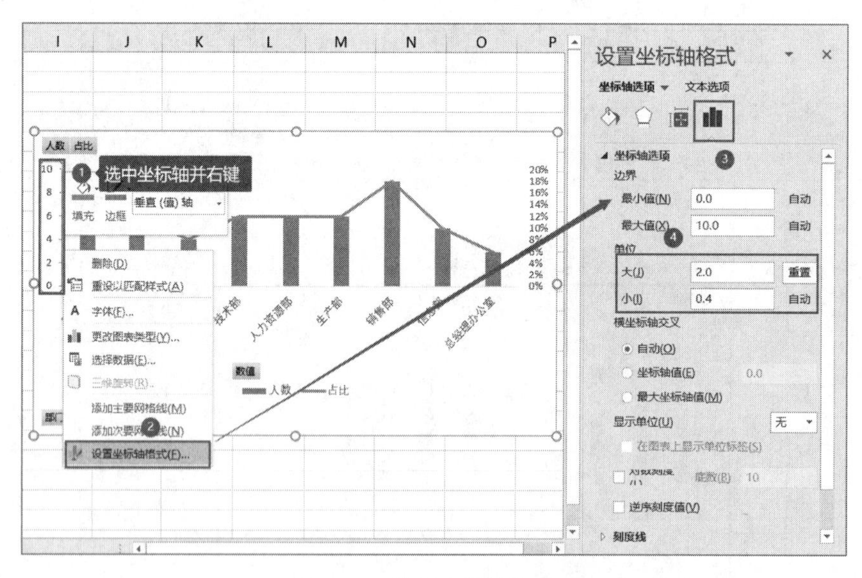


图 8-19　设置坐标轴格式 1

**步骤 05**：选中次垂直坐标轴，右击，在弹出的快捷菜单中选择“设置坐标轴格式(F)”命令，在右侧出现“设置坐标轴格式”任务窗格，将“单位”中的“大”修改为“0.05”，如图 8-20 所示。

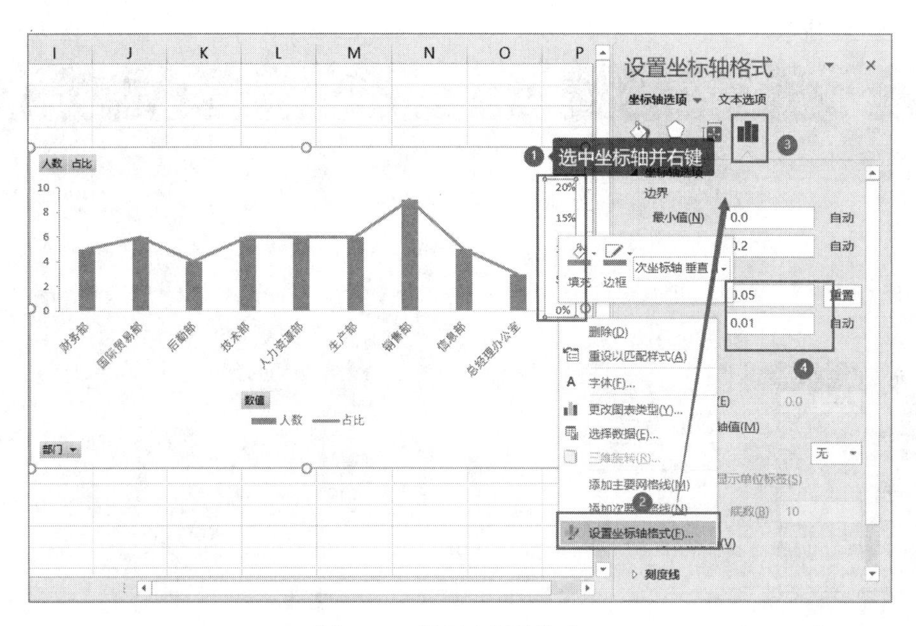


图 8-20　设置坐标轴格式 2

**步骤 06**：在数据透视图中，单击折线图中的标记点，右击，在弹出的快捷菜单中选择“设置数据系列格式”命令，在右侧任务窗格中单击“填充与线条”图标，单击“标记”，在“数据标记选项”区域选择“内置”单选按钮，将类型设置为“圆点”，大小设置为“6”，如图 8-21 所示。

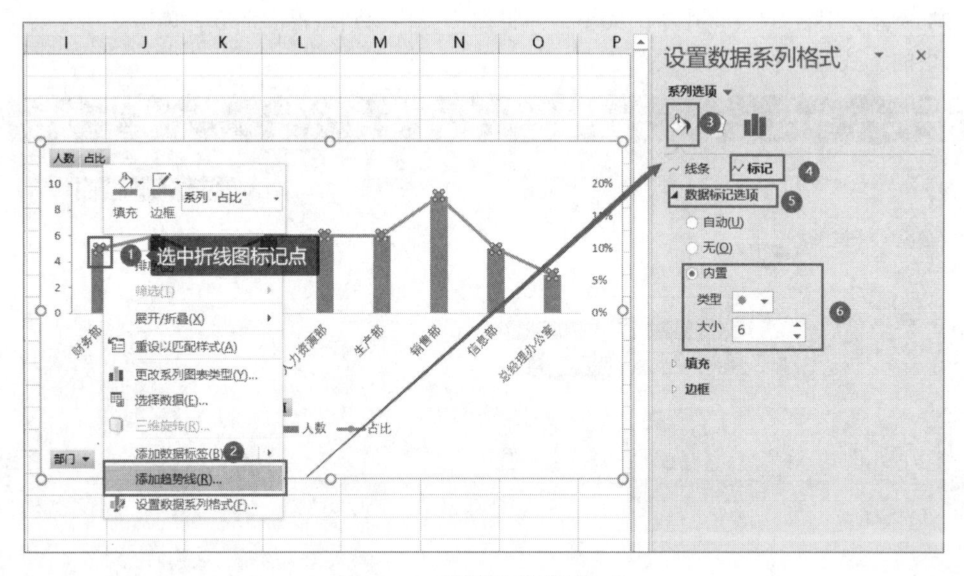


图 8-21　设置数据系列格式

④ 在 A1:E5 单元格区域中，为“学历”字段插入切片器显示为 5 列 1 行，且按钮从左到右按照“博士、硕士、本科、大专和中专”的顺序显示。

**步骤 01**：选中数据透视表中的单元格，单击“插入”选项卡“筛选器”选项组中的“切片器”按钮，弹出“插入切片器”对话框，勾选列表框中的“学历”复选框，单击“确定”按

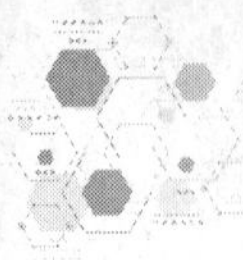



钮，如图 8-22 所示。

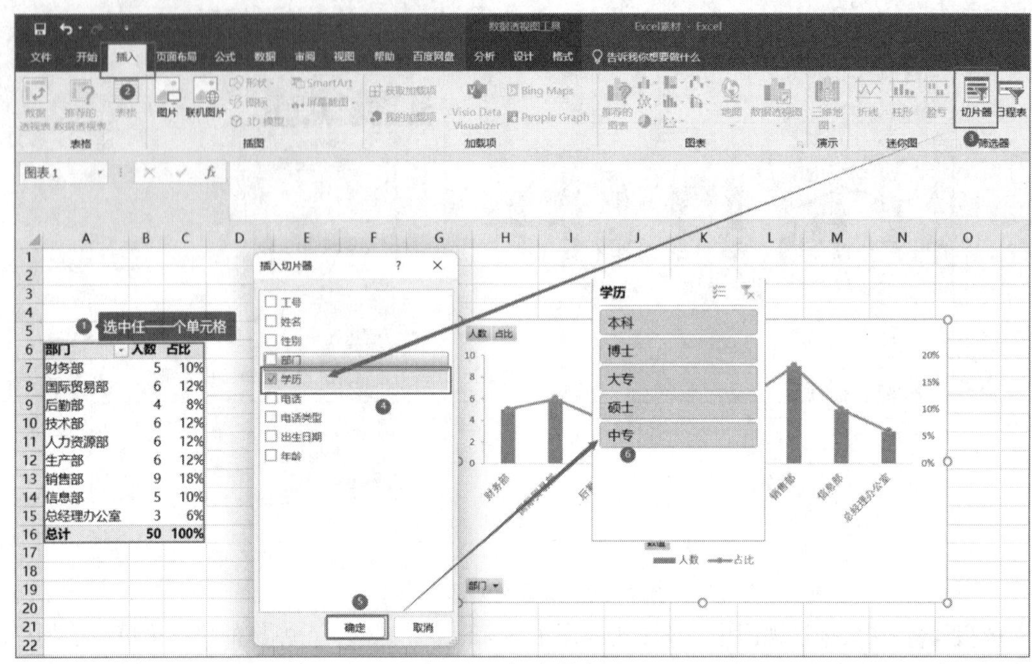


图 8-22　切片器应用 1

**步骤 02**：选中切片器窗口，右击，在弹出的快捷菜单中选择“大小和属性(Z)”命令，弹出“格式切片器”窗格，选中“位置和布局”，将“框架”区域中的“列数”修改为“5”，如图 8-23 所示。适当调整切片器的大小，并将切片器移动到透视图上方，单击“切片器样式”选项组中的“浅蓝，切片器样式深色 5”。

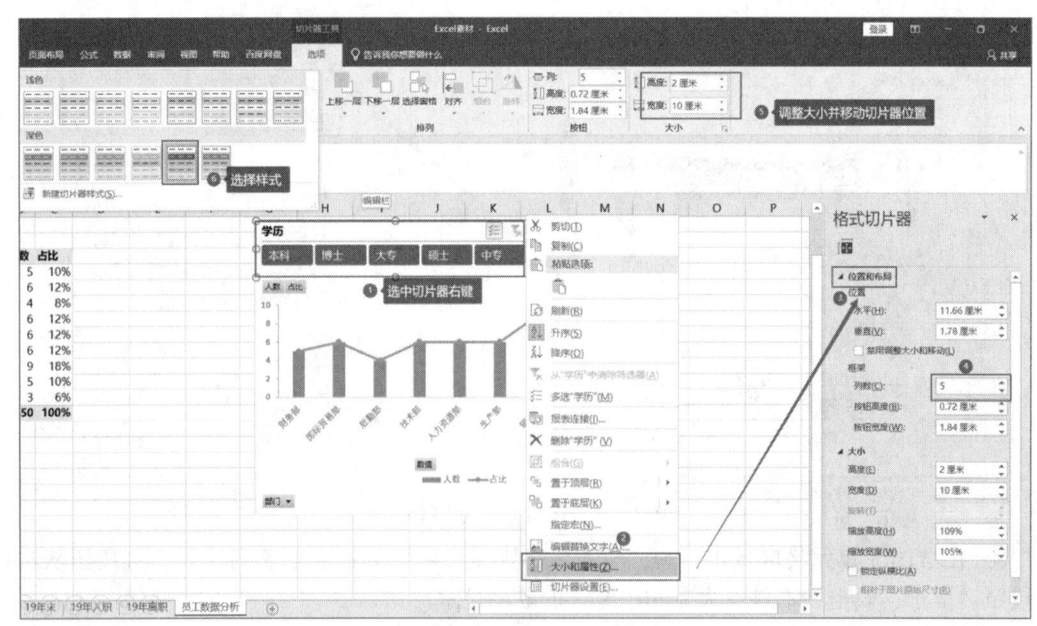


图 8-23　切片器应用 2

**步骤 03**：单击“文件”选项卡，选择“选项”命令，弹出“Excel 选项”对话框，选择“高级”选项，在右侧“常规”区域单击“编辑自定义列表”按钮，弹出“自定义序列”对话框，在“输入序列”列表框中依次输入：博士，硕士，本科，大专（每个字段用【Enter】键进行分行），单击“添加”按钮，然后连续两次单击“确定”按钮，如图 8–24 所示。

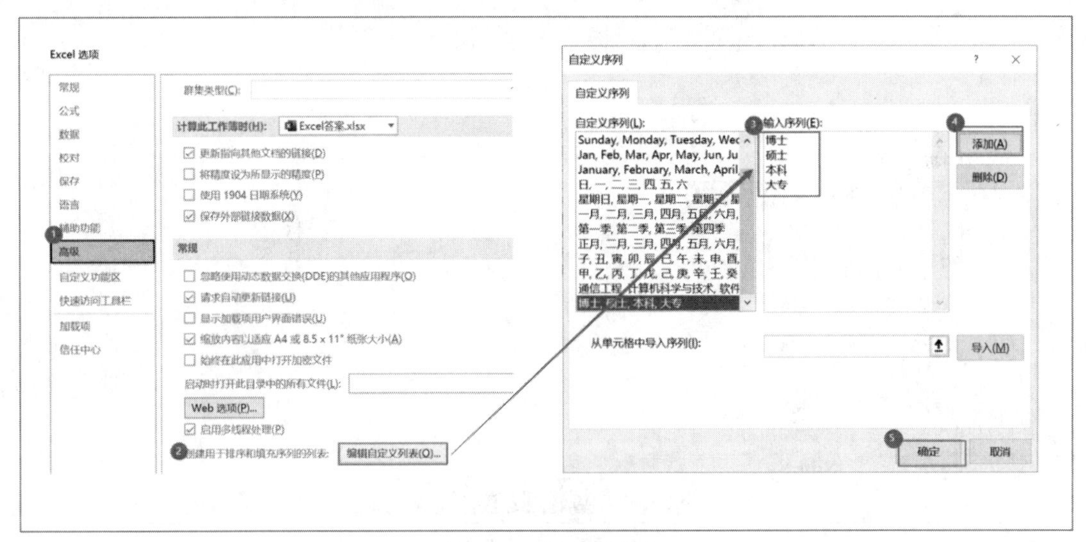


图 8–24　自定义序列

**步骤 04**：选中切片器，右击，在弹出的快捷菜单中选择“升序”命令。若排序没有变化，选择快捷菜单中的“刷新”命令，如图 8–25 所示。

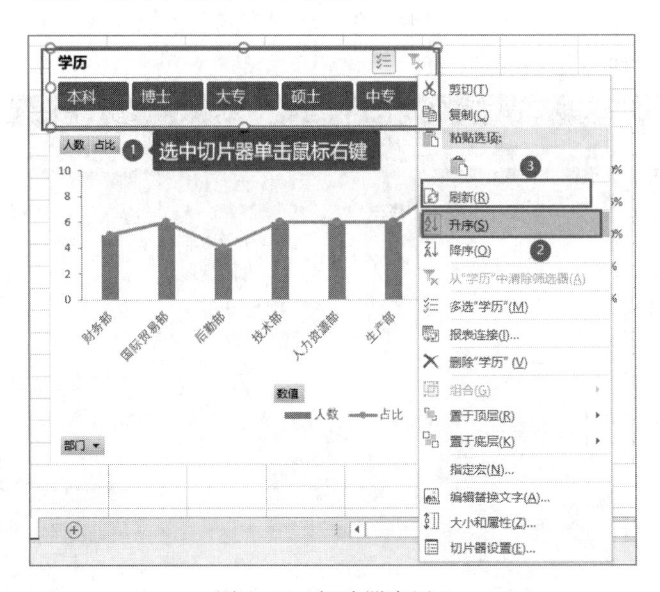


图 8–25　切片器应用 3

⑤ 将 A1:L17 单元格区域设置为打印区域，页面方向为横向，确保内容在一个页面中，垂直和水平方向都居中对齐。

**步骤 01**：适当调整数据透视图和切片器窗口的大小，并移动到“A1:L17”单元格区域内。

**步骤 02**：选中“A1:L17”单元格区域，单击“页面布局”选项卡“页面设置”选项组中的“打印区域”按钮，在下拉菜单中选择“设置打印区域”命令，如图 8–26 所示。

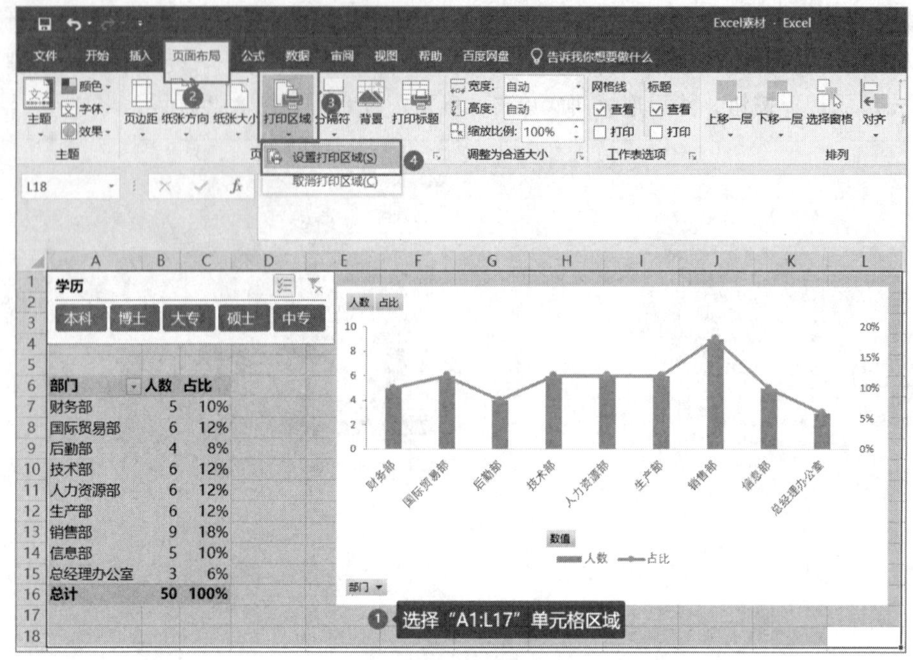


图 8-26　打印区域

**步骤 03：**单击“页面设置”选项组右下角的对话框启动器按钮，弹出“页面设置”对话框，在“页面”选项卡中将“方向”设置为“横向”，在“缩放”区域勾选“调整为 1 页宽 1 页高”单选按钮，选择“页边距”选项卡，在“居中方式”区域勾选“水平”“垂直”复选框，单击“确定”按钮，如图 8-27 所示。

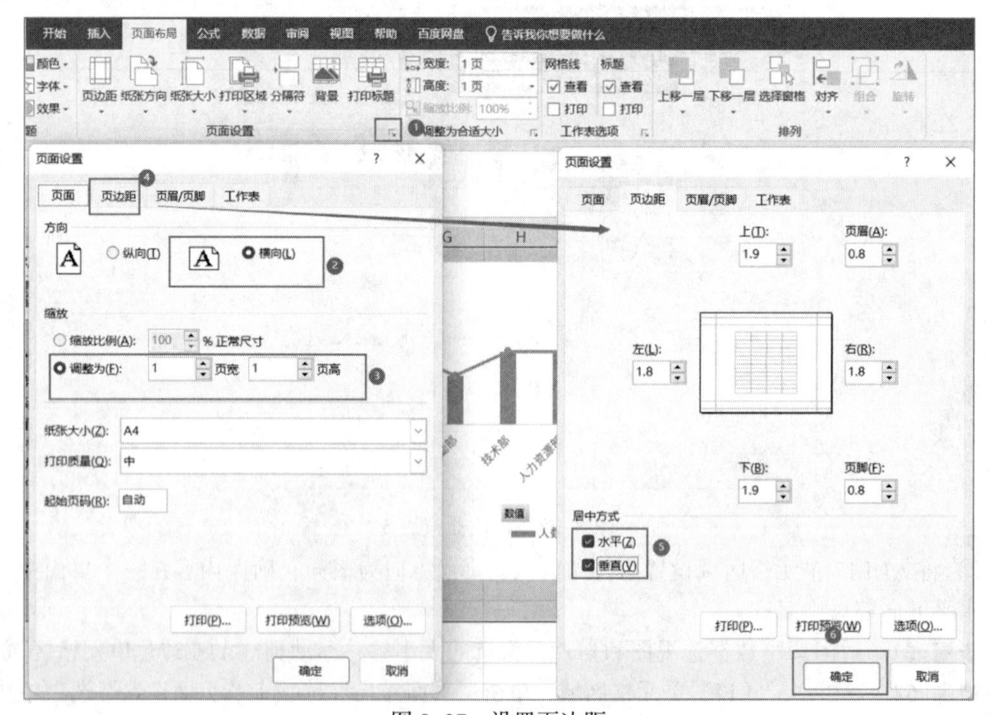


图 8-27　设置页边距

（6）在保护状态下，“19 年末”工作表中的所有单元格都可以被选中，但是“电话号码”列中的数据不会在编辑栏中显示实际号码（注意：不要使用密码)。

**步骤 01**：切换到“19 年末”工作表，选中“F2:F51”单元格区域，单击“开始”选项卡“数字”选项组右下角的对话框启动器按钮，弹出“设置单元格格式”对话框，选择“保护”选项卡，勾选“隐藏”复选框，单击“确定”按钮，如图 8-28 所示。

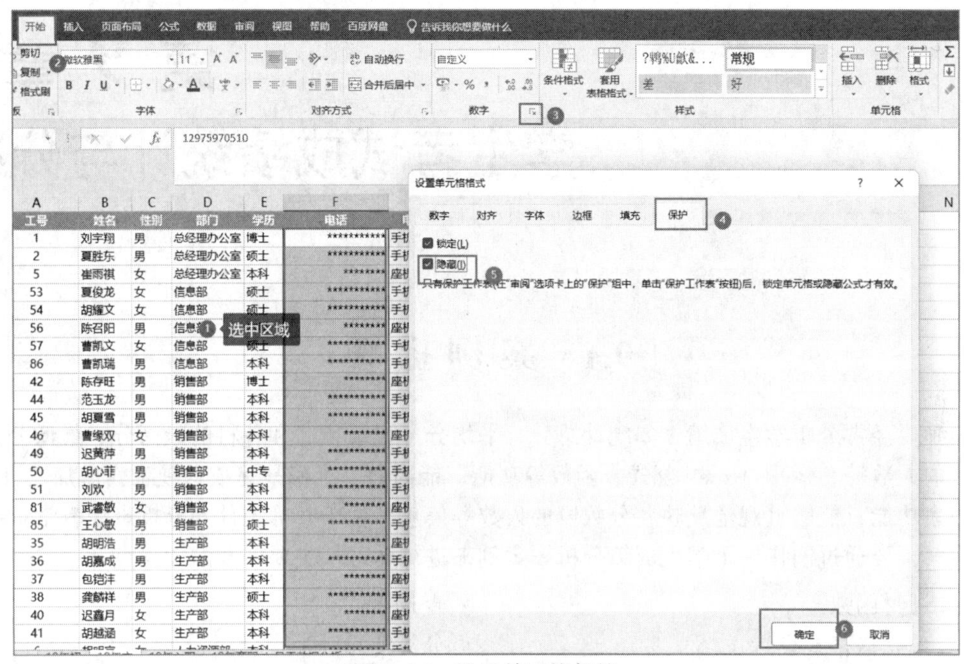


图 8-28　设置单元格保护

**步骤 02**：单击“审阅”选项卡“更改”选项组中的“保护工作表”按钮，弹出“保护工作表”对话框，单击“确定”按钮，如图 8-29 所示。

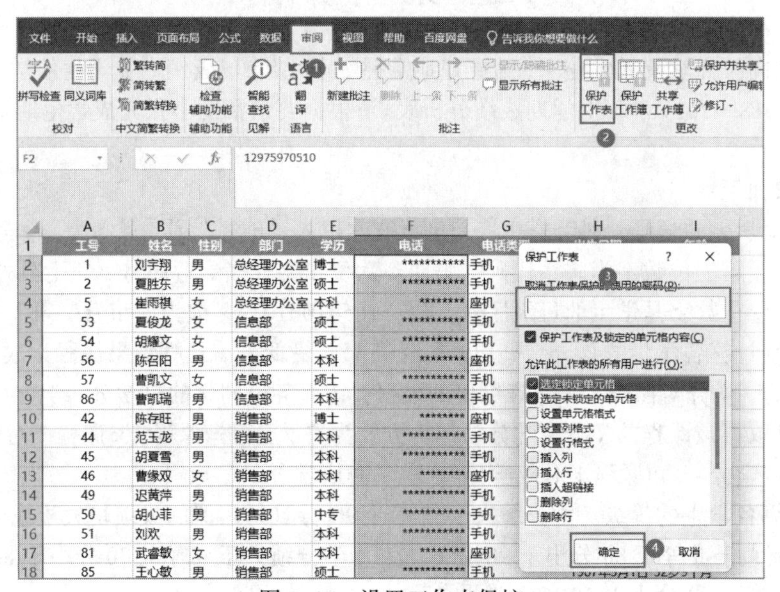


图 8-29　设置工作表保护

# 第 9 章 学生考试成绩统计与分析

## 9.1 案例提要

教师要经常分析学生成绩，如统计总分、平均分、班级排名和各科的最高分、最低分及各分数段的人数等，运用 Excel 公式、函数等功能，能高效、准确地完成这项工作。加之 Excel 具有图表功能，能够直观地反映各分数段的人数等信息，便于教师统计和分析班级教学情况。

本章主要通过制作一个学生成绩分析表案例来进行学习，主要涉及的知识点有：

- 逻辑函数
- 查找函数
- 单元格格式设置
- 分类汇总
- 函数嵌套
- 图表制作

## 9.2 案例介绍

小张是某高校商学院教学秘书，为更好地掌握 2016 级市场营销专业学生的学习情况，领导要求她制作 2018—2019 学年上学期成绩分析表。请根据要求帮助小张完成学生期末成绩分析表的制作。

具体要求如下：

（1）根据学生的学号，利用公式将其班级名称填入“班级”列，规则为：学号的前两位数字是入学年份，第三位数字为院系代码，第四到六位数字代表专业序号，第七到八位数字代表班级，第九到十位数字是学生的班级序号。如“1654100101”，即为“市营一班”。

（2）分别计算各学生的总分、平均分、最高分、最低分（计算结果保留小数点后两位）。

（3）根据“学分对照表”工作表给出的数据，计算各位同学的总学分、学分绩，课程成绩及格以上即可取得该课程的学分（学分绩计算方式为“学分绩=(课程 1×课程 1 对应学分+课程 2×课程 2 对应学分+…)/(课程 1 对应学分+课程 2 对应学分…)”）。

（4）计算各学生的等级。学分绩大于或等于 90 分且每门课的成绩均大于或等于 90 分为“优”，学分绩大于或等于 80 分小于 90 分为“良”，学分绩大于或等于 70 分小于 80 分为“中”，学分绩大于或等于 60 分小于 70 分为“及格”，学分绩小于 60 分为“差”。

（5）根据总分对所有学生的成绩进行排名。

（6）设置条件格式：将成绩不及格的学生成绩用红色文本加粗显示；将“等级”为“优”的学生设置为整行黄色填充，如图 9-1 所示。

2018—2019学年上学期成绩表

学院/系：商学院　　专业：市场营销

| 学号 | 姓名 | 班级 | 性别 | 市场营销 | 管理学 | 国际贸易 | 品牌管理 | 商务谈判 | 物流管理 | 营销管理 | 总分 | 平均分 | 最高分 | 最低分 | 总学分 | 学分绩 | 等级 | 排名 |
|---|---|---|---|---|---|---|---|---|---|---|---|---|---|---|---|---|---|---|
| 1654100101 | 叶泰良 | 市营一班 | 女 | 94 | 96 | 96 | 93 | 90 | 91 | 91 | 651 | 93 | 96 | 90 | 21 | 92.83 | 优 | 5 |
| 1654100102 | 王文韬 | 市营一班 | 女 | 78 | 90 | 94 | 83 | 91 | 86 | 89 | 611 | 87.29 | 94 | 78 | 21 | 87.21 | 良 | 23 |
| 1654100103 | 王茂臻 | 市营一班 | 女 | 85 | 100 | 97 | 87 | 78 | 88 | 86 | 621 | 88.71 | 100 | 78 | 21 | 88.5 | 良 | 17 |
| 1654100104 | 杨诗瑶 | 市营一班 | 女 | 89 | 95 | 97 | 93 | 94 | 91 | 92 | 651 | 93 | 97 | 89 | 21 | 92.81 | 良 | 6 |
| 1654100105 | 许涂昕 | 市营一班 | 女 | 92 | 88 | 94 | 92 | 91 | 87 | 93 | 637 | 91 | 94 | 87 | 21 | 90.86 | 良 | 9 |
| 1654100106 | 陈丽红 | 市营一班 | 女 | 96 | 98 | 93 | 90 | 87 | 89 | 96 | 649 | 92.71 | 98 | 87 | 21 | 93.05 | 良 | 3 |
| 1654100107 | 余书宜 | 市营一班 | 女 | 82 | 72 | 74 | 87 | 57 | 90 | 95 | 557 | 79.57 | 95 | 57 | 18 | 80.21 | 中 | 44 |
| 1654100108 | 宇娅楠 | 市营一班 | 女 | 89 | 87 | 96 | 98 | 67 | 95 | 92 | 624 | 89.14 | 98 | 67 | 21 | 88.69 | 良 | 16 |
| 1654100109 | 郭颖 | 市营一班 | 女 | 100 | 95 | 91 | 68 | 93 | 93 | 86 | 626 | 89.43 | 100 | 68 | 21 | 89.83 | 良 | 11 |
| 1654100110 | 陆倩 | 市营一班 | 女 | 96 | 89 | 86 | 79 | 70 | 95 | 78 | 593 | 84.71 | 96 | 70 | 21 | 84.57 | 良 | 29 |
| 1654100111 | 曾洁 | 市营一班 | 女 | 94 | 83 | 99 | 66 | 89 | 92 | 95 | 618 | 88.29 | 99 | 66 | 21 | 88.5 | 良 | 17 |
| 1654100112 | 朱红兰 | 市营一班 | 女 | 75 | 97 | 98 | 85 | 83 | 73 | 90 | 601 | 85.86 | 98 | 73 | 21 | 85.76 | 良 | 28 |
| 1654100113 | 张晓萍 | 市营一班 | 女 | 74 | 78 | 84 | 58 | 97 | 92 | 88 | 571 | 81.57 | 97 | 58 | 18.5 | 82.24 | 良 | 36 |
| 1654100114 | 束为虞 | 市营一班 | 男 | 78 | 83 | 81 | 64 | 67 | 93 | 82 | 548 | 78.29 | 93 | 64 | 21 | 78.79 | 中 | 45 |
| 1654100115 | 李嘉周 | 市营一班 | 男 | 50 | 96 | 83 | 78 | 91 | 93 | 84 | 575 | 82.14 | 96 | 50 | 18 | 82.62 | 良 | 35 |
| 1654100116 | 李雪松 | 市营一班 | 男 | 99 | 84 | 65 | 82 | 93 | 78 | 100 | 601 | 85.86 | 100 | 65 | 21 | 87.57 | 良 | 22 |
| 1654100117 | 冀若羽 | 市营一班 | 男 | 96 | 67 | 100 | 86 | 70 | 99 | 93 | 611 | 87.29 | 100 | 67 | 21 | 86.5 | 良 | 27 |
| 1654100118 | 杨笑 | 市营一班 | 男 | 63 | 90 | 96 | 70 | 92 | 95 | 98 | 604 | 86.29 | 98 | 63 | 21 | 86.86 | 良 | 25 |
| 1654100119 | 卢宜泽 | 市营一班 | 男 | 89 | 96 | 54 | 97 | 58 | 86 | 89 | 569 | 81.29 | 97 | 54 | 16 | 82.93 | 良 | 33 |
| 1654100120 | 黄凡 | 市营一班 | 男 | 70 | 94 | 94 | 99 | 75 | 73 | 88 | 593 | 84.71 | 99 | 70 | 21 | 84.31 | 良 | 30 |
| 1654100121 | 程世英 | 市营一班 | 男 | 87 | 54 | 97 | 84 | 75 | 86 | 93 | 576 | 82.29 | 97 | 54 | 17.5 | 81.38 | 良 | 40 |
| 1654100122 | 曾优亮 | 市营一班 | 男 | 93 | 95 | 93 | 93 | 76 | 95 | 99 | 644 | 92 | 99 | 76 | 21 | 92.33 | 良 | 7 |
| 1654100123 | 肖鹏 | 市营一班 | 男 | 95 | 96 | 96 | 97 | 95 | 95 | 92 | 666 | 95.14 | 97 | 92 | 21 | 94.93 | 优 | 1 |
| 1654100124 | 徐纯威 | 市营一班 | 男 | 90 | 87 | 86 | 54 | 65 | 78 | 98 | 558 | 79.71 | 98 | 54 | 18.5 | 81.07 | 中 | 41 |
| 1654100201 | 高展 | 市营二班 | 女 | 96 | 99 | 92 | 85 | 90 | 93 | 72 | 627 | 89.57 | 99 | 72 | 21 | 88.95 | 良 | 15 |
| 1654100202 | 雷蕾 | 市营二班 | 女 | 94 | 96 | 96 | 97 | 95 | 91 | 92 | 661 | 94.43 | 97 | 91 | 21 | 94.21 | 优 | 2 |
| 1654100203 | 武丹 | 市营二班 | 女 | 96 | 95 | 84 | 63 | 91 | 92 | 95 | 616 | 88 | 96 | 63 | 21 | 89.29 | 良 | 14 |
| 1654100204 | 谈建霞 | 市营二班 | 女 | 95 | 92 | 83 | 87 | 85 | 92 | 94 | 628 | 89.71 | 95 | 83 | 21 | 90.36 | 良 | 10 |
| 1654100205 | 谢文慧 | 市营二班 | 女 | 92 | 56 | 98 | 85 | 60 | 92 | 95 | 578 | 82.57 | 98 | 56 | 17.5 | 81.74 | 良 | 38 |
| 1654100206 | 丁雨瑶 | 市营二班 | 女 | 93 | 84 | 93 | 75 | 78 | 95 | 95 | 613 | 87.57 | 95 | 75 | 21 | 87.88 | 良 | 21 |
| 1654100207 | 吴鹏瑶 | 市营二班 | 女 | 94 | 93 | 90 | 90 | 75 | 88 | 88 | 618 | 88.29 | 94 | 75 | 21 | 88.26 | 良 | 19 |
| 1654100208 | 陶瑞华 | 市营二班 | 女 | 94 | 83 | 91 | 93 | 94 | 90 | 86 | 631 | 90.14 | 94 | 83 | 21 | 89.67 | 良 | 13 |

图 9-1　效果图

（7）通过分类汇总功能求出每个班各科的平均成绩和细分到每班各性别学生的平均分，并将每组结果分页显示。

（8）在学生成绩分类汇总表的下方插入一个学生成绩动态折线图，内容包括学生姓名、班级和各课程成绩，如图 9-2 所示。

2018—2019学年上学期成绩表

学院/系：商学院　　专业：市场营销

| 学号 | 姓名 | 班级 | 性别 | 市场营销 | 管理学 | 国际贸易 | 品牌管理 | 商务谈判 | 物流管理 | 营销管理 |
|---|---|---|---|---|---|---|---|---|---|---|
| | 总计平均值 | | | 87.23404 | 85.19149 | 86.23404 | 81.78723 | 81.85106 | 88.7234 | 90.085 |
| | 市营一班 平均值 | | | 85.58333 | 87.91667 | 89.33333 | 82.625 | 81 | 88.875 | 91.125 |
| | | | 女 平均值 | 88 | 89.84615 | 92.23077 | 83 | 83.61538 | 89.38462 | 90.077 |
| | | | 男 平均值 | 82.72727 | 85.63636 | 85.90909 | 82.18182 | 77.90909 | 88.27273 | 92.36364 |
| | 市营二班 平均值 | | | 88.95652 | 82.34783 | 83 | 80.91304 | 82.73913 | 88.56522 | 89 |
| | | | 女 平均值 | 93.53846 | 88.23077 | 87.23077 | 86.69231 | 84.46154 | 91.76923 | 89.38462 |
| | | | 男 平均值 | 83 | 74.7 | 77.5 | 73.4 | 80.5 | 84.4 | 88.5 |

| 姓名 | 班级 | 性别 | 市场营销 | 管理学 | 国际贸易 | 品牌管理 | 商务谈判 | 物流管理 | 营销管理 |
|---|---|---|---|---|---|---|---|---|---|
| 吴鹏瑶 | 市营二班 | 女 | 94 | 93 | 90 | 90 | 75 | 88 | 88 |



图 9-2　插入成绩折线效果图

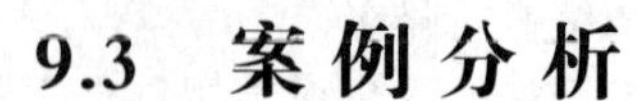

# 9.3 案例分析

学生成绩分析表对于学生个体成绩而言，既有了参照对象，又能比较出某学生成绩在团体中的位置，有利于激发学生的学习积极性，确立自己的学习目标。

对于班级成绩而言，既能反映出一般水平和分布状况，又便于班级间的对照比较，引发竞争意识。对教师来说，教师通过成绩分析可以了解学生掌握知识和技能的程度。建立对考试成绩分析的反馈利用机制，有助于全面提高教育教学质量。

对于学校的管理者，通过成绩分析的结果，可以直观地了解教师的教学开展情况和所取得的教学效果，检验教学过程是否达到了预期目标。同时成绩分析报告还可以作为教学质量监控，考试质量评估体系建设的数据支撑。

教师可以根据成绩分析的结果，做到有的放矢，在教学过程中有针对性地进行调整。本案例的任务是对学生期末成绩单进行分析，需要涉及的知识有逻辑函数应用，单元格格式设置、函数之间的嵌套使用、查找函数、分类汇总分析和数据图表制作等内容。

# 9.4 案例实操

（1）根据学生的学号，利用公式将其班级名称填入“班级”列，规则为：学号的前两位数字是入学年份，第三位数字为院系代码，第四到六位数字代表专业序号，第七到八位数字代表班级，第九到十位数字是学生的班级序号。如“1654100101”，即为“市营一班”。

**步骤 01**：选中“C4”单元格，在上方的编辑栏中输入“="市营"&TEXT(MID(A4,7,2),"[dbnum1]")&"班"”，如图 9-3 所示，按【Enter】键确认输入，得到该学生所在班级。

**步骤 02**：选中“C4”单元格，并双击“C4”单元格右下角的填充柄向下填充到其他单元格中，得到所有学生所在的班级。

C4　="市营"&TEXT(MID(A4,7,2),"[dbnum1]")&"班"

2018—2019学年上学期成绩表

学院/系：商学院　　专业：市场营销

| 学号 | 姓名 | 班级 | 性别 | 市场营销 | 管理学 | 国际贸易 | 品牌管理 | 商务谈判 | 物流管理 | 营销管理 | 总分 | 平均分 | 最高分 | 最低分 | 总学分 | 学分绩 | 等级 | 排名 |
|---|---|---|---|---|---|---|---|---|---|---|---|---|---|---|---|---|---|---|
| 1654100101 | 叶泰良 | 市营一班 | 女 | 94 | 96 | 96 | 93 | 90 | 91 | 91 | 651 | 93 | 96 | 90 | 21 | 92.83 | 优 | 5 |
| 1654100102 | 王文韬 | 市营一班 | 女 | 78 | 90 | 94 | 83 | 91 | 86 | 89 | 611 | 87.29 | 94 | 78 | 21 | 87.21 | 良 | 23 |
| 1654100103 | 王茂臻 | 市营一班 | 女 | 85 | 100 | 97 | 87 | 78 | 88 | 86 | 621 | 88.71 | 100 | 78 | 21 | 88.5 | 良 | 17 |
| 1654100104 | 杨诗瑶 | 市营一班 | 女 | 89 | 95 | 97 | 93 | 94 | 91 | 92 | 651 | 93 | 97 | 89 | 21 | 92.81 | 良 | 6 |
| 1654100105 | 许淙昕 | 市营一班 | 女 | 92 | 88 | 94 | 92 | 91 | 87 | 93 | 637 | 91 | 94 | 87 | 21 | 90.86 | 良 | 9 |
| 1654100106 | 陈丽红 | 市营一班 | 女 | 96 | 98 | 93 | 90 | 87 | 89 | 96 | 649 | 92.71 | 98 | 87 | 21 | 93.05 | 良 | 3 |
| 1654100107 | 佘书宜 | 市营一班 | 女 | 82 | 72 | 74 | 87 | 57 | 90 | 95 | 557 | 79.57 | 95 | 57 | 18 | 80.21 | 中 | 44 |
| 1654100108 | 宇娅楠 | 市营一班 | 女 | 89 | 87 | 96 | 98 | 67 | 95 | 92 | 624 | 89.14 | 98 | 67 | 21 | 88.69 | 良 | 16 |
| 1654100109 | 郭颖 | 市营一班 | 女 | 100 | 95 | 91 | 68 | 93 | 93 | 86 | 626 | 89.43 | 100 | 68 | 21 | 89.83 | 良 | 11 |
| 1654100110 | 陆倩 | 市营一班 | 女 | 96 | 89 | 86 | 79 | 70 | 95 | 78 | 593 | 84.71 | 96 | 70 | 21 | 84.57 | 良 | 29 |
| 1654100111 | 曾洁 | 市营一班 | 女 | 94 | 83 | 99 | 66 | 89 | 92 | 95 | 618 | 88.29 | 99 | 66 | 21 | 88.5 | 良 | 17 |
| 1654100112 | 朱红兰 | 市营一班 | 女 | 75 | 97 | 98 | 85 | 83 | 73 | 90 | 601 | 85.86 | 98 | 73 | 21 | 85.76 | 良 | 28 |
| 1654100113 | 张晓萍 | 市营一班 | 女 | 74 | 78 | 84 | 58 | 97 | 92 | 88 | 571 | 81.57 | 97 | 58 | 18.5 | 82.24 | 良 | 36 |
| 1654100114 | 東为虞 | 市营一班 | 男 | 78 | 83 | 81 | 64 | 67 | 93 | 82 | 548 | 78.29 | 93 | 64 | 21 | 78.79 | 中 | 45 |
| 1654100115 | 李嘉周 | 市营一班 | 男 | 50 | 96 | 83 | 78 | 91 | 93 | 84 | 575 | 82.14 | 96 | 50 | 18 | 82.62 | 良 | 35 |
| 1654100116 | 李雪松 | 市营一班 | 男 | 99 | 84 | 65 | 82 | 93 | 78 | 100 | 601 | 85.86 | 100 | 65 | 21 | 87.57 | 良 | 22 |
| 1654100117 | 冀若羽 | 市营一班 | 男 | 96 | 67 | 100 | 86 | 70 | 99 | 93 | 611 | 87.29 | 100 | 67 | 21 | 86.5 | 良 | 27 |
| 1654100118 | 杨笑 | 市营一班 | 男 | 63 | 90 | 96 | 70 | 92 | 95 | 98 | 604 | 86.29 | 98 | 63 | 21 | 86.86 | 良 | 25 |
| 1654100119 | 卢官泽 | 市营一班 | 男 | 89 | 96 | 54 | 97 | 58 | 86 | 89 | 569 | 81.29 | 97 | 54 | 16 | 82.93 | 良 | 33 |
| 1654100120 | 黄凡 | 市营一班 | 男 | 70 | 94 | 94 | 99 | 75 | 73 | 88 | 593 | 84.71 | 99 | 70 | 21 | 84.31 | 良 | 30 |
| 1654100121 | 程世英 | 市营一班 | 男 | 87 | 54 | 97 | 84 | 75 | 86 | 93 | 576 | 82.29 | 97 | 54 | 17.5 | 81.38 | 良 | 40 |
| 1654100122 | 曾优亮 | 市营一班 | 男 | 93 | 95 | 93 | 93 | 76 | 95 | 99 | 644 | 92 | 99 | 76 | 21 | 92.33 | 良 | 7 |
| 1654100123 | 肖熊 | 市营一班 | 男 | 95 | 96 | 96 | 97 | 95 | 95 | 92 | 666 | 95.14 | 97 | 92 | 21 | 94.93 | 优 | 1 |

期末成绩　学分对照表　分类汇总

图 9-3　插入公式

### 知识小贴士

此次使用的是 TEXT 函数，TEXT 函数可通过格式代码向数字应用格式，进而更改数字的显示方式。如果要变更可读的格式显示数字，或者将数字与文本或符号组合，它将非常有用。

语法：TEXT(value,format_text)

value：为数值、计算结果为数字值的公式，或对包含数字值的单元格的引用。

format_text：为“单元格格式”对话框中“数字”选项卡上“分类”框中的文本形式的数字格式。

常用 TEXT 的 Format_text（单元格格式）参数代码及说明见表 9-1。

表 9-1　TEXT 函数常用代码及说明

| 单元格格式<br>Format_text | 数字<br>Value | TEXT(A,B)<br>值 | 说　明 |
|---|---|---|---|
| G/通用格式 | 10 | 10 | 常规格式 |
| 000.0 | 10.25 | 010.3 | 小数点前面不足三位以 0 补齐，保留 1 位小数，不足一位以 0 补齐 |
| #### | 10.00 | 10 | 没用的 0 一律不显示 |
| 0000-00-00 | 19820506 | 1982-05-06 | 按所示形式表示日期 |
| 0000 年 00 月 00 日 | | 1982 年 05 月 06 日 | |
| [DBNum1] | 125 | 一百二十五 | 中文小写数字+单位 |
| [DBNum2] | | 壹佰贰拾伍元整 | 中文大写数字，并加入“元整”字尾 |
| [DBNum3] | | 1 百 2 十 5 | 阿拉伯数字+单位 |

（2）分别计算各学生的总分、平均分、最高分、最低分（计算结果保留小数点后两位）。

**步骤 01**：选中“L4”单元格，输入“=SUM(E4:K4)”，按【Enter】键确认输入，得到该学生总分，选中“L4”单元格，并双击“L4”单元格右下角的填充柄向下填充到其他单元格中，得到所有学生的总分。

**步骤 02**：选中“M4”单元格，输入“=ROUND(AVERAGE(E4:K4),2)”，按【Enter】键确认输入，得到该学生的平均分并且保留小数点后两位，然后选中“M4”单元格，并双击“M4”单元格右下角的填充柄向下填充到其他单元格中，得到所有学生的平均分。

**步骤 03**：选中“N4”单元格，输入“=MAX(E4:K4)”，按【Enter】键确认输入，得到该学生单科最高分，然后选中“N4”单元格，并双击“N4”单元格右下角的填充柄向下填充到其他单元格中，得到所有学生的最高单科成绩。

**步骤 04**：选中“O4”单元格，输入“=MIN(E4:K4)”，按【Enter】键确认输入，得到该学生的单科最低分，然后选中“O4”单元格并双击“O4”单元格右下角的填充柄向下填充到其他单元格中，得到所有学生的单科最低分。

### 知识小贴士

1. SUM 函数

SUM 函数指的是返回某一单元格区域中数字、逻辑值及数字的文本表达式之和。如果参数中有错误值或为不能转换成数字的文本，将会导致错误。

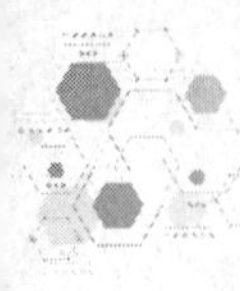



微视频

表达式书写规则

语法：SUM(number1,[number2],…)

number1：（必需参数）要相加的第一个数字。该数字可以是数字，或 Excel 中 A1 之类的单元格引用或 A2:A8 之类的单元格区域。

number2：这是要相加的第二个数字。

说明：

（1）逻辑值及数字的文本表达式将被计算。

（2）如果参数为数组或引用，只有其中的数字将被计算。数组或引用中的空白单元格、逻辑值、文本将被忽略。

（3）如果参数中有错误值或为不能转换成数字的文本，将会导致错误。

### 2．AVERAGE 函数

微视频

计算函数

AVERAGE 函数是 Excel 表格中的计算平均值函数，在数据库中 average 使用简写 avg。AVERAGE 是返回参数的平均值（也做算术平均值）。例如，如果单元格区域（单元格区域：工作表中的两个或多个单元格。单元格区域中的单元格可以相邻或不相邻）A1:A20 包含数字，则函数=AVERAGE(A1:A20)将返回这些数字的平均值。

语法：AVERAGE(number1, number2,…)

其中，number1 为必需的，该数字可以是数字，或 Excel 中 A1 之类的单元格引用或 A2:A8 之类的单元格区域。后续值是可选的，是需要计算平均值的 1 ~ 255 个数值参数。当需要计算多个单元格中数值的平均值时，可以使用 AVERAGE 函数进行计算。

### 3．MAX 函数

MAX 函数用于求向量或者矩阵的最大元素，或几个指定值中的最大值。

语法：MAX(number1,number2,…)

函数 MAX 常用形式有如下三种：

（1）MAX(A)：输入参数 A 可以是向量或矩阵，若为向量，则返回该向量中所有元素的最大值；若为矩阵，则返回一个行向量，向量中各个元素分别为矩阵各列元素的最大值。

（2）MAX(A,B)：比较 A、B 中对应元素的大小，A、B 可以是矩阵或向量，要求尺寸相同，返回一个 A、B 中比较大元素组成的矩阵或向量。另外，A、B 中也可以有一个为标量，返回与该标量比较后得到的矩阵或向量。

（3）MAX(A,[],dim)：返回 A 中第 dim 维的最大值。

如果 MAX 函数中的参数为错误值或不能转换成数字的文本，将产生错误。如果参数为数组或引用，则只有数组或引用中的数字将被计算。数组或引用中的空白单元格、逻辑值或文本将被忽略。如果逻辑值和文本不能忽略，可使用函数 MAXA 来代替。

如果参数不包含数字，函数 MAX 返回 0。

### 4．MIN 函数

MIN 函数的作用是返回给定参数表中的最小值。函数参数可以是数字、空白单元格、逻辑值或表示数值的文字串，如果参数中有错误值或无法转换成数值的文字时，将引起错误。

语法：MIN(number1,number2,…)

number1, number2,...是要从中找出最小值的 1 ~ 30 个数字参数。

返回值 A 是给定参数表中的最小值，B 是参数表中最小值所在的下标位置。

（3）根据“学分对照表”工作表给出的数据，计算各位同学的总学分、学分绩，课程成绩及格以上即可取得该课程的学分（学分绩计算方式为“学分绩=(课程 1×课程 1 对应学分+课程 2×课程 2 对应学分+…)/(课程 1 对应学分+课程 2 对应学分…)”）。

**步骤 01**：选中“P4”单元格，输入“=IF(E4>=60,3,0)+IF(F4>=60,3.5,0)+IF(G4>=60, 2,0)+IF(H4>=60,2.5,0)+IF(I4>=60,3,0)+IF(J4>=60,3,0)+IF(K4>=60,4,0)”，如图 9–4 所示，按【Enter】键确认，得到该学生的总学分。

**步骤 02**：选中“P4”单元格并双击“P4”单元格右下角的填充柄向下填充到其他单元格中，得到所有学生的总学分。

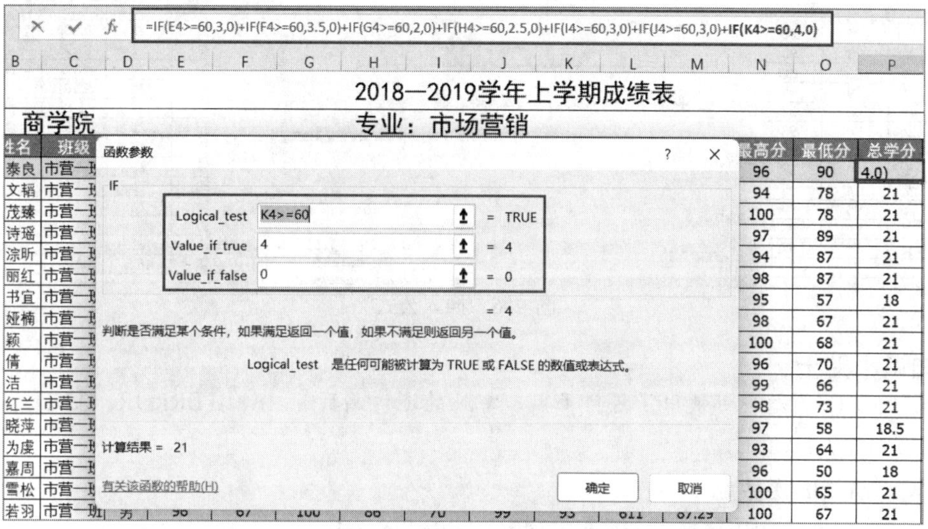

图 9–4　插入公式

**步骤 03**：选中“Q4”单元格，输入“=ROUND((E4*3+F4*3.5+G4*2+H4*2.5+I4*3+J4*3+K4*4)/(3+3.5+2+2.5+3+3+4),2)”，如图 9–5 所示，按【Enter】键确认，得到该学生的学分绩。

**步骤 04**：选中“Q4”单元格并双击“Q4”单元格右下角的填充柄向下填充到其他单元格中，得到所有学生的学分绩。

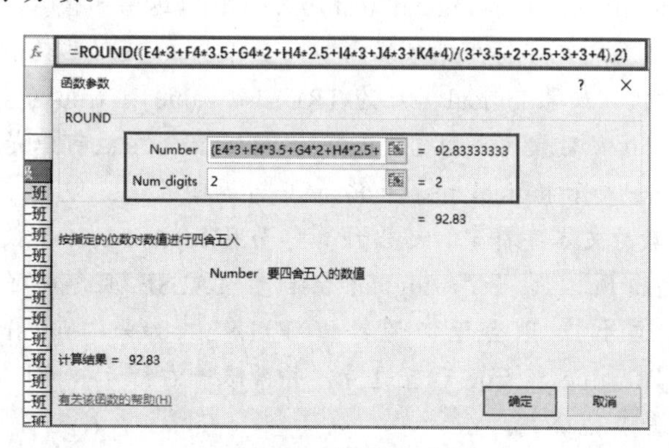


图 9–5　插入公式

（4）计算各学生的等级。学分绩大于或等于 90 分且每门课的成绩均大于或等于 90 分为“优”，学分绩大于或等于 80 分小于 90 分为“良”，学分绩大于或等于 70 分小于 80 分为“中”，学分绩大于或等于 60 分小于 70 分为“及格”，学分绩小于 60 分为“差”。

**步骤 01**：选中“R4”单元格，输入“=IF(AND(E4>=90,F4>=90,G4>=90,H4>=90,I4>=90, J4>=90, K4>=90,M4>=90),"优",IF(M4>=80,"良",IF(M4>=70,"中",IF(M4>=60,"及格","差"))))”，如图 9-6 所示，按【Enter】键确认，得到该学生的等级。

**步骤 02**：选中“R4”单元格并双击“R4”单元格右下角的填充柄向下填充到其他单元格中，得到所有学生的等级。

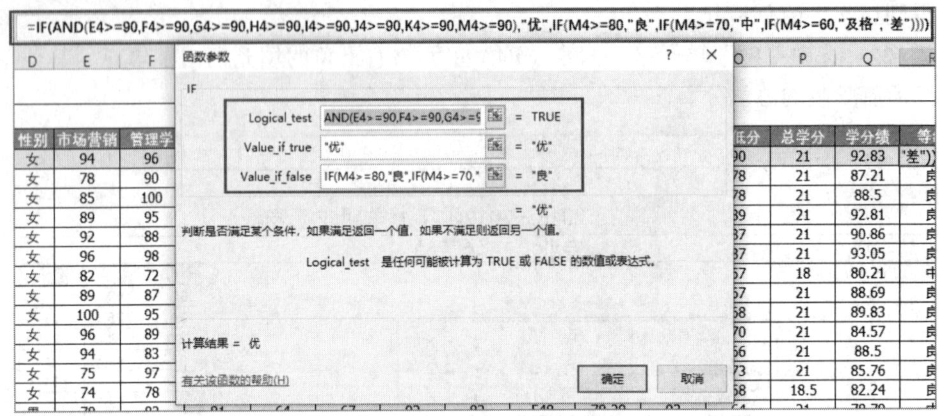

图 9-6　插入公式

## 知识小贴士

第（3）（4）题中都使用了逻辑函数，常见的逻辑函数有 IF、IFERROR、AND、OR、NOT、TRUE、FALSE。

微视频

逻辑函数

### 1. IF 函数

语法：IF(logical_test,value_if_true,value_if_false)

IF 函数是条件判断函数：如果指定条件的计算结果为 TRUE，IF 函数将返回某个值；如果该条件的计算结果为 FALSE，则返回另一个值。

说明：

（1）logical_test 表示计算结果为 TRUE 或 FALSE 的任意值或表达式。

（2）value_if_true 表示 logical_test 为 TRUE 时返回的值。

例如，如果本参数为文本字符串“预算内”而且 logical_test 参数值为 TRUE，则 IF 函数将显示文本“预算内”。如果 logical_test 为 TRUE 而 value_if_true 为空，则本参数返回 0。如果要显示 TRUE，则该参数使用逻辑值 TRUE。value_if_true 也可以是其他公式。

（3）value_if_false 表示 logical_test 为 FALSE 时返回的值。

例如，如果本参数为文本字符串“超出预算”而且 logical_test 参数值为 FALSE，则 IF 函数将显示文本“超出预算”。如果 logical_test 为 FALSE 且忽略了 value_if_false（即 value_if_true 后没有逗号），则会返回逻辑值 FALSE。如果 logical_test 为 FALSE 且 value_if_false 为空（即 value_if_true 后有逗号，并紧跟着右括号），则本参数返回 0（零）。value_if_false 也可以是其他公式。

在第（4）题中，第二个 IF 语句同时也是第一个 IF 语句的参数 value_if_false。同样，第三个 IF 语句是第二个 IF 语句的参数 value_if_false。例如，如果第一个 logical_test(AND(E4>=90,F4>=90,G4>=90,H4>=90,I4>=90,J4>=90,K4>=90,M4>=90)为 TRUE，则返回“优”；如果第一个 logical_test 为 FALSE，则计算第二个 IF 语句，依此类推。

### 2．AND 函数

语法：AND(logical1,logical2,…)

说明：

logical1,logical2,…表示待检测的 1 ~ 30 个条件值，各条件值可为 TRUE 或 FALSE。

参数必须是逻辑值 TRUE 或 FALSE，或者包含逻辑值的数组（用于建立可生成多个结果或可对在行和列中排列的一组参数进行运算的单个公式。数组区域共用一个公式；数组常量是用作参数的一组常量）或引用。

如果数组或引用参数中包含文本或空白单元格，则这些值将被忽略。

如果指定的单元格区域内包括非逻辑值，则 AND 将返回错误值#VALUE!。

微视频

常用运算符及其运用

### 3．OR 函数

语法：OR(logical1,logical2,…)

说明：

logical1,logical2,…为需要进行检验的 1 ~ 30 个条件表达式。

参数必须能计算为逻辑值，如 TRUE 或 FALSE，或者为包含逻辑值的数组（用于建立可生成多个结果或可对在行和列中排列的一组参数进行运算的单个公式。数组区域共用一个公式；数组常量是用作参数的一组常量）或引用。

如果数组或引用参数中包含文本或空白单元格，则这些值将被忽略。

如果指定的区域中不包含逻辑值，函数 OR 返回错误值#VALUE!。

### 4．NOT 函数

语法：NOT(logical)

NOT 函数是用于对参数值求反的一种 Excel 函数。当要确保一个值不等于某一特定值时，可以使用 NOT 函数。简言之，就是当参数值为 TRUE 时，NOT 函数返回的结果恰与之相反，结果为 FALSE。

（5）根据总分对所有学生的成绩进行排名。

**步骤 01：** 选中“S4”单元格，输入“=RANK.EQ(L4,$L$4:$L$50)”，如图 9–7 所示，得到该学生在所有学生中的总分排名。

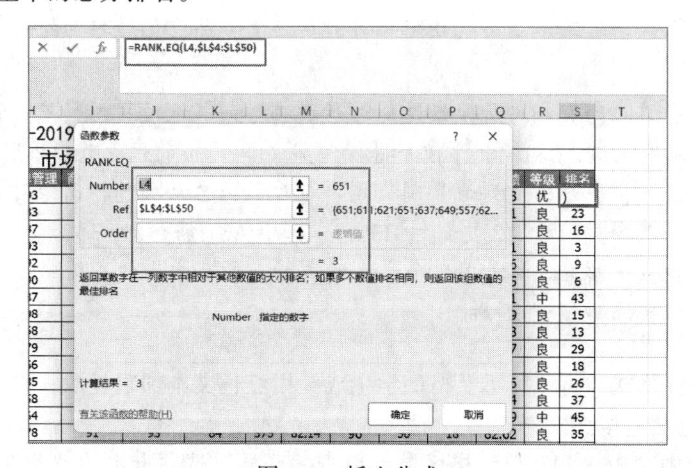


图 9–7 插入公式

**步骤 02**：选中“S4”单元格并双击“S4”单元格右下角的填充柄向下填充到其他单元格中，得到所有学生的排名。

**知识小贴士**

1. RANK 函数

RANK 函数是排名函数。rank 函数最常用的是求某一个数值在某一区域内的排名。

语法：RANK(number,ref,[order])

函数名后面的参数中 number 为需要求排名的那个数值或者单元格名称（单元格内必须为数字），ref 为排名的参照数值区域，order 为 0 和 1，默认不用输入，得到的就是从大到小的排名，若是想求倒数第几，order 的值使用 1。

常用的 RANK 函数有两种表现形式：

RANK.EQ：返回某数字在一列数字中相对于其他数值的大小排名；如果多个数值排名相同，则返回该组数值的最佳排名。

RANK.AVG：返回某数字在一列数字中相对于其他数值的大小排名；如果多个数值排名相同，则返回平均值排名。

微视频

单元格绝对引用和相对引用

2. 相对引用

单元格地址由两部分组成：字母部分表示列标；数字部分表示行号。

相对引用就是直接用列标和行号表示单元格，这是默认的引用方式。例如：C1。

单元格中公式如果为“=A1+B1”就是相对引用。当使用相对地址时，单元格公式中的引用地址会随目标单元格的变化而发生相应变化，但其引用单元格地址之间的相对地址不变。

例如，单元格公式为“=A1+B1”时，当单元格向下进行公式引用时，则公式变成：“=A2+B2”；当单元格向右进行公式引用时，则公式变成：“=B12+C1”。

3. 绝对引用

$符号表示绝对引用，字母前面加$表示绝对引用列，数字前加$表示绝对引用行，2 个都加即表示绝对引用该单元格。

单元格中的绝对单元格引用（如$A$1）总是在指定位置引用单元格 A1。如果公式所在单元格的位置改变，绝对引用的单元格始终保持不变。如果多行或多列地复制公式，绝对引用将不作调整。默认情况下，新公式使用相对引用，需要将它们转换为绝对引用。

4. 混合引用

混合引用具有绝对列和相对行，或是绝对行和相对列。绝对引用列采用$A1、$B1 等形式。绝对引用行采用 A$1、B$1 等形式。如果公式所在单元格的位置改变，则相对引用改变，而绝对引用不变。如果多行或多列地复制公式，相对引用自动调整，而绝对引用不作调整。例如，如果将一个混合引用从 A2 复制到 B3，它将从=A$1 调整到=B$1。

本题中的学生成绩排名，都是用单个学生的成绩在所有学生的成绩中进行排名，因此排名的区域引用则需要添加“$”符号。

（6）设置条件格式：将成绩不及格的学生成绩用红色文本加粗显示；将“等级”为“优”的学生设置为整行黄色填充。

**步骤 01**：选中“E4:K50”单元格区域，单击“开始”选项卡中的“条件格式”按钮，在下拉菜单中选择“突出显示单元格规则”→“小于(L)...”命令。

**步骤 02**：在弹出的对话框中将数字设置为“60”，设置为“自定义格式”。

**步骤 03**：在弹出的“设置单元格格式”对话框中选择“字体”选项卡，将“字形(O)”设置为“加粗”，“颜色”设置为“标准色红色”。选择“填充”选项卡，将背景色设置为“无颜色”，单击“确定”按钮完成，如图 9–8 所示。

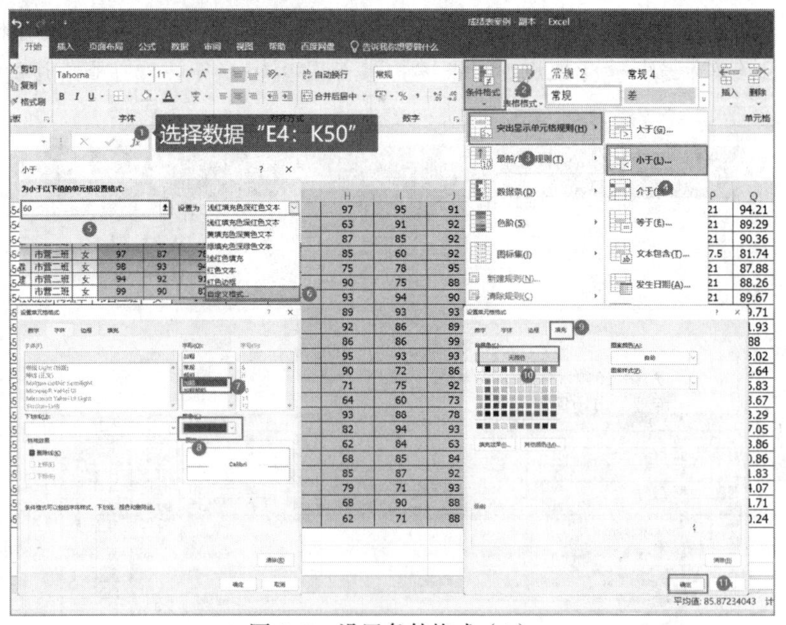


图 9–8　设置条件格式（1）

**步骤 04**：选中“A4:S50”单元格区域，单击“开始”选项卡中的“条件格式”按钮，在下拉菜单中选择“新建规则(N)”命令，弹出“新建格式规则”对话框，选择“使用公式确定要设置格式的单元格”选项。

**步骤 05**：在“为符合此公式的值设置格式(O)”文本框中输入“=$R4="优"”，单击“格式(F)”按钮，弹出“设置单元格格式”对话框，选择“填充”选项卡，将“背景色(C)”设置为“标准色黄色”，单击“确定”按钮完成，如图 9–9 所示。

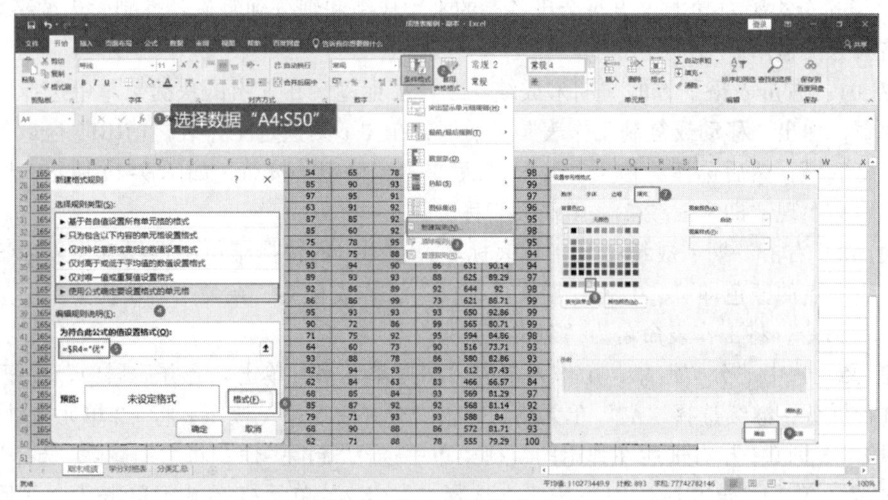


图 9–9　设置条件格式（2）

### 知识小贴士

公式“=$R4="优"”的意思是对所选的“A4:S50”与符合公式“=$R4="优"”在同一行的单元格都进行统一的格式设置。当“R4”完成比较后，又会对下一行“R5”进行比较，直到“R50”行结束。

需要查看工作表中设置了哪些条件格式，可以全选工作表，然后单击“条件格式”按钮，在弹出的下拉菜单中选择“管理规则(R)”命令，如图 9-10 所示，即可查看该工作表中设置的条件格式。

图 9-10　设置条件格式（3）

（7）通过分类汇总功能求出每个班各科的平均成绩和细分到每班各性别学生的平均分，并将每组结果分页显示。

**步骤 01：**右击表格下方的“期末成绩”工作表标签，在弹出的快捷菜单中选择“移动或复制”命令，弹出“移动或复制工作表”对话框，在“下列选定工作表之前(B)”区域勾选“建立副本”复选框，然后选择“移至最后”，最后单击“确定”按钮，如图 9-11 所示，则工作表标签最后边会出现“期末成绩(2)”工作表名称。

**步骤 02：**右击“期末成绩(2)”工作表标签，在弹出的快捷菜单中选择工作表标签颜色，选择一个浅一点的颜色即可。右击“期末成绩(2)”工作表标签，在弹出的快捷菜单中选择“重命名（R）”命令，将工作表命名为“分类汇总”。

**步骤 03：**选中“分类汇总”工作表中的“A1”单元格，单击“合并后居中”按钮，将 A1 单元格进行拆分，继续选择“A2”单元格，单击“合并后居中”按钮，将 A2 单元格进行拆分，然后选中 L ~ S 列数据，右击后在弹出的快捷菜单中选择“删除”命令将数据删除。选择“A1:K1”单元格区域，单击“合并后居中”按钮，选择“A2:K2”单元格区域，单击“合并后居中”按钮。

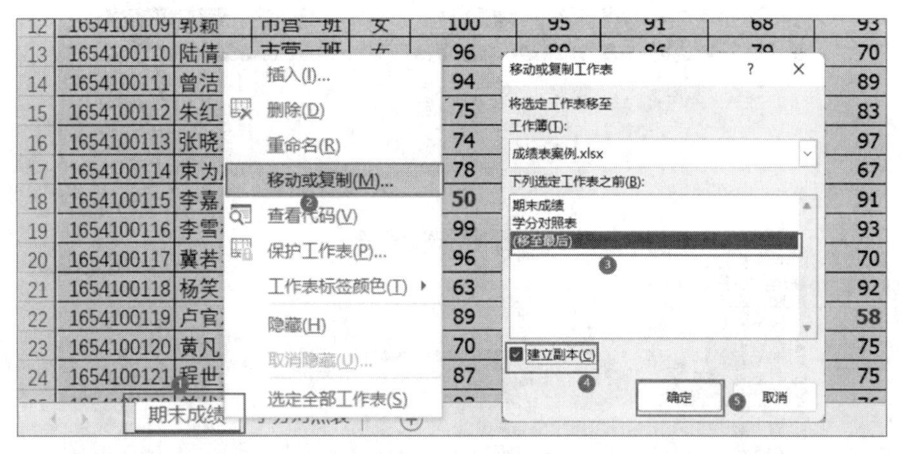


图 9-11　移动工作表

**步骤 04**：选中“分类汇总”工作表中的“A3:K50”单元格区域，单击“数据”选项卡“分级显示”选项组中的“分类汇总”按钮，弹出“分类汇总”对话框，将“分类字段（A）”设置为“班级”，将“汇总方式（U）”设置为“平均值”，取消勾选“替换当前分类汇总(C)”“每组数据分页(P)”“汇总结果显示在数据下方(S)”复选框，在“选定汇总项”列表框中勾选“市场营销”“管理学”“国际贸易”“品牌管理”“商务谈判”“物流管理”“营销管理”，如图 9-12 所示。

图 9-12　分类汇总 1

**步骤 05**：再次单击“分类汇总”按钮，弹出“分类汇总”对话框，将“分类字段（A）”设置为“性别”，其他选项不变，单击“确定”按钮，如图 9-13 所示。

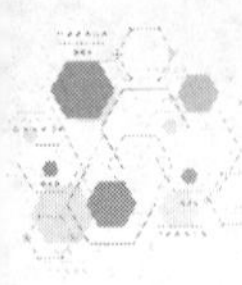

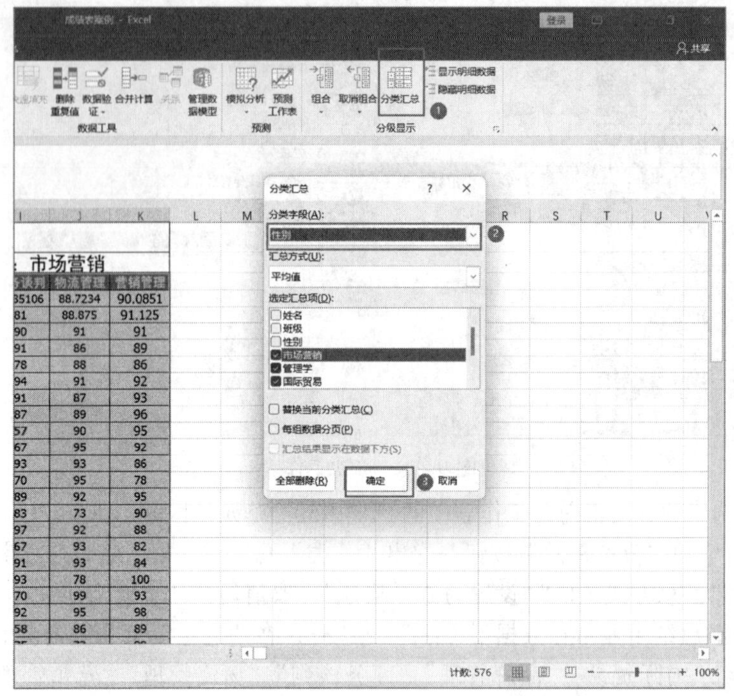

图 9–13　分类汇总 2

**知识小贴士**

分类汇总是统计中常用的功能，分类汇总可以将数据按照某一字段进行分类，并实现按照分类进行求和、平均值、最大值、最小值、方差、标准差等的运算。同时可以将计算结果进行分级显示。

进行分类汇总必须要对数据进行按字段的排序，不同的排序对分类汇总的结果影响很大，必须将同类数据集中在一起，否则进行分类汇总时，就会将不连续的同类数据分别计算，从而影响计算结果。分类汇总的模式有 3 种：单级分类汇总、多级分类汇总、嵌套分类汇总。

（8）在学生成绩分类汇总表的下方插入一个学生成绩动态柱形图，内容包括学生姓名和班级和各课程成绩。

**步骤 01：** 在“分类汇总”表中左边的分类汇总等级选择“4”，显示出所有学生的姓名和成绩。选中“B3:K3”单元格区域，右击，在弹出的快捷菜单中选择“复制”命令，然后选中“B61”单元格，右击，在弹出的快捷菜单中选择“粘贴”命令，得到学生“姓名”和“班级”及各“课程名称”字段。

**步骤 02：** 单击“B62”单元格，单击“数据”选项卡中的“数据验证”按钮，在下拉菜单中选择“数据验证(V)”命令，弹出“数据验证”对话框，将“允许(A)”设置为“序列”，来源则选择本工作表“姓名”列中的学生姓名单元格区域“=$B$7:$B$57”，单击“确定”按钮，如图 9–14 所示。此时“B62”单元格中有一个下拉菜单，通过下拉菜单即可选择学生的名字。

**步骤 03：** 单击“B62”单元格，随机选择一个学生的名字，在“B62”单元格中输入公式“=VLOOKUP($B$62,$B$7:$K$57,COLUMN()–1,FALSE)”，得到该学生所在的班级，如图 9–15 所示。选择“B62”单元格，单击“B62”单元格右下角的填充柄向右填充到其他单元格中，得到该同学的性别和各科成绩。

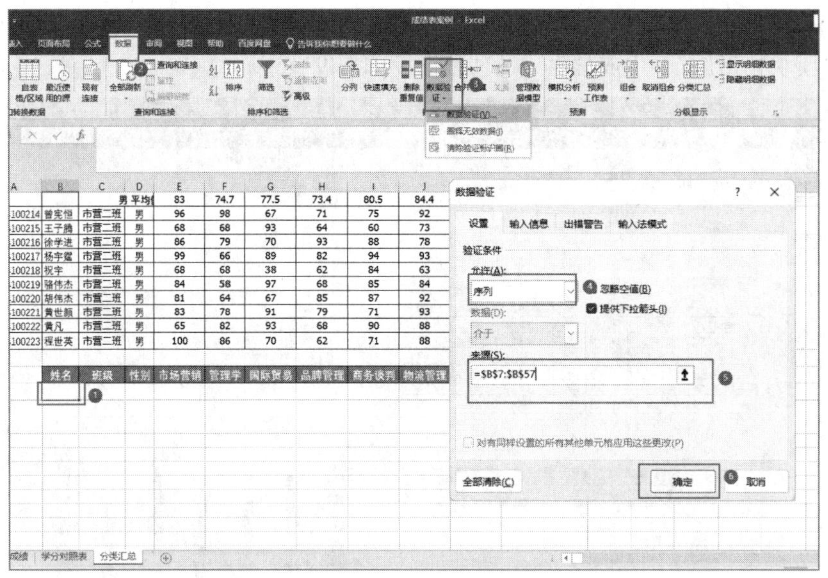

图 9-14　数据验证

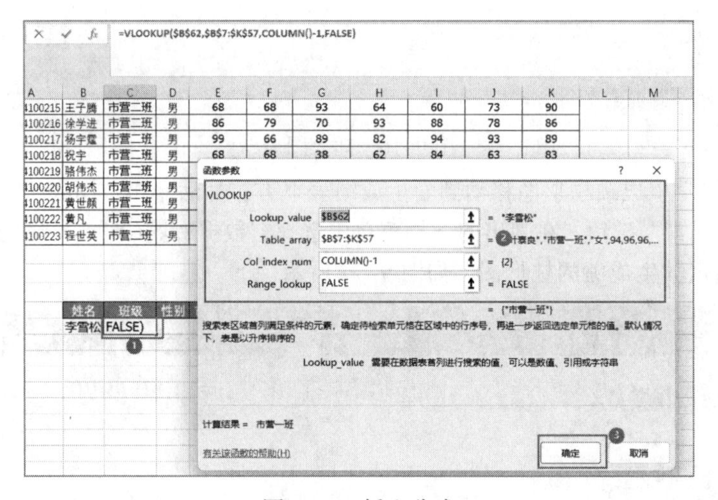

图 9-15　插入公式

### 知识小贴士

COLUMN 函数：用于返回指定单元格引用的序列号。

ROW 函数：用于返回指定单元格引用的序列号。

公式“=VLOOKUP($B$62,$B$7:$K$57,COLUMN()-1,FALSE)”的意思是：通过学生的姓名进行查找返回数据，查找区域为“$B$7:$K$57”，返回列标为“COLUMN()-1”即当前单元格所在的列标减 1，在“C61”单元格中输入“COLUMN()-1”，返回值为 2，“=VLOOKUP ($B$62,$B$7: $K$57,COLUMN()-1,FALSE)”函数向右进行填充时，“COLUMN()-1”的值也会相应地加 1，从而返回所对应的字段数据。因为都是用学生的姓名进行查找，且查找区域都是“B7:K57”，因此需要为姓名单元格“C62”和成绩单元格区域“B7:K57”加上绝对引用符“$”，这是一个精确匹配，因此 Range_lookup 的值为 FALSE。

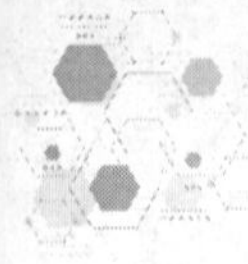

**步骤 04**：选中“B61:K62”单元格区域，单击“插入”选项卡“图表”下拉菜单中的柱形图，选择“簇状柱形图”，生成学生成绩柱形图，如图 9-16 所示。

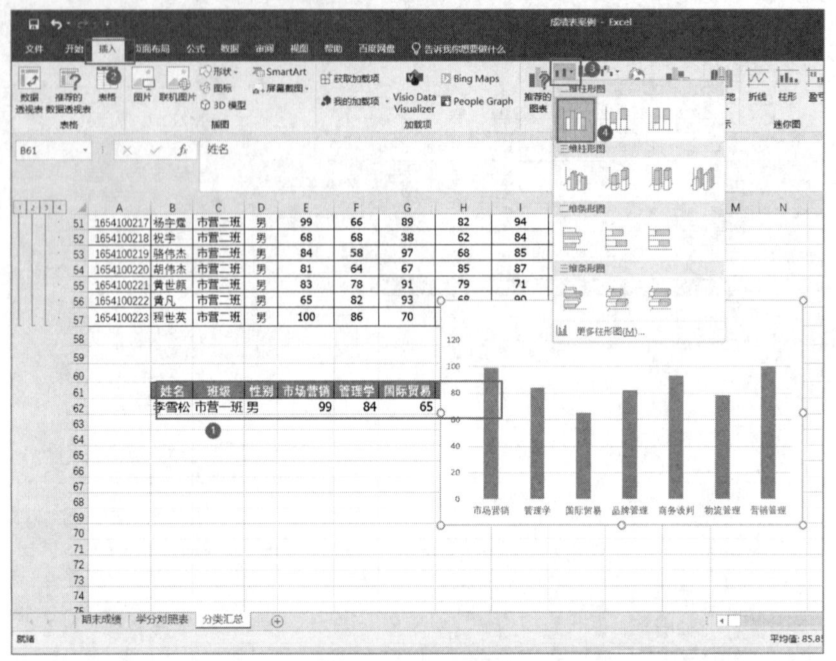

图 9-16　插入图表

**步骤 05**：将学生成绩柱形图移动到学生成绩表下方，然后单击“图表工具-设计”选项卡中的“添加图表元素”按钮，在弹出的下拉菜单中选择“数据标签(D)”→“数据标签外(O)”命令，生成一张显示学生成绩的柱形图，如图 9-17 所示。

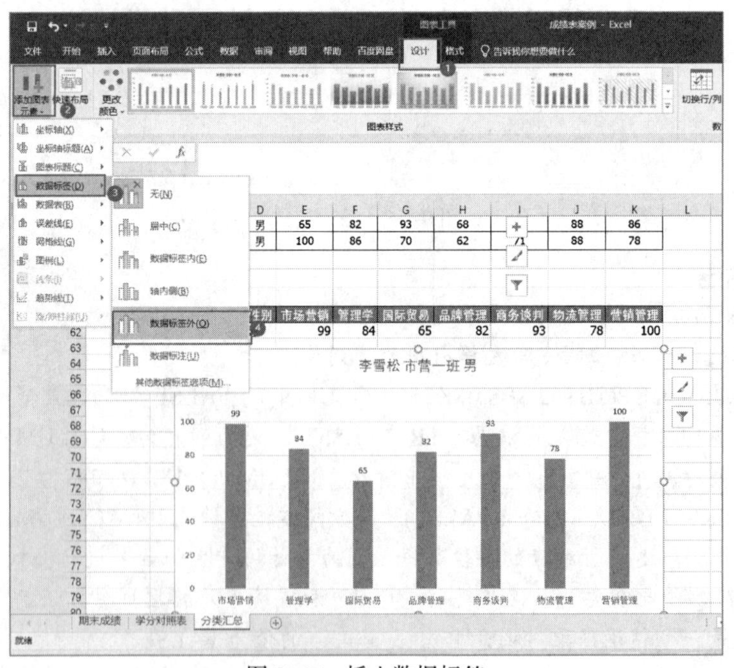

图 9-17　插入数据标签

**知识小贴士**

图表是将数据进行可视化的常用工具之一，通过创建各种类型的图表，将相关数据进行图形化，可以让读者更直观、清楚地对数据进行分析和判断。

在 Excel 中提供了柱形图、条形图、折线图、圆环图、气泡图、雷达图、股价图、曲线图、XY 散点图等类型。

常用类型图的使用方式如下：

（1）柱状图：表示某一时间段内数据的变化情况或比较各项数据之间的差异。分类在水平方向组织，而数据在垂直方向组织，以强调时间的变化。

（2）条形图：显示各项目之间的比较情况，纵轴表示分类，横轴表示值。条形图强调各个值之间的比较，不太关注时间的变化。

（3）折线图：是将各个数据点连接起来的图形。折线图以折线表示数据的变化趋势。

（4）饼图：强调整体和部分的关系，常用于表示各组成部分在总体中所占的比例。当只有一个数据系列并且用于强调整体中的某一重要元素时，使用饼图十分有效。

（5）面积图：实际上是折线图的另一种表现形式，其一般用于显示不同数据系列之间的对比关系，同时也显示各数据系列与整体的比例关系，强调随时间变化的幅度。

# 第 10 章 产品销售统计分析

## 10.1 案例提要

随着企业信息化的不断建设，会积累越来越多的数据，这些数据需要管理，要让它产生价值，尤其是对一些注重市场营销、客户管理或者具有复杂业务流程的企业是一个宝贵的资源。因为这些数据积累了业务经验、行业数据和行业标准。站在行业信息化角度来看，如何利用好这些数据成了关键。

本案例主要涉及的知识点有：

- 定义区域名称
- VLOOKUP 公式运用
- 条件格式
- 创建数据透视表
- 设置图表格式

## 10.2 案例介绍

大地公司销售部助理文涵正在对各店提交的销售报表进行归纳分析，根据下列要求帮助她完成数据的计算、汇总和统计工作。

（1）重命名工作表。分别将工作表 Sheet1、Sheet2 重命名为“销售情况”“平均单价”；工作表标签颜色分别设置为标准的“红色”“紫色”。

（2）定义区域名称。给工作表“平均单价”中的 B3:C7 单元格区域定义名称“商品均价”。

（3）自动填充数据。在工作表“销售情况”中输入列标题“序号”，为“001，002，003，…”。

（4）合并居中标题。标题内容在数据区域内跨列居中，并设置其字体、颜色、字号。

（5）设置商品单价显示精度并计算销售额。根据工作表“平均单价”中提供的商品单价、运用公式计算 F 列的销售额，销售额设置为保留两位小数、使用千位分隔符的数值格式。

（6）用条件格式设置规则。加大数据区域的行高、列宽，通过条件格式为 A3:F83 单元格区域隔行填充“水绿色，个性色 5，淡色 60%”，其中第 3，5，7，…等奇数行填充颜色、第 4，6，…等偶数行不填色。

（7）创建数据透视表。以工作表“销售情况”为数据源，自工作表“透视分析”的 A5 单元格开始生成数据透视表，要求：仅统计商品“打印机”的数据。

（8）设置数据格式。更改透视表的样式，数据格式为销量保留零位小数、销售额保留两位小数；工作表不显示网格线。

（9）创建图表并设置标题。在透视表右侧创建一个饼图，图表中仅对各门店的打印机销量进行比较。要求：图表标题始终与 G1 单元格中内容相同，并且随 G1 单元格变化而自动变化。

（10）改变图表数据系列格式。设置饼图的类型、角度、三维格式。

（11）设置图表的数据标签。设置数据标签的内容、格式、位置；设置图例以及所有字段按钮均不显示。

（12）填充图表区域。为图表区添加一个纹理背景。

## 10.3　案例分析

企业所需要的真正有价值的销售数据，需要依托企业内外部所有销售环节上的成员，共同将商品真实的动销数据进行收集、反馈、评估、预测。无论是做数据报表还是数据分析，目的都是用数据做决策。数据分析就是依照业务逻辑，构建一个数据展示的过程。在制作产品销售统计分析时需要注意如下 3 个关键点。

（1）流程化：将整个问题的全流程梳理出来，梳理成每一个节点。

（2）数据化：需要通过数据结果或者实时结果验证问题。

（3）行动力：快速验证、快速反馈、快速用数据实时解决问题。

## 10.4　案例实操

（1）重命名工作表。

**步骤 01**：双击 Sheet1 工作表名，输入“销售情况”；按照同样的方式将 Sheet2 工作表命名为“平均单价”。

**步骤 02**：右击“销售情况”工作表标签，在弹出的快捷菜单中选择“工作表标签颜色”→“红色”；按照同样的方法将“平均单价”的“工作表标签颜色”设置为“紫色”。

（2）定义区域名称。

在“平均单价”工作表中选中“B3:C7”单元格区域，右击，在弹出的快捷菜单中选择“定义名称”命令，弹出“新建名称”对话框。在“名称”文本框中输入“商品均价”，单击“确定”按钮，如图 10-1 所示。

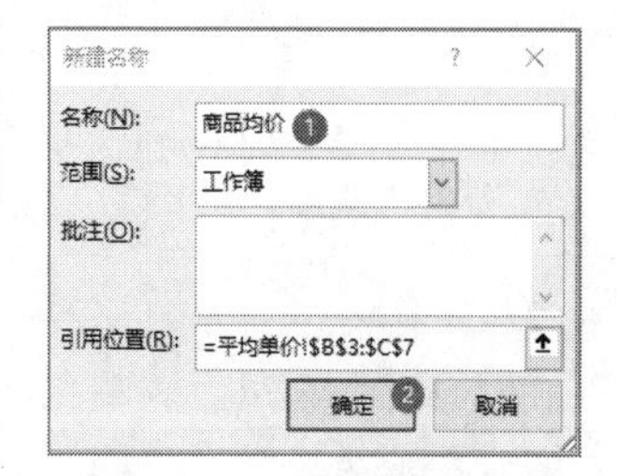

图 10-1　定义区域名称

（3）自动填充数据。

**步骤 01**：选中“店铺”所在的列，右击，在弹出的快捷菜单中选择“插入”命令，随即在左侧插入列。

**步骤 02**：在 A3 单元格中输入列标题“序号”。

**步骤 03**：选择 A 列单元格，右击，在弹出的快捷菜单中选择“设置单元格格式”命令，弹出“设置单元格格式”对话框，选择“数字”选项卡，在“分类”列表框中选择“文本”选项，单击“确定”按钮，如图 10-2 所示。

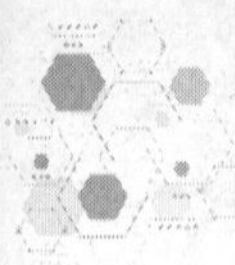

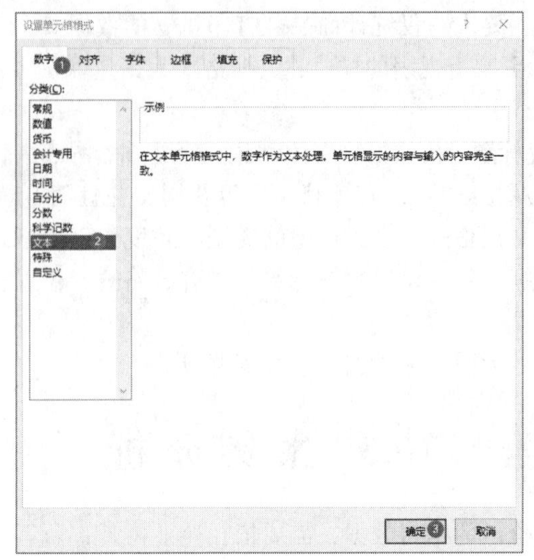


图 10–2　设置格式

**步骤 04**：在 A4 单元格中输入“001”，在 A5 单元格中输入“002”。选择 A4、A5 两个单元格，拖动右下角的智能填充柄到最后一个数据行。再次选中 A 列单元格，单击“开始”选项卡“对齐方式”选项组中的“居中”按钮，如图 10–3 所示。

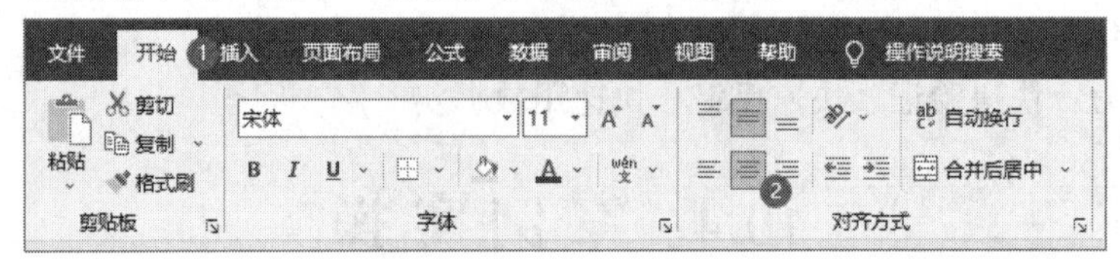


图 10–3　设置居中

（4）合并居中标题。

**步骤 01**：将标题内容放入 A1 单元格，选中 A1:F1 单元格区域，单击“开始”选项卡“对齐方式”选项组中右下角的对话框启动器按钮，弹出“设置单元格格式”对话框，选择“对齐”选项卡，单击“水平居中”下拉按钮，在下拉列表中选择“跨列居中”选项，如图 10–4 所示。

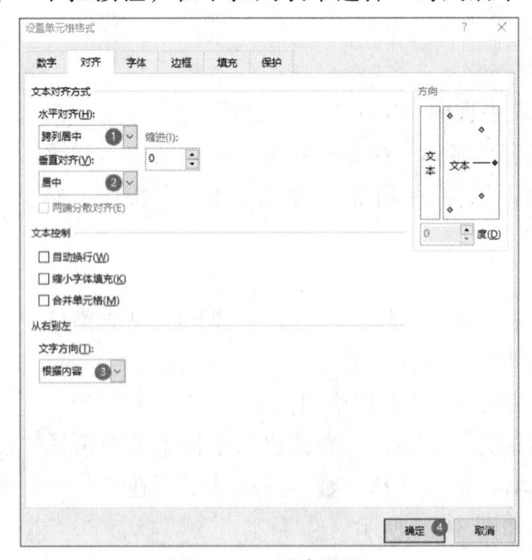


图 10–4　居中设置

**步骤 02**：选中 A1 单元格，设置标题字体为：华文隶书、字号 14、红色。

（5）设置商品单价显示精度并计算销售额。

**步骤 01**：单击“文件”选项卡，选择“选项”命令，如图 10–5 所示，弹出“Excel 选项”对话框，选中左侧的“高级”选项，在右侧窗口中找到“计算此工作簿时”区域，勾选“将精度设为所显示的精度”复选框，单击“确定”按钮，如图 10–6 所示。

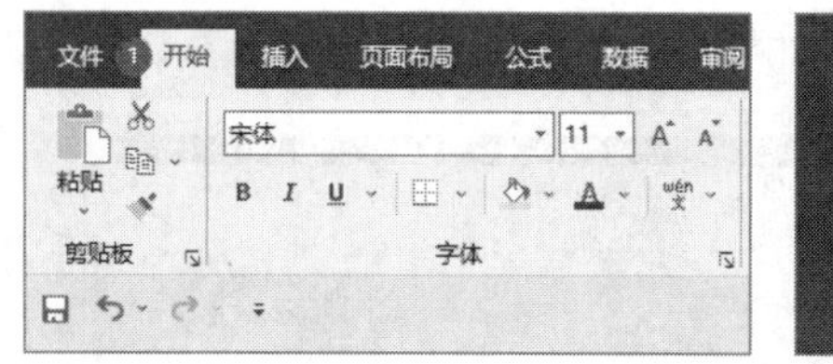

图 10–5　选项

图 10–6　勾选“将精度设为所显示的精度”复选框

**步骤 02**：在 F4 单元格中输入“=VLOOKUP(D4,商品均价,2,0) *E4”，按【Enter】键确认，如图 10–7 所示。

|  | A | B | C | D | E | F | G | H |
|---|---|---|---|---|---|---|---|---|
| 1 | 大地公司某品牌计算机设备全年销量统计表 |  |  |  |  |  |  |  |
| 2 |  |  |  |  |  |  |  |  |
| 3 | 序号 | 店铺 | 季度 | 商品名称 | 销售量 | 销售额 |  |  |
| 4 | 001 | 西直门店 | 1季度 | 笔记本 | 200 | =VLOOKUP(D4,商品均价,2,0) *E4 |  |  |

图 10–7　插入公式

**步骤 03**：双击 F4 单元格右下角的填充柄，完成销售额的填充。

**步骤 04**：选择 F 列，右击，在弹出的快捷菜单中选择“设置单元格格式”命令，弹出“设置单元格格式”对话框，选择“数字”选项卡，在“分类”列表框中选择“数值”选项，小数位数设置为“2”，并勾选“使用千位分隔符”复选框，设置完毕后单击“确定”按钮，如图 10–8 所示。

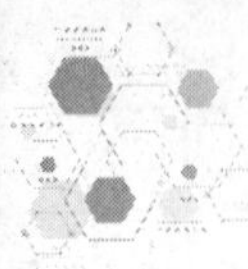

图 10-8　设置单元格格式

**步骤 05**：增加列宽、行高。将光标定位在任意两列之间的表格线上，待指针变成“+”形状时拖动鼠标，适当增加列宽。完成后将鼠标定位在数据表任意单元格中，按【Ctrl+A】组合键全选整个数据表，单击“开始”选项卡“单元格”选项组中的“格式”按钮，在下拉菜单中选择“行高”命令，设置行高为“18”，单击“确定”按钮，如图 10-9 所示。

（6）用条件格式设置规则。

选中 A3:F83 单元格区域，单击“开始”选项卡“样式”选项组中的“条件格式”按钮，在下拉菜单中选择“新建规则”命令，弹出“新建格式规则”对话框，在“选择规则类型”列表框中选择“使用公式确定要设置格式的单元格”选项。在“为符合此公式的值设置格式”文本框中输入公式“=ISODD(ROW())”，如图 10-10 所示；单击右下角的“格式”按钮，弹出“设置单元格格式”对话框，选择“填充”选项卡，选择“水绿色，个性色 5，淡色 60%”，单击“确定”按钮，如图 10-11 所示。

图 10-9　设置行高

图 10-10　设置条件格式

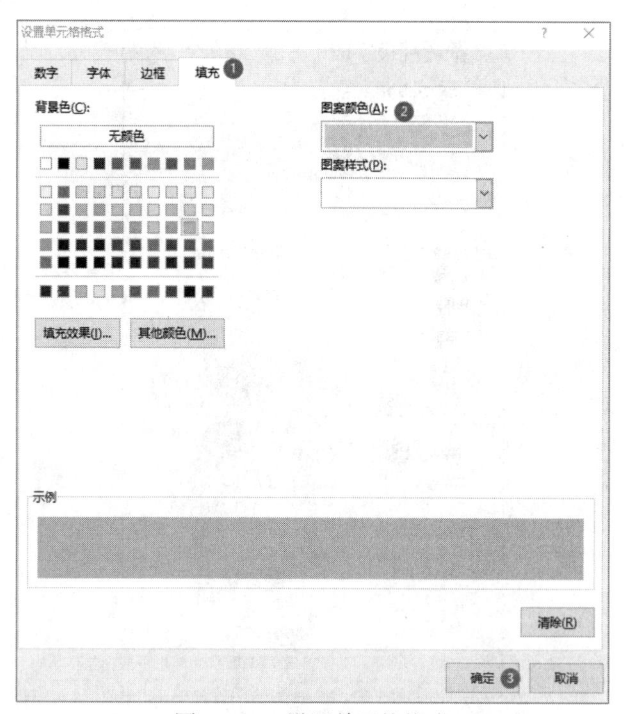


图 10-11　设置单元格格式

（7）创建数据透视表。

**步骤 01**：在工作表“销售情况”中将光标置于任意单元格中，单击“插入”选项卡“表格”选项组中的“数据透视表”按钮，在下拉菜单中选择“数据透视表”命令，弹出“来自表格或区域的数据透视表”对话框，在“选择放置数据透视表的位置”区域选择“现有工作表”单选按钮，打开“透视分析”工作表，位置选中“A5”单元格，单击“确定”按钮，如图 10-12 所示。

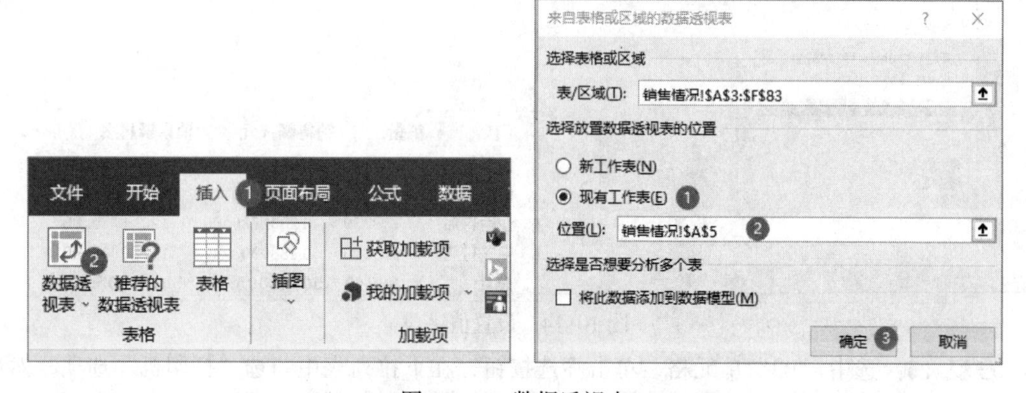


图 10-12　数据透视表

**步骤 02**：将“数据透视表字段”窗格中的“商品名称”字段拖入“筛选”区域，将“店铺”字段拖入“行”区域，将“销量”和“销售额”按先后顺序分别拖入“值”区域（其中“销售额”需要拖入两次），如图 10-13 所示。

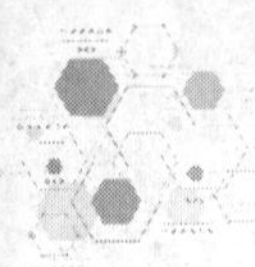



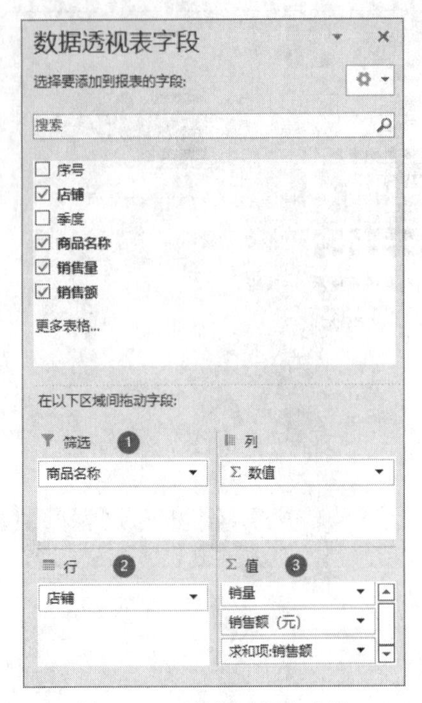


图 10–13　数据透视表字段

**步骤 03**：双击“A5”单元格，将标题改为“门店”，双击“B5”单元格，弹出“值字段设置”对话框，将“自定义名称”修改为“销量”，单击“确定”按钮。按照同样的方法，将“C5”单元格标题改为“销售额(元)”，将“D5”单元格标题改为“销售额排名”，如图 10–14 所示。

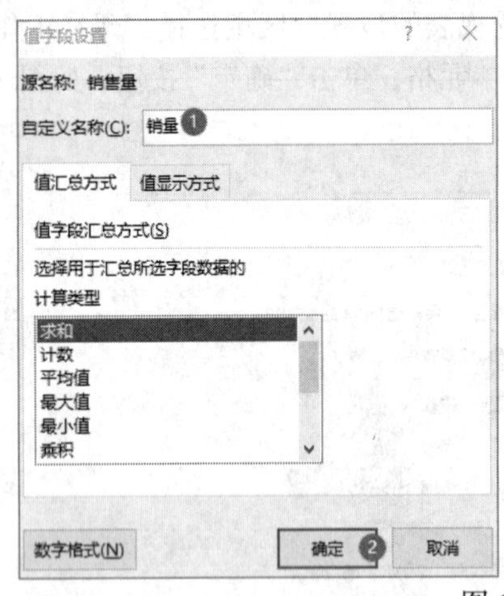


| | 门店 | 销量 | 销售额（元） | 销售额排名 |
|---|---|---|---|---|
| 5 | 门店 | 销量 | 销售额（元） | 销售额排名 |
| 6 | 上地店 | 10285 | 12310365.36 | 12310365.36 |
| 7 | 西直门店 | 8875 | 11690006.18 | 11690006.18 |
| 8 | 亚运村店 | 8939 | 12351730.88 | 12351730.88 |
| 9 | 中关村店 | 10750 | 14380903.49 | 14380903.49 |
| 10 | 总计 | 38849 | 50733005.91 | 50733005.91 |

图 10–14　设置值字段

**步骤 04**：选中“B3”单元格，单击筛选按钮，在下拉列表中勾选“打印机”选项，然后单击“确定”按钮。

（8）设置数据格式。

**步骤 01**：选中数据透视表任意一个单元格，单击“数据透视表工具–设计”选项卡“数据透视表样式”选项组中的“数据透视表样式中等深浅 17”，如图 10–15 所示。

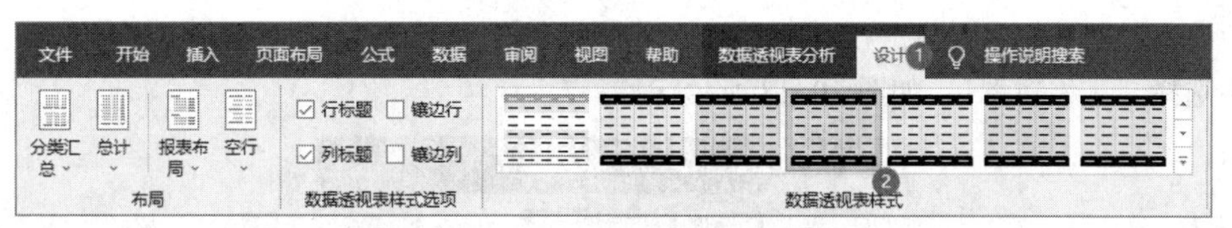


图 10–15　设置数据格式

**步骤 02**：选中“B6:B10”单元格区域，右击，在弹出的快捷菜单中选择“设置单元格格式”命令，弹出“设置单元格格式”对话框，选择“数字”选项卡，在“分类”列表框中选择“数值”选项，“小数位数”设置为“0”，单击“确定”按钮。

**步骤 03**：选中“C6:C10”单元格区域，右击，在弹出的快捷菜单中选择“设置单元格格式”命令，弹出“设置单元格格式”对话框，选择“数字”选项卡，在“分类”列表框中选择“数值”选项，如图 10–16 所示，“小数位数”设置为“2”，勾选“使用千位分隔符”复选框，单击“确定”按钮。

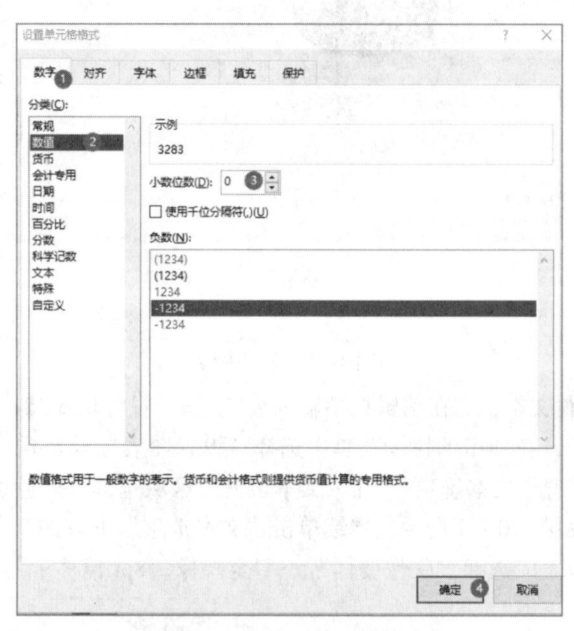


图 10–16　设置单元格格式

**步骤 04**：选中 D6:D10 单元格区域，右击，在弹出的快捷菜单中选择“值显示方式”→“降序排列”命令，并将对齐方式设置为“居中”。

**步骤 05**：在“视图”选项卡“显示”选项组中取消勾选“网格线”复选框，如图 10–17 所示。

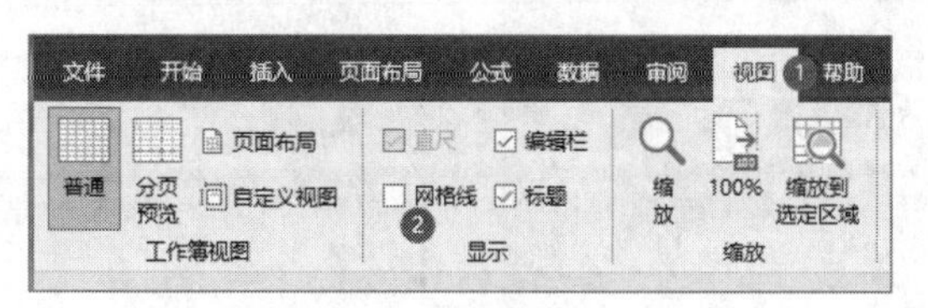


图 10–17　设置网格线

（9）创建图表并设置标题。

**步骤 01**：选中“A5:B9”单元格区域，单击“数据透视表分析”选项卡“工具”选项组中

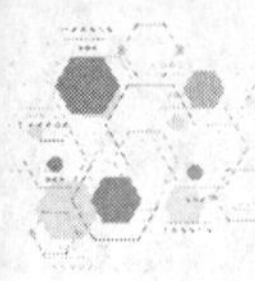

的“数据透视图”按钮，弹出“插入图表”对话框，在“所有图表”区域选择“饼图”，在右侧示例中选择“三维饼图”，如图 10-18 所示。

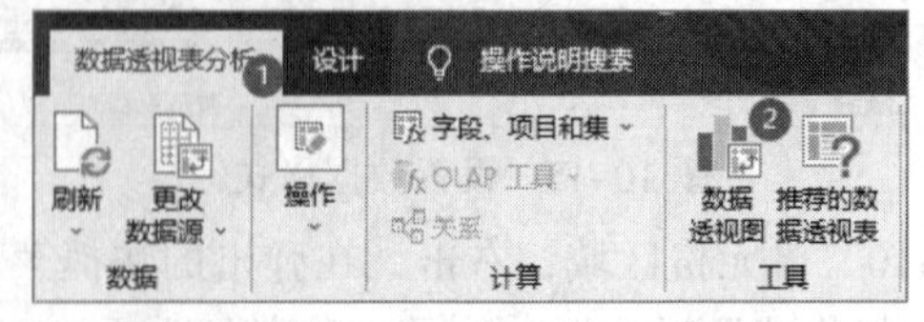


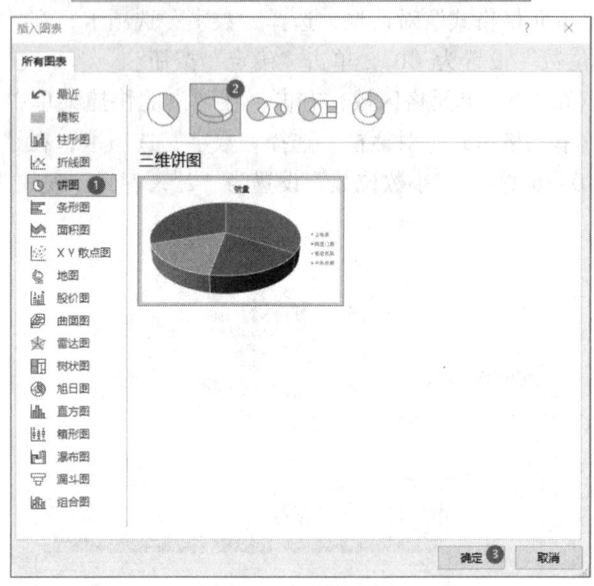


图 10-18　插入图表

**步骤 02**：选中标题文本框，在编辑栏中输入公式“=透视分析!$G$1”，然后按【Enter】键。选中标题文本框后右击，在弹出的快捷菜单中选择“设置图表标题格式”命令，打开“设置图表标题格式”窗格，单击“文本选项”，在“文本填充”区域选择“纯色填充”单选按钮，并将颜色设置为“红色”，如图 10-19 所示。继续单击“文本选项”下方的“文字效果”，在“映像”区域的“预设”下拉列表中选择“映像变体”→“全映像，8pt 偏移量”，然后关闭窗口。

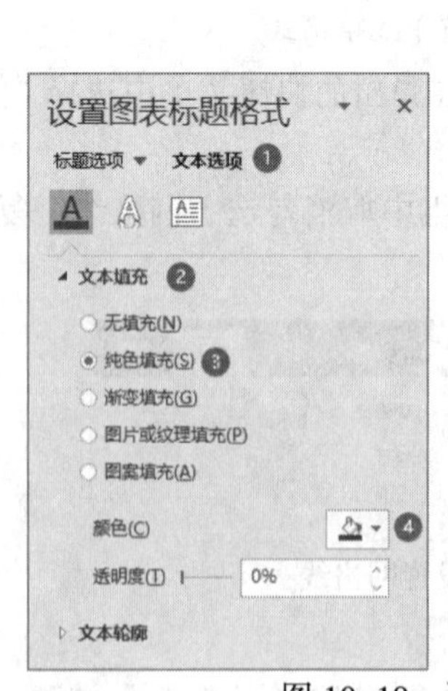


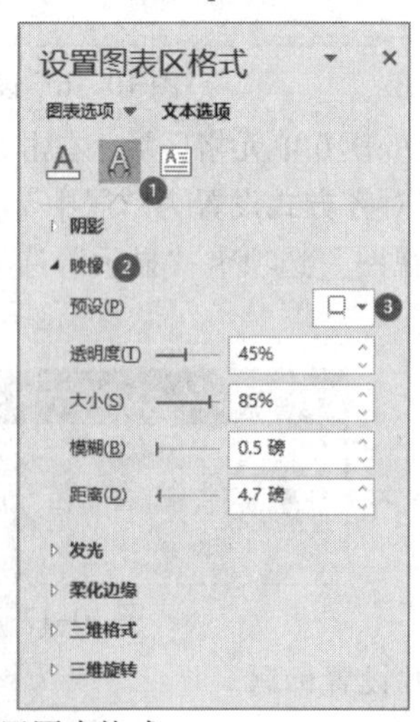


图 10-19　设置图表格式

（10）改变图表数据系列格式。

**步骤 01**：选中饼图并右击，在弹出的快捷菜单中选择“设置数据系列格式”命令，打开“设置数据系列格式”窗格，在“系列选项”区域，将“第一扇区起始角度”修改为“90°”，并将“饼图分离”修改为“10%”，如图 10–20 所示。

**步骤 02**：在“设置数据系列格式”窗格中选择“效果”选项卡，在“三维格式”区域，将“顶部棱台”的“高度”和“宽度”分别设置为“1000 磅”，按照同样的方法，将“底部棱台”的“高度”和“宽度”分别设置为“1000 磅”，在“材料”下拉列表中选择“柔边缘”的特殊效果，如图 10–21 所示。

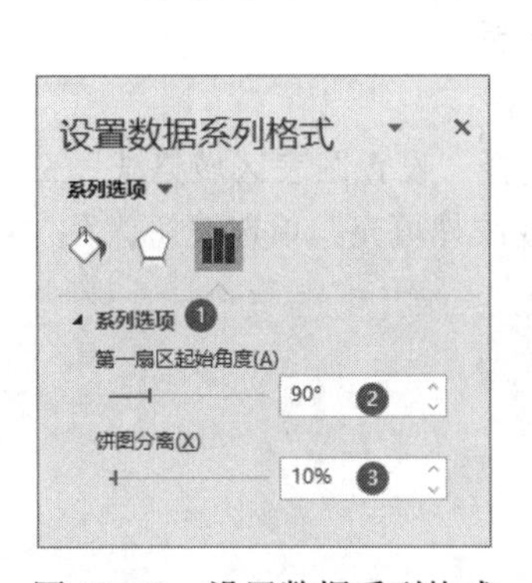


图 10–20　设置数据系列格式

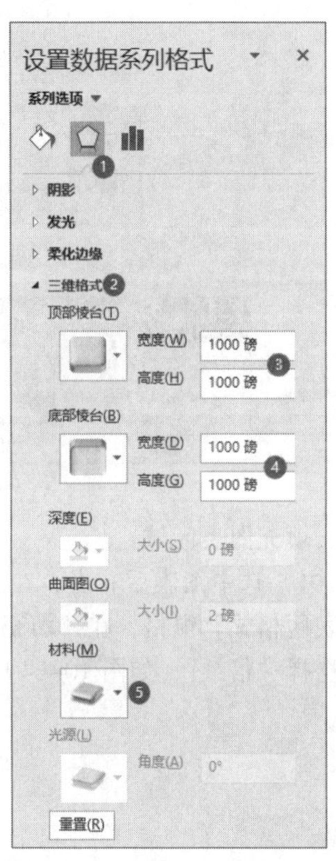


图 10–21　设置数据系列格式

（11）设置图表的数据标签。

**步骤 01**：选中图表，单击右侧的加号（图表元素），在下拉菜单中选择“数据标签”→“更多选项”命令，打开“设置数据标签格式”窗格，在“标签选项”区域，在“标签包括”中仅勾选“类别名称”和“百分比”，在“分隔符”中选择“新文本行”，“标签位置”选择“数据标签外”，如图 10–22 所示。

**步骤 02**：在“设置数据标签格式”窗口下方，单击“数字”选项卡，在“类别”中选择“百分比”，“小数位数”设置为“2”，如图 10–22 所示。

**步骤 03**：选中图表，单击右侧的加号（图表元素），在下拉菜单中取消勾选“图例”复选框，再单击“数据透视图分析”选项卡“显示/隐藏”选项组中的“字段按钮”按钮，在下拉菜单中选择“全部隐藏”命令，如图 10–23 所示。

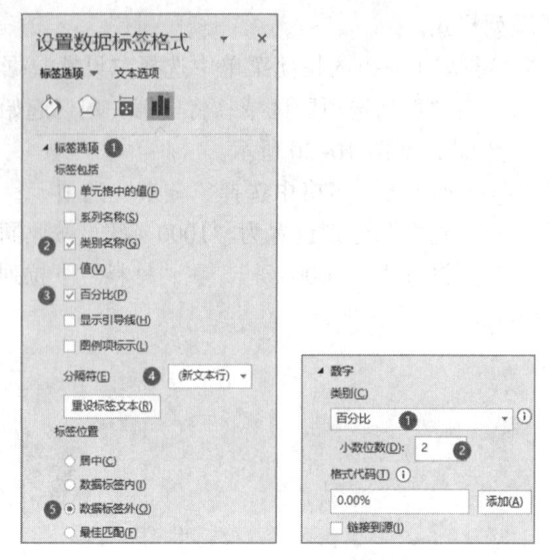


图 10-22　设置数据系列格式

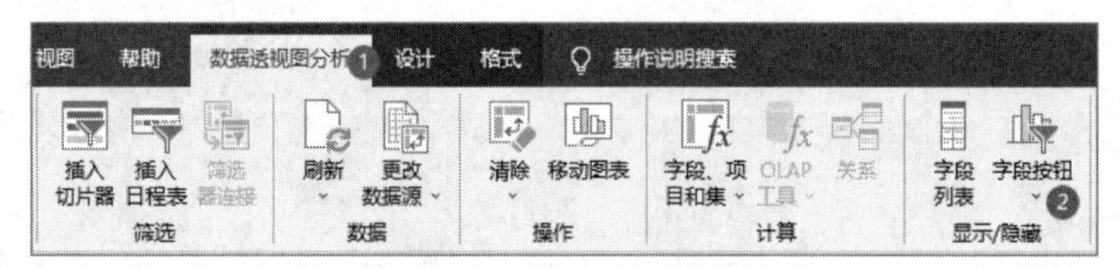


图 10-23　数据透视图分析

（12）填充图表区域。

**步骤 01**：选中图表后右击，在弹出的快捷菜单中选择“设置图表区域格式”命令，打开“设置图表区格式”窗格，在“填充”区域选择“图片或纹理填充”单选按钮，在“纹理”下拉列表中选择“信纸”，如图 10-24 所示，并关闭窗口。

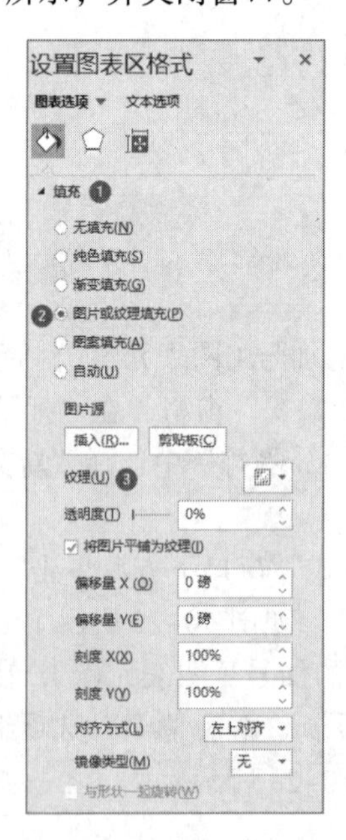


图 10-24　设置图表区格式

**步骤 02**：选中图表，单击上方“格式”选项卡“形状样式”选项组中的“形状效果”按钮，如图 10-25 所示，在下拉菜单中选择“棱台”→“圆形”。

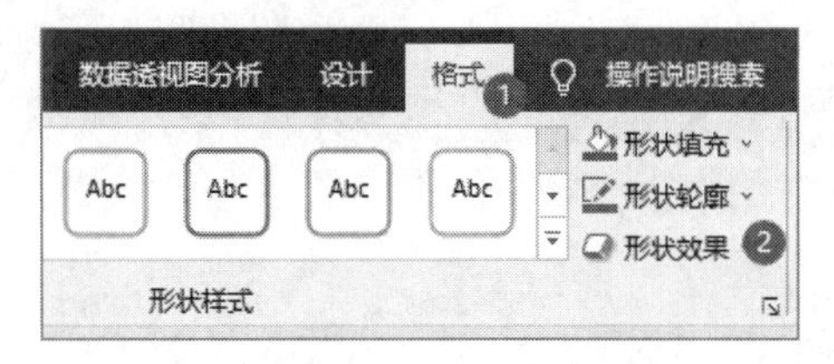


图 10-25　设置形状效果

**步骤 03**：将图表放大，并放在数据透视表右侧合适的位置。

**步骤 04**：单击“保存”按钮完成。

# 第 11 章 员工工资表应用案例

## 11.1 案例提要

工资是每个员工都十分关心的问题，许多公司为了便于管理，在发放工资时会制作一个工资表的模板，按照每月员工的实际工作情况进行计算，确定各项工资的数额，再计算总额，同时也方便员工进行核算。

制作企业员工工资表案例主要涉及如下知识点：

- 文本文件导入电子表格
- 单元格格式设置
- 分列显示
- 逻辑函数
- 求余函数
- 文本函数
- 日期函数
- 函数嵌套
- 查找函数
- 生成工资条

## 11.2 案例介绍

随着国家的经济发展越来越快，企业的效益越来越好，人们的收入也越来越高。临近年终公司要为在职员工统计发放 12 月工资和年终奖金,公司会计小张负责计算工资奖金的个人所得税并为每位员工制作工资条。按照下列要求帮助她完成该项工作。

（1）在“员工工资表.xlsx”工作表最左侧插入一个空白工作表，在该工作表中按下列要求获取数据并进行格式设置：

① 将该空白工作表重命名为“员工信息表”，设置工作表标签颜色为标准蓝色。

② 将以逗号“,”分隔的文本文件“员工档案.csv”自 A1 单元格开始导入该工作表中。

③ 将第 1 列数据从左到右依次分成“工号”和“姓名”显示。

④ 将相关工资列的数字格式设为保留两位小数、不带货币符号的会计专用。

⑤ 建立表头为“新科公司员工基础档案表”，并适当调整文字大小，设置所有数据的字体为“微软雅黑”、10 磅大小，并适当调整表格的行高和列宽。

（2）在工作表“员工基础档案”中，利用公式及函数依次输入每位员工的性别、出生日期、年龄、工龄工资、基本月工资。其中：

① 在“性别”列中获取性别“男”或“女”，身份证号码倒数第 2 位用于判断性别，奇数为男性，偶数为女性。

② 在“出生日期”列中根据身份证号码计算出员工的出生日期，身份证号码的第 7～14 位代表出生年月日。

③ 在“年龄”列中计算每位员工到 2021 年 12 月 31 日的年龄，年龄需要按周岁计算，满 1 年才计 1 岁。

④ 在“工龄”列中计算每位员工截至 2021 年 12 月 31 日的工龄，工龄需要按满 1 年才计 1 年，不满 1 年工龄的记 0。

⑤ 在月工龄工资列中计算月薪级工资，计算规则为：本公司工龄达到或超过 30 年时每满一年每月增加 100 元，达到或超过 10 年时每满一年每月增加 80 元，达到或超过 1 年时每月增加 50 元；工龄不满 1 年时没有薪级工资。

⑥ 根据公式“基本月工资=岗位工资+薪级工资”计算基本月工资，填入基本月工资列。

（3）在工作表“年终奖金”中按照下列要求获取计算结果：

① 从工作表“员工基础档案”中获取相关信息，输入与工号对应的员工姓名、部门、月基本工资。其中每位员工的工号是唯一的。

② 分别计算出年终奖金、月应税所得额、应交个税、实发奖金。（其中：“全年应发奖金=基本月工资 × 12 × 0.25”，“月应税所得额=全年应发奖金/12”，根据工作表“个人所得税税率”中的对应关系计算每位员工年终奖金应交的个人所得税，填入“应交个税”列。年终奖金当前的计税公式为：年终奖金应交个税=全年应发奖金 × 月应税所得额的对应“税率”–对应“速算扣除数”。可依据 F 列的“月应税所得额”在“个人所得税税率”表中找到对应的税率以及速算扣除数。）

（4）在工作表“12 月工资表”中，分别计算员工的养老保险、医疗保险、失业保险、住房公积金、总扣款项、应发工资奖金合计、工资应纳税所得额、工资个税、奖金个税、实发工资奖金。

五险一金的缴费比例见表 11–1（以基本工资为基数）：

**表 11-1　五险一金缴费比例**

| 缴费名称 | 个人缴费比例 | 企业缴费比例 |
|---|---|---|
| 养老保险 | 8% | 20% |
| 医疗保险 | 2% | 10% |
| 失业保险 | 0.5% | 1% |
| 工伤保险 | 0 | 1% |
| 生育保险 | 0 | 1% |
| 住房公积金 | 12% | 12% |

① 根据“应发工资合计=基本工资+应发年终奖金+补贴–总扣款项”计算员工的“应发工资合计”，总额填入“应发工资合计”列中。

② 根据“实发工资奖金=应发工资奖金合计–工资应纳税所得额”计算员工的“实发工资奖金”，总额填入“实发工资奖金”列中。

（5）基于工作表“12 月工资表”中的数据，从工作表“工资条”的 A2 单元格开始依次为

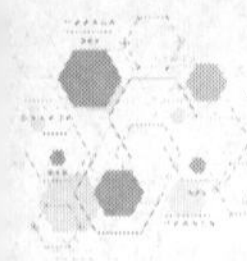



每位员工生成“工资条样例.png”所示的工资条，格式设置要求如下：

① 每张工资条占用两行、内外均加框线，第 1 行为工号、姓名、部门等列标题，第 2 行为相应工资奖金及个税金额。

② 两张工资条之间空一行以便剪裁、该空行行高统一设为 40 默认单位。

③ 自动调整工资条的各列列宽到最合适大小，字号不得小于 10 磅。

（6）调整工作表“工资条”的页面布局以备打印：纸张方向为横向，在不改变页边距和列宽的情况下缩减打印输出使得所有列只占一个页面宽，水平居中打印在纸上。

## 11.3 案例分析

工资管理是企业一项不可缺少的工作，利用电子表格进行工资统计包括以下几大块内容：

- 各种附表制作。
- 工资明细表制作。
- 工资条和工资分析表制作。

工资表格式能反映员工每月工资总额，是否低于最低工资标准，企业有没有在工资中扣除员工的养老保险、医疗保险、工伤保险、失业保险和住房公积金及个人所得税，至于其他项目在非特殊情况下不能扣除。同时个人所得税的征收是以一定的工资起点为标准，工资条也能显示单位是否按劳动合同规定的时间发放工资，这些都在工资条中体现，一旦发生劳动争议，工资条可作为劳动仲裁的重要证据。

工资一般由六部分组成：计时工资、计件工资、奖金、津贴和补贴、加班加点工资、特殊情况下支付的工资。计时工资即稳定的基础工资。工资条的第一项一般为基础工资，有的企业称为底薪、月薪或保底工资，标准由企业自行设定。它是构成职工月收入的一个比较稳定的部分。计件工资即“浮动”的提成工资。工资条的第二项一般为提成工资，也就是俗称的计件工资。工资条其余几项还有奖金、津贴、补助、加班费等，一般有全勤奖、绩效奖、交通补贴、食宿补贴、通信补贴、节日补贴、子女补助等。企业根据自身薪酬发放的实际情况，设定工资条“模板”，不同企业的工资条模板虽然有所不同，但是基本上都包含上述六项。

本案例主要应用到的知识有：工作表设置、文本文件导入电子表格、数据输入与填充、单元格格式设置、数据查找、数据分列、逻辑函数、求余函数、文本函数、日期函数、函数嵌套、查找函数、生成工资条等。

## 11.4 案例实操

（1）在“员工工资表.xlsx”工作表最左侧插入一个空白工作表，在该工作表中按下列要求获取数据并进行格式设置：

① 将该空白工作表重命名为“员工基础档案”，设置工作表标签颜色为标准蓝色。

② 将以逗号“,”分隔的文本文件“员工档案.csv”自 A1 单元格开始导入该工作表中。

③ 将第 1 列数据从左到右依次分成“工号”和“姓名”显示。

④ 将相关工资列的数字格式设为保留两位小数、不带货币符号的会计专用。

⑤ 建立表头为“新科公司员工基础档案表”，并适当调整文字大小，设置所有数据的字体为“微软雅黑”、10 磅大小，并适当调整表格的行高和列宽。

**步骤 01**：打开“员工工资表.xlsx”工作表，在工作簿底部，右击“年终奖金”工作表标签，在弹出的快捷菜单中选择“插入”命令，弹出“插入”对话框，默认选中“工作表”，单击“确定”按钮。

**步骤 02**：双击新插入的工作表标签，对工作表进行重命名，输入“员工基础档案”。在该工作表标签处右击，在弹出的快捷菜单中选择“工作表标签颜色”→“标准色→蓝色”，如图 11-1 所示。

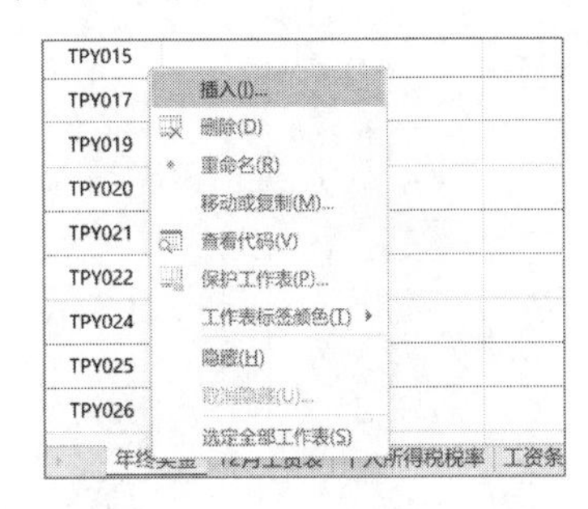

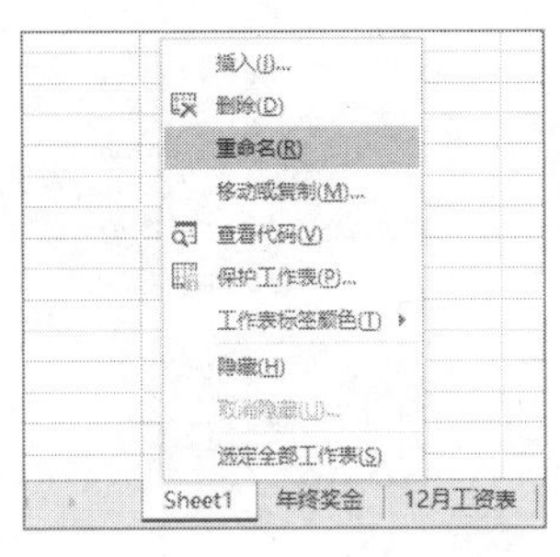

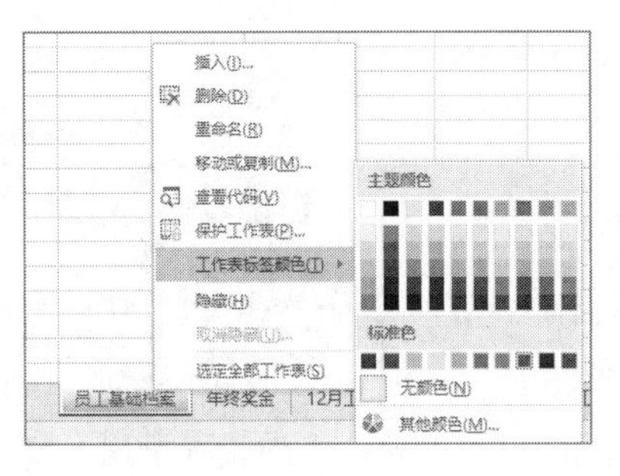


图 11-1　重命名工作表

**知识小贴士**

工作表设置包括：插入工作表、删除工作表、移动或复制工作表、显示或隐藏工作表、重命名工作表、修改工作表颜色等。

**步骤 03**：选中“员工基础档案”工作表的“A2”单元格，单击“数据”选项卡“获取和转换数据”选项组中的“从文本/CSV”按钮，弹出“导入数据”对话框，找到“员工档案.csv”文件，单击“导入”按钮，如图 11-2 所示。

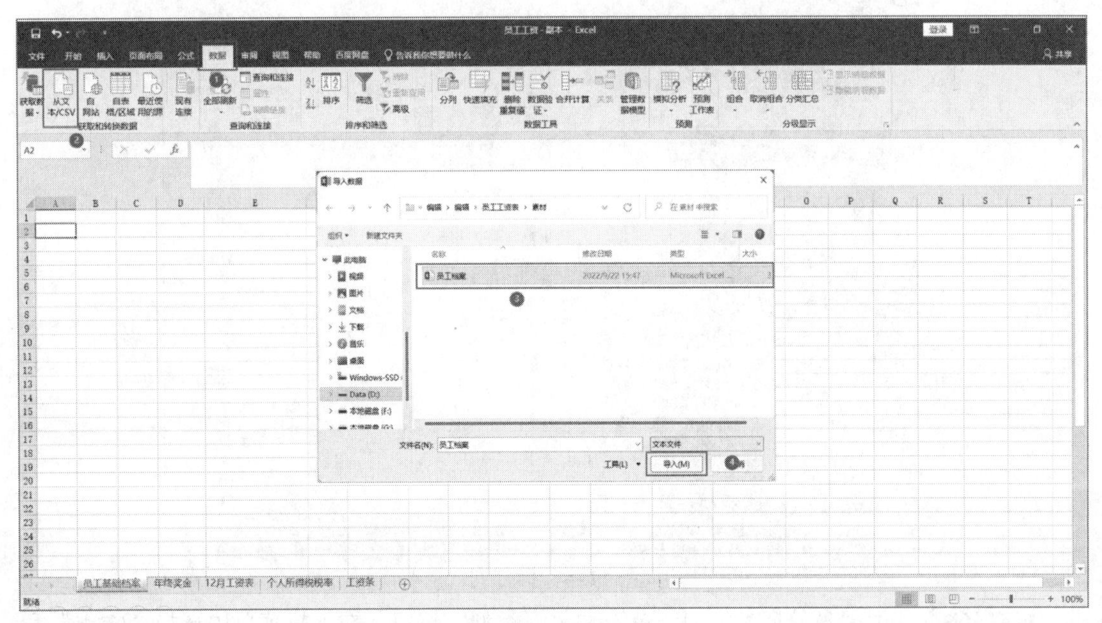


图 11-2　导入文件

**步骤 04**：在打开的窗口中，“文件原始格式”设置为“936：简体中文(GB2312)”，“分隔符”设置为“逗号”，单击“转换数据”按钮，如图 11-3 所示。

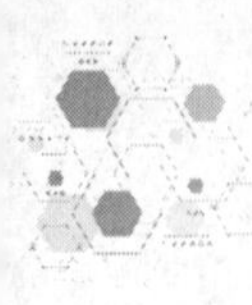

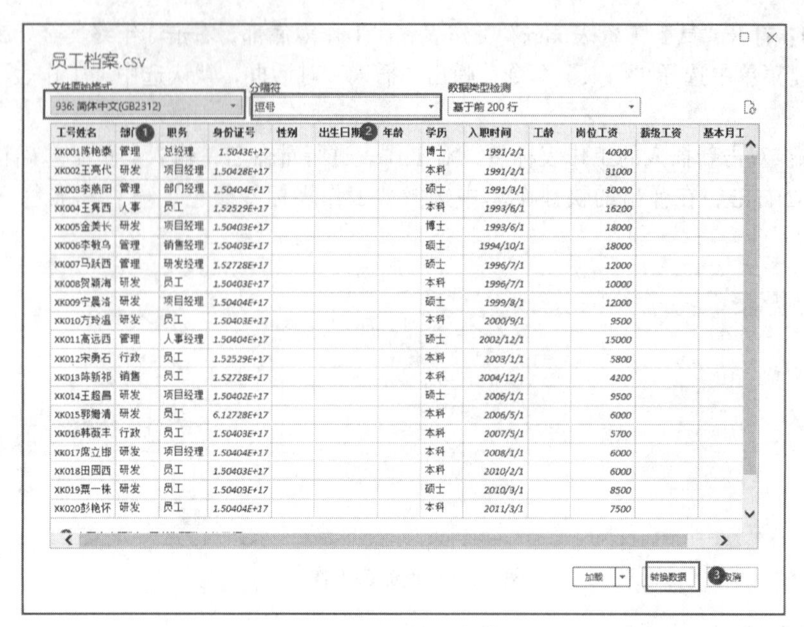

图 11–3　导入文件

**步骤 05**：在弹出的编辑器窗口中，选中“工号姓名”列，单击“拆分列”按钮，在下拉菜单中选择“按字符数”命令，弹出“按字符数拆分列”对话框，将“字符数”设置为“5”，单击“确定”按钮，如图 11–4 所示。表格分成两列后，将第 1 列表头重命名为“工号”，第 2 列表头重命名为“姓名”。

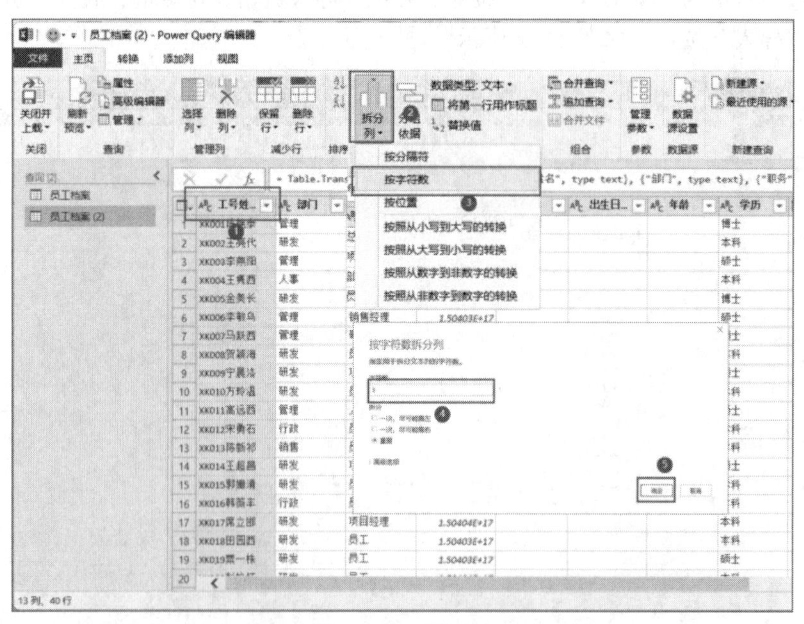

图 11–4　拆分列

**步骤 06**：选中“身份证号”列，单击“数据类型”按钮，在下拉菜单中选择“文本”命令，如图 11–5 所示。

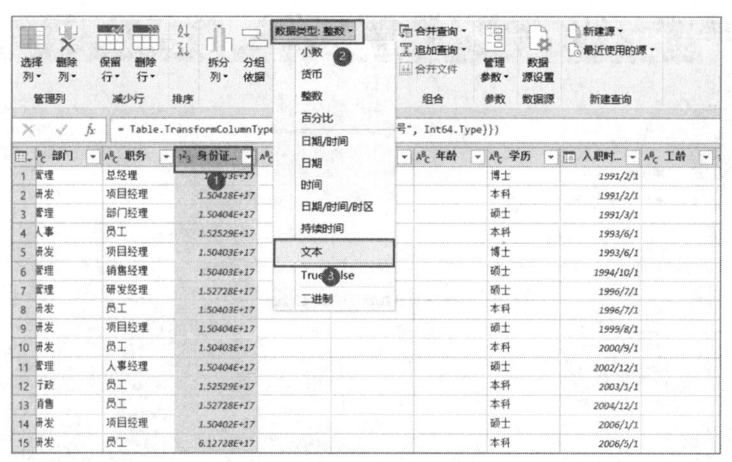

图 11–5　设置数据类型

## 知识小贴士

由于身份证号码有 18 位数，按照常规形式自文本导入数据时，出来的是一种数据格式，会把身份证号码转成科学计数法的形式，且超过 15 位数字后，后面的数字都会变成“0”，且这一操作不能恢复。所以必须将身份证列数据格式设置为文本。

**步骤 07**：单击“关闭并上载”按钮，在下拉菜单中选择“关闭并上载”命令，弹出“导入数据”对话框，在“数据的放置位置”区域选择“现有工作表(E)”单选按钮，具体单元格设置为“=$A$2”，单击“确定”按钮，如图 11–6 所示。

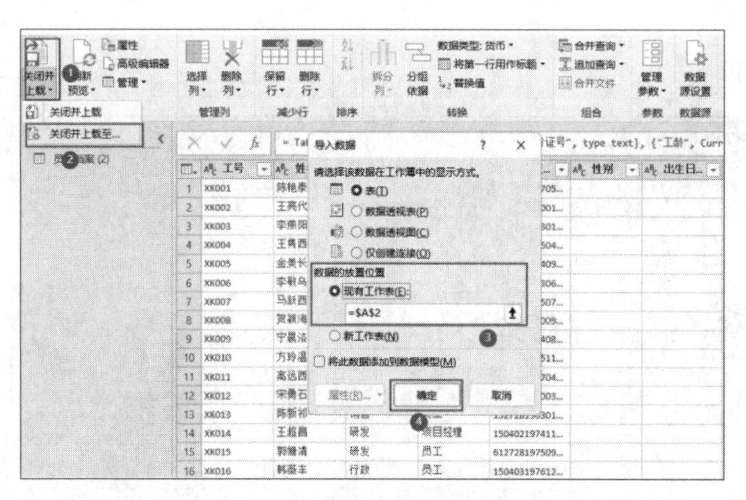

图 11–6　导入数据

**步骤 08**：选中工作表中的“岗位工资”“薪级工资”“基本月工资”三列数据区域，单击“数字”选项组右下角的对话框启动器按钮，弹出“设置单元格格式”对话框，在“分类”列表框中选择“会计专用”，将“货币符号”设置为“无”，单击“确定”按钮，如图 11–7 所示。

**步骤 09**：选中“A1:N1”单元格区域，单击“对齐方式”选项组中的“合并后居中”按钮将单元格合并，然后输入“新科公司员工基础档案表”，并调整字体为“黑体”，字号为“16”。

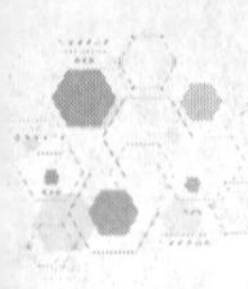

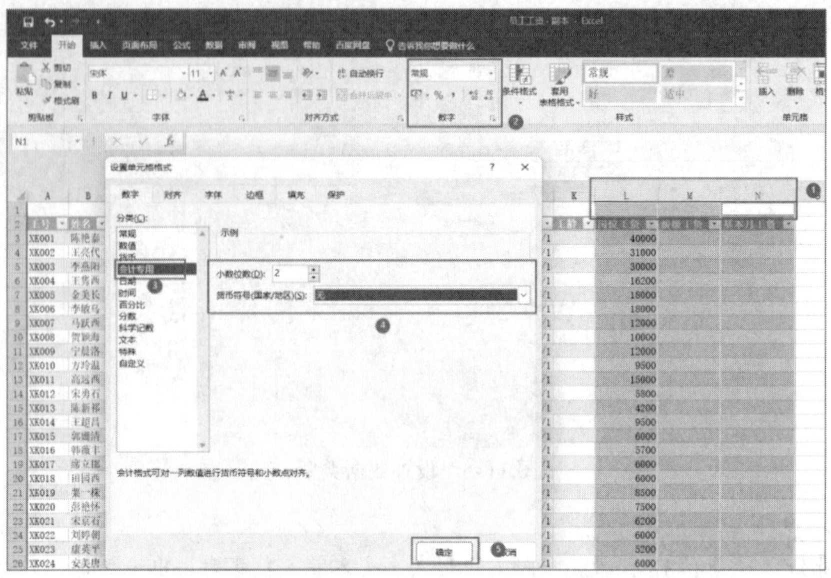

图 11-7　设置单元格格式

**步骤 10**：选中“A2:N42”单元格区域，在“字体”选项组中将字体设置为“微软雅黑”，字号设置为 10 磅，然后单击“单元格”选项组中的“格式”按钮，在下拉菜单中选择“自动调整行高”和“自动调整列宽”命令，如图 11-8 所示。

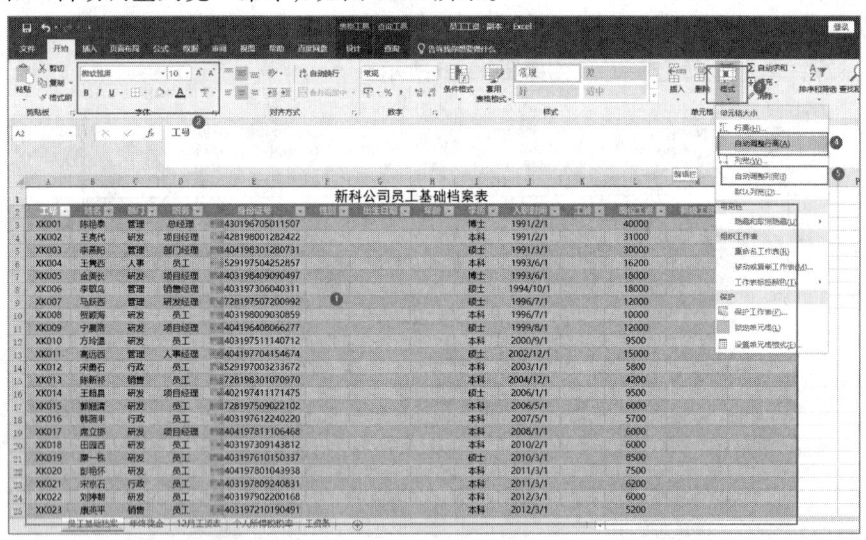

图 11-8　设置字体行距

（2）在工作表“员工基础档案”中，利用公式及函数依次输入每位员工的性别、出生日期、年龄、工龄工资、基本月工资。其中：

① 在“性别”列中获取性别“男”或“女”，身份证号码倒数第 2 位用于判断性别，奇数为男性，偶数为女性。

② 在“出生日期”列中根据身份证号码计算出员工的出生日期，身份证号码的第 7 ~ 14 位代表出生年月日。

③ 在“年龄”列中计算每位员工到 2021 年 12 月 31 日的年龄，年龄需要按周岁计算，满 1 年才计 1 岁。

④ 在“工龄”列中计算每位员工截至 2021 年 12 月 31 日的工龄，工龄需要按满 1 年才计 1 年，不满 1 年工龄的记 0。

⑤ 在月工龄工资列中计算月薪级工资，计算规则为：本公司工龄达到或超过 30 年时每满一年每月增加 100 元，达到或超过 10 年时每满一年每月增加 80 元，达到或超过 1 年时每月增加 50 元；工龄不满 1 年时没有薪级工资。

⑥ 根据公式“基本月工资=岗位工资+薪级工资”计算基本月工资，填入基本月工资列。

**步骤 01**：在 F3 单元格中输入公式“=IF(MOD(MID([@身份证号],17,1),2)=1,"男","女")”，如图 11-9 所示，按【Enter】键确认，此时 F3 下面的单元格也会直接显示计算结果。单击 F3 单元格，将鼠标放置在单元的右下角，当鼠标指针变成“+”符号时，双击鼠标右键，得到该列的所有计算数据。

该公式的意思是先提取身份证号码的第 17 位数字，然后用这个数除以 2 进行求余数，如果余数为 1，那么这个身份证号码就是男性，如果余数为 0，则这个身份证号码为女性。

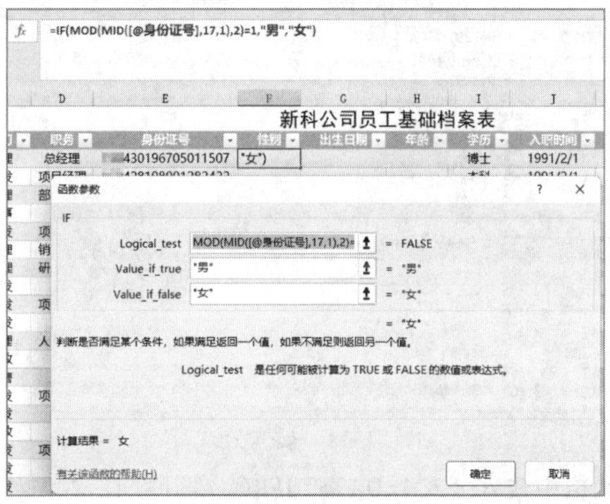


图 11-9　插入公式

**步骤 02**：在 G3 单元格中输入公式“=DATE(MID([@身份证号],7,4),MID([@身份证号],11,2),MID(E3,13,2))”，如图 11-10 所示，按【Enter】键确认，此时 G3 下面的单元格也会直接显示计算结果。单击 G3 单元格，将鼠标放置在单元格的右下角，当鼠标指针变成“+”符号时，双击鼠标右键，得到该列的所有计算数据。

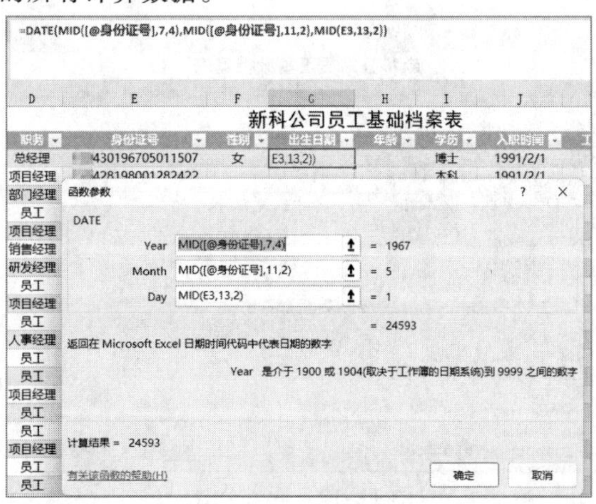


图 11-10　插入公式

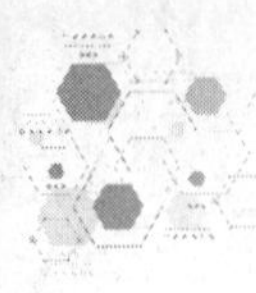

该公式的意思是分别提取身份证号码的 7～10 位数作为 DATE 函数的“Year”参数，提取身份证号码的 11～12 位数作为 DATE 函数的“Month”参数，提取身份证号码的 13～14 位数作为 DATE 函数的“Day”参数，最终得到一个包含年月日的日期。

**步骤 03：**在 H3 单元格中输入公式“=DATEDIF([@出生日期],"2021/12/31","y")”，如图 11-11 所示，按【Enter】键确认，此时 H3 下面的单元格也会直接显示计算结果。单击 H3 单元格，将鼠标放置在单元格的右下角，当鼠标指针变成“+”符号时，双击鼠标右键，得到该列的所有计算数据。

该公式的意思是用“2021 年 12 月 31 日”减去这个人的“出生日期”，两个日期差用“Y”年进行计算（满一年才计 1），从而得到该员工的年龄。

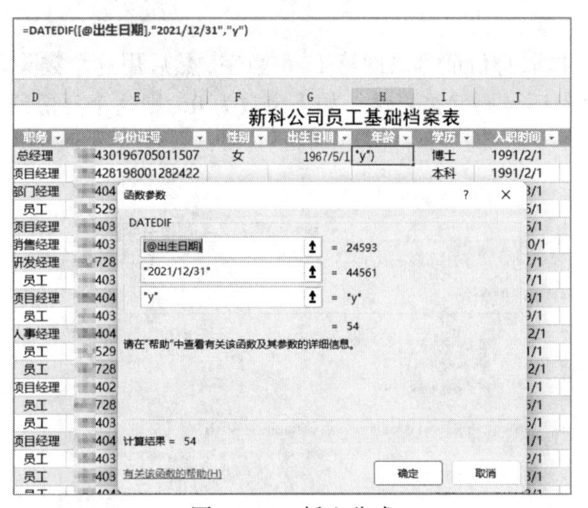


图 11-11　插入公式

**步骤 04：**在 K3 单元格中输入公式“=DATEDIF([@入职时间],"2021/12/31","y")”，如图 11-12 所示，按【Enter】键确认，此时 K3 下面的单元格也会直接显示计算结果。单击 K3 单元格，将鼠标放置在单元格的右下角，当鼠标指针变成“+”符号时，双击鼠标右键，得到该列的所有计算数据。

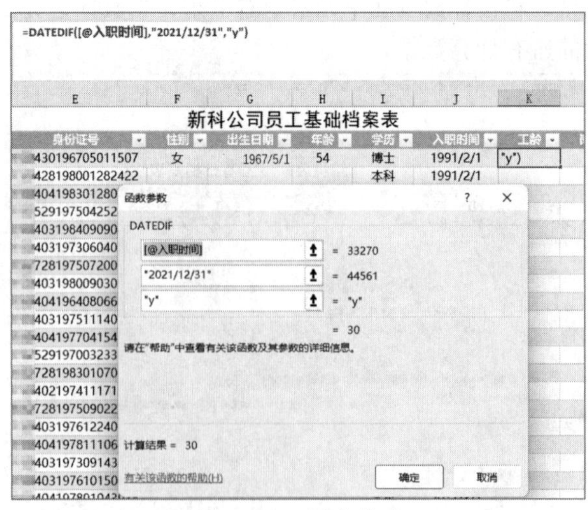


图 11-12　插入公式

该公式的意思是用“2021 年 12 月 31 日”减去这个人的“入职时间”，两个日期差用“Y”年进行计算（满一年才计 1），从而得到该员工的工龄。

**步骤 05**：在 M3 单元格中输入公式“=IF(K3>=30,K3*100,IF(K3>=10,K3*80,IF(K3>=1,K3*50,0)))”，如图 11–13 所示，按【Enter】键确认，此时 M3 下面的单元格也会直接显示计算结果。单击 M3 单元格，将鼠标放置在单元格的右下角，当鼠标指针变成“+”符号时，双击鼠标右键，得到该列的所有计算数据。

该公式的意思是判断这个人的工龄是否大于或等于 30，如果成立则用工龄乘以 100，如果小于 30 则进行第二次判断，判断他的工龄是否大于或等于 10，如果成立则用工龄乘以 80，如果小于 10 则进行第三次判断，判断他的工龄是否大于或等于 1，如果成立则用工龄乘以 50，其他为 0。

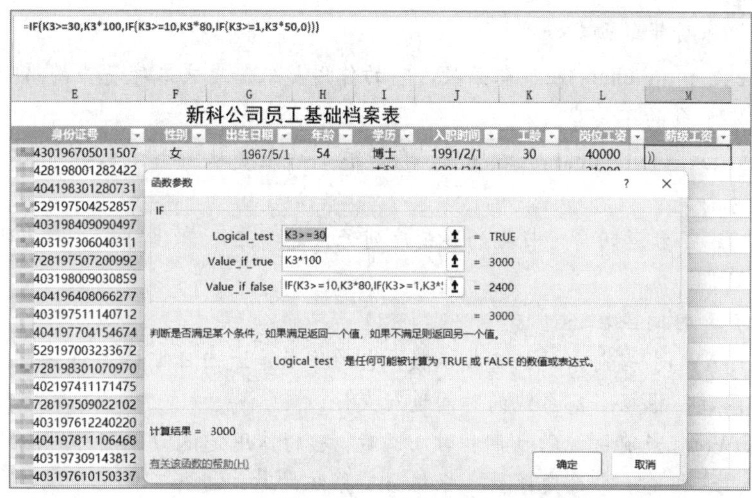

图 11–13　插入公式

**步骤 06**：在 N3 单元格中输入公式“=L3+M3”，按【Enter】键确认，此时 N3 下面的单元格也会直接显示计算结果。单击 N3 单元格，将鼠标放置在单元格的右下角，当鼠标指针变成“+”符号时，双击鼠标右键，得到该列的所有计算数据，如图 11–14 所示。

新科公司员工基础档案表

| 工号 | 姓名 | 部门 | 职务 | 身份证号 | 性别 | 出生日期 | 年龄 | 学历 | 入职时间 | 工龄 | 岗位工资 | 薪级工资 | 基本月工资 |
|---|---|---|---|---|---|---|---|---|---|---|---|---|---|
| XK001 | 陈艳泰 | 管理 | 总经理 | 430196705011507 | 女 | 1967/5/1 | 54 | 博士 | 1991/2/1 | 30 | 40000 | 3000 | 43000 |
| XK002 | 王亮代 | 研发 | 项目经理 | 428198001282422 | 女 | 1980/1/28 | 41 | 本科 | 1991/2/1 | 30 | 31000 | 3000 | 34000 |
| XK003 | 李燕阳 | 管理 | 部门经理 | 404198301280731 | 男 | 1983/1/28 | 38 | 硕士 | 1991/3/1 | 30 | 30000 | 3000 | 33000 |
| XK004 | 王隽西 | 人事 | 员工 | 529197504252857 | 男 | 1975/4/25 | 46 | 本科 | 1993/6/1 | 28 | 16200 | 2240 | 18440 |
| XK005 | 金美长 | 研发 | 项目经理 | 403198409090497 | 男 | 1984/9/9 | 37 | 博士 | 1993/6/1 | 28 | 18000 | 2240 | 20240 |
| XK006 | 李敏乌 | 管理 | 销售经理 | 403197306040311 | 男 | 1973/6/4 | 48 | 硕士 | 1994/10/1 | 27 | 18000 | 2160 | 20160 |
| XK007 | 马跃西 | 管理 | 研发经理 | 728197507200992 | 男 | 1975/7/20 | 46 | 硕士 | 1996/7/1 | 25 | 12000 | 2000 | 14000 |
| XK008 | 贺颖海 | 研发 | 员工 | 403198009030859 | 男 | 1980/9/3 | 41 | 本科 | 1996/7/1 | 25 | 10000 | 2000 | 12000 |
| XK009 | 宁晨洛 | 研发 | 项目经理 | 404196408066277 | 男 | 1964/8/6 | 57 | 硕士 | 1999/8/1 | 22 | 12000 | 1760 | 13760 |
| XK010 | 方玲温 | 研发 | 员工 | 403197511140712 | 男 | 1975/11/14 | 46 | 本科 | 2000/9/1 | 21 | 9500 | 1680 | 11180 |
| XK011 | 高远西 | 管理 | 人事经理 | 404197704154674 | 男 | 1977/4/15 | 44 | 硕士 | 2002/12/1 | 19 | 15000 | 1520 | 16520 |
| XK012 | 宋勇石 | 行政 | 员工 | 529197003233672 | 男 | 1970/3/23 | 51 | 本科 | 2003/1/1 | 18 | 5800 | 1440 | 7240 |
| XK013 | 陈新祁 | 销售 | 员工 | 728198301070970 | 男 | 1983/1/7 | 38 | 本科 | 2004/12/1 | 17 | 4200 | 1360 | 5560 |
| XK014 | 王超昌 | 研发 | 项目经理 | 402197411171475 | 男 | 1974/11/17 | 47 | 硕士 | 2006/1/1 | 15 | 9500 | 1200 | 10700 |
| XK015 | 郭姗清 | 研发 | 员工 | 728197509022102 | 女 | 1975/9/2 | 46 | 本科 | 2006/5/1 | 15 | 6000 | 1200 | 7200 |
| XK016 | 韩薇丰 | 行政 | 员工 | 403197612240220 | 女 | 1976/12/24 | 45 | 本科 | 2007/5/1 | 14 | 5700 | 1120 | 6820 |
| XK017 | 席立邯 | 研发 | 项目经理 | 404197811106468 | 女 | 1978/11/10 | 43 | 本科 | 2008/1/1 | 13 | 6000 | 1040 | 7040 |
| XK018 | 田园西 | 研发 | 员工 | 403197309143812 | 男 | 1973/9/14 | 48 | 本科 | 2010/2/1 | 11 | 6000 | 880 | 6880 |
| XK019 | 粟一株 | 研发 | 员工 | 403197610150337 | 男 | 1976/10/15 | 45 | 硕士 | 2010/3/1 | 11 | 8500 | 880 | 9380 |
| XK020 | 彭艳怀 | 研发 | 员工 | 404197801043938 | 男 | 1978/1/4 | 43 | 本科 | 2011/3/1 | 10 | 7500 | 800 | 8300 |
| XK021 | 宋京石 | 行政 | 员工 | 403197809240831 | 男 | 1978/9/24 | 43 | 本科 | 2011/3/1 | 10 | 6200 | 800 | 7000 |
| XK022 | 刘婷朝 | 研发 | 员工 | 403197902200168 | 女 | 1979/2/20 | 42 | 本科 | 2012/3/1 | 9 | 6000 | 450 | 6450 |
| XK023 | 康英平 | 销售 | 员工 | 403197210190491 | 男 | 1972/10/19 | 49 | 本科 | 2012/3/1 | 9 | 5200 | 450 | 5650 |

图 11–14　填充数据

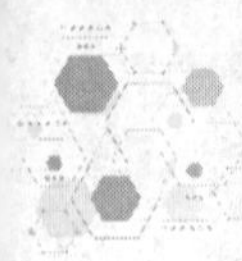



### 知识小贴士

MOD 函数是一个求余函数，其格式为：MOD(Number,divisor)，即是两个数值表达式除法运算后的余数。注意：在 Excel 中，MOD 函数用于返回两数相除的余数，返回结果的符号与除数（divisor）的符号相同。

●微视频

文本函数

MID 函数是 Excel 中一个强大的辅助函数，作用是从指定字符串指定位置提取指定个数字符串。

语法：MID(text,start_num,num_chars)

text：表示指定的字符串，一般为引用的单元格。

start_num：表示指定位置。

num_chars：表示指定个数。

提取字符串的函数还有：

- LEFT(text, num_chars)左提取函数，它的作用是从一个文本字符串的第一个字符开始提取指定个数的字符串。
- RIGHT（text, num_chars）右提取函数，它的作用是从一个文本字符串的右端提取指定个数字符串。

●微视频

日期函数

DATE 函数返回特定日期的连续序列号，它将三个单独的值（年，月，日）合并为一个日期。

日期和时间函数还包括：

TODAY()求当前系统的日期函数，它的作用是返回日期格式的当前日期，这是一个可变函数，根据当前系统的时间进行变化。

NOW()求当前系统的日期和时间函数，它的作用是返回日期时间格式的当前日期和时间，这也是一个可变函数，根据当前系统的时间进行变化。

YEAR(serial_number)年函数，它的作用是返回一个指定日期所对应的 4 位数年份，返回值为 1900 ~ 9999 之间的整数。同 YEAR 函数有类似用法的还有 MONTH 月函数和 DAY 日函数，它们的作用是分别返回指定日期中的月数和日期。

HOUR（serial_number）小时函数，它的作用是返回一个指定时间的小时数，同样的函数还有分函数 MINUTE 和秒函数 SECOND。

数字 1 和日期 1 的关系：在 Excel 中经常会有人在单元格中输入“1”，但是显示的结果却是“1900/1/1”，这是因为该单元格的格式被设置成了日期格式，Excel 默认“1900/1/1”为第 1 天，往后时间每过一天，数字也会加 1。比如：在单元格中输入“100000”然后将单元格设置为日期格式得到的结果就是“2173/10/14”说明从“1900/1/1”到“2173/10/14”一共经过了 100000 天。

### 课外小知识

身份证号码是由 18 位数字组成的，第 1、2 位数字表示所在省份的代码；第 3、4 位数字表示所在城市的代码；第 5、6 位数字表示所在区县的代码；第 7 ~ 14 位数字表示出生年、月、日；第 15 ~ 17 位数字为顺序码，表示同一区域内同年同月同日出生的顺序号，其中第 17 位数字表示性别，奇数表示男性，偶数表示女性;第 18 位数字是校检码，校检码可以是 0 ~ 9 的数字，有时也用 x 表示，x 是罗马数字的 10。

（3）在工作表“年终奖金”中按照下列要求获取计算结果：

① 从工作表“员工基础档案”中获取相关信息，输入与工号对应的员工姓名、部门、月基本工资。其中每位员工的工号是唯一的。

② 分别计算出年终奖金、月应税所得额、应交个税、实发奖金。（其中：“全年应发奖金=基本月工资×12×0.25”，“月应税所得额=全年应发奖金/12”，根据工作表“个人所得税税率”中的对应关系计算每位员工年终奖金应交的个人所得税，填入“应交个税”列。年终奖金当前的计税公式为：年终奖金应交个税=全年应发奖金×月应税所得额的对应“税率”–对应“速算扣除数”。可依据 F 列的“月应税所得额”在“个人所得税税率”表中找到对应的税率以及速算扣除数。）

**步骤 01**：打开“年终奖金”工作表，在“B3”单元格中输入公式“=VLOOKUP(A3,员工档案[#全部],2,FALSE)”，如图 11–15 所示，按【Enter】键确认，得到工号所对应的姓名，然后选中“B3”单元格并双击“B3”单元格右下角的填充柄向下填充到其他单元格中，得到所有员工的姓名。

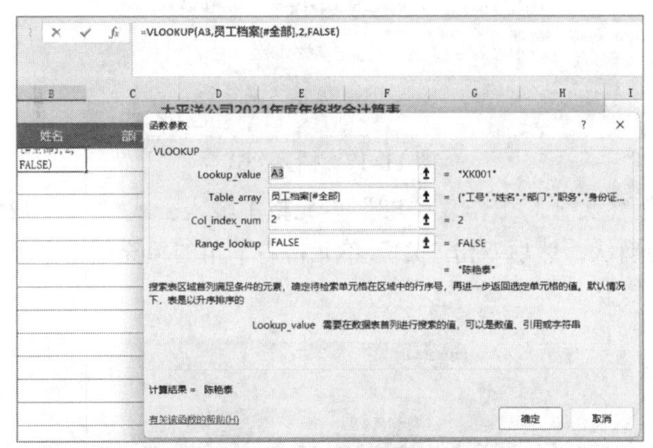


图 11–15　插入公式

**步骤 02**：在“年终奖金”工作表“C3”单元格中输入公式“=VLOOKUP(A3,员工档案[#全部],3,FALSE)”，如图 11–16 所示，按【Enter】键确认，然后选中“C3”单元格并双击“C3”单元格右下角的填充柄向下填充到其他单元格中，得到所有员工的姓名。

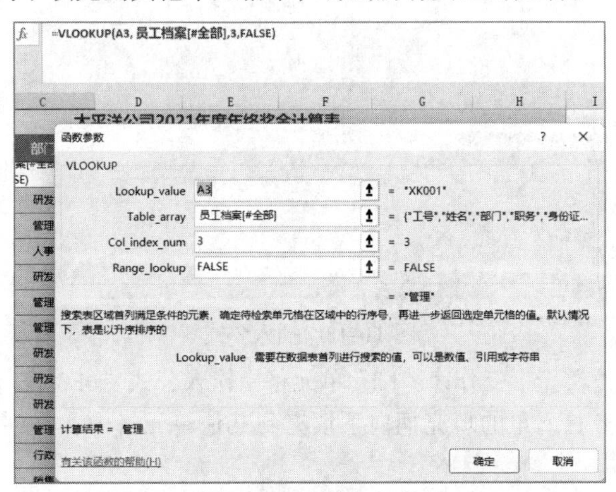


图 11–16　插入公式

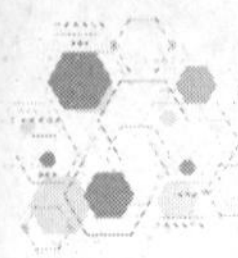



**步骤 03**：在“年终奖金”工作表“D3”单元格中输入公式“=VLOOKUP(A3,员工档案[#全部],14,FALSE)”，如图 11-17 所示，按【Enter】键确认，然后选中“D3”单元格并双击“D3”单元格右下角的填充柄向下填充到其他单元格中，得到所有员工的月基本工资。

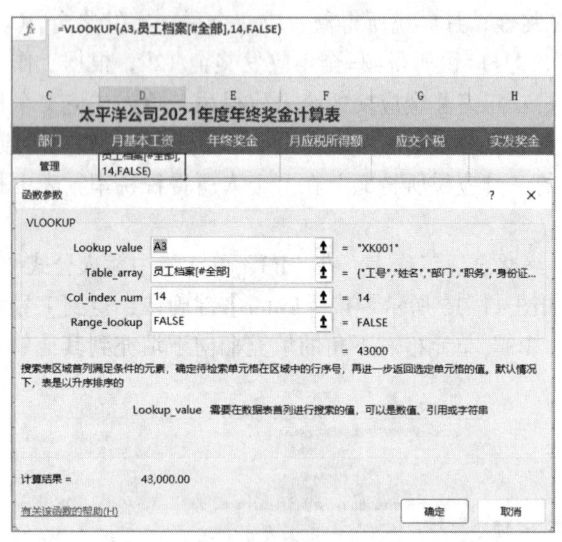


图 11-17　插入公式

**步骤 04**：在“年终奖金”工作表“E3”单元格中输入公式“=D3*12*0.25”，如图 11-18 所示，按【Enter】键确认，然后双击“E3”单元格右下角的填充柄向下填充到其他单元格中，得到所有员工的年终奖金。

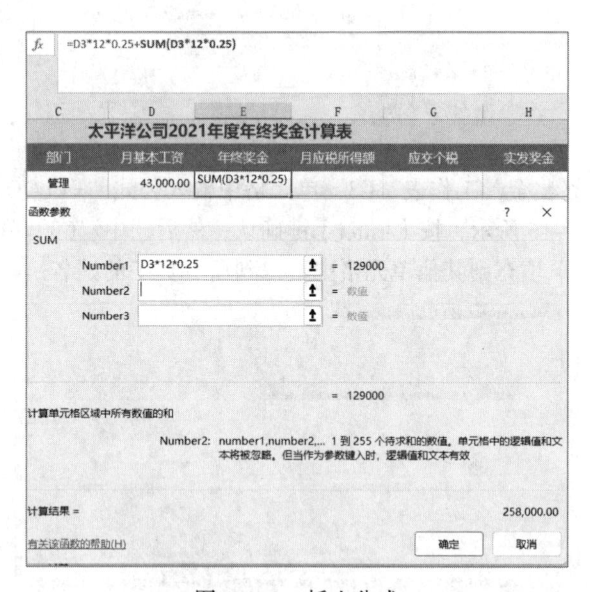


图 11-18　插入公式

**步骤 05**：在“年终奖金”工作表“F3”单元格中输入公式“=E3/12”，按【Enter】键确认，然后双击“F3”单元格右下角的填充柄向下填充到其他单元格中，得到所有员工的月应税所得额。

**步骤 06**：打开“个人所得税税率”工作表，根据所给的个人所得税税率表信息在“B16:E23”

单元格区域中制作表 11-2 所示的表格。

表 11-2　个人所得税税率表

| 级数 | 月工资范围（元） | 税率% | 速算扣除数 |
| --- | --- | --- | --- |
| 1 | 0 | 3 | 0 |
| 2 | 3 000 | 10 | 210 |
| 3 | 12 000 | 20 | 1 410 |
| 4 | 25 000 | 25 | 2 660 |
| 5 | 35 000 | 30 | 4 410 |
| 6 | 55 000 | 35 | 7 160 |
| 7 | 80 000 | 45 | 15 160 |

**步骤 07**：在“年终奖金”工作表“G3”单元格中输入公式“=VLOOKUP(F3,个人所得税税率!$C$17:$E$23,2,TRUE)*E3/100-VLOOKUP(F3,个人所得税税率!$C$17:$E$23,3,TRUE)”，如图 11-19 所示，按【Enter】键确认，然后双击“G3”单元格右下角的填充柄向下填充到其他单元格中，得到所有员工的应交个税。

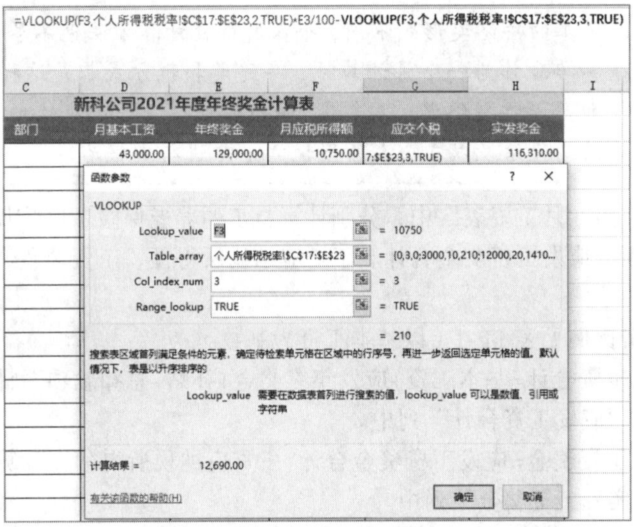

图 11-19　插入公式

**步骤 08**：在“H3”单元中输入公式“=E3-G3”得到实发奖金，然后双击“H3”单元格右下角的填充柄向下填充到其他单元格中，得到所有员工的实发奖金。

## 知识小贴士

VLOOKUP 是比较常用的纵向查找函数，它与 LOOKUP 函数和 HLOOKUP 函数属于同一类，应用较广泛。例如，可以用来核对数据、多个表格之间快速导入数据等。功能是按列查找，最终返回该列所需查询序列所对应的值；与之对应的 HLOOKUP 是按行查找。

根据“查找值”，在“数据表”指定列内查找相对应的数据,并引用到输入公式的单元格内。

语法：VLOOKUP(lookup_value,table_array,col_index_num,[range_lookup])

说明：

lookup_value：需要在数据表第一列中进行查找的值。

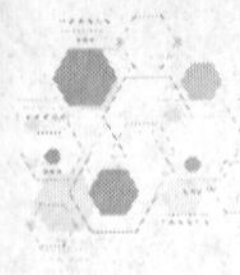



table_array：需要在其中查找数据的数据表。使用对区域或区域名称的引用。

微视频

查找和引用函数

col_index_num：table_array 中查找数据的数据列序号。

range_lookup：逻辑值，指明函数 VLOOKUP 查找时是精确匹配，还是近似匹配。如果为 FALSE 或 0，则返回精确匹配，如果找不到，则返回错误值#N/A。应注意 VLOOKUP 函数在进行近似匹配时的查找规则是从第一个数据开始匹配，没有匹配到一样的值就继续与下一个值进行匹配，直至遇到大于查找值的值，此时返回上一个数据（近似匹配时应对查找值所在列进行升序排列）。如果省略 range_lookup，则默认值为 1。

也可以这样理解"=VLOOKUP(用谁找,在哪找,要找第几列,精确否)"。

查找函数还包括：

- LOOK 函数：查找函数；
- MATCH 函数：查找位置；
- CHOOSE 函数：在列表中选择值。

**课外小知识**

由于单位发放给员工的年终奖形式不同，个人所得税计算方法也不尽相同，大部分企业发放全年一次性奖金，单独作为一个月计算时，年终奖扣税方式都是这样计算："年终奖乘税率–速算扣除数"，税率是按年终奖/12 作为"应纳税所得额"对应的税率，速算扣除数只允许扣除一次，最终的纳税结果以在个人所得税 App 中进行申报为准。

（4）在工作表"12 月工资表"中，分别计算员工的养老保险、医疗保险、失业保险、住房公积金、总扣款项、应发工资奖金合计、工资应纳税所得额、工资个税、奖金个税、实发工资奖金。

五险一金的缴费比例见表 11–1（以基本工资为基数）。

① 根据"应发工资合计=基本工资+应发年终奖金+补贴–总扣款项"计算员工的"应发工资合计"，总额填入"应发工资合计"列中。

② 根据"实发工资奖金=应发工资奖金合计–工资应纳税所得额"计算员工的"实发工资奖金"，总额填入"实发工资奖金"列中。

**步骤 01**：在"12 月工资表"工作表"D3"单元格中输入公式"=VLOOKUP(A3,员工档案[#全部],14,FALSE)"，如图 11–20 所示，按【Enter】键确认，然后选中"D3"单元格并双击"D3"单元格右下角的填充柄向下填充到其他单元格中，得到所有员工的个人基本工资。

**步骤 02**：在"12 月工资表"工作表"E3"单元格中输入公式"=VLOOKUP(A3,年终奖金!A3:H42,5,FALSE)"，如图 11–21 所示，按【Enter】键确认，然后选中"E3"单元格并双击"E3"单元格右下角的填充柄向下填充到其他单元格中，得到所有员工的个人年终奖金。

**步骤 03**：在"12 月工资表"工作表"H3"单元格中输入公式"=D3*0.08"，按【Enter】键确认，然后选中"H3"单元格并双击"H3"单元格右下角的填充柄向下填充到其他单元格中，得到所有员工的个人养老保险缴纳金额。

**步骤 04**：在"12 月工资表"工作表"I3"单元格中输入公式"=D3*0.02"，按【Enter】键确认，然后选中"I3"单元格并双击"I3"单元格右下角的填充柄向下填充到其他单元格中，得到所有员工的个人医疗保险缴纳金额。

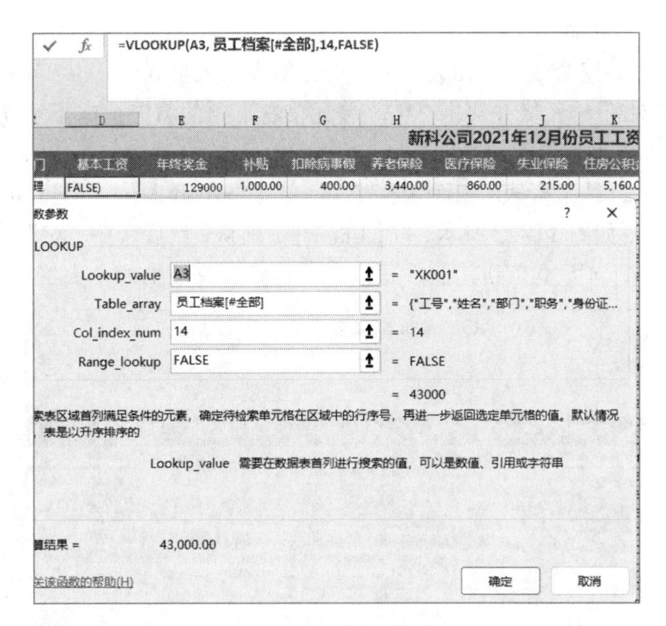


图 11-20　插入公式

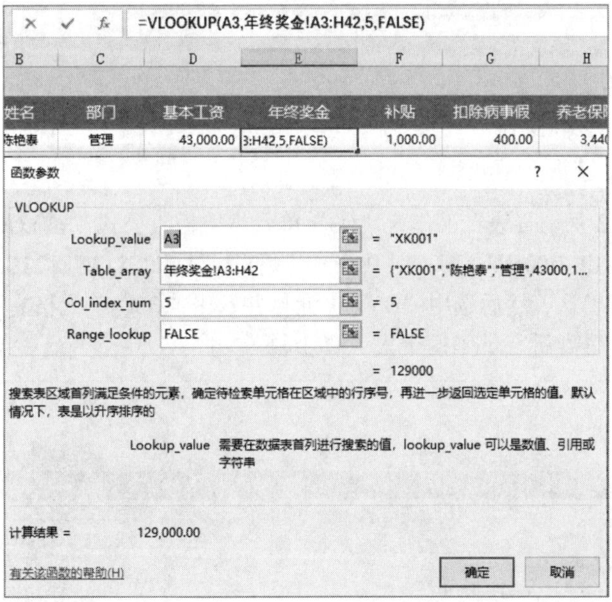

图 11-21　插入公式

**步骤 05**：在“12 月工资表”工作表“J3”单元格中输入公式“=D3*0.005”，按【Enter】键确认，然后选中“J3”单元格并双击“J3”单元格右下角的填充柄向下填充到其他单元格中，得到所有员工的个人失业保险缴纳金额。

**步骤 06**：在“12 月工资表”工作表“K3”单元格中输入公式“=D3*0.12”，按【Enter】键确认，然后选中“K3”单元格并双击“K3”单元格右下角的填充柄向下填充到其他单元格中，得到所有员工的个人住房公积金缴纳金额。

**步骤 07**：在“12 月工资表”工作表“L3”单元格中输入公式“=G3+H3+I3+J3+K3”，按【Enter】键确认，然后选中“L3”单元格并双击“L3”单元格右下角的填充柄向下填充到其他单元格中，

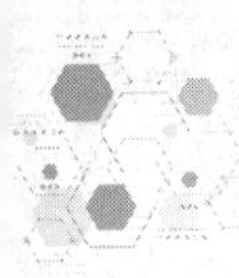



得到所有员工的个人扣款总额。

**步骤 08：**在“12 月工资表”工作表“M3”单元格中输入公式“=D3+E3+F3-L3”，按【Enter】键确认，然后选中“M3”单元格并双击“M3”单元格右下角的填充柄向下填充到其他单元格中，得到所有员工的个人应发工资奖金合计。

**步骤 09：**在“12 月工资表”工作表“N3”单元格中输入公式“=IF((D3+F3)-L3>=5000,(D3+F3)-L3-5000,0)”，如图 11-22 所示，按【Enter】键确认，然后选中“N3”单元格并双击“N3”单元格右下角的填充柄向下填充到其他单元格中，得到所有员工的个人工资应纳税所得额。

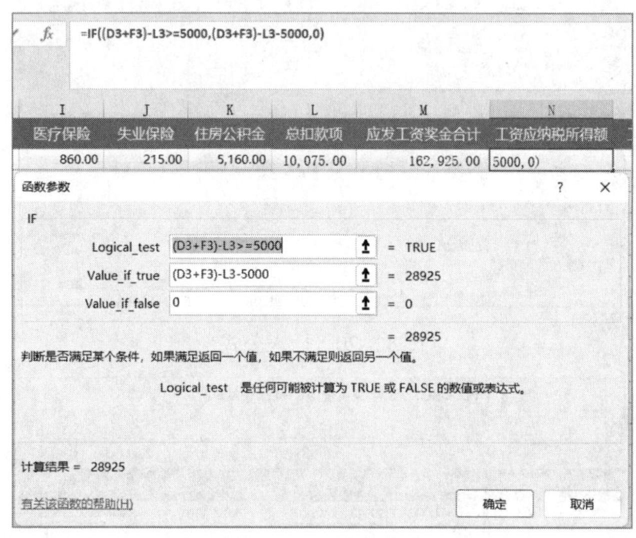

图 11-22 插入公式

**步骤 10：**在“12 月工资表”工作表“O3”单元格中输入公式“=VLOOKUP(N3,个人所得税税率!$C$17:$E$23,2,TRUE)/100*N3-VLOOKUP(N3,个人所得税税率!$C$17:$E$23,3,TRUE)”，如图 11-23 所示，按【Enter】键确认，然后选中“O3”单元格并双击“O3”单元格右下角的填充柄向下填充到其他单元格中，得到所有员工的个人工资个税。

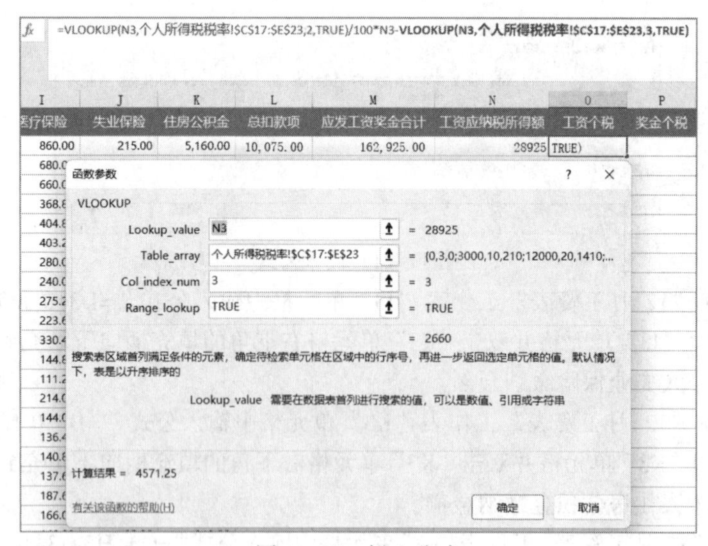

图 11-23 插入公式

**步骤 11**：在“12 月工资表”工作表“P3”单元格中输入公式“=VLOOKUP(A3,年终奖金!$A$3:$H$70,7,FALSE)”，如图 11-24 所示，按【Enter】键确认，然后选中“P3”单元格并双击“P3”单元格右下角的填充柄向下填充到其他单元格中，得到所有员工的个人奖金个税。

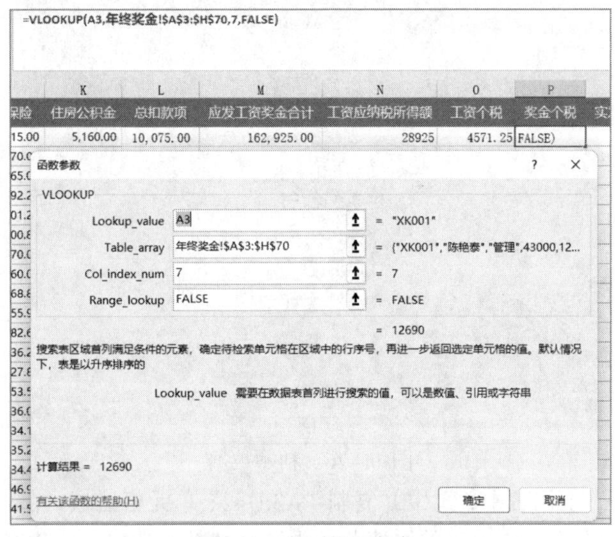


图 11-24　插入公式

**步骤 12**：在“12 月工资表”工作表“Q3”单元格中输入公式“=M3-O3-P3”，按【Enter】键确认，然后选中“Q3”单元格并双击“Q3”单元格右下角的填充柄向下填充到其他单元格中，得到所有员工的个人实发工资奖金，如图 11-25 所示。

新科公司2021年12月份员工工资表

| 员工编号 | 姓名 | 部门 | 基本工资 | 年终奖金 | 补贴 | 扣除病事假 | 养老保险 | 医疗保险 | 失业保险 | 住房公积金 | 总扣款项 | 应发工资奖金合计 | 工资应纳税所得额 | 工资个税 | 奖金个税 | 实发工资奖金 |
|---|---|---|---|---|---|---|---|---|---|---|---|---|---|---|---|---|
| XK001 | 陈艳泰 | 管理 | 43,000.00 | 129000 | 1,000.00 | 400.00 | 3,440.00 | 860.00 | 215.00 | 5,160.00 | 10,075.00 | 162,925.00 | 28925 | 4571.25 | 12690 | 145,663.75 |
| XK002 | 王宪代 | 研发 | 34,000.00 | 102000 | 1,000.00 | 352.00 | 2,720.00 | 680.00 | 170.00 | 4,080.00 | 8,002.00 | 128,998.00 | 21998 | 2989.6 | 9990 | 116,018.40 |
| XK003 | 李燕阳 | 管理 | 33,000.00 | 99000 | 1,000.00 | - | 2,640.00 | 660.00 | 165.00 | 3,960.00 | 7,425.00 | 125,575.00 | 21575 | 2905 | 9690 | 112,980.00 |
| XK004 | 王霁西 | 人事 | 18,440.00 | 55320 | 1,000.00 | 130.00 | 1,475.20 | 368.80 | 92.20 | 2,212.80 | 4,279.00 | 70,481.00 | 10161 | 806.1 | 5322 | 64,352.90 |
| XK005 | 金美长 | 研发 | 20,240.00 | 60720 | 1,000.00 | - | 1,619.20 | 404.80 | 101.20 | 2,428.80 | 4,554.00 | 77,406.00 | 11686 | 958.6 | 5862 | 70,585.40 |
| XK006 | 李敏马 | 管理 | 20,160.00 | 60480 | 1,000.00 | - | 1,612.80 | 403.20 | 100.80 | 2,419.20 | 4,536.00 | 77,104.00 | 11624 | 952.4 | 5838 | 70,313.60 |
| XK007 | 马跃西 | 管理 | 14,000.00 | 42000 | 1,000.00 | - | 1,120.00 | 280.00 | 70.00 | 1,680.00 | 3,150.00 | 53,850.00 | 6850 | 475 | 3990 | 49,385.00 |
| XK008 | 贺颖海 | 研发 | 12,000.00 | 36000 | 1,000.00 | 155.00 | 960.00 | 240.00 | 60.00 | 1,440.00 | 2,855.00 | 46,145.00 | 5145 | 304.5 | 3390 | 42,450.50 |
| XK009 | 宁晨洛 | 研发 | 13,760.00 | 41280 | 1,000.00 | - | 1,100.80 | 275.20 | 68.80 | 1,651.20 | 3,096.00 | 52,944.00 | 6664 | 456.4 | 3918 | 48,569.60 |
| XK010 | 方玲温 | 研发 | 11,180.00 | 33540 | 1,000.00 | 25.00 | 894.40 | 223.60 | 55.90 | 1,341.60 | 2,540.50 | 43,179.50 | 4639.5 | 253.95 | 1006.2 | 41,919.35 |
| XK011 | 高远西 | 管理 | 16,520.00 | 49560 | 1,000.00 | - | 1,321.60 | 330.40 | 82.60 | 1,982.40 | 3,717.00 | 63,363.00 | 8803 | 670.3 | 4746 | 57,946.70 |
| XK012 | 宋勇石 | 行政 | 7,240.00 | 21720 | 1,000.00 | - | 579.20 | 144.80 | 36.20 | 868.80 | 1,629.00 | 28,331.00 | 1611 | 48.33 | 651.6 | 27,631.07 |
| XK013 | 陈新祁 | 销售 | 5,560.00 | 16680 | 1,000.00 | - | 444.80 | 111.20 | 27.80 | 667.20 | 1,251.00 | 21,989.00 | 309 | 9.27 | 500.4 | 21,479.33 |
| XK014 | 王超晨 | 研发 | 10,700.00 | 32100 | 1,000.00 | - | 856.00 | 214.00 | 53.50 | 1,284.00 | 2,407.50 | 41,392.50 | 4292.5 | 219.25 | 963 | 40,210.25 |
| XK015 | 郭姗清 | 研发 | 7,200.00 | 21600 | 1,000.00 | 600.00 | 576.00 | 144.00 | 36.00 | 864.00 | 2,220.00 | 27,580.00 | 980 | 29.4 | 648 | 26,902.60 |
| XK016 | 韩薇丰 | 行政 | 6,820.00 | 20460 | 1,000.00 | - | 545.60 | 136.40 | 34.10 | 818.40 | 1,534.50 | 26,745.50 | 1285.5 | 38.565 | 613.8 | 26,093.14 |
| XK017 | 蒋立邦 | 研发 | 7,040.00 | 21120 | 1,000.00 | 110.00 | 563.20 | 140.80 | 35.20 | 844.80 | 1,694.00 | 27,466.00 | 1346 | 40.38 | 633.6 | 26,792.02 |
| XK018 | 田圆西 | 研发 | 6,880.00 | 20640 | 1,000.00 |  | 550.40 | 137.60 | 34.40 | 825.60 | 1,548.00 | 26,972.00 | 1332 | 39.96 | 619.2 | 26,312.84 |
| XK019 | 粟一株 | 研发 | 9,380.00 | 28140 | 1,000.00 | - | 750.40 | 187.60 | 46.90 | 1,125.60 | 2,110.50 | 36,409.50 | 3269.5 | 116.95 | 844.2 | 35,448.35 |
| XK020 | 彭艳怀 | 研发 | 8,300.00 | 24900 | 1,000.00 | 30.00 | 664.00 | 166.00 | 41.50 | 996.00 | 1,897.50 | 32,302.50 | 2402.5 | 72.075 | 747 | 31,483.43 |
| XK021 | 宋京石 | 行政 | 7,000.00 | 21000 | 1,000.00 | - | 560.00 | 140.00 | 35.00 | 840.00 | 1,575.00 | 27,425.00 | 1425 | 42.75 | 630 | 26,752.25 |
| XK022 | 刘静朝 | 研发 | 6,450.00 | 19350 | 1,000.00 | - | 516.00 | 129.00 | 32.25 | 774.00 | 1,451.25 | 25,348.75 | 998.75 | 29.9625 | 580.5 | 24,738.29 |
| XK023 | 康英平 | 销售 | 5,650.00 | 16950 | 1,000.00 | - | 452.00 | 113.00 | 28.25 | 678.00 | 1,271.25 | 22,328.75 | 378.75 | 11.3625 | 508.5 | 21,808.89 |
| XK024 | 安美蕾 | 行政 | 6,400.00 | 19200 | 1,000.00 | 55.00 | 512.00 | 128.00 | 32.00 | 768.00 | 1,495.00 | 25,105.00 | 905 | 27.15 | 576 | 24,501.85 |
| XK025 | 姜靖茵 | 研发 | 5,900.00 | 17700 | 1,000.00 | - | 472.00 | 118.00 | 29.50 | 708.00 | 1,327.50 | 23,272.50 | 572.5 | 17.175 | 531 | 22,724.33 |

图 11-25　填充单元格

（5）基于工作表“12 月工资表”中的数据，从工作表“工资条”的 A2 单元格开始依次为每位员工生成“工资条样例.png”所示的工资条，格式设置要求如下：

① 每张工资条占用两行、内外均加框线，第 1 行为工号、姓名、部门等列标题，第 2 行为相应工资奖金及个税金额。

② 两张工资条之间空一行以便剪裁、该空行行高统一设为 40 默认单位。

③ 自动调整工资条的各列列宽到最合适大小，字号不得小于 10 磅。

**步骤 01**：复制粘贴数据。在“12 月工资表”工作表中，选中“A2:Q2”单元格区域，复制

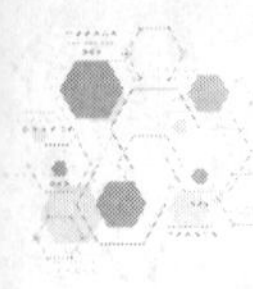

该数据区域，在“工资条”工作表中，选中“A1:Q40”单元格区域，右击，在弹出的快捷菜单中选择“粘贴选项”→“值”命令，如图 11-26 所示。

图 11-26　粘贴数据

在“12 月工资表”工作表中，选中并复制“A3:Q42”单元格区域，在“工资条”工作表中，选中“A41”单元格，右击，在弹出的快捷菜单中选择“粘贴选项”→“值”命令，如图 11-27 所示。

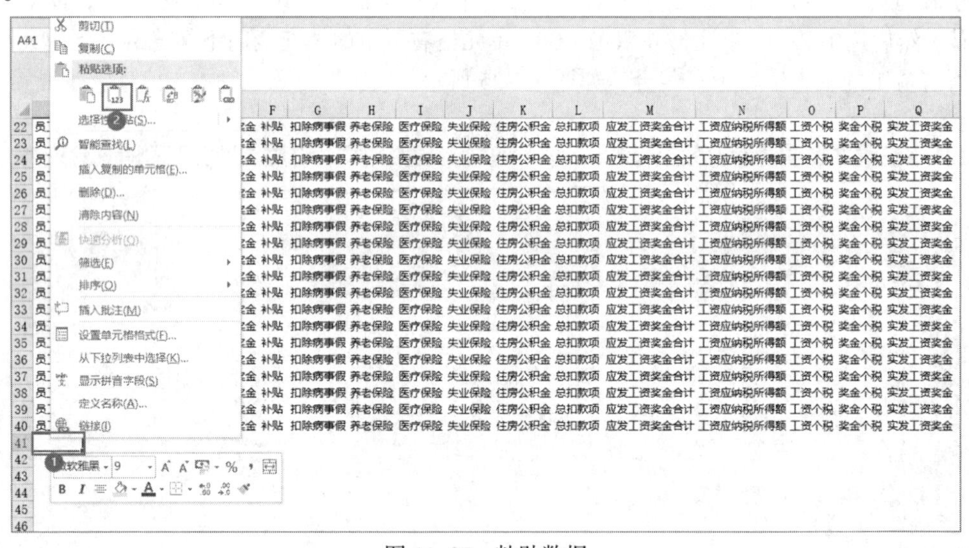


图 11-27　粘贴数据

**步骤 02：** 排序。在“R1”单元格中输入“1”，单击“开始”选项卡“编辑”选项组中的“填充”按钮，在下拉菜单中选择“序列(S)”命令，弹出“序列”对话框，将“序列产生在”设置为“列”，“类型”设置为“等差序列”，“步长值(S)”设置为“3”，“终止值”设置为“118”，单击“确定”按钮，如图 11-28 所示。

在“R41”单元格中输入“2”，单击“开始”选项卡“编辑”选项组中的“填充”按钮，在下拉菜单中选择“序列(S)”命令，弹出“序列”对话框，将“序列产生在”设置为“列”，“类型”设置为“等差序列”，“步长值(S)”设置为“3”，“终止值”设置为“119”，单击“确定”按钮。

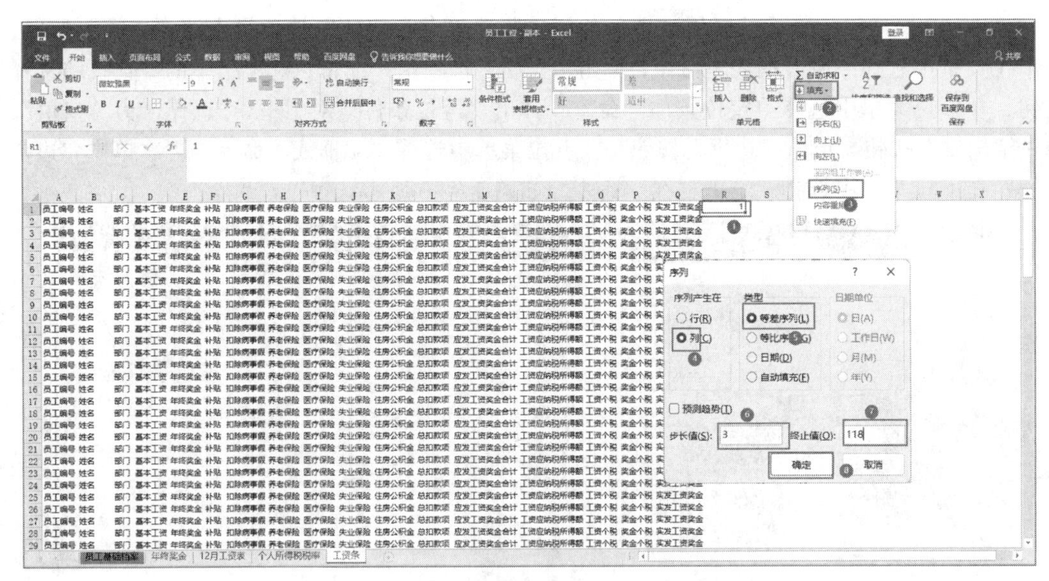


图 11–28　排序

在“R81”单元格中输入“3”，单击“开始”选项卡“编辑”选项组中的“填充”按钮，在下拉菜单中选择“序列(S)”命令，弹出“序列”对话框，将“序列产生在”设置为“列”，“类型”设置为“等差序列”，“步长值(S)”设置为“3”，“终止值”设置为“120”，单击“确定”按钮。

选中“A1:R120”单元格区域，单击“开始”选项卡“编辑”组中的“排序和筛选”按钮，在下拉菜单中选择“自定义排序”命令，弹出“排序”对话框，将“主要关键字”设置为“列 R”，“排序依据”设置为“单元格值”，“次序”设置为“升序”，单击“确定”按钮，如图 11–29 所示。

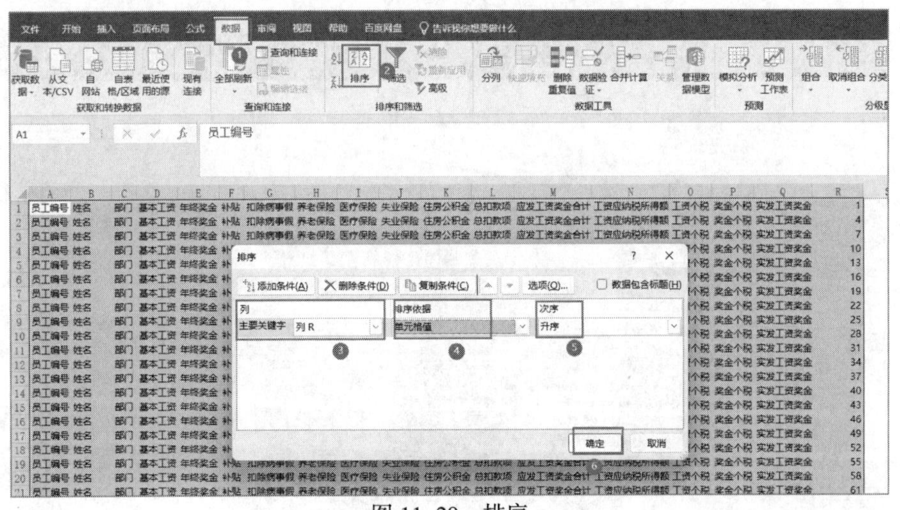


图 11–29　排序

选中 R 列，按【Delete】键删除 R 列数据(工资条排序方式为：标题行<工资行<空行，所以升序排列的话，标题行最小，工资行次之，空行最大，如 1<2<3)。

**步骤 03：**设置边框线，空行的行高，表格的列宽及字号。

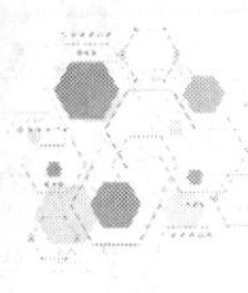

选中“A1:Q119”单元格区域。单击“开始”选项卡“字体”选项组中的“边框”按钮，在下拉菜单中选择“所有框线”命令，单击“开始”选项卡“编辑”选项组中的“查找和选择”按钮，在下拉菜单中选择“定位条件”命令，弹出“定位条件”对话框，“选择”为“空值”，单击“确定”按钮，单击“边框”按钮，在下拉菜单中选择“无框线”命令，再次单击“边框”按钮，在下拉菜单中选择“上下框线”命令，如图 11-30 所示。

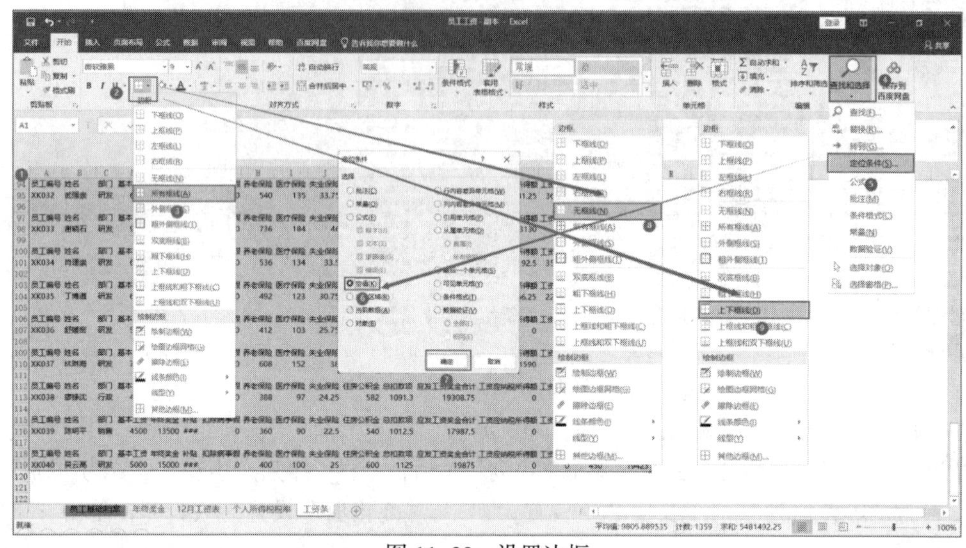

图 11-30　设置边框

进中“A1:Q119”单元格区域，单击“开始”选项卡“编辑”选项组中的“查找和选择”按钮，在下拉菜单中选择“定位条件”命令，弹出“定位条件”对话框，选择为“空值”，单击“确定”按钮。单击“单元格”选项组中的“格式”按钮，在下拉菜单中选择“行高”命令，弹出“行高”对话框，在对话框中输入“40”，如图 11-31 所示。

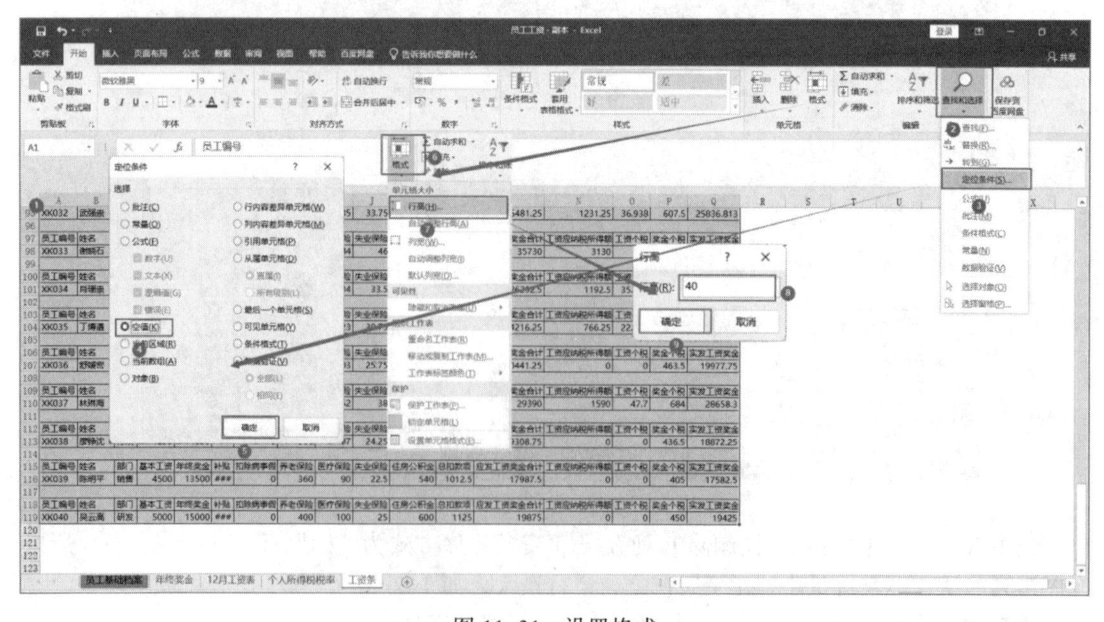

图 11-31　设置格式

选中“A1:Q119”单元格区域，根据题目要求，设置该数据区域的字号为 10 磅即可；单击“单元格”选项组中的“格式”按钮，在下拉菜单中选择“自动调整列宽”命令，如图 11–32 所示。

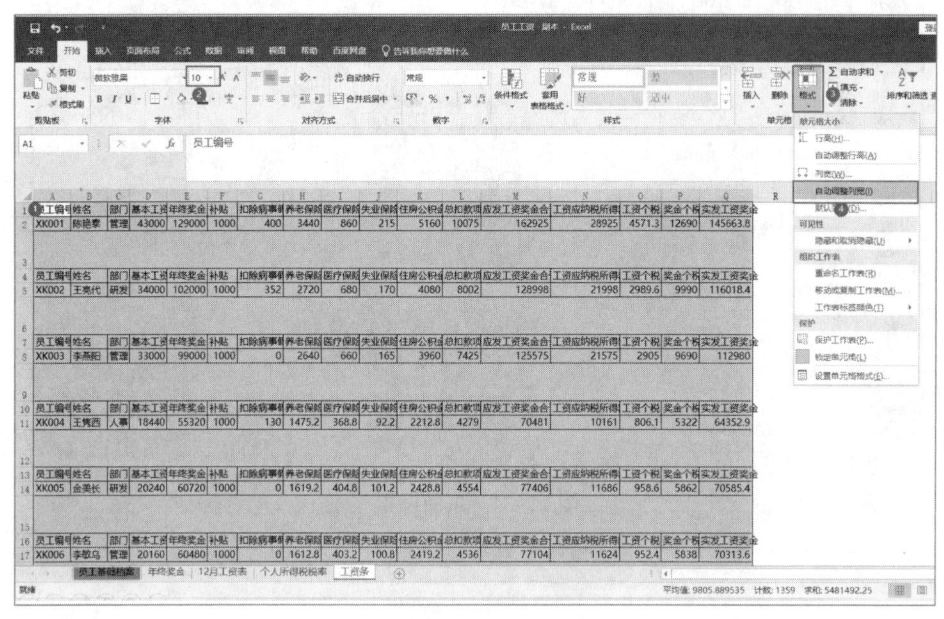

图 11–32　自动调整列宽

（6）调整工作表“工资条”的页面布局以备打印：纸张方向为横向，在不改变页边距和列宽的情况下缩减打印输出使得所有列只占一个页面宽，水平居中打印在纸上。

**步骤 01**：选中“工资条”工作表中的“A1:Q119”单元格区域，单击“页面布局”选项卡“页面设置”选项组中的“纸张方向”按钮，在下拉菜单中选择“横向”命令，如图 11–33 所示。

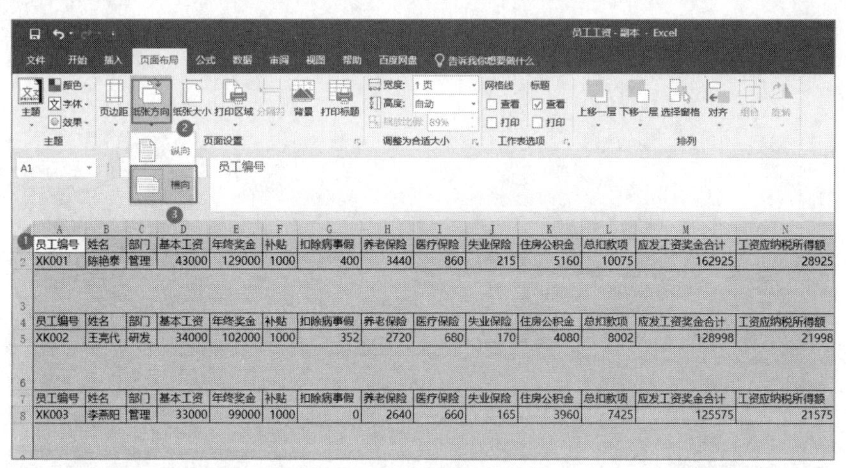

图 11–33　设置纸张方向

**步骤 02**：单击“页面布局”选项卡“页面设置”选项组右下角的对话框启动器按钮，弹出“页面设置”对话框，选择“页面”选项卡，设置“缩放”为“1 页宽 1 页高”，选择“页边距”选项卡，将“居中方式”设置为“水平”，单击“确定”按钮，如图 11–34 所示。

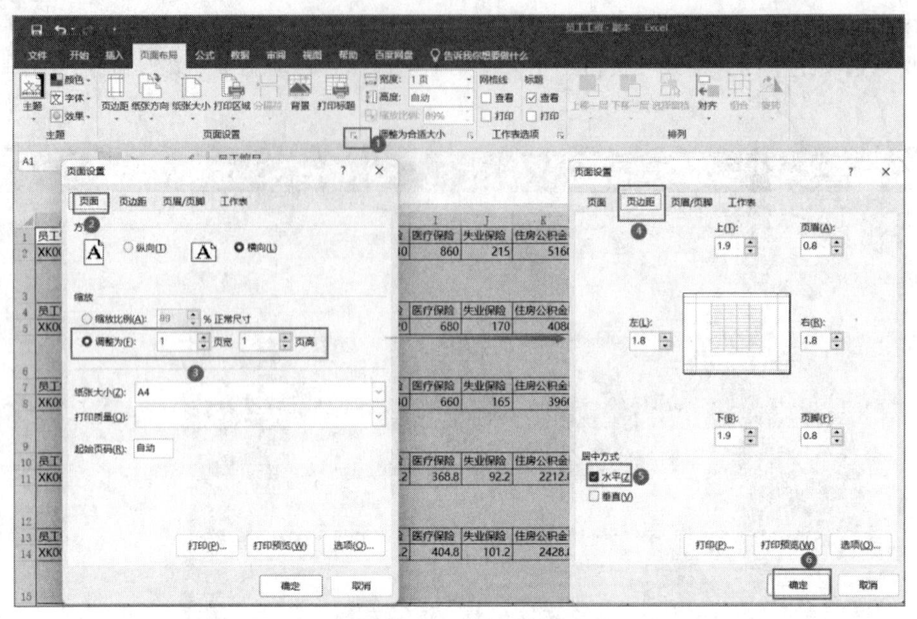

文件
开始
插入
页面布局
公式
数据
审阅
视图
帮助
百度网盘
告诉我你想要做什么
颜色
字体
效果
主题
页边距
纸张方向
纸张大小
打印区域
背景
打印标题
页面设置
宽度:
1页
高度:
自动
调整为合适大小
网格线
标题
查看
打印
工作表选项
对齐
排列
页面设置
页面
页边距
页眉/页脚
工作表
方向
纵向(T)
横向(L)
缩放
缩放比例(A):
% 正常尺寸
调整为(F):
页宽
页高
纸张大小(Z):
A4
打印质量(Q):
起始页码(R):
自动
打印(P)...
打印预览(W)
选项(O)...
确定
取消
医疗保险
失业保险
住房公积金
860
215
680
170
660
165
368.8
92.2
404.8
101.2
上(T):
1.9
页眉(A):
0.8
左(L):
1.8
右(R):
1.8
下(B):
1.9
页脚(F):
0.8
居中方式
水平(Z)
垂直(V)


图 11-34　页面设置

# 第 12 章 库存经济订货量分析

## 12.1 案例提要

假设单位对某材料的年需求量为 15 000 个，而该材料每次订货的订货成本为 500 元，该材料的单位年储存成本为 30 元。由于订货成本与储存成本的存在，因此该单位如果每次少量订购，则会减少储存成本但增加订货成本；反之如果该单位每次大量订购，则会增加储存成本但减少订货成本。那么该单位每次订购多少才是最经济的订购量呢？下面通过 Excel 来进行测算。

本案例主要通过经济订货量的计算来熟悉常见的 Excel 数据测算，主要涉及如下知识点：

- 散点图的生成
- 方案管理器
- 模拟运算表

## 12.2 案例介绍

李晓玲是某企业的采购部门员工，现在需要使用 Excel 来分析采购成本并进行辅助决策。根据下列要求，帮助她运用已有的数据完成这项工作：

（1）计算不同订货量情况下的存货订货成本、储存成本与总成本，然后画出散点图进行分析。

① 在“成本分析”工作表的 F3:F15 单元格区域，使用公式计算不同订货量下的年订货成本，公式为“年订货成本=（年需求量/订货量）×单次订货成本”，计算结果应用货币格式并显示为保留整数。

② 在“成本分析”工作表的 G3:G15 单元格区域，使用公式计算不同订货量下的年存储成本，公式为“年存储成本=单位年存储成本×订货量×0.5”，计算结果应用货币格式并显示为保留 2 位小数。

③ 在“成本分析”工作表的 H3:H15 单元格区域，使用公式计算不同订货量下的年总成本，公式为“年总成本=年订货成本+年储存成本”，计算结果应用货币格式并显示为保留整数。

④ 为“成本分析”工作表的 E2:H15 单元格区域套用一种表格格式。

⑤ 在 J2:Q18 单元格区域中创建图表，图表类型为“带平滑线的散点图”，并根据下图的效

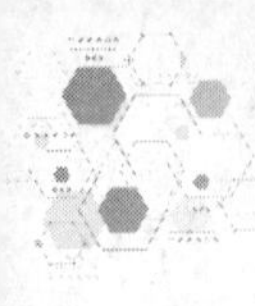

果设置图表的标题内容、图例位置、网格线样式、垂直轴和水平轴的大小值、刻度单位和刻度线等显示内容，效果参考图 12–1。

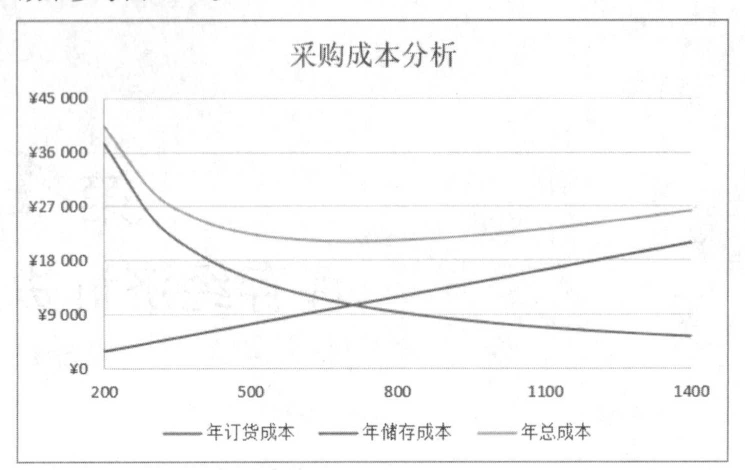


图 12–1　采购成本分析

（2）进行经济订货批量的计算，并且对不同年需求量与年储存成本情况下其他情况进行模拟运算分析。

① 在“经济订货批量分析”工作表的 C5 单元格计算经济订货批量的值，公式如图 12–2 所示，计算结果保留整数。

$$经济订货批量=\sqrt{\frac{2\times 年需求量\times 单次订货成本}{单位年储存成本}}$$

图 12–2　经济订货批量计算公式

② 在“经济订货批量分析”工作表的 B7:M27 单元格区域创建模拟运算表，模拟不同的年需求量和单位年储存成本所对应的不同经济订货批量；其中 C7:M7 单元格区域为年需求量可能的变化值，B8:B27 单元格区域为单位年储存成本可能的变化值，设置模拟运算的数字格式，令其显示为保留整数。

③ 对“经济订货批量分析”工作表的 C8:M27 单元格区域应用条件格式，将所有小于或等于 750 且大于或等于 650 的值所在单元格的底纹设置为红色，字体颜色设置为“白色，背景 1”。

（3）分别针对年订货量需求下降、需求持平、需求上升三种情况，进行方案对比分析。

① 在“经济订货批量分析”工作表中，将 C2:C4 单元格区域作为可变单元格，按照图 12–3 所示表格要求创建方案（最终显示的方案为“需求持平”）。

| 方案名称 | 单元格 C2 | 单元格 C3 | 单元格 C4 |
|---|---|---|---|
| 需求下降 | 10000 | 600 | 35 |
| 需求持平 | 15000 | 500 | 30 |
| 需求上升 | 20000 | 450 | 27 |

图 12–3　需求表

② 在“经济订货批量分析”工作表中，按照图 12–4 所示表格为 C2 ~ C5 单元格定义名称。

③ 在“经济订货批量分析”工作表中，以 C5 为结果单元格创建方案摘要，并将新生成的“方案摘要”工作表置于“经济订货批量分析”工作表右侧。

| C2 | 年需求量 |
|---|---|
| C3 | 单次订货成本 |
| C4 | 单位年储存成本 |
| C5 | 经济订货批量 |

图 12-4　单元格定义

④ 在“方案摘要”工作表中，将 B2:G10 单元格区域设置为打印区域，纸张方向设置为横向，缩放比例设置为正常尺寸的 200%，打印内容在页面中水平和垂直方向都居中对齐，在页眉正中央添加文字“不同方案比较分析”并将页眉到上边距的距离值设置为 3，如图 12-5 所示。

不同方案比较分析

| 方案摘要 | | | | | |
|---|---|---|---|---|---|
| | | 当前值： | 需求下降 | 需求持平 | 需求上升 |
| 可变单元格： | | | | | |
| | 年需求量 | 15000 | 10000 | 15000 | 20000 |
| | 单次订货成本 | 500 | 600 | 500 | 450 |
| | 单位年储存成本 | 30 | 35 | 30 | 27 |
| 结果单元格： | | | | | |
| | 经济订货批量 | 707 | 586 | 707 | 816 |

图 12-5　不同方案比较分析

# 12.3　案例分析

在利用 Excel 进行模型分析的时候，通常可以使用图表工具、模拟运算表、单变量求解、方案管理器等多种 Excel 分析工具。通过这些工具，可以对数据进行函数制图、函数变量求解、参数模拟运算、方案管理等多种分析处理。

**1. 散点图**

Excel 散点图是一种常见图表，通过散点图，可以完成简单的函数图表绘制，通过图表展示，来观察数据的变化情况，并找出最优解。

**2. 模拟运算表**

Excel 模拟运算表是一个单元格区域，它可显示一个或多个公式中替换不同值时的结果。有两种类型的模拟运算表：单输入模拟运算表和双输入模拟运算表。单输入模拟运算表中，用户可以对一个变量输入不同的值从而查看它对一个或多个公式的影响。双输入模拟运算表中，用户对两个变量输入不同值，查看它对一个公式的影响。

**3. 方案管理器**

Excel 中“方案管理器”的功能是，针对已设计好的计算模型，通过改变多个参数或变量来查看其对应的不同结果，或者称为不同方案。

# 12.4　案例实操

（1）计算不同订货量情况下的存货订货成本、储存成本与总成本，然后画出散点图进行分析。

① 在“成本分析”工作表的 F3:F15 单元格区域，使用公式计算不同订货量下的年订货成本。

**步骤 01**：打开“成本分析”工作表。

**步骤 02**：单击“成本分析”工作表中的 F3 单元格，输入公式“=$C$2/E3*$C$3”，如图 12-6 所示，按【Enter】键确认，并将鼠标移动到该单元格的右下角，拖动填充柄填充到 F15 单元格。

SUM = $C$2/E3*$C$3

| | A | B | C | D | E | F | G | H | I |
|---|---|---|---|---|---|---|---|---|---|
| 1 | | | | | | | | | |
| 2 | | 年需求量（单位：个） | 15000 | | 订货量 | 年订货成本 | 年储存成本 | 年总成本 | |
| 3 | | 单次订货成本（单位：元） | 500 | | 200 | = $C$2/E3*$C$3 | | | |
| 4 | | 单位年储存成本（单位：元） | 30 | | 300 | 25000 | | | |
| 5 | | | 400 | | 400 | 18750 | | | |
| 6 | | | | | 500 | 15000 | | | |
| 7 | | | | | 600 | 12500 | | | |
| 8 | | | | | 700 | 10714.28571 | | | |
| 9 | | | | | 800 | 9375 | | | |
| 10 | | | | | 900 | 8333.333333 | | | |
| 11 | | | | | 1000 | 7500 | | | |
| 12 | | | | | 1100 | 6818.181818 | | | |
| 13 | | | | | 1200 | 6250 | | | |
| 14 | | | | | 1300 | 5769.230769 | | | |
| 15 | | | | | 1400 | 5357.142857 | | | |
| 16 | | | | | | | | | |

成本分析　经济订货批量分析

图 12-6　插入公式

**步骤 03**：选中 F3:F15 单元格区域，右击，在弹出的快捷菜单中选择“设置单元格格式”命令，弹出“设置单元格格式”对话框，选择“数字”选项卡，在“分类”列表框中选择“货币”，将小数位数设置为“0”，单击“确定”按钮，如图 12-7 所示。

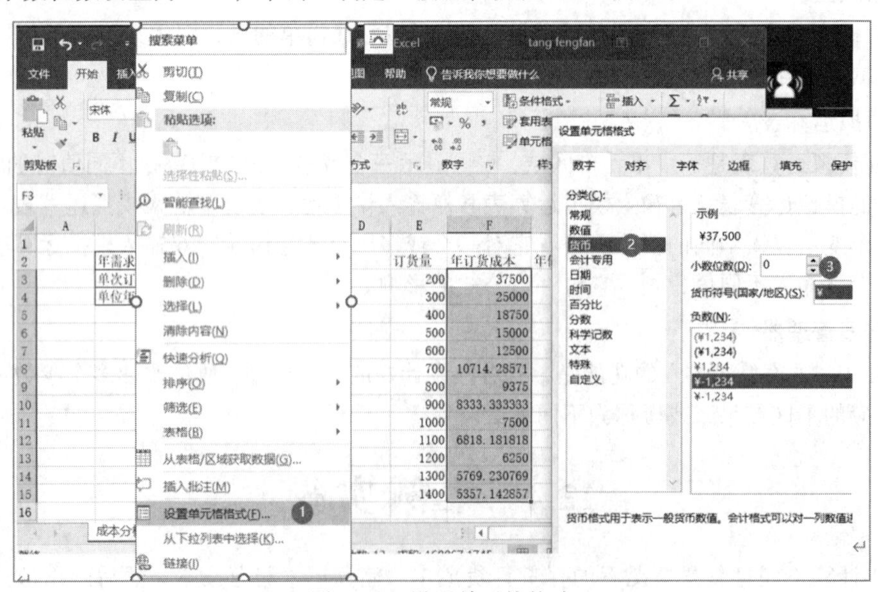


图 12-7　设置单元格格式

② 在“成本分析”工作表的 G3:G15 单元格区域，使用公式计算不同订货量下的年存储成本。

**步骤 01**：单击“成本分析”工作表中的 G3 单元格，输入公式“=$C$4*E3*0.5”，如图 12-8 所示，按【Enter】键确认，将鼠标移动到该单元格的右下角，双击填充柄填充到 G15 单元格。

SUM　=$C$4*E3*0.5

| | A | B | C | D | E | F | G | H |
|---|---|---|---|---|---|---|---|---|
| 1 | | | | | | | | |
| 2 | | 年需求量（单位：个） | 15000 | | 订货量 | 年订货成本 | 年储存成本 | 年总成本 |
| 3 | | 单次订货成本（单位：元） | 500 | | 200 | ¥37,500 | =$C$4*E3*0.5 | |
| 4 | | 单位年储存成本（单位：元） | 30 | | 300 | ¥25,000 | 4500 | |
| 5 | | | 400 | | 400 | ¥18,750 | 6000 | |
| 6 | | | | | 500 | ¥15,000 | 7500 | |
| 7 | | | | | 600 | ¥12,500 | 9000 | |
| 8 | | | | | 700 | ¥10,714 | 10500 | |
| 9 | | | | | 800 | ¥9,375 | 12000 | |
| 10 | | | | | 900 | ¥8,333 | 13500 | |
| 11 | | | | | 1000 | ¥7,500 | 15000 | |
| 12 | | | | | 1100 | ¥6,818 | 16500 | |
| 13 | | | | | 1200 | ¥6,250 | 18000 | |
| 14 | | | | | 1300 | ¥5,769 | 19500 | |
| 15 | | | | | 1400 | ¥5,357 | 21000 | |
| 16 | | | | | | | | |

成本分析　经济订货批量分析

图 12-8　插入公式

**步骤 02**：选中 G3:G15 单元格区域，右击，在弹出的快捷菜单中选择“设置单元格格式”命令，弹出“设置单元格格式”对话框，选择“数字”选项卡，在“分类”列表框中选择“货币”，将小数位数设置为“0”，单击“确定”按钮，如图 12-9 所示。

图 12-9　设置单元格格式

③ 在“成本分析”工作表的 H3:H15 单元格区域，使用公式计算不同订货量下的年总成本。

**步骤 01**：单击“成本分析”工作表中的 H3 单元格，输入公式“=F3+G3”，如图 12-10 所示

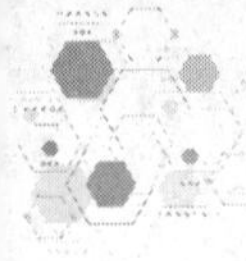



示，按【Enter】键确认，将鼠标移动到该单元格的右下角，双击填充柄填充到 H15 单元格。

| | B | C | D | E | F | G | H |
|---|---|---|---|---|---|---|---|
| 1 | | | | | | | |
| 2 | 年需求量（单位：个） | 15000 | | 订货量 | 年订货成本 | 年储存成本 | 年总成本 |
| 3 | 单次订货成本（单位：元） | 500 | | 200 | ¥37,500 | ¥3,000 | =F3+G3 |
| 4 | 单位年储存成本（单位：元） | 30 | | 300 | ¥25,000 | ¥4,500 | 29,500 |
| 5 | | 400 | | 400 | ¥18,750 | ¥6,000 | 24,750 |
| 6 | | | | 500 | ¥15,000 | ¥7,500 | 22,500 |
| 7 | | | | 600 | ¥12,500 | ¥9,000 | 21,500 |
| 8 | | | | 700 | ¥10,714 | ¥10,500 | 21,214 |
| 9 | | | | 800 | ¥9,375 | ¥12,000 | 21,375 |
| 10 | | | | 900 | ¥8,333 | ¥13,500 | 21,833 |
| 11 | | | | 1000 | ¥7,500 | ¥15,000 | 22,500 |
| 12 | | | | 1100 | ¥6,818 | ¥16,500 | 23,318 |
| 13 | | | | 1200 | ¥6,250 | ¥18,000 | 24,250 |
| 14 | | | | 1300 | ¥5,769 | ¥19,500 | 25,269 |
| 15 | | | | 1400 | ¥5,357 | ¥21,000 | 26,357 |

图 12-10　插入公式

**步骤 02**：选中 H3:H15 单元格区域，右击，在弹出的快捷菜单中选择“设置单元格格式”命令，弹出“设置单元格格式”对话框，选择“数字”选项卡，在“分类”列表框中选择“货币”，将小数位数设置为“2”，单击“确定”按钮，如图 12-11 所示。

图 12-11　设置单元格格式

④ 为“成本分析”工作表的 E2:H15 单元格区域套用一种表格格式。

选中“成本分析”工作表的 E2:H15 单元格区域，单击“开始”选项卡“样式”选项组中的“套用表格格式”按钮，在下拉菜单中选择一种表格样式，如图 12-12 所示，弹出“套用表格式”对话框，采用默认设置，单击“确定”按钮。

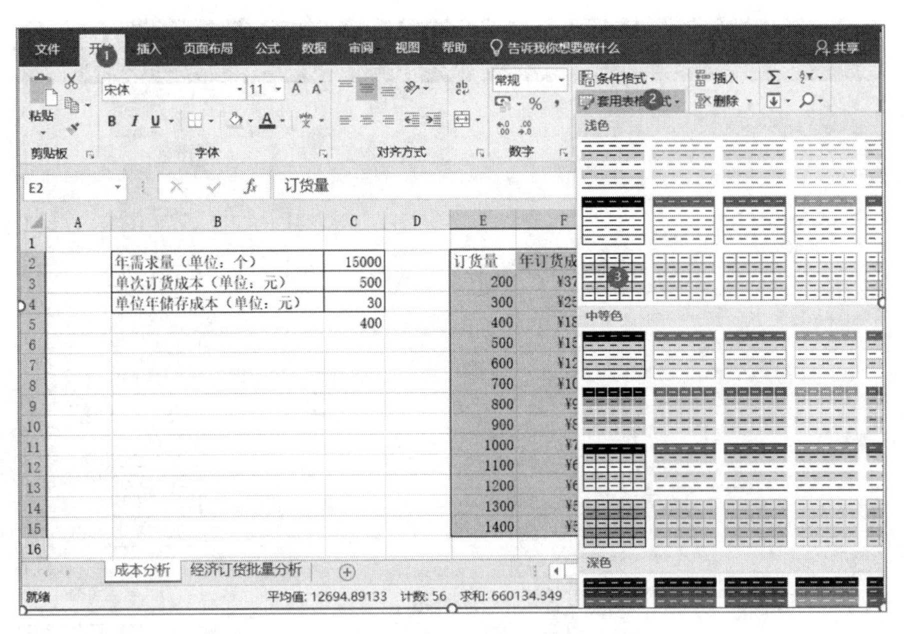


图 12–12　套用表格格式

⑤ 在 J2:Q18 单元格区域中创建图表，图表类型为“带平滑线的散点图”。

**步骤 01**：选中 E2:H15 数据区域，单击“插入”选项卡“图表”选项组中的“插入散点图(X、Y)或气泡图”按钮，在下拉菜单中选择“带平滑线的散点图”，如图 12–13 所示。将图表对象移动到 J2:Q18 单元格区域，适当调整图表对象的大小。

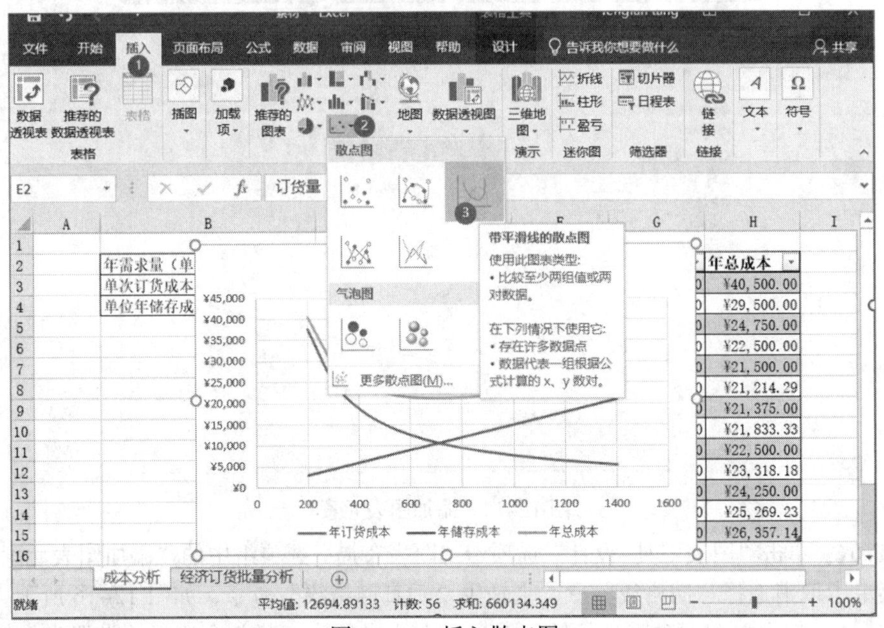


图 12–13　插入散点图

**步骤 02**：选中插入的图表对象，单击“图表工具–设计”选项卡“图表布局”选项组中的“添加图表元素”按钮，在下拉菜单中选择“图表标题”→“图表上方”命令。在标题文本框中输入图表标题“采购成本分析”，如图 12–14 所示。

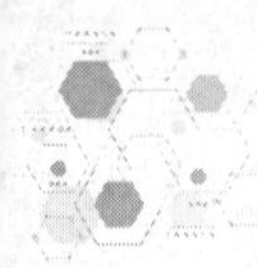

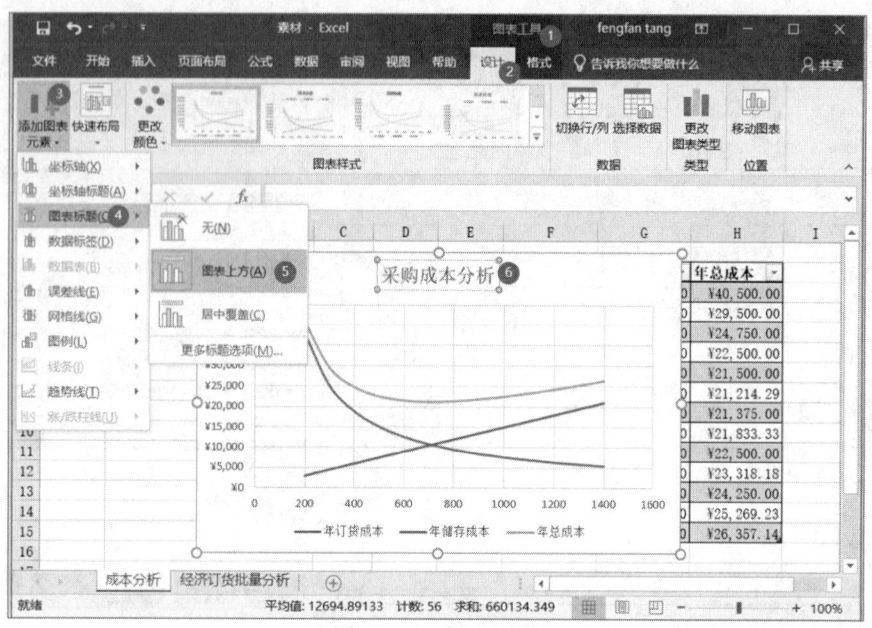


图 12-14　插入图表

**步骤 03**：单击“图表工具–设计”选项卡“图表布局”选项组中的“添加图表元素”按钮，在下拉菜单中选择“图例”→“底部”命令，如图 12–15 所示。

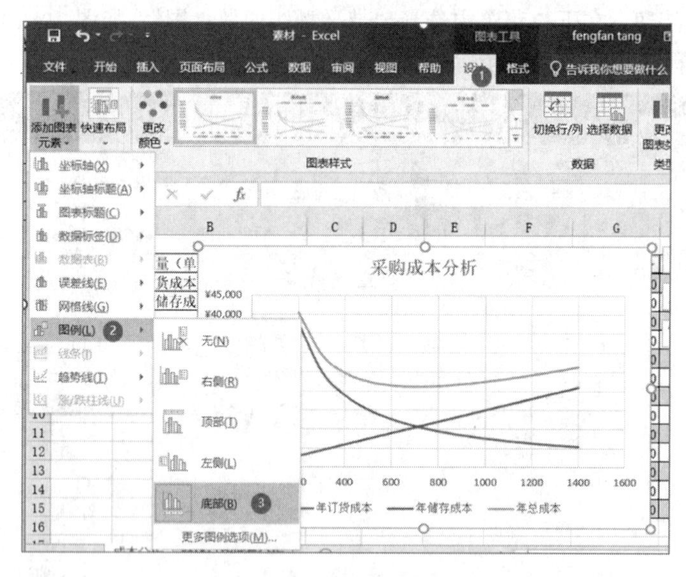


图 12–15　添加图表元素

**步骤 04**：单击“图表工具–设计”选项卡“图表布局”选项组中的“添加图表元素”按钮，在下拉菜单中取消选择“网格线”→“主轴主要垂直网格线”命令，如图 12–16 所示。

**步骤 05**：选中左侧的垂直坐标轴，右击，在弹出的快捷菜单中选择“设置坐标轴格式”命令，打开“设置坐标轴格式”窗格，在“坐标轴选项”中将主要刻度的“单位”修改为“9000”，将下方刻度线的“主刻度线类型”设置为“无”，其他采用默认设置，单击“关闭”按钮，如图 12–17 所示。

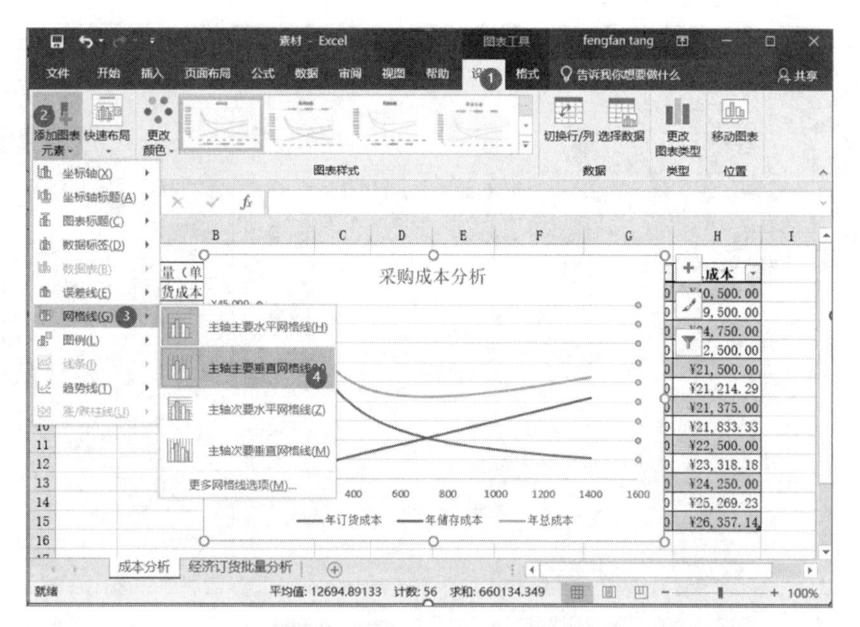


图 12–16　插入图表元素

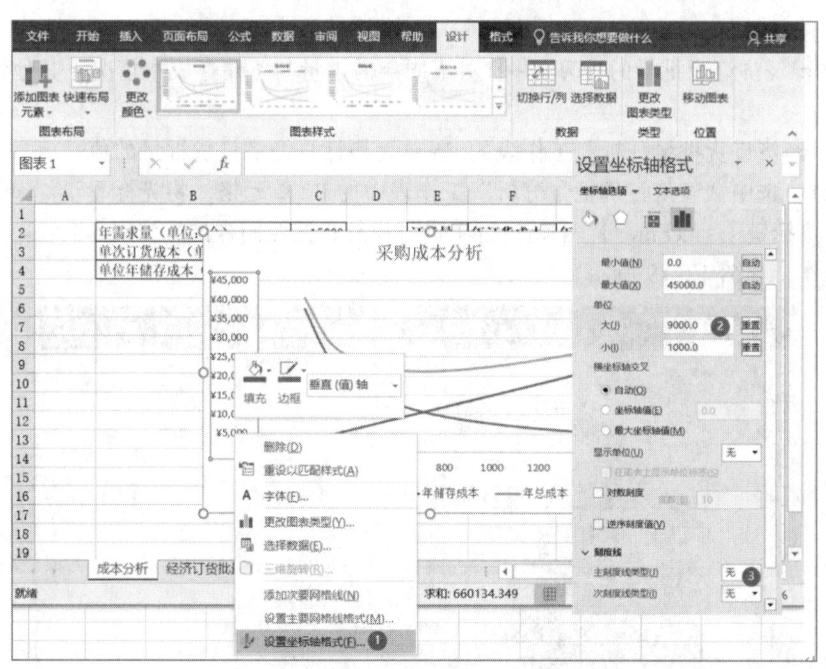


图 12–17　设置坐标轴格式

**步骤 06：**选中底部的水平坐标轴，右击，在弹出的快捷菜单中选择“设置坐标轴格式”命令，打开“设置坐标轴格式”窗格，在“坐标轴选项”中将“边界”组最小值修改为“200”，最大值修改为“1400”，将主要刻度的“单位”修改为“300”，将下方刻度线的“主刻度线类型”设置为“无”，其他采用默认设置，单击“关闭”按钮，如图 12–18 所示。

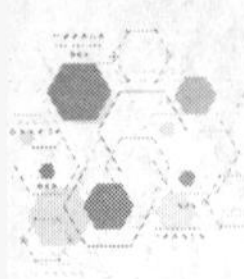

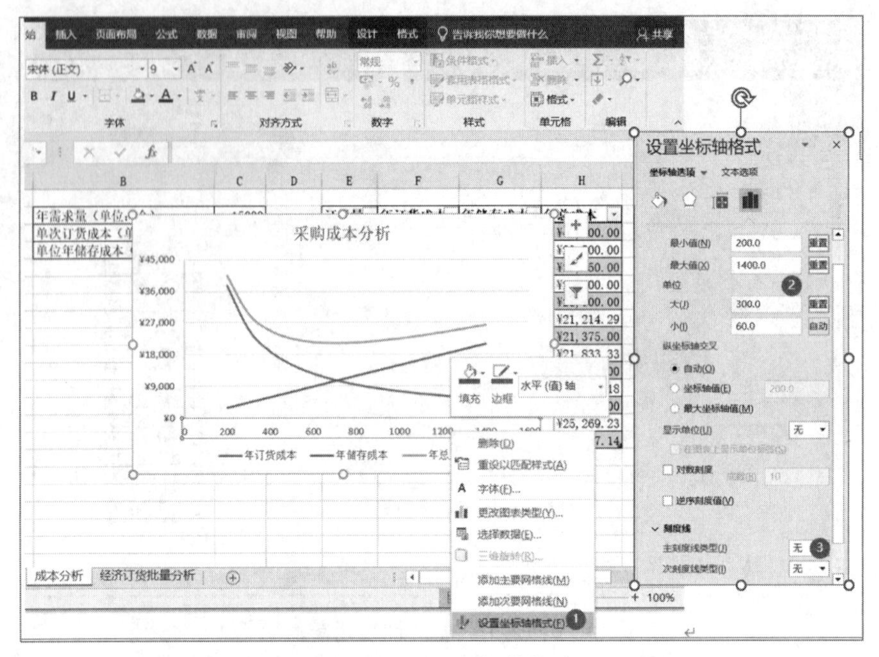

图 12–18　设置坐标轴格式

（2）进行经济订货批量的计算，并且对不同年需求量与年储存成本情况下其他情况进行模拟运算分析。

① 在“经济订货批量分析”工作表的 C5 单元格计算经济订货批量的值。

**步骤 01**：选中“经济订货批量分析”工作表中的 B2 单元格，将光标置于“(单位：个)”之前，使用快捷键【Alt+Enter】(手动换行) 进行换行；按照同样的方法对 B3、B4、B5 单元格进行换行操作，如图 12–19 所示。

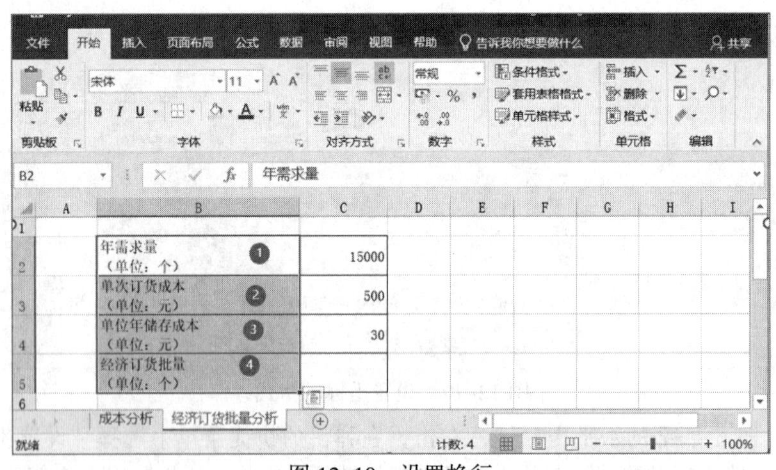

图 12–19　设置换行

**步骤 02**：选中 B2:B5 单元格区域，单击“开始”选项卡“对齐方式”选项组中的“居中”按钮，如图 12–20 所示。

**步骤 03**：选中 B 列，单击“开始”选项卡“单元格”选项组中的“格式”按钮，在下拉菜单中选择“自动调整列宽”命令，如图 12–21 所示。

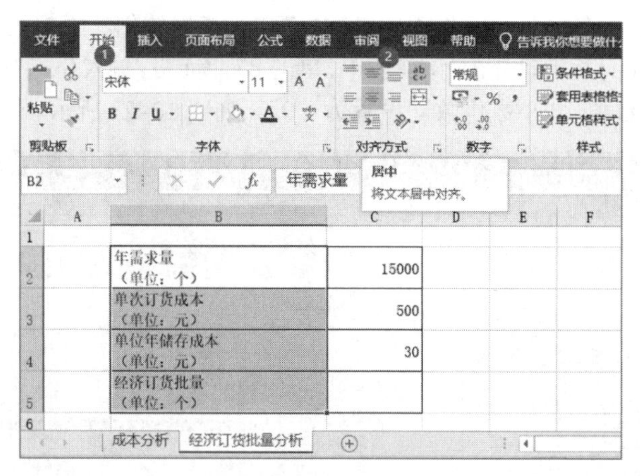


图 12-20　设置居中

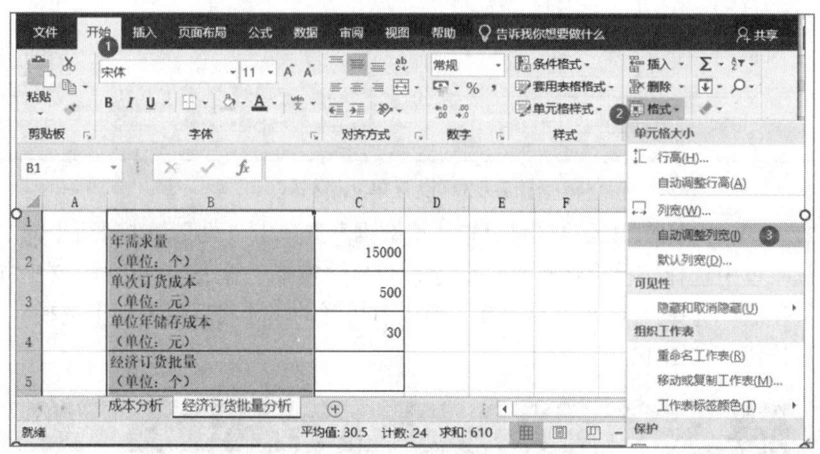


图 12-21　设置列宽

**步骤 04**：选中 C5 单元格，输入公式“=SQRT(2*C2*C3/C4)”，按【Enter】键确认。选中该单元格，右击，在弹出的快捷菜单中选择“设置单元格格式”命令，弹出“设置单元格格式”对话框，选择“数值”选项，“小数位数”设置为“0”，单击“确定”按钮，如图 12-22 所示。

图 12-22　设置单元格格式

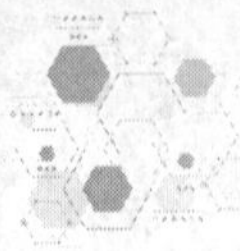

② 在“经济订货批量分析”工作表的 B7:M27 单元格区域创建模拟运算表。

**步骤 01**：在“经济订货批量分析”工作表中，单击 B7 单元格，输入公式“=SQRT(2*C2*C3/C4)”，将单元格格式设置为数值，“小数位数”设置为“0”，如图 12-23 所示。

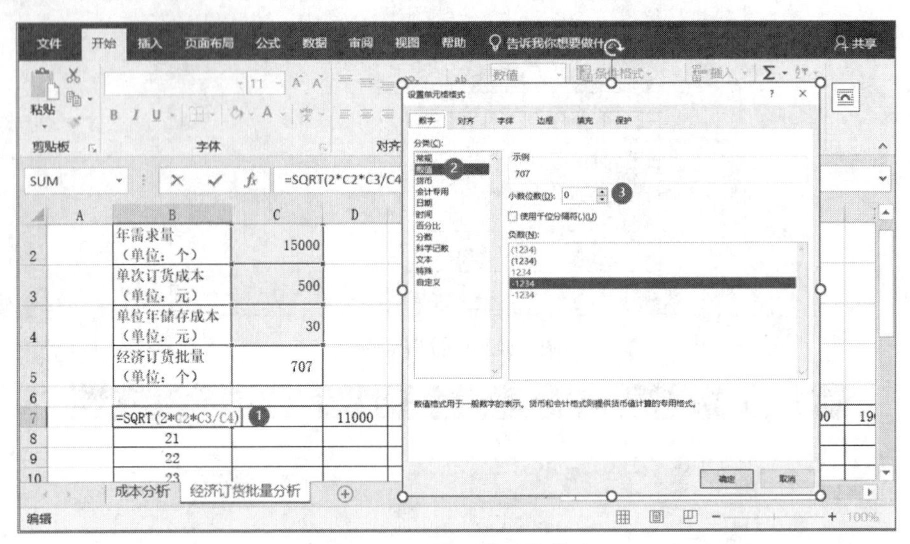

图 12-23 设置单元格格式

**步骤 02**：选中 B7:M27 单元格区域，单击“数据”选项卡“预测”选项组中的“模拟分析”按钮，在下拉菜单中选择“模拟运算表”命令，弹出“模拟运算表”对话框，在“输入引用行的单元格”列表框中选择$C$2 单元格，在“输入引用列的单元格”列表框中选择$C$4 单元格，单击“确定”按钮，如图 12-24 所示。

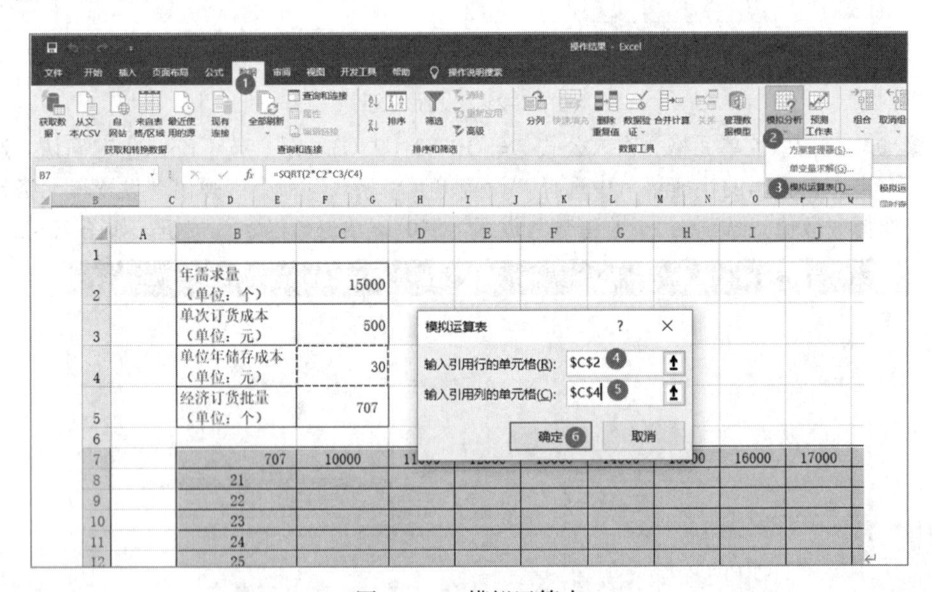

图 12-24 模拟运算表

**步骤 03**：选中 C8:M27 单元格区域，右击，在弹出的快捷菜单中选择“设置单元格格式”命令，弹出“设置单元格格式”对话框，将单元格格式设置为数值，“小数位数”设置为“0”，如图 12-25 所示，单击“确定”按钮。

| B | C | D |
|---|---|---|
| 707 | 10000 | 11000 |
| 21 | 690.0655593 | 723.746 |
| 22 | 674.1998625 | 707.106 |
| 23 | 659.3804734 | 691.564 |
| 24 | 645.4972244 | 677.003 |
| 25 | 632.455532 | 663.32 |
| 26 | 620.1736729 | 650.443 |
| 27 | 608.5806195 | 638.284 |
| 28 | 597.6143047 | 626.783 |
| 29 | 587.2202195 | 615.881 |
| 30 | 577.3502692 | 605.530 |
| 31 | 567.9618342 | 595.683 |
| 32 | 559.0169944 | 586.30 |
| 33 | 550.4818826 | 577.350 |
| 34 | 542.3261445 | 568.796 |
| 35 | 534.5224838 | 560.611 |

设置单元格格式
数字　对齐　字体　边框　填充　保护
分类(C):
常规
数值 1
货币
会计专用
日期
时间
百分比
分数
科学记数
文本
特殊
自定义
示例
707
小数位数(D): 0 2
使用千位分隔符(,)(U)
负数(N):
(1234)
(1234)
1234
-1234
-1234

图 12-25　设置单元格格式

③ 对“经济订货批量分析”工作表的 C8:M27 单元格区域应用条件格式。

选中“经济订货批量分析”工作表的 C8:M27 单元格区域，单击“开始”选项卡“样式”选项组中的“条件格式”按钮，在下拉菜单中选择“突出显示单元格规则”→“介于”命令，弹出“介于”对话框，在下方的单元格中分别输入“650”和“750”。单击“设置为”下拉按钮，在下拉菜单中选择“自定义格式”命令，如图 12-26 所示。弹出“设置单元格格式”对话框，切换到“字体”选项卡，将字体颜色选择为“白色，背景 1”，再选择“填充”选项卡，将背景色设置为“标准色-红色”，单击“确定”按钮，如图 12-27 所示。设置完毕后关闭所有对话框。

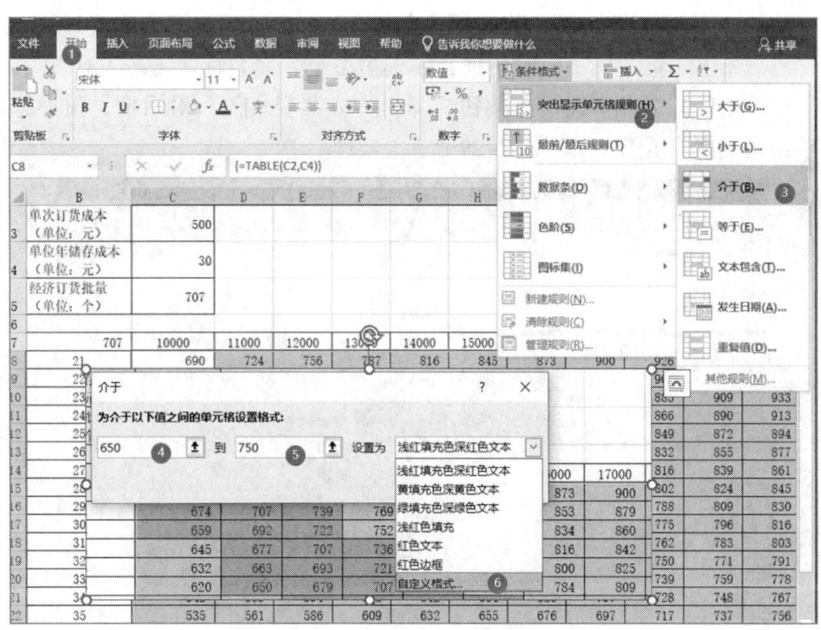


图 12-26　设置条件格式

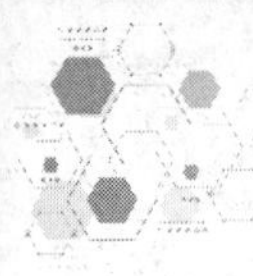



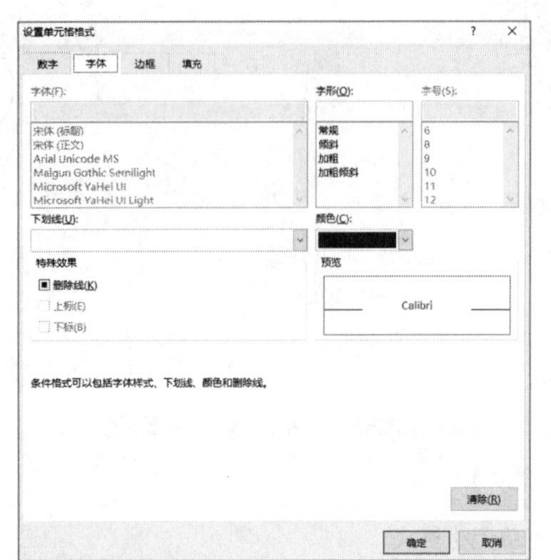


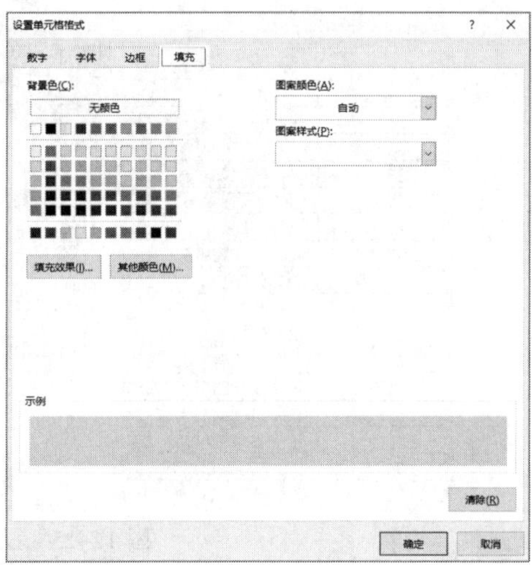


图 12-27　设置单元格格式

（3）分别针对年订货量需求下降、需求持平、需求上升三种情况，进行方案对比分析。

① 在"经济订货批量分析"工作表中，将 C2:C4 单元格区域作为可变单元格，按照图 12-28 所示要求创建方案。

| 方案名称 | 单元格 C2 | 单元格 C3 | 单元格 C4 |
| --- | --- | --- | --- |
| 需求下降 | 10000 | 600 | 35 |
| 需求持平 | 15000 | 500 | 30 |
| 需求上升 | 20000 | 450 | 27 |

图 12-28　需求表

**步骤 01**：在"经济订货批量分析"工作表中，单击"数据"选项卡"预测"选项组中的"模拟分析"按钮，在下拉菜单中选择"方案管理器"命令，弹出"方案管理器"对话框，单击"添加"按钮，弹出"添加方案"对话框，输入第 1 个方案名称"需求下降"，在"可变单元格"中输入"C2：C4"，单击"确定"按钮，弹出"方案变量值"对话框，根据题目要求进行数据设置，单击"确定"按钮，如图 12-29 所示。

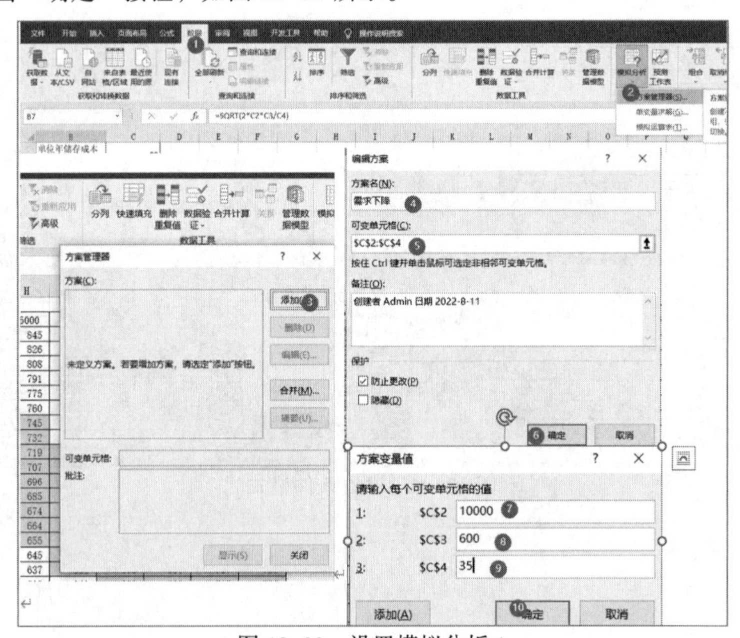


图 12-29　设置模拟分析 1

**步骤 02**：根据题目要求添加名为“需求持平”的方案并进行数据设置，如图 12-30 所示。

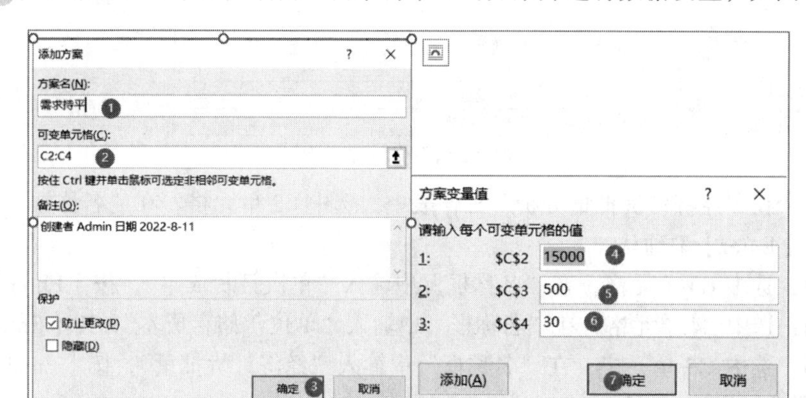


图 12-30　设置模拟分析 2

**步骤 03**：根据题目要求添加名为“需求上升”的方案并进行数据设置，如图 12-31 所示。

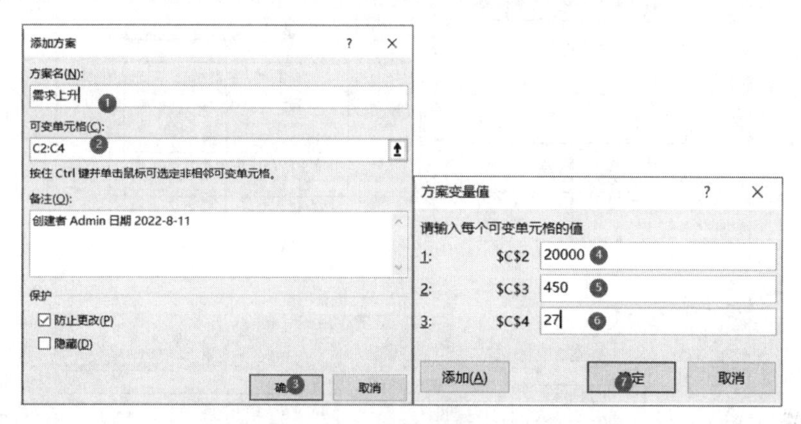


图 12-31　设置模拟分析 3

**步骤 04**：在“方案管理器”对话框中，选中“方案”列表框中的“需求持平”方案，单击“显示”按钮，最后单击“关闭”按钮，如图 12-32 所示，关闭对话框。

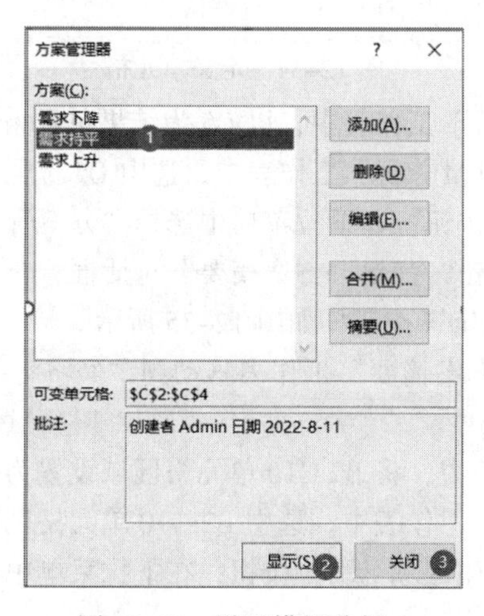


图 12-32　设置模拟分析 4

② 在“经济订货批量分析”工作表中，按照图 12-33 所示要求为 C2～C5 单元格定义名称。

| C2 | 年需求量 |
|---|---|
| C3 | 单次订货成本 |
| C4 | 单位年储存成本 |
| C5 | 经济订货批量 |

图 12-33　定义单元格

**步骤 01**：在“经济订货批量分析”工作表中，选中 C2 单元格，在“名称框”中输入“年需求量”，按【Enter】键确认。

**步骤 02**：选中 C3 单元格，在“名称框”中输入“单次订货成本”，按【Enter】键确认。

**步骤 03**：选中 C4 单元格，在“名称框”中输入“单位年储存成本”，按【Enter】键确认。

**步骤 04**：选中 C5 单元格，在“名称框”中输入“经济订货批量”，按【Enter】键确认，如图 12-34 所示。

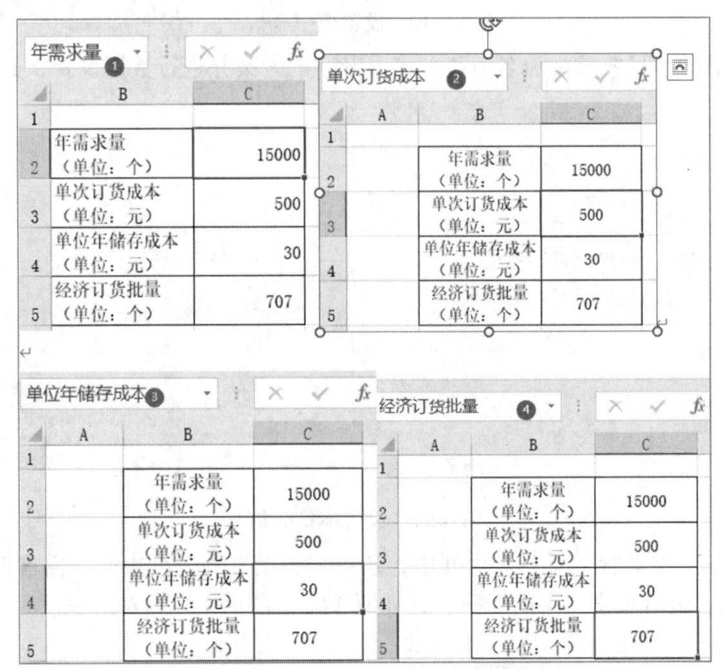


图 12-34　定义单元格

③ 在“经济订货批量分析”工作表中，以 C5 为结果单元格创建方案摘要。

**步骤 01**：在“经济订货批量分析”工作表中，选中 C5 单元格，单击“数据”选项卡“预测”选项组中的“模拟分析”按钮，在下拉菜单中选择“方案管理器”命令，弹出“方案管理器”对话框，单击“摘要”按钮，弹出“方案摘要”对话框，在“结果单元格”文本框中选择数据区域“=$C$5”，单击“确定”按钮，如图 12-35 所示。

**步骤 02**：将新生成的“方案摘要”工作表移动到“经济订货批量分析”工作表右侧，如图 12-36 所示。

④ 在“方案摘要”工作表中，将 B2:G10 单元格区域设置为打印区域并进行各种设置。

**步骤 01**：在“方案摘要”工作表中，选中 B2:G10 单元格区域，单击“页面布局”选项卡“页面设置”选项组中的“打印区域”下拉按钮，在下拉菜单中选择“设置打印区域”命令，如图 12-37 所示。

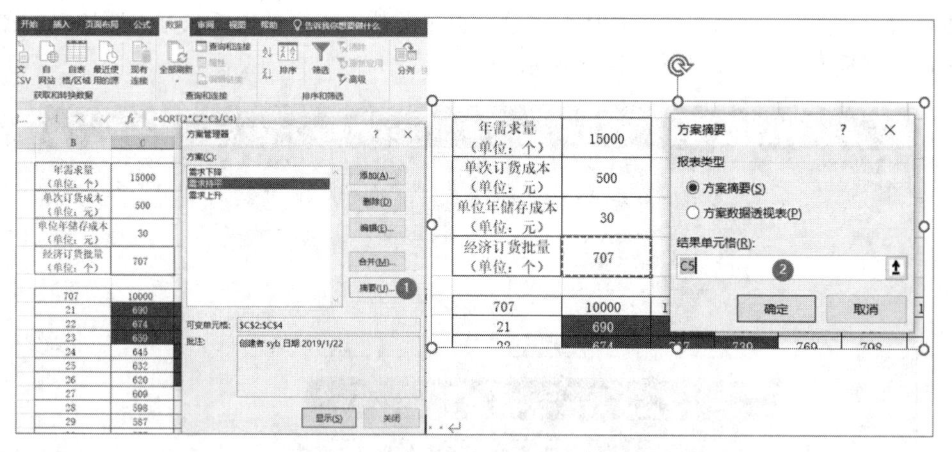

图 12–35　创建方案

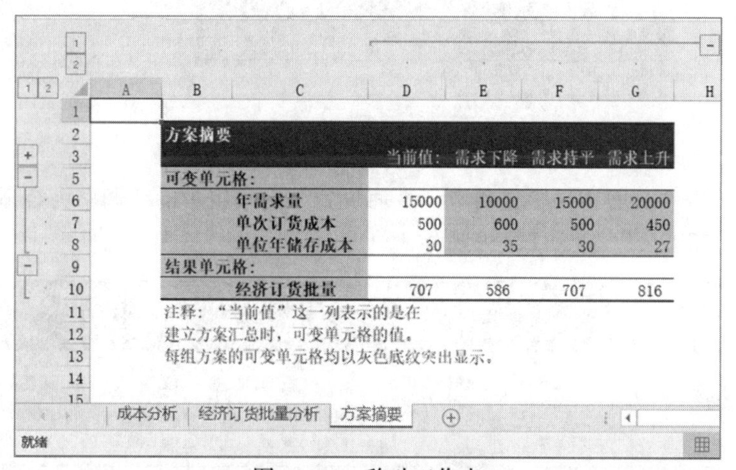

| 方案摘要 | | 当前值: | 需求下降 | 需求持平 | 需求上升 |
|---|---|---|---|---|---|
| 可变单元格: | | | | | |
| | 年需求量 | 15000 | 10000 | 15000 | 20000 |
| | 单次订货成本 | 500 | 600 | 500 | 450 |
| | 单位年储存成本 | 30 | 35 | 30 | 27 |
| 结果单元格: | | | | | |
| | 经济订货批量 | 707 | 586 | 707 | 816 |

注释："当前值"这一列表示的是在
建立方案汇总时，可变单元格的值。
每组方案的可变单元格均以灰色底纹突出显示。

图 12–36　移动工作表

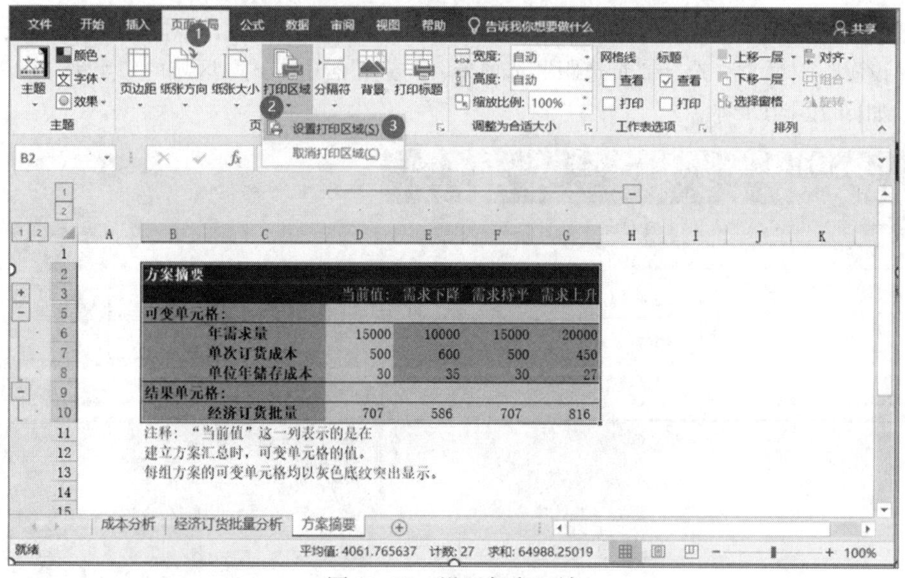

图 12–37　设置打印区域

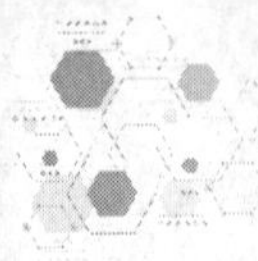

**步骤 02：** 单击“页面布局”选项卡“页面设置”选项组中的“纸张方向”按钮，在下拉菜单中选择“横向”命令，如图 12-38 所示。

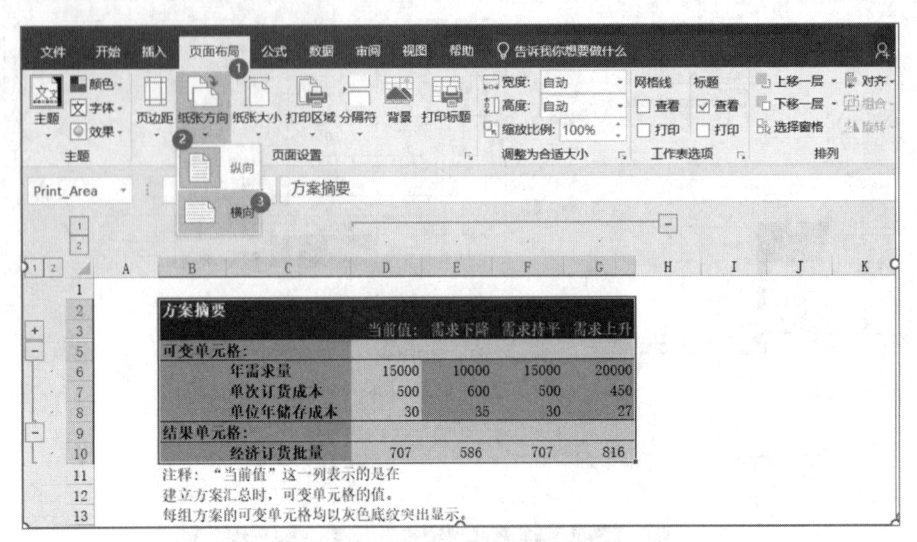


图 12-38　设置纸张方向

**步骤 03：** 单击“页面布局”选项卡“页面设置”选项组中的“调整为合适大小”的“缩放比例”调整为“200%”，如图 12-39 所示。

图 12-39　设置缩放比例

**步骤 04：** 单击“页面布局”选项卡“页面设置”选项组右下角的对话框启动器按钮，弹出“页面设置”对话框，选择“页边距”选项卡，勾选“居中方式”区域的“水平”和“垂直”复选框，如图 12-40 所示。

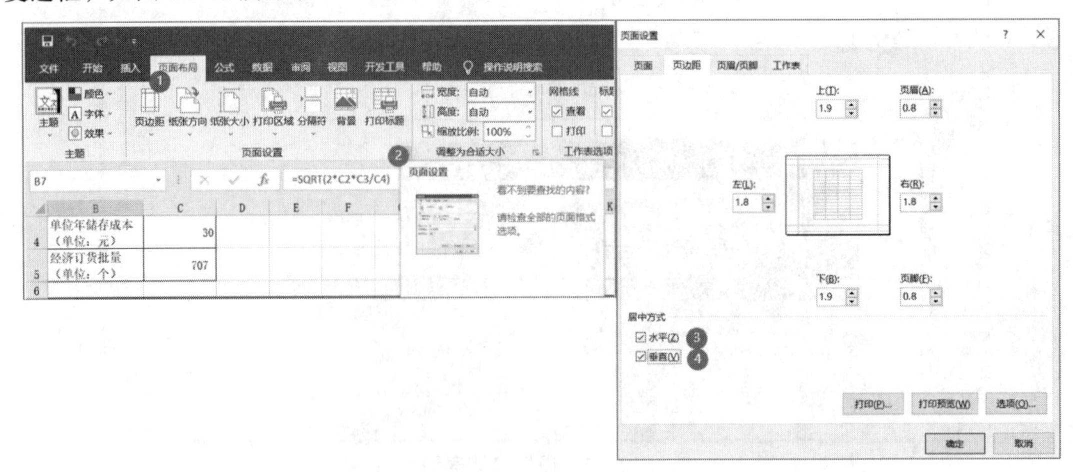


图 12-40　设置页边距

**步骤 05**：在刚才的页码设置界面中，切换到“页眉/页脚”选项卡，单击“自定义页眉”按钮，弹出“页眉”对话框，在中间文本框中输入“不同方案比较分析”，如图 12-41 所示。单击“确定”按钮，返回到“页眉/页脚”选项卡中。

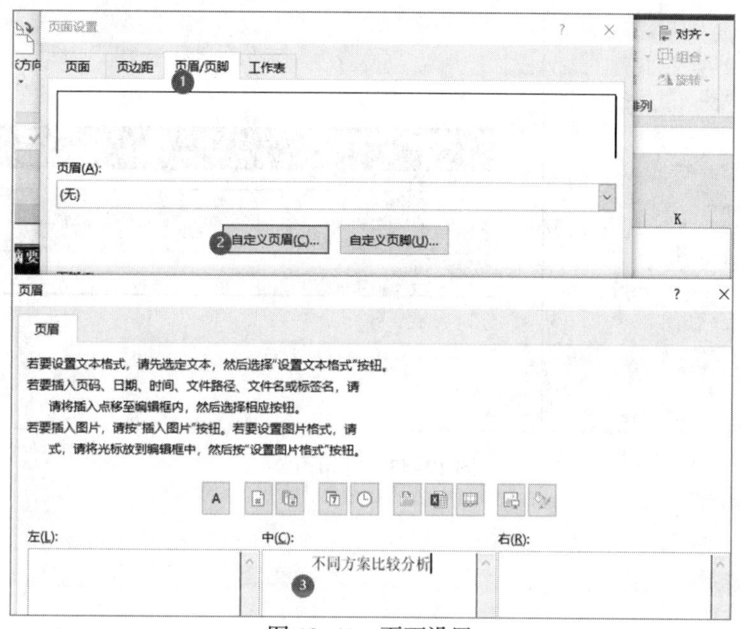

图 12-41　页面设置

**步骤 06**：在刚才的“页面设置”对话框中，选择“页边距”选项卡，在“页眉”文本框中输入“3”，单击“确定”按钮，如图 12-42 所示。

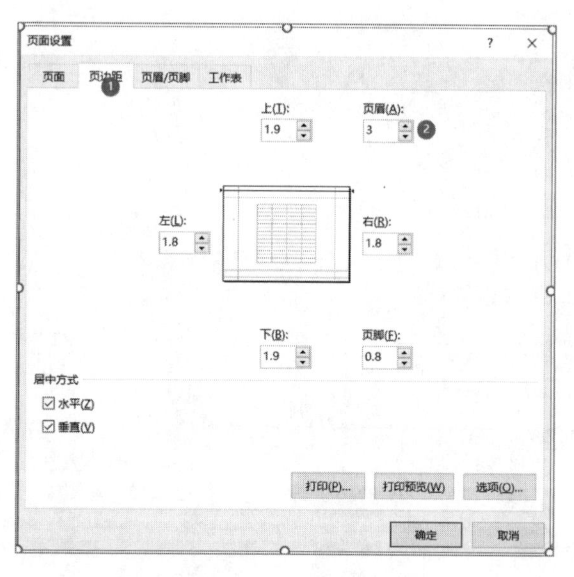

图 12-42　设置页边距

**步骤 07**：单击“文件”选项卡，选择“打印”命令，查看打印设置效果，如图 12-43 所示。

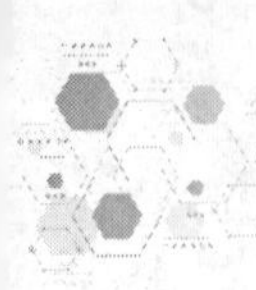

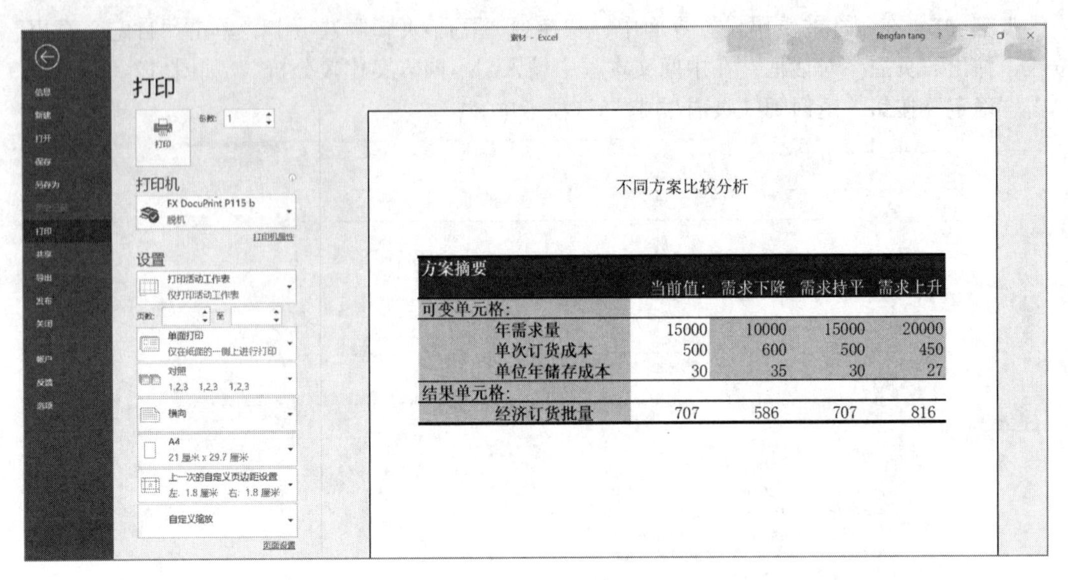

打印
打印机
FX DocuPrint P115 b
打印机属性
设置
打印活动工作表
仅打印活动工作表
单面打印
仅在纸张的一侧上进行打印
对照
1,2,3 1,2,3 1,2,3
横向
A4
21 厘米 x 29.7 厘米
上一次的自定义页边距设置
左: 1.8 厘米 右: 1.8 厘米
自定义缩放
页面设置
不同方案比较分析
方案摘要
当前值: 需求下降 需求持平 需求上升
可变单元格:
年需求量 15000 10000 15000 20000
单次订货成本 500 600 500 450
单位年储存成本 30 35 30 27
结果单元格:
经济订货批量 707 586 707 816


图 12-43 打印预览

# 第 13 章 差旅费报销表

## 13.1 案例提要

对于公司的财务人员，往往需要建立一个报销台账来记录报销数据。该报销台账只需要录入最基本的报销信息，就可以利用 Excel 公式，按照公司的报销制度计算出员工的报销金额。同时为了方便报销台账的使用，还可以设计一个报销系统主页面，该页面不但可以查看汇总的报销数据，也可以通过超链接进入不同的报销台账表。本案例主要通过报销台账设计来学习常见的 Excel 函数操作与页面链接操作，主要涉及如下 Excel 知识点：

- Excel 复合函数的使用
- Excel 超链接的使用

## 13.2 案例介绍

小郑是某企业财务部门的工作人员，现在需要使用 Excel 设计财务报销表格。根据下列要求，帮助小郑运用已有的原始数据完成相关工作：

（1）打开 Excel.xlsx 文档，在“差旅费报销”工作表中完成下列任务：

① 将 A1 单元格中的标题内容在 A1:K1 单元格区域中跨列居中对齐（不要合并单元格）。

② 创建一个新的单元格样式，名称为“表格标题”，字号为 16，颜色为标准蓝色，应用于 A1 单元格，并适当调整行高。

③ 在 I3:I22 单元格区域使用公式计算住宿费的实际报销金额，规则如下：

在不同城市每天住宿费报销的最高标准可以从工作表“城市分级”中查询；

每次出差报销的最高额度为相应城市的日住宿标准 × 出差天数（返回日期–出发日期）；

“住宿费–报销金额”取“住宿费–发票金额”与每次出差报销的最高额度两者中的较低者。

④ 在 J3:J22 单元格区域使用公式计算每位员工的补助金额，计算方法为补助标准 × 出差天数（返回日期–出发日期），每天的补助标准可以在“职务级别”工作表中查询。

⑤ 在 K3:K22 单元格区域使用公式计算每位员工的报销金额，报销金额=“交通费”+“住宿费–报销金额”+“补助金额”，在 K23 单元格计算报销金额的总和。

⑥ 在 I3:I22 单元格区域使用条件格式，对“住宿费–发票金额”大于“住宿费–报销金额”的单元格应用标准红色字体。

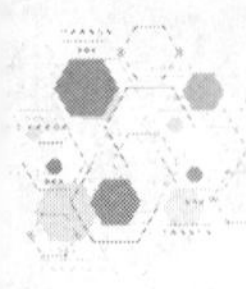


⑦ 在 A3:K22 单元格区域使用条件格式，对出差天数（返回日期-出发日期）大于或等于 5 天的记录行应用标准绿色字体（如果某个单元格中两种条件格式规则发生冲突，优先应用第 6 项中的规则）。

（2）在“费用合计”和“车辆使用费报销”工作表中，对 A1 单元格应用单元格样式“表格标题”，并设置为与下方表格等宽的跨列居中格式。

（3）在“费用合计”工作表中完成下列任务：

① 在 C4 和 C5 单元格中，分别建立公式，使其值等于“差旅费报销”工作表的 K23 单元格和“车辆使用费报销”工作表的 H21 单元格。

② 在单元格 C6 中使用函数计算 C4 和 C5 单元格的和。

③ 在 D4 单元格中建立超链接，显示的文字为“填写请单击!”，并在单击时可以跳转到“差旅费报销”工作表的 A3 单元格。

④ 在 B2 单元格中，建立数据验证规则，可以通过下拉菜单填入以下项目：市场部、物流部、财务部、行政部、采购部，并最终显示文本“市场部”。

⑤ 在 D5 单元格中，通过函数进行设置，如果单元格 B2 中的内容为“行政部”或“物流部”，则显示为单击时可以跳转到工作表“车辆使用费报销”A3 单元格的超链接，显示的文本为“填写请单击!”，如果是其他部门则显示文本“无须填写!”。

（4）在“差旅费报销”工作表和“车辆使用费报销”工作表的 A1:C1 单元格区域中插入内置的左箭头形状，并在其中输入文本“返回主表”，为形状添加超链接，在单击形状时，可以跳转到“费用合计”工作表的 A1 单元格。

## 13.3 案例分析

由于 Excel 本身具备一定的程序设计功能，因此在实际工作当中，可以利用 Excel 设计各种台账表格甚至是简单的财务核算系统。在用 Excel 设计台账系统时，可以参照管理信息系统的设计原理，分别设计出数据录入页面、数据保存页面、数据分析页面等不同的 Excel 表，然后通过超链接进行跳转，这样可以方便后续操作和使用。

### 1. Excel 复合函数

在进行复杂的数据计算时，往往需要使用 Excel 复合函数。Excel 复合函数即在一个 Excel 函数的括号中又嵌套了另外一个函数。在一些复杂的工作情境中，甚至会出现一个函数嵌套另外一个函数，而里面的函数再嵌套函数，这样依此类推出现 7～8 层嵌套的情况。因此掌握 Excel 复合函数的使用是十分必要的，下面通过本案例的一个复合函数进行说明：

```
=MIN(VLOOKUP(F4,城市分级!$A$2: $B$356,2,0)*(E4-D4),H4)
```

该复合函数，最外面的函数为 MIN 函数，该函数的功能为取最小值，即 MIN 函数括号里的参数，哪个值最小就返回该值。而 MIN 函数的括号里面，有两个参数，其中一个参数又是由 VLOOKUP 函数计算得来的，因此该函数就是一个典型的复合函数。

### 2. Excel 超链接

在 Excel 操作过程中，往往需要在不同的工作表甚至工作簿之间跳转，这时可以使用 Excel 超链接功能。Excel 超链接对象，既可以是单元格，也可以是插入的图形。Excel 超链接可以选择不同的链接目的地，既可以链接到不同的外部文档，也可以链接到本文档内的不同工作表。

# 13.4　案例实操

（1）打开 Excel.xlsx 文档，在“差旅费报销”工作表中完成下列任务：

① 将 A1 单元格中的标题内容在 A1:K1 单元格区域中跨列居中对齐（不要合并单元格）。

操作步骤：在“差旅费报销”工作表中选中 A1:K1 单元格区域，单击“开始”选项卡“对齐方式”选项组右下角的对话框启动器按钮，弹出“设置单元格格式”对话框，选择“对齐”选项卡，将“水平对齐”设置为“跨列居中”，如图 13-1 所示，单击“确定”按钮。

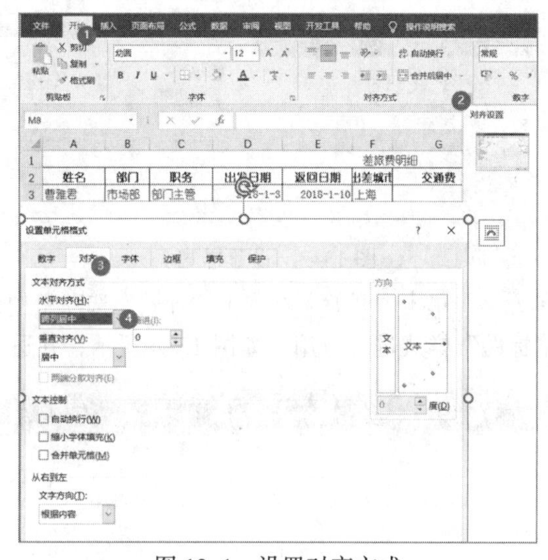


图 13-1　设置对齐方式

② 创建一个新的单元格样式，名称为“表格标题”。

**步骤 01：**单击“开始”选项卡“样式”选项组中的“单元格样式”按钮，在下拉菜单中选择“新建单元格样式”命令，如图 13-2 所示，弹出“样式”对话框，在“样式名”文本框中输入“表格标题”，单击“格式”按钮，弹出“设置单元格格式”对话框，选择“字体”选项卡，将“字号”设置为 16，将“颜色”设置为“标准色-蓝色”，如图 13-3 所示，连续单击两次“确定”按钮。

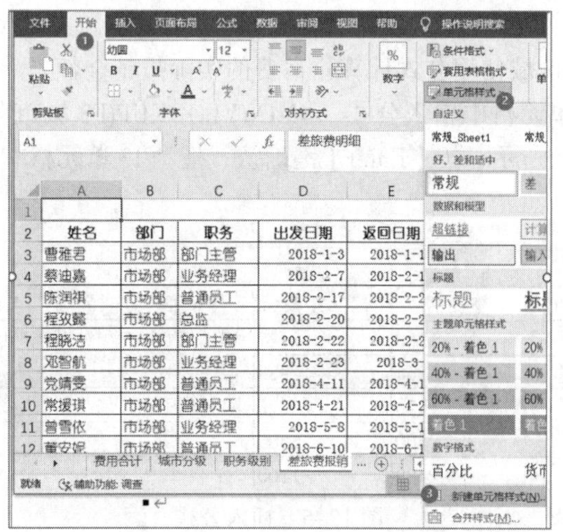


图 13-2　设置单元格样式

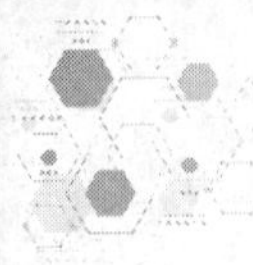



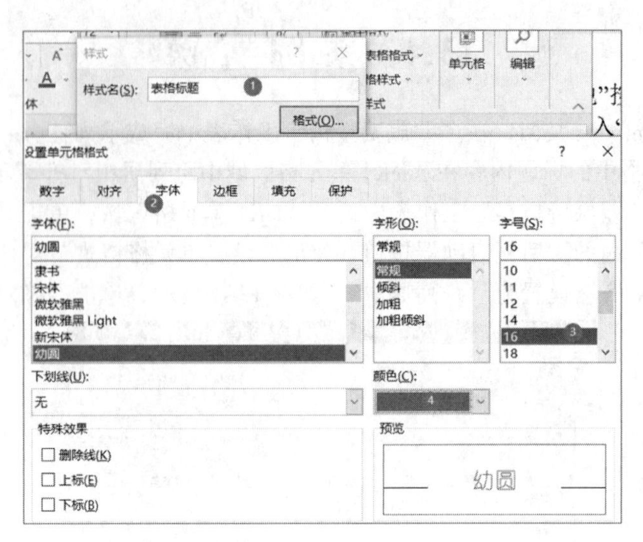


图 13-3　设置样式

**步骤 02**：选中 A1 单元格，单击“开始”选项卡“样式”选项组中的“单元格样式”按钮，在下拉菜单中选择“表格标题”样式进行应用，如图 13-4 所示，并适当调整第一行行高。

| | A | B | C | D | E |
|---|---|---|---|---|---|
| 1 | | | | | |
| 2 | 姓名 | 部门 | 职务 | 出发日期 | 返回日期 |
| 3 | 曹雅君 | 市场部 | 部门主管 | 2018-1-3 | 2018-1-1 |
| 4 | 蔡迪嘉 | 市场部 | 业务经理 | 2018-2-7 | 2018-2-1 |
| 5 | 陈润祺 | 市场部 | 普通员工 | 2018-2-17 | 2018-2-2 |
| 6 | 程致懿 | 市场部 | 总监 | 2018-2-20 | 2018-2-2 |

图 13-4　设置样式

③ 在 I3:I22 单元格区域使用公式计算住宿费的实际报销金额。

操作步骤：在 I3 单元格中输入公式“=MIN(VLOOKUP(F3,城市分级!$A$2：$B$356,2,0)*(E3-D3),H3)”，如图 13-5 所示，按【Enter】键确认，拖动 I3 单元格右下角的填充柄填充至 I22 单元格。

| | | | | | | | |
|---|---|---|---|---|---|---|---|
| 1 | 差旅费明细 | | | | | | |
| 2 | 返回日期 | 出差城市 | 交通费 | 宿费-发票金 | 住宿费-报销金额 | 补助金额 | 报销金额 |
| 3 | 2018-1-10 | 上海 | 1200 | 2788 | =MIN(VLOOKUP(F3, 城市分级!$A$2:$B$356, 2, 0)*(E3-D3), H3) | | |
| 4 | 2018-2-10 | 南昌 | 1350 | 958 | | | |
| 5 | 2018-2-20 | 九江 | 1220 | 626 | | | |
| 6 | 2018-2-26 | 深圳 | 2500 | 2383 | | | |
| 7 | 2018-2-27 | 珠海 | 2480 | 1200 | | | |

图 13-5　插入公式

④ 在 J3:J22 单元格区域使用公式计算每位员工的补助金额。

操作步骤：在 J3 单元格中输入公式“=VLOOKUP(C3,职务级别!$A$1：$B$5,2,0)*(E3-D3)”，如图 13-6 所示，按【Enter】键确认，拖动 J3 单元格右下角的填充柄填充至 J22 单元格。

SUM　=VLOOKUP(C3,职务级别!$A$1:$B$5,2,0)*(E3-D3)

| | G | H | I | J | K | L | M |
|---|---|---|---|---|---|---|---|
| 1 | 费明细 | | | | | | |
| 2 | 交通费 | 宿费-发票金 | 住宿费-报销金额 | 补助金额 | 报销金额 | | |
| 3 | 1200 | 2788 | 2788 | =VLOOKUP(C3,职务级别!$A$1:$B$5,2,0)*(E3-D3) | | | |
| 4 | 1350 | 958 | 958 | | | | |
| 5 | 1220 | 626 | 626 | 360 | | | |
| 6 | 2500 | 2383 | 2383 | 1560 | | | |

图 13-6　插入公式

⑤ 在 K3:K22 单元格区域使用公式计算每位员工的报销金额，在 K23 单元格计算报销金额的总和。

**步骤 01**：选中 K3 单元格，输入公式“=G3+13+J3”，如图 13-7 所示，按【Enter】键确认，拖动 K3 单元格右下角的填充柄填充至 K22 单元格。

SUM　= G3+13+J3

| | G | H | I | J | K | L | M |
|---|---|---|---|---|---|---|---|
| 1 | 费明细 | | | | | | |
| 2 | 交通费 | 宿费-发票金 | 住宿费-报销金额 | 补助金额 | 报销金额 | | |
| 3 | 1200 | 2788 | 2788 | 1540 | = G3+13+J3 | | |
| 4 | 1350 | 958 | 958 | 540 | 1903 | | |
| 5 | 1220 | 626 | 626 | 360 | 1593 | | |
| 6 | 2500 | 2383 | 2383 | 1560 | 4073 | | |

图 13-7　插入公式

**步骤 02**：在 K23 单元格中输入公式“=SUM(K3:K22)”，如图 13-8 所示，按【Enter】键确认。

SUM　=SUM(K3:K22)

| | G | H | I | J | K | L | M |
|---|---|---|---|---|---|---|---|
| 20 | 2990 | 1586 | 1586 | 600 | 3603 | | |
| 21 | 2780 | 2225 | 2225 | 840 | 3633 | | |
| 22 | 580 | 1490 | 1490 | 840 | 1433 | | |
| 23 | | | | | =SUM(K3:K22) | | |
| 24 | | | | | | | |

图 13-8　插入公式

⑥ 在 I3:I22 单元格区域使用条件格式。

操作步骤：选中 I3:I22 单元格区域，单击“开始”选项卡“样式”选项组中的“条件格式”按钮，在下拉菜单中选择“新建规则”命令，弹出“新建格式规则”对话框。选中“使用公式确定要设置格式的单元格”选项，在下方的“为符合此公式的值设置格式”文本框中输入“=$H3>$13”；单击“格式”按钮，弹出“设置单元格格式”对话框，选择“字体”选项卡，将“颜色”设置为“标准色-红色”，如图 13-9 所示，连续两次单击“确定”按钮。

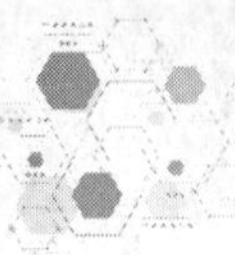

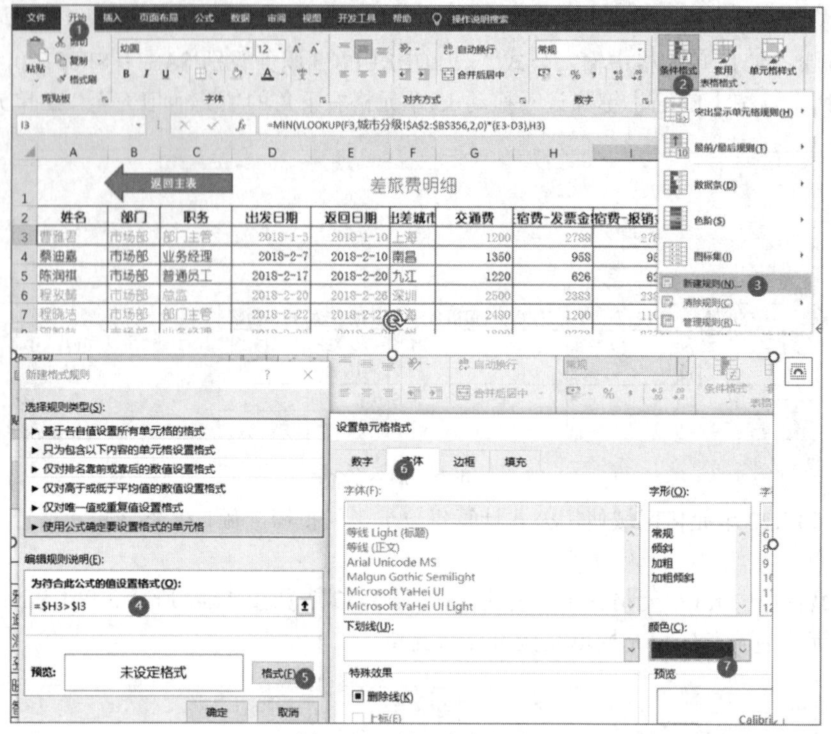

图 13-9　插入条件格式

⑦ 在 A3:K22 单元格区域使用条件格式。

操作步骤：选中 A3:K22 单元格区域，单击“开始”选项卡“样式”选项组中的“条件格式”按钮，在下拉菜单中选择“新建规则”命令，弹出“新建格式规则”对话框。选中“使用公式确定要设置格式的单元格”选项，在下方的“为符合此公式的值设置格式”文本框中输入“=($E3-$D3)>=5”；单击“格式”按钮，弹出“设置单元格格式”对话框，选择“字体”选项卡，将“颜色”设置为“标准色-绿色”，如图 13-10 所示，连续两次单击“确定”按钮。

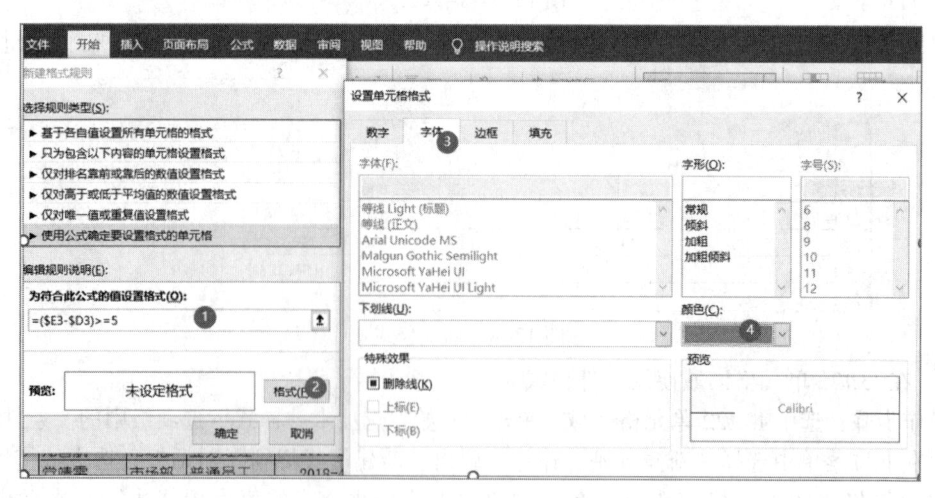

图 13-10　设置条件格式

（2）在“费用合计”和“车辆使用费报销”工作表中，对 A1 单元格应用单元格样式“表格标题”。

**步骤 01**：选中“费用合计”工作表的 A1 单元格，单击“开始”选项卡“样式”选项组中的“单元格样式”按钮，在下拉菜单中选择“表格标题”样式，如图 13-11 所示。

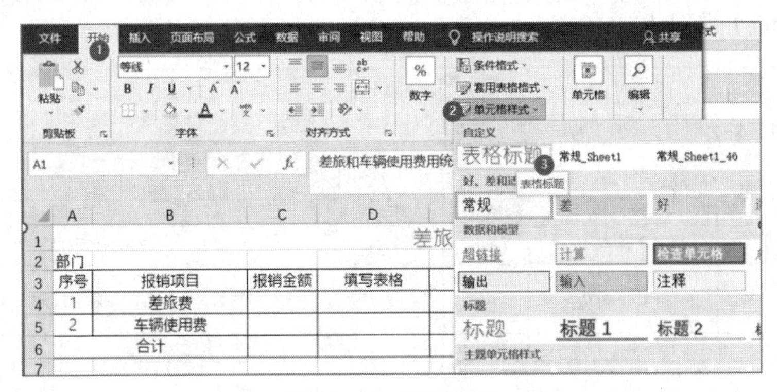


图 13-11　设置样式

**步骤 02**：选中 A1:F1 单元格区域，单击“开始”选项卡“对齐方式”选项组右下角的对话框启动器按钮，弹出“设置单元格格式”对话框，选择“对齐”选项卡，“水平对齐”设置为“跨列居中”，如图 13-12 所示。

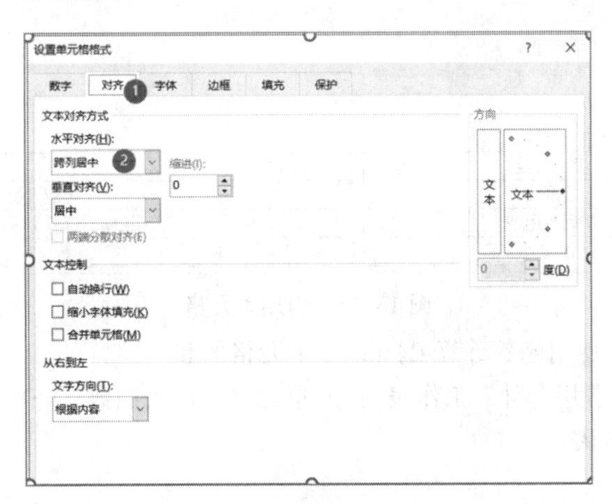


图 13-12　设置对齐方式

**步骤 03**：按照上述同样方法对“车辆使用费报销”工作表 A1 单元格应用“表格标题”样式和“跨列居中”对齐，效果如图 13-13 所示。

| | A | B | C | D | E | F | G | H |
|---|---|---|---|---|---|---|---|---|
| 1 | | | | 车辆使用费明细 | | | | |
| 2 | 摘要 | 车牌号码 | 车辆加油费 | 车辆维修保养费 | 车辆过路停车费 | 车辆保险费 | 车辆其他费用 | 合计 |
| 3 | | | | | | | | |
| 4 | | | | | | | | |
| 5 | | | | | | | | |
| 6 | | | | | | | | |
| 7 | | | | | | | | |

图 13-13　设置对齐方式

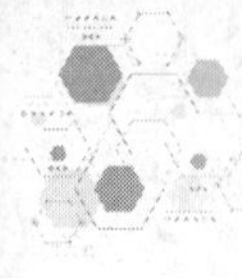



（3）在“费用合计”工作表中完成下列任务：

① 在 C4 和 C5 单元格中，分别建立公式，使其值等于“差旅费报销”工作表的 K23 单元格和“车辆使用费报销”工作表的 H21 单元格。

**步骤 01**：选中“费用合计”工作表的 C4 单元格，输入公式“=差旅费报销!K23”，如图 13-14 所示，按【Enter】键确认。

C4 =差旅费报销!K23

| | A | B | C | D | E |
|---|---|---|---|---|---|
| 1 | | | | | 差旅和车辆使用费用统计 |
| 2 | 部门 | 市场部 | | | |
| 3 | 序号 | 报销项目 | 报销金额 | 填写表格 | 填写说明 |
| 4 | 1 | 差旅费 | 79482 | 填写请点击! | 行政人员和营销管理人 |
| 5 | 2 | 车辆使用费 | 0 | 无需填写! | 车辆维修、保养、保险、加油、停 |
| 6 | | 合计 | 79482 | | |

图 13-14　引用单元格

**步骤 02**：在 C5 单元格中输入公式“=车辆使用费报销!H21”，如图 13-15 所示，按【Enter】键确认。

C5 =车辆使用费报销!H21

| | A | B | C | D | E |
|---|---|---|---|---|---|
| 1 | | | | | 差旅和车辆使用费用统计 |
| 2 | 部门 | | | | |
| 3 | 序号 | 报销项目 | 报销金额 | 填写表格 | 填写说明 |
| 4 | 1 | 差旅费 | 45360 | | 行政人员和营销管理人 |
| 5 | 2 | 车辆使用费 | 0 | | 车辆维修、保养、保险、加油、停 |
| 6 | | 合计 | | | |

图 13-15　引用单元格

② 在单元格 C6 中使用函数计算 C4 和 C5 单元格的和。

操作步骤：选中“费用合计”工作表的 C6 单元格，输入函数“=SUM(C4:C5)”，如图 13-16 所示，按【Enter】键确认。

C6 =SUM(C4:C5)

| | A | B | C | D | E |
|---|---|---|---|---|---|
| 1 | | | | | 差旅和车辆使用费用统计 |
| 2 | 部门 | | | | |
| 3 | 序号 | 报销项目 | 报销金额 | 填写表格 | 填写说明 |
| 4 | 1 | 差旅费 | 45360 | | 行政人员和营销管理人 |
| 5 | 2 | 车辆使用费 | 0 | | 车辆维修、保养、保险、加油、停 |
| 6 | | 合计 | 45360 | | |

图 13-16　插入公式

③ 在 D4 单元格中建立超链接，显示的文字为“填写请单击！”，并在单击时可以跳转到“差旅费报销”工作表的 A3 单元格。

操作步骤：选中“费用合计”工作表的 D4 单元格，单击“插入”选项卡“链接”选项组中的“超链接”按钮，弹出“插入超链接”对话框，“链接到”选择“本文档中的位置”，在右侧选中“差旅费报销”工作表，在上面的“请键入单元格引用”文本框中输入“A1”，在上方“要显示的文字”文本框中输入文本“填写请单击!”，单击“确定”按钮，如图 13–17 所示。

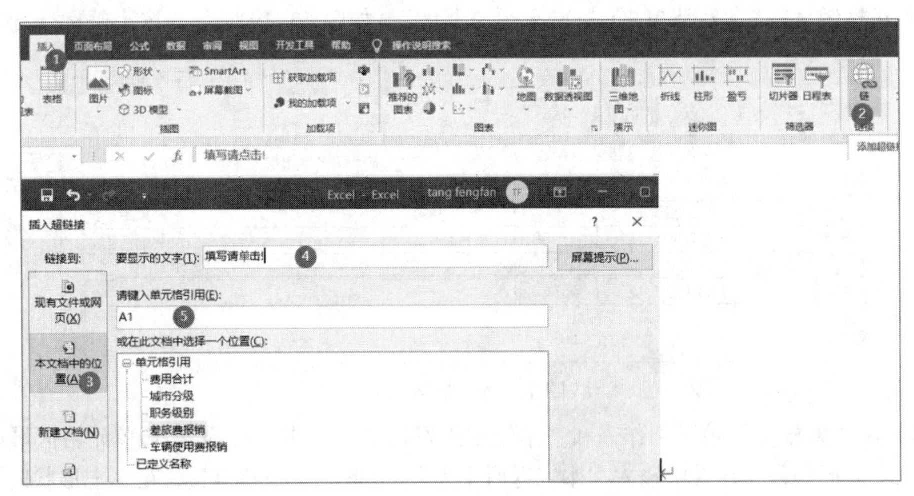


图 13–17　插入超链接

④ 在 B2 单元格中，建立数据验证规则，可以通过下拉菜单填入以下项目：市场部、物流部、财务部、行政部、采购部。

操作步骤：选中 B2 单元格，单击“数据”选项卡“数据工具”选项组中的“数据验证”按钮，弹出“数据验证”对话框，在“允许”下拉列表中选择“序列”，在“来源”文本框中输入“市场部,物流部,财务部,行政部,采购部”(注意：逗号均为英文状态下输入)，如图 13–18 所示，单击“确定”按钮。单击 B2 单元格右侧下拉按钮，选择“市场部”。

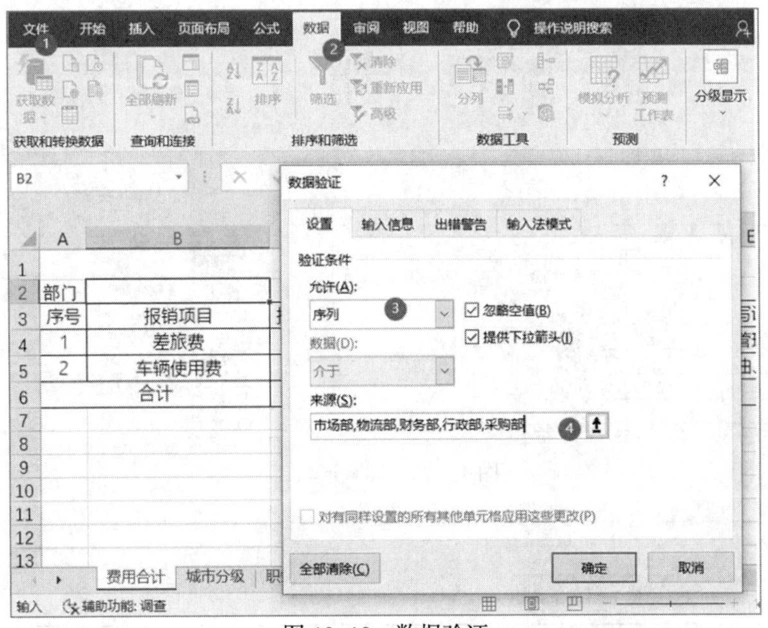


图 13–18　数据验证

⑤ 在 D5 单元格中，通过函数进行设置，如果单元格 B2 中的内容为“行政部”或“物流部”，则显示为单击时可以跳转到工作表“车辆使用费报销”A3 单元格的超链接，显示的文本

为“填写请单击!”，如果是其他部门则显示文本“无须填写!”

操作步骤：选中 D5 单元格，输入公式“=IF(OR(B2="行政部",B2="物流部"),HYPERLINK("#车辆使用费报销!A3","填写请单击!“"),"无须填写!")”，如图 13-19 所示，按【Enter】键确认。

SUM =IF(OR(B2= "行政部",B2= "物流部"),HYPERLINK("# 车辆使用费报销!A3","填写请点击! “"),"无须填写! ")

| | A | B | C | D | E |
|---|---|---|---|---|---|
| 1 | | | | 差旅和车辆使用费用统计 | |
| 2 | 部门 | 市场部 | | | |
| 3 | 序号 | 报销项目 | 报销金额 | 填写表格 | 填写说明 |
| 4 | 1 | 差旅费 | 45360 | 填写请点击! | 行政人员和营销管理人 |
| 5 | =IF(OR(B2= "行政部",B2= "物流部"),HYPERLINK("# 车辆使用费报销!A3","填写请点击! “"),"无需填写! ") | | | | |
| 6 | | 合计 | 45360 | | |
| 7 | | | | | |
| 8 | | | | | |

图 13-19　插入公式

（4）在“差旅费报销”工作表和“车辆使用费报销”工作表的 A1:C1 单元格区域中插入内置的左箭头形状，并在其中输入文本“返回主表”，为形状添加超链接，在单击形状时，可以跳转到“费用合计”工作表的 A1 单元格。

**步骤 01**：在“差旅费报销”工作表中，单击“插入”选项卡“插图”选项组中的“形状”按钮，在下拉菜单中选择“箭头总汇”→“左箭头”，在 A1:C1 数据区域绘制一个箭头形状，如图 13-20 所示。选中插入的箭头形状，输入文本“返回主表”。适当调整行高和左箭头形状大小，确保左箭头形状不超出 A1:C1 区域范围，如图 13-21 所示。

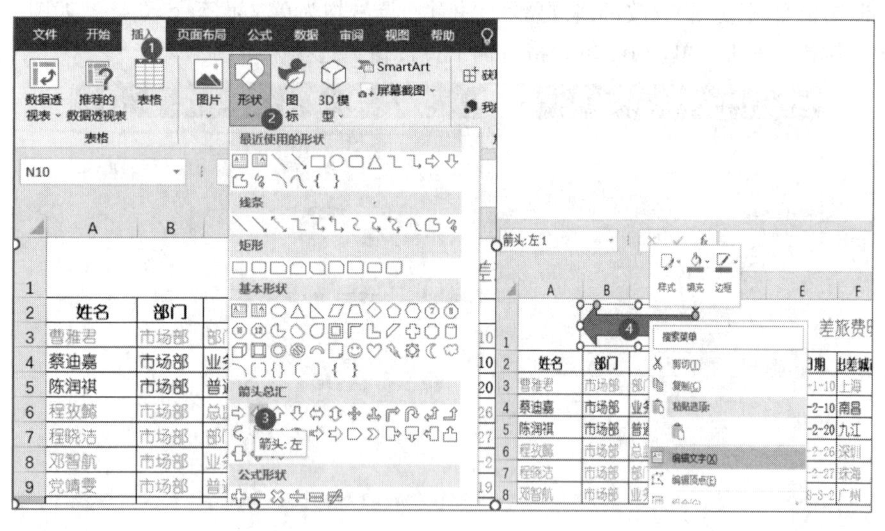


图 13-20　插入形状 1

| | A | B | C | D | E | F | G | H |
|---|---|---|---|---|---|---|---|---|
| 1 | 返回主表 | | | | 差旅费明细 | | | |
| 2 | 姓名 | 部门 | 职务 | 出发日期 | 返回日期 | 出差城市 | 交通费 | 宿费-发票金额 |
| 3 | 曹雅君 | 市场部 | 部门主管 | 2018-1-3 | 2018-1-10 | 上海 | 1200 | 2788 |

图 13-21　插入形状 2

**步骤 02**：选中插入的箭头形状，右击，在弹出的快捷菜单中选择“链接”，弹出“插入超链接”对话框。在对话框的左侧列表框中选中“本文档中的位置”，在右侧选中“费用合计”工作表，在上面的“请键入单元格引用”文本框中输入“A1”，单击“确定”按钮，如图 13-22 所示。

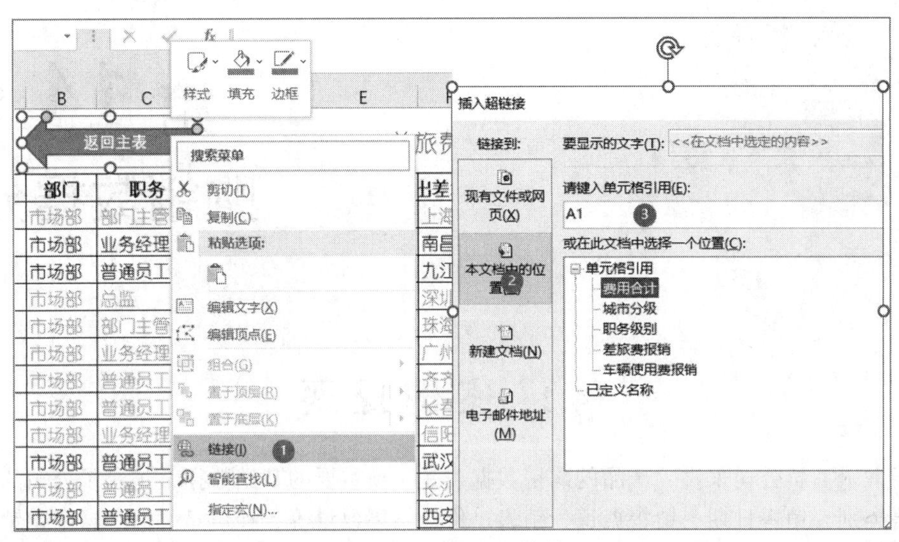


图 13-22　插入超链接

**步骤 03**：复制设置好的左箭头形状，粘贴到“车辆使用费报销”工作表的 A1:C1 单元格区域，适当调整行高和左箭头形状大小，如图 13-23 所示。

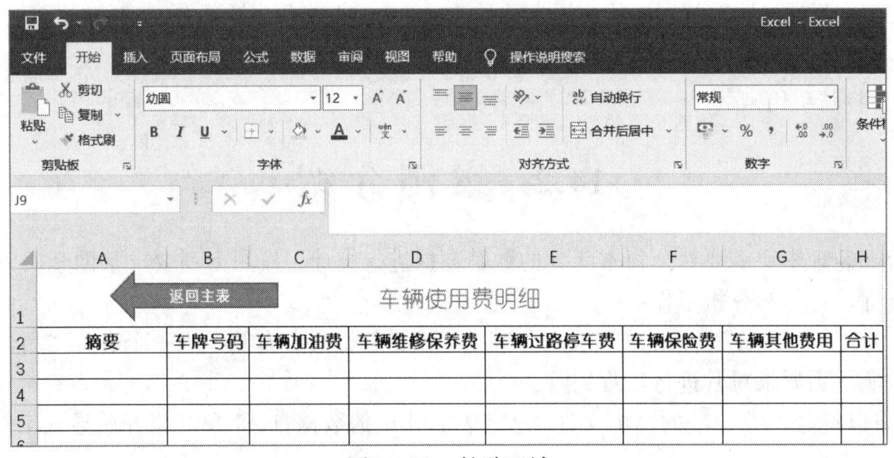


图 13-23　粘贴区域

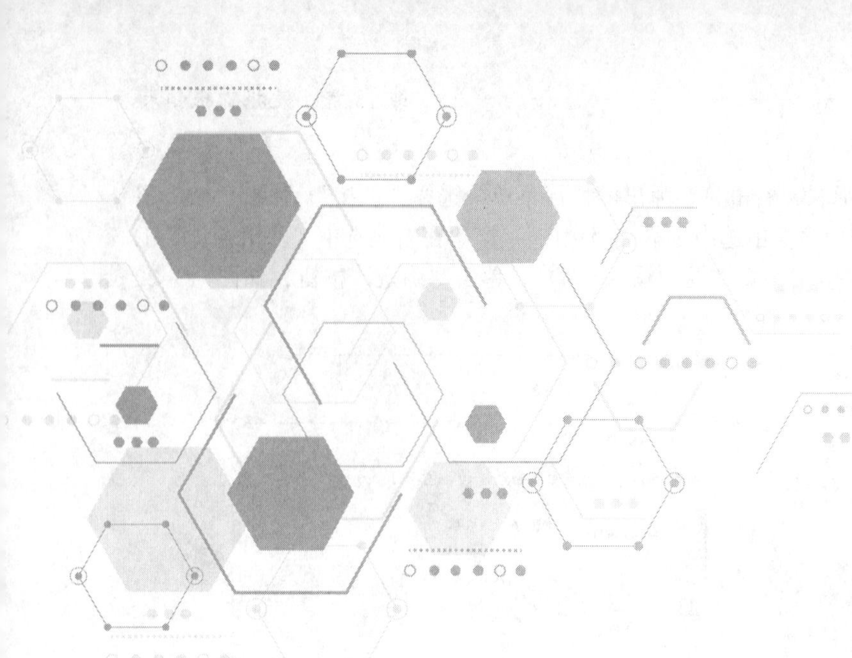

# 第 14 章 购销数据分析

## 14.1 案例提要

对于一个商贸公司来讲，产品的购销数据表是一项重要的基础数据，记录了公司的销售编码、销售类别、销售日期、销售渠道、销售单价、销售数量等各种信息。而在这个购销数据表的基础上，如果用户要对公司的购销情况进行数据分析，则首先需要把相关的数据信息通过查找引用函数汇总到一张数据表，然后利用数据透视表的功能得到所需的二维或者三维数据分析报表。

本案例主要通过购销数据表的分析来熟悉常见的 Excel 数据分析操作，主要涉及如下知识点：

- 外部数据导入
- 数据透视表
- 查找与引用函数

## 14.2 案例介绍

运营部经理李明需要对公司本年度的购销数据进行统计，按照下列要求帮助李明完成相关数据的整理、计算和分析工作：

（1）打开“Excel 素材.xlsx”，在工作表“年度销售汇总”右侧插入一个名为“品名”的工作表，按照下列要求对其进行整理完善：

① 将以逗号“,”分隔的文本文件“品名表.txt”中的数据自 A1 单元格开始导入工作表“品名”中。

② 参照图 14-1 的示例将“商品名称”分为两列显示，下划线左边为“品牌”、右边为具体的“商品名称”。

③ 通过设置“条件格式”查找并删除工作表中“商品名称”重复的记录，对于重复信息只保留最前面一个。

④ 按“商品代码”升序对商品信息进行排列。

⑤ 删除与源数据“品名表.txt”的链接。

（2）按照下列要求对工作表“年度销售汇总”中的数据进行修饰

① 将 A1 单元格中的标题内容在表格数据上方“跨列居中”，并应用相关单元格样式。

② 令“序号”列中的序号以“0001”格式显示，但仍需保持可参与计算的数值格式。

③ 自工作表“品名”中获取与商品代码相对应的“品牌”及“商品名称”依次填入 C 列和 D 列。

④ 商品代码的前两位字母代表了商品的类别。按照图 14-2 所示的对应关系，填入与商品代码相适应的商品类别。

品名表.txt - 记事本

文件(F)　编辑(E)　格式(O)　查看(V)　帮助(H)

商品代码,商品名称
WH001,AO史密斯_A.O.Smith ET300J-60 电热水器
WH002,AO史密斯_A.O.Smith ET500J-60 电热水器
PC001,Apple_iMac MK442CH/A 21.5英寸一体机
PC004,Apple_iMac MK452CH/A 21.5英寸一体机
TC001,Apple_iPad Air 2 MGKM2CH/A 9.7英寸平板电脑
TC002,Apple_iPad Air 2 MH182CH/A 9.7英寸平板电脑
TC003,Apple_iPad Air WLAN 16GB 银色
TC004,Apple_iPad Air WLAN 32GB 银色
TC005,Apple_iPad mini 2 ME277CH/A 7.9英寸平板电脑
TC006,Apple_iPad mini 4 MK9J2CH/A 7.9英寸平板电脑 金色
TC006,Apple_iPad mini 4 MK9J2CH/A 7.9英寸平板电脑 金色
NC001,Apple_MacBook Air MJVE2CH/A 13.3英寸笔记本电脑
NC001,Apple_MacBook Air MJVE2CH/A 13.3英寸笔记本电脑
NC002,Apple_MacBook Air MJVM2CH/A 11.6英寸笔记本电脑
NC002,Apple_MacBook Air MJVM2CH/A 11.6英寸笔记本电脑
NC007,Apple_MacBook MJY32CH/A 12英寸笔记本电脑
NC007,Apple_MacBook MJY32CH/A 12英寸笔记本电脑

图 14-1　商品名称表

|  | A | B |
|---|---|---|
| 1 | 代码 | 类别 |
| 2 | NC | 计算机 |
| 3 | PC | 计算机 |
| 4 | TC | 计算机 |
| 5 | TV | 电视 |
| 6 | AC | 空调 |
| 7 | RF | 冰箱 |
| 8 | WH | 热水器 |
| 9 | WM | 洗衣机 |

图 14-2　商品代码表

⑤ 在 J 例中填入销售单价，每种商品的销售单价可从“价格表.xlsx”工作簿的“单价”表中获取。

⑥ 根据公式“销售额=销量 × 销售单价”计算出每种商品的销售额并填入 K 列中。

⑦ 根据公式“进货成本=销量 × 进价”计算出每种商品的进货成本填入 L 列中。其中进价可从工作簿“价格表.xlsx”中的“进价”表中获取。

⑧ 将单价、销售额和进货成本 3 列数据设为保留两位小数、使用千位分隔的数值格式；为整个数据区域套用一个表格格式，并适当加大行高、调整各列列宽以使数据显示完整。

⑨ 锁定工作表的 1 ~ 3 行和 A ~ D 列，使之始终可见。

（3）参照下图，以“年度销售汇总”为数据源，自新工作表“透视分析”的 A3 单元格开始创建数据透视表，效果如图 14-3 所示。

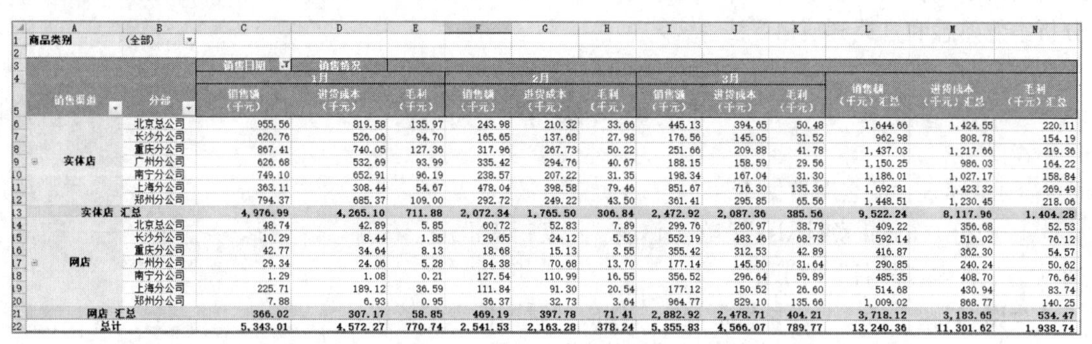

商品类别　(全部)

| 销售渠道 | 分部 | 1月 销售额（千元） | 1月 进货成本（千元） | 1月 毛利（千元） | 2月 销售额（千元） | 2月 进货成本（千元） | 2月 毛利（千元） | 3月 销售额（千元） | 3月 进货成本（千元） | 3月 毛利（千元） | 销售额（千元）汇总 | 进货成本（千元）汇总 | 毛利（千元）汇总 |
|---|---|---|---|---|---|---|---|---|---|---|---|---|---|
| 实体店 | 北京总公司 | 955.56 | 819.58 | 135.97 | 243.98 | 210.32 | 33.66 | 445.13 | 394.65 | 50.48 | 1,644.66 | 1,424.55 | 220.11 |
|  | 长沙分公司 | 620.76 | 526.06 | 94.70 | 165.65 | 137.68 | 27.98 | 176.56 | 145.05 | 31.52 | 962.98 | 808.78 | 154.19 |
|  | 重庆分公司 | 867.41 | 740.05 | 127.36 | 317.96 | 267.73 | 50.22 | 251.66 | 209.88 | 41.78 | 1,437.03 | 1,217.66 | 219.36 |
|  | 广州分公司 | 626.68 | 532.69 | 93.99 | 335.42 | 294.76 | 40.67 | 188.15 | 158.59 | 29.56 | 1,150.25 | 986.03 | 164.22 |
|  | 南宁分公司 | 749.10 | 652.91 | 96.19 | 238.57 | 207.22 | 31.35 | 198.34 | 167.04 | 31.30 | 1,186.01 | 1,027.17 | 158.84 |
|  | 上海分公司 | 363.11 | 308.44 | 54.67 | 478.04 | 398.58 | 79.46 | 851.67 | 716.30 | 135.36 | 1,692.81 | 1,423.32 | 269.49 |
|  | 郑州分公司 | 794.37 | 685.37 | 109.00 | 292.72 | 249.22 | 43.50 | 361.41 | 295.85 | 65.56 | 1,448.51 | 1,230.45 | 218.06 |
| 实体店 汇总 |  | 4,976.99 | 4,265.10 | 711.88 | 2,072.34 | 1,765.50 | 306.84 | 2,472.92 | 2,087.36 | 385.56 | 9,522.24 | 8,117.96 | 1,404.28 |
| 网店 | 北京总公司 | 48.74 | 42.89 | 5.85 | 60.72 | 52.83 | 7.89 | 299.76 | 260.97 | 38.79 | 409.22 | 356.68 | 52.53 |
|  | 长沙分公司 | 10.29 | 8.44 | 1.85 | 29.65 | 24.12 | 5.53 | 552.19 | 483.46 | 68.73 | 592.14 | 516.02 | 76.12 |
|  | 重庆分公司 | 42.77 | 34.64 | 8.13 | 18.68 | 15.13 | 3.55 | 355.42 | 312.53 | 42.89 | 416.87 | 362.30 | 54.57 |
|  | 广州分公司 | 29.34 | 24.06 | 5.28 | 84.38 | 70.68 | 13.70 | 177.14 | 145.50 | 31.64 | 290.85 | 240.24 | 50.62 |
|  | 南宁分公司 | 1.29 | 1.08 | 0.21 | 127.54 | 110.99 | 16.55 | 356.52 | 296.64 | 59.89 | 485.35 | 408.70 | 76.64 |
|  | 上海分公司 | 225.71 | 189.12 | 36.59 | 111.84 | 91.30 | 20.54 | 177.12 | 150.52 | 26.60 | 514.68 | 430.94 | 83.74 |
|  | 郑州分公司 | 7.88 | 6.93 | 0.95 | 36.37 | 32.73 | 3.64 | 964.77 | 829.10 | 135.66 | 1,009.02 | 868.77 | 140.25 |
| 网店 汇总 |  | 366.02 | 307.17 | 58.85 | 469.19 | 397.78 | 71.41 | 2,882.92 | 2,478.71 | 404.21 | 3,718.12 | 3,183.65 | 534.47 |
| 总计 |  | 5,343.01 | 4,572.27 | 770.74 | 2,541.53 | 2,163.28 | 378.24 | 5,355.83 | 4,566.07 | 789.77 | 13,240.36 | 11,301.62 | 1,938.74 |

图 14-3　效果图

① 透视表结构及各行数据的列标题应与示例相同，不得多列或少列。

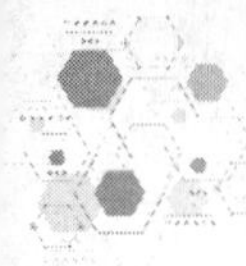


② 透视结果应该可以方便地筛选不同的商品类别的销售情况。

③ B 列的分部名称按汉字的字母顺序升序排列。

④ 通过设置各列数据的数字格式，使得结果以“千元”为单位显示，且保留两位小数，但不得改变各数据的原始值。

⑤ 适当改变透视表样式。

# 14.3 案例分析

在利用 Excel 进行数据分析的时候，首先需要把所有数据源，通过 Excel 的外部数据导入功能，汇总到一个 Excel 工作簿文件；然后通过 Excel 的查找和引用函数，把所需要的数据集合到一张 Excel 一维工作表；最后利用 Excel 的数据透视表功能，来构建分析所需要的二维或者三维报表；该购销数据表的案例则完整地体现了该分析过程。

### 1. Excel 外部数据导入

在日常工作中，经常需要把各种非 Excel 格式的数据导入 Excel 中，因此 Excel 提供了丰富的外部数据导入功能。在数据选项卡的“获取和转换数据”选项组中有各种操作按钮，可以从不同文件、不同数据库甚至网页等不同来源去获取数据，最后导入到 Excel 中。

### 2. Excel 查找和引用函数

Excel 查找和引用函数主要有 VLOOKUP、HLOOKUP、MATCH、INDEX 等，该案例中主要使用了 VLOOKUP 函数。VLOOKUP 函数的语法为：

```
=VLOOKUP(lookup_value,table_array,col_index_num,[range_lookup])
```

lookup_value：要查找的值，又称查阅值。

table_array：查阅值所在的区域。查阅值应该始终位于所在区域的第一列，这样 VLOOKUP 才能正常工作。

col_index_num：区域中包含返回值的列号。

[range_lookup]：（可选）如果需要返回值的近似匹配，可以指定 TRUE；如果需要返回值的精确匹配，则指定 FALSE。

### 3. 数据透视表

Excel 数据透视表，顾名思义就是在原始的基础数据表上，通过各种功能设置，来构建分析所需要的二维甚至三维结构报表。数据透视表功能及其强大且使用比较复杂，可通过一些数据分析案例熟悉和掌握其使用方法。

# 14.4 案例实操

（1）导入“品名”数据表。

① 打开“Excel 素材.xlsx”，在工作表“年度销售汇总”右侧插入一个名为“品名”的工作表。

**步骤 01**：单击“年度销售汇总”右侧的“新工作表”按钮，双击新插入工作表的标签，将其修改为“品名”，如图 14-4 所示。

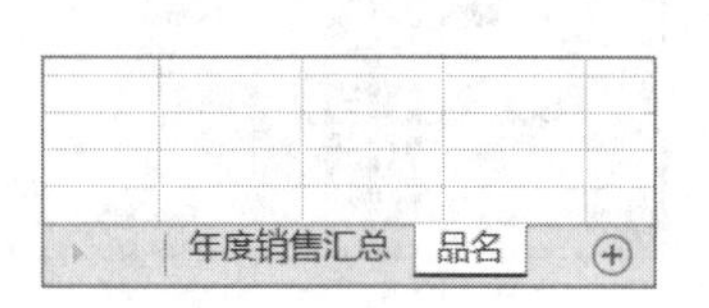


图 14-4　重命名

**步骤 02**：在“品名”工作表中，选中 A1 单元格，单击“数据”选项卡“获取与转换数据”选项组中的“获取数据”按钮，在下拉菜单中选择“自文件”→“从文本/CSV”命令，如图 14-5 所示，弹出“导入文本文件”对话框。

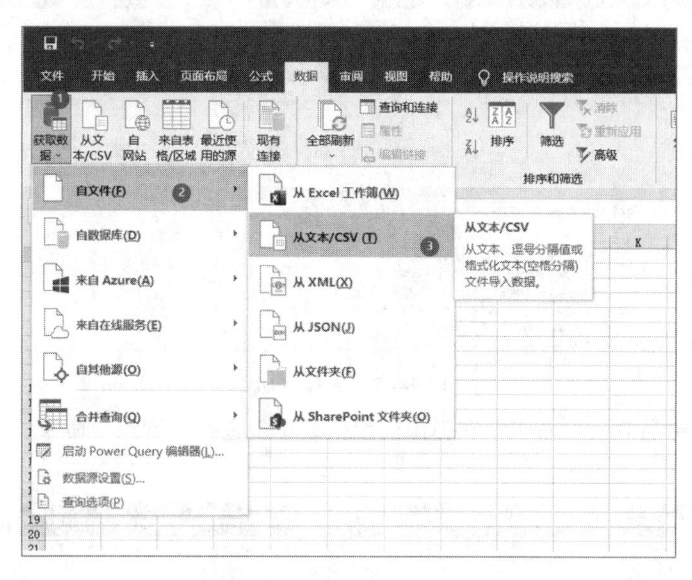


图 14-5　获取数据

**步骤 03**：在弹出的对话框中选中学生文件夹下的“品名表.txt”。在弹出的对话框中，选择“分隔符”为“逗号”，单击“加载”按钮，如图 14-6 所示。

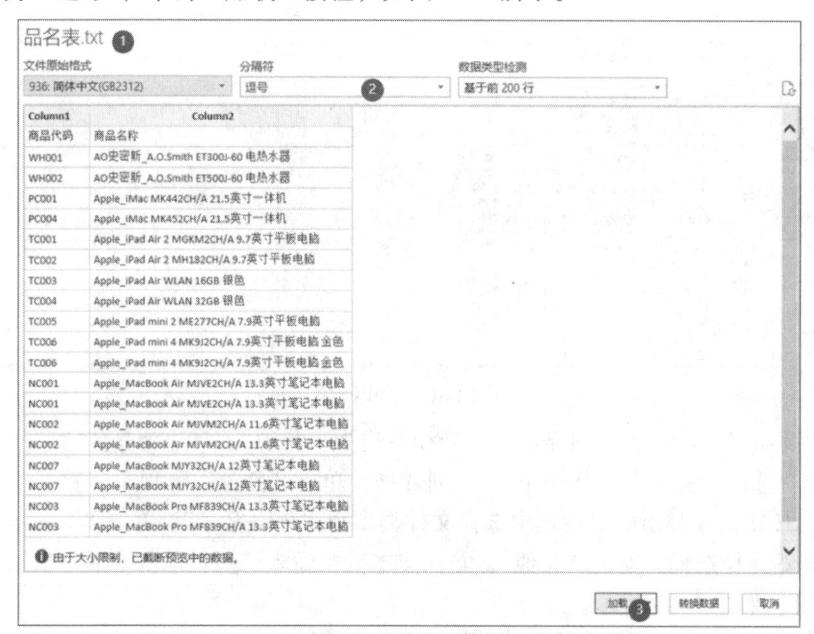


| Column1 | Column2 |
| --- | --- |
| 商品代码 | 商品名称 |
| WH001 | AO史密斯_A.O.Smith ET300J-60 电热水器 |
| WH002 | AO史密斯_A.O.Smith ET500J-60 电热水器 |
| PC001 | Apple_iMac MK442CH/A 21.5英寸一体机 |
| PC004 | Apple_iMac MK452CH/A 21.5英寸一体机 |
| TC001 | Apple_iPad Air 2 MGKM2CH/A 9.7英寸平板电脑 |
| TC002 | Apple_iPad Air 2 MH182CH/A 9.7英寸平板电脑 |
| TC003 | Apple_iPad Air WLAN 16GB 银色 |
| TC004 | Apple_iPad Air WLAN 32GB 银色 |
| TC005 | Apple_iPad mini 2 ME277CH/A 7.9英寸平板电脑 |
| TC006 | Apple_iPad mini 4 MK9J2CH/A 7.9英寸平板电脑 金色 |
| TC006 | Apple_iPad mini 4 MK9J2CH/A 7.9英寸平板电脑 金色 |
| NC001 | Apple_MacBook Air MJVE2CH/A 13.3英寸笔记本电脑 |
| NC001 | Apple_MacBook Air MJVE2CH/A 13.3英寸笔记本电脑 |
| NC002 | Apple_MacBook Air MJVM2CH/A 11.6英寸笔记本电脑 |
| NC002 | Apple_MacBook Air MJVM2CH/A 11.6英寸笔记本电脑 |
| NC007 | Apple_MacBook MJY32CH/A 12英寸笔记本电脑 |
| NC007 | Apple_MacBook MJY32CH/A 12英寸笔记本电脑 |
| NC003 | Apple_MacBook Pro MF839CH/A 13.3英寸笔记本电脑 |
| NC003 | Apple_MacBook Pro MF839CH/A 13.3英寸笔记本电脑 |

图 14-6　导入数据

**步骤 04**：选择导入的文件表格，单击“表格工具-表设计”选项卡“工具”选项组中的“转化为区域”按钮，如图 14-7 所示，同时删除第一行。

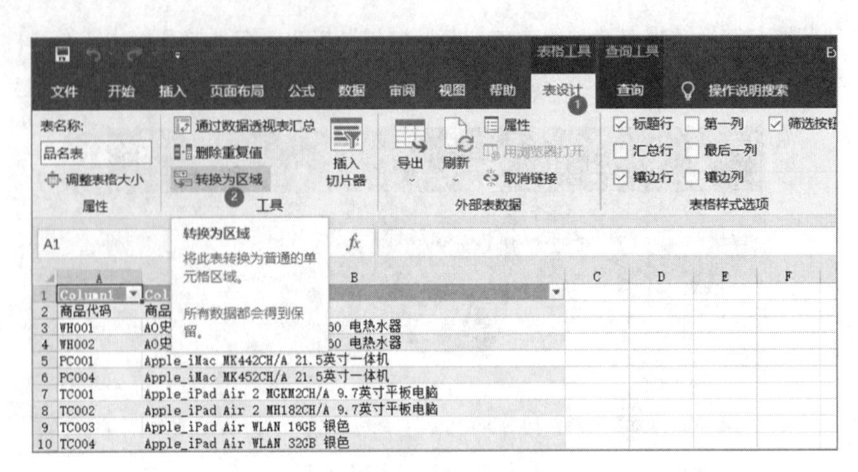


图 14-7　转换区域

**步骤 05**：选中品名表，右击，在弹出的快捷菜单中选择“删除”命令，如图 14-8 所示，删除连接的品名表。

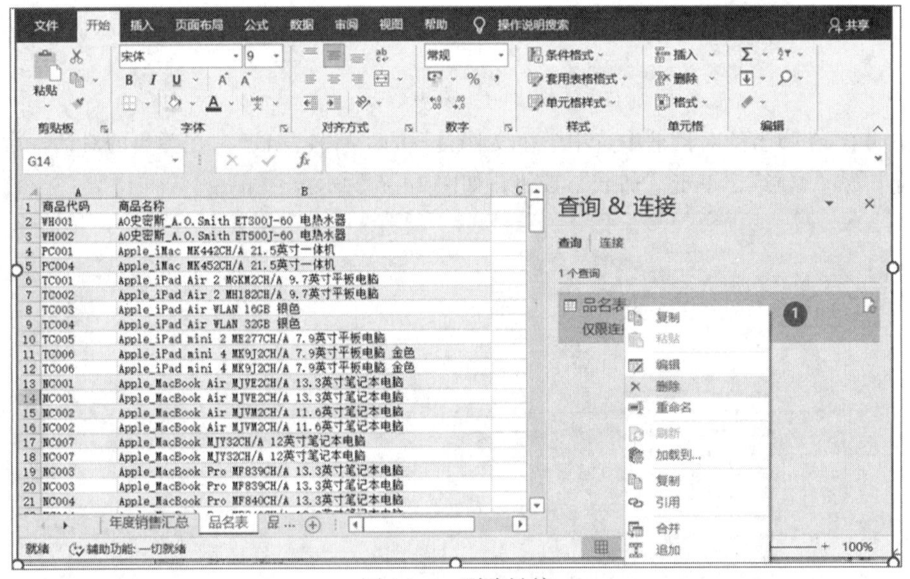


图 14-8　删除链接

② 将“商品名称”分为两列显示，下划线左边为“品牌”、右边为具体的“商品名称”。

**步骤 01**：选中“品名”工作表中的 B 列数据，单击“数据”选项卡“数据工具”选项组中的“分列”按钮。在弹出的对话框中选择文件类型为“分隔符号”，单击“下一步”按钮；取消勾选“Tab 键”复选框，勾选“其他”，并在文本框中输入“_”，单击“下一步”按钮，单击“完成”按钮，如图 14-9 所示。

**步骤 02**：将 B1 中“商品名称”修改为“品牌”，在 C1 中输入“商品名称”，并适当调整工作表的列宽，如图 14-10 所示。

**步骤 03**：选中“品名”工作表中的 C 列数据，单击“开始”选项卡“样式”选项组中的“条件格式”按钮，在下拉菜单中选择“突出显示单元格规则”→“重复值”命令，如图 14-11 所示。弹出“重复值”对话框，单击“确定”按钮。

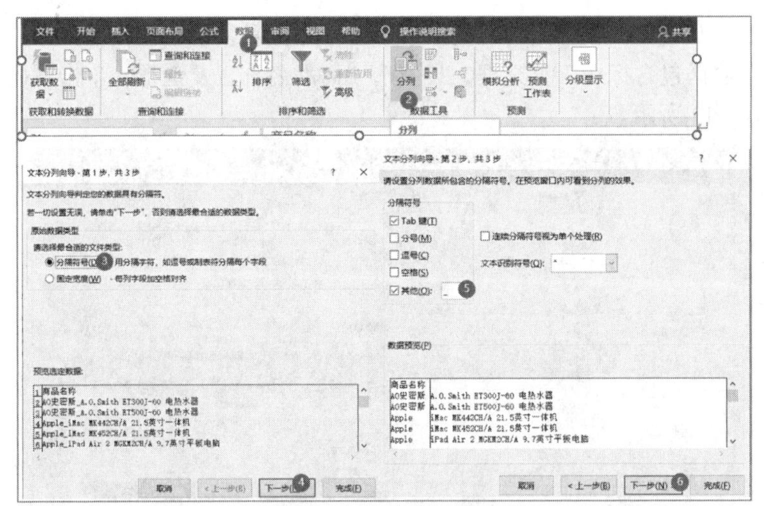

图 14-9　文本分列向导

E10

|  | A | B | C |
|---|---|---|---|
| 1 | 商品代码 | 品牌 | 商品名称 |
| 2 | WH001 | AO史密斯 | A.O.Smith ET300J-60 电热水器 |
| 3 | WH002 | AO史密斯 | A.O.Smith ET500J-60 电热水器 |
| 4 | PC001 | Apple | iMac MK442CH/A 21.5英寸一体机 |
| 5 | PC004 | Apple | iMac MK452CH/A 21.5英寸一体机 |
| 6 | TC001 | Apple | iPad Air 2 MGKM2CH/A 9.7英寸平板电脑 |
| 7 | TC002 | Apple | iPad Air 2 MH182CH/A 9.7英寸平板电脑 |
| 8 | TC003 | Apple | iPad Air WLAN 16GB 银色 |
| 9 | TC004 | Apple | iPad Air WLAN 32GB 银色 |
| 10 | TC005 | Apple | iPad mini 2 ME277CH/A 7.9英寸平板电脑 |
| 11 | TC006 | Apple | iPad mini 4 MK9J2CH/A 7.9英寸平板电脑 金色 |
| 12 | TC006 | Apple | iPad mini 4 MK9J2CH/A 7.9英寸平板电脑 金色 |
| 13 | NC001 | Apple | MacBook Air MJVE2CH/A 13.3英寸笔记本电脑 |
| 14 | NC001 | Apple | MacBook Air MJVE2CH/A 13.3英寸笔记本电脑 |
| 15 | NC002 | Apple | MacBook Air MJVM2CH/A 11.6英寸笔记本电脑 |
| 16 | NC002 | Apple | MacBook Air MJVM2CH/A 11.6英寸笔记本电脑 |

图 14-10　修改名称

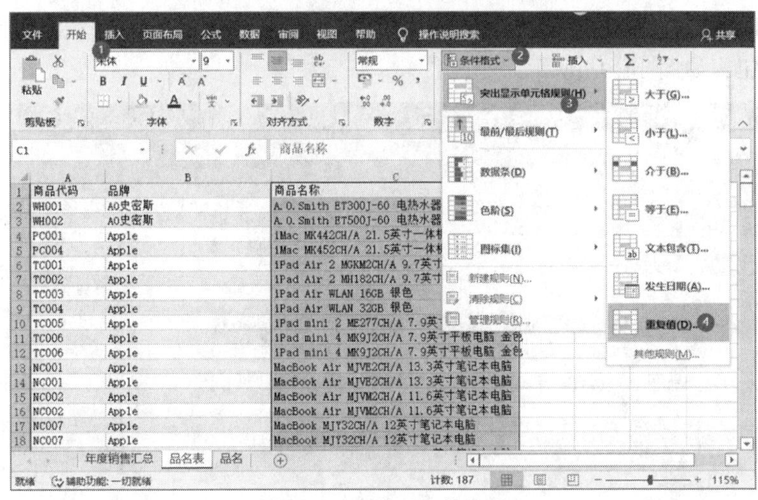

图 14-11　设置条件格式

③ 通过设置“条件格式”查找并删除工作表中“商品名称”重复的记录。

操作步骤：选中“品名”工作表中的 C 列数据，单击“数据”选项卡“数据工具”选项组中的“删除重复项”按钮。在弹出的对话框中单击“删除重复项”按钮，弹出“删除重复值”对话框，勾选“数据包含标题”复选框，只勾选“商品名称”复选框，单击“确定”按钮，如图 14-12 和图 14-13 所示。

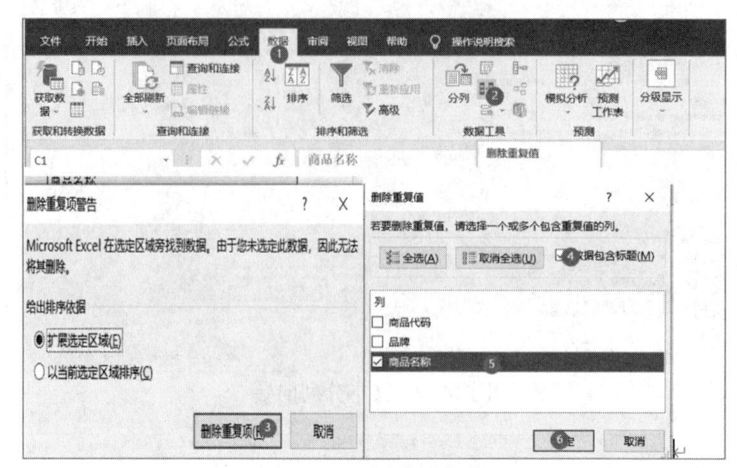

图 14-12　删除重复值

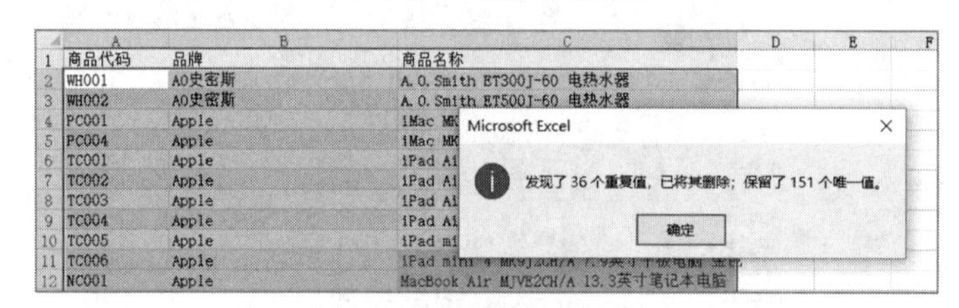

图 14-13　删除重复值

④ 按“商品代码”升序对商品信息进行排列。

操作步骤：选中“品名”工作表中的任意单元格，单击“开始”选项卡“编辑”选项组中的“排序和筛选”按钮，在下拉菜单中选择“自定义排序”命令，弹出“排序”对话框，勾选“数据包含标题”复选框，将列设置为“商品代码”，排序依据为“数值”，次序为“升序”，单击“确定”按钮，如图 14-14 所示。

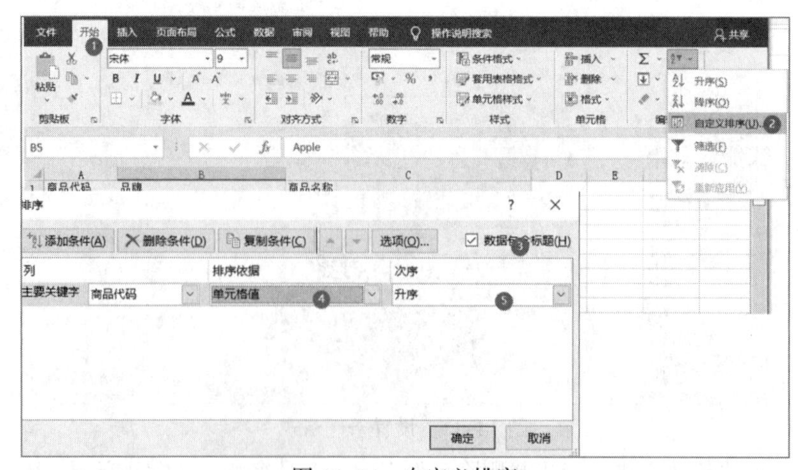

图 14-14　自定义排序

（2）按照要求对工作表“年度销售汇总”中的数据进行处理。

① 将 A1 单元格中的标题内容在表格数据上方“跨列居中”，并应用相关单元格样式。

**步骤 01：**选中“年度销售汇总”工作表的 A1:L1 单元格区域，右击，在弹出的快捷菜单中选择“设置单元格格式”命令，弹出“设置单元格格式”对话框，设置水平对齐为“跨列居中”，单击“确定”按钮，如图 14-15 所示。

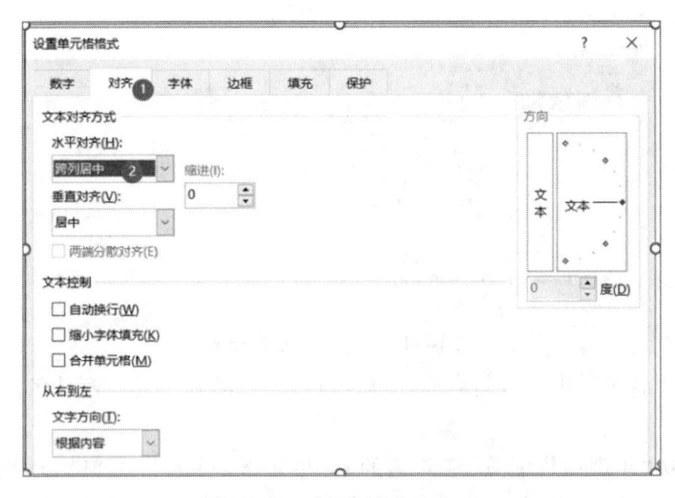


图 14-15　设置单元格格式

**步骤 02：**单击“开始”选项卡“样式”选项组中的“单元格样式”按钮，在下拉菜单中选择“标题 1”样式，如图 14-16 所示。

图 14-16　设置单元格样式

② 令“序号”列中的序号以“0001”格式显示。

操作步骤：选中“年度销售汇总”工作表中的 A4 单元格，按【Ctrl+ Shift+↓】组合键，选中 A 列单元格区域，右击，在弹出的快捷菜单中选择“设置单元格格式”命令，弹出“设置单元格格式”对话框，选择“数字”选项卡，单击“自定义”选项，在“类型”列表框中选择“0”，将其修改为“0000”，单击“确定”按钮，如图 14-17 所示。

图 14–17　设置单元格格式

③ 自工作表“品名”中获取与商品代码相对应的“品牌”及“商品名称”依次填入 C 列和 D 列。

**步骤 01**：选中“年度销售汇总”工作表的 C4 单元格，输入公式“=VLOOKUP(B4,品名表!A:C,2,0)”，如图 14–18 所示。选中 C4 单元格，将光标移至单元格右下角，当光标变成“+”形状后，双击填充柄进行填充。

C4　=VLOOKUP(B4,品名表!A:C,2,0)

| | A | B | C | D | E | F | G |
|---|---|---|---|---|---|---|---|
| 1 | | | | | | 银鱼商贸公司2017年销 | |
| 2 | | | | | | | |
| 3 | 序号 | 商品代码 | 品牌 | 商品名称 | 商品类别 | 销售日期 | 分部 |
| 4 | 0001 | NC001 | Apple | | | 2017年6月2日 | 北京总公司 |
| 5 | 0002 | NC013 | 戴尔 | | | 2017年1月10日 | 北京总公司 |
| 6 | 0003 | PC004 | Apple | | | 2017年1月15日 | 北京总公司 |
| 7 | 0004 | TC001 | Apple | | | 2017年6月23日 | 北京总公司 |
| 8 | 0005 | TC013 | 联想 | | | 2017年1月30日 | 北京总公司 |
| 9 | 0006 | TV005 | 海信 | | | 2017年2月6日 | 北京总公司 |

图 14–18　插入公式

**步骤 02**：选中“年度销售汇总”工作表的 D4 单元格，输入公式“=VLOOKUP(B4,品名表!A:C,3,0)”，如图 14–19 所示，选中 D4 单元格，将光标移至单元格右下角，当光标变成“+”形状后，双击填充柄进行填充。适当调整 D 列的列宽，使数据显示完整。

D4　=VLOOKUP(B4,品名表!A:C,3,0)

| | A | B | C | D | E | F | G |
|---|---|---|---|---|---|---|---|
| 1 | | | | | | 银鱼商贸公司2017年销 | |
| 2 | | | | | | | |
| 3 | 序号 | 商品代码 | 品牌 | 商品名称 | 商品类别 | 销售日期 | 分部 |
| 4 | 0001 | NC001 | Apple | MacBook Air MJVE2CH/A 13.3英寸笔 | | 2017年6月2日 | 北京总公司 |
| 5 | 0002 | NC013 | 戴尔 | Dell Vostro 5480R-3528SS 14英寸 | | 2017年1月10日 | 北京总公司 |
| 6 | 0003 | PC004 | Apple | iMac MK452CH/A 21.5英寸一体机 | | 2017年1月15日 | 北京总公司 |
| 7 | 0004 | TC001 | Apple | iPad Air 2 MGKM2CH/A 9.7英寸平板 | | 2017年6月23日 | 北京总公司 |
| 8 | 0005 | TC013 | 联想 | ThinkPad 8 (20BNA0ORCD) 8.3英寸 | | 2017年1月30日 | 北京总公司 |
| 9 | 0006 | TV005 | 海信 | Hisense LED42K326X3D 42英寸智能 | | 2017年2月6日 | 北京总公司 |
| 10 | 0007 | TV016 | TCL | L48F3310-3D平板电视 | | 2017年2月14日 | 北京总公司 |

图 14–19　插入公式

④ 填入与商品代码相适应的商品类别。

操作步骤：选中“年度销售汇总”工作表的 E4 单元格，输入公式“=IF(MID(B4,1,2)="WM'","洗衣机",IF(MID(B4,1,2)="WH","热水器",IF(MID(B4,1,2)="RF","冰箱",IF(MID(B4,1,2)="AC","空调",IF(MID(B4,1,2)="TV ","电视","计算机")))))”，如图 14-20 所示。选中 E4 单元格，将光标移至单元格右下角，当光标变成“+”形状后，双击填充柄进行填充。

E4　=IF(MID(B4,1,2)="WM'","洗衣机",IF(MID(B4,1,2)="WH","热水器",IF(MID(B4,1,2)="RF","冰箱",IF(MID(B4,1,2)="AC","空调",IF(MID(B4,1,2)="TV ","电视","计算机")))))

| | A | B | C | D | E | F | G |
|---|---|---|---|---|---|---|---|
| 1 | | | | | | 银鱼商贸公司2017年销 | |
| 2 | | | | | | | |
| 3 | 序号 | 商品代码 | 品牌 | 商品名称 | 商品类别 | 销售日期 | 分部 |
| 4 | 0001 | NC001 | Apple | MacBook Air MJVE2C | 计算机 | 2017年6月2日 | 北京总公司 |
| 5 | 0002 | NC013 | 戴尔 | Dell Vostro 5480R- | 计算机 | 2017年1月10日 | 北京总公司 |
| 6 | 0003 | PC004 | Apple | iMac MK452CH/A 21. | 计算机 | 2017年1月15日 | 北京总公司 |
| 7 | 0004 | TC001 | Apple | iPad Air 2 MGKM2CH | 计算机 | 2017年6月23日 | 北京总公司 |
| 8 | 0005 | TC013 | 联想 | ThinkPad 8（20BNAC | 计算机 | 2017年1月30日 | 北京总公司 |

图 14-20　插入公式

⑤ 在 J 列中填入销售单价，每种商品的销售单价可从“价格表.xlsx”工作簿的“单价”表中获取。

操作步骤：双击打开“价格表.xlsx”工作簿，选中“年度销售汇总”工作表的 J4 单元格，输入公式“=VLOOKUP(B4,[价格表.xlsx]单价!$A：$B,2,FALSE)”，如图 14-21 所示。将光标移至单元格右下角，当光标变成“+”形状后，双击填充柄进行填充。

J4　=VLOOKUP(B4,[价格表.xlsx]单价!$A:$B,2,FALSE)

| | G | H | I | J | K | L | M |
|---|---|---|---|---|---|---|---|
| 1 | 2017年销售统计表 | | | | | | |
| 2 | | | | | | | |
| 3 | 分部 | 销售渠道 | 销量 | 销售单价 | 销售额 | 进货成本 | |
| 4 | 北京总公司 | 网店 | 12 | 6462.8 | | | |
| 5 | 北京总公司 | 实体店 | 20 | 4199 | | | |
| 6 | 北京总公司 | 实体店 | 43 | 10888 | | | |
| 7 | 北京总公司 | 网店 | 35 | 4038 | | | |
| 8 | 北京总公司 | 实体店 | 29 | 2599 | | | |
| 9 | 北京总公司 | 实体店 | 11 | 3599 | | | |
| 10 | 北京总公司 | 实体店 | 25 | 3999 | | | |

图 14-21　填充单元格

⑥ 根据公式“销售额=销量×销售单价”计算出每种商品的销售额并填入 K 列中。

操作步骤：选中“年度销售汇总”工作表的 K4 单元格，输入公式“=I4*J4”，如图 14-22 所示。选中 K4 单元格，将光标移至单元格右下角，当光标变成“+”形状后，双击填充柄进行填充。

=I4*J4

| | G | H | I | J | K | L | M |
|---|---|---|---|---|---|---|---|
| 1 | 2017年销售统计表 | | | | | | |
| 2 | | | | | | | |
| 3 | 分部 | 销售渠道 | 销量 | 销售单价 | 销售额 | 进货成本 | |
| 4 | 北京总公司 | 网店 | 12 | 6462.8 | 77553.6 | | |
| 5 | 北京总公司 | 实体店 | 20 | 4199 | 83980 | | |
| 6 | 北京总公司 | 实体店 | 43 | 10888 | 468184 | | |
| 7 | 北京总公司 | 网店 | 35 | 4038 | 141330 | | |
| 8 | 北京总公司 | 实体店 | 29 | 2599 | 75371 | | |

图 14-22　填充单元格

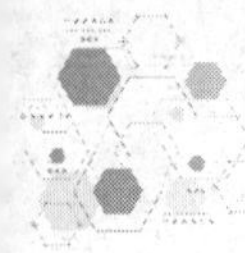



⑦ 根据公式“进货成本=销量×进价”计算出每种商品的进货成本填入 L 列中。其中进价可从“价格表.xlsx”工作簿的“进价”表中获取。

操作步骤：选中“年度销售汇总”工作表 L4 单元格，输入公式=VLOOKUP(B4,[价格表.xlsx]进价!$A：$B,2,FALSE)*I4，如图 14-23 所示。选中 L4 单元格，将光标移至单元格右下角，当光标变成“+”形状后，双击填充柄进行填充。

L4　=VLOOKUP(B4,[价格表.xlsx]进价!$A:$B,2,FALSE)*I4

| | G | H | I | J | K | L | M |
|---|---|---|---|---|---|---|---|
| 1 | 2017年销售统计表 | | | | | | |
| 2 | | | | | | | |
| 3 | 分部 | 销售渠道 | 销量 | 销售单价 | 销售额 | 进货成本 | |
| 4 | 北京总公司 | 网店 | 12 | 6462.8 | 77553.6 | 62042.88 | |
| 5 | 北京总公司 | 实体店 | 20 | 4199 | 83980 | 70543.2 | |
| 6 | 北京总公司 | 实体店 | 43 | 10888 | 468184 | 407320.08 | |
| 7 | 北京总公司 | 网店 | 35 | 4038 | 141330 | 124370.4 | |
| 8 | 北京总公司 | 实体店 | 29 | 2599 | 75371 | 64065.35 | |
| 9 | 北京总公司 | 实体店 | 11 | 3599 | 39589 | 35630.1 | |

图 14-23　填充单元格

⑧ 将单价、销售额和进货成本 3 列数据设为保留两位小数、使用千位分隔的数值格式；为整个数据区域套用一个表格格式，并适当加大行高、调整各列列宽以使数据显示完整。

**步骤 01**：选中“年度销售汇总”工作表中的 J、K、L 三列单元格区域，右击，在下拉列表中选择“设置单元格格式”命令，弹出“设置单元格格式”对话框，选择“数字”选项卡，选择“数值”，勾选“使用千位分隔符”复选框，并将小数位数设置为 2，单击“确定”按钮，如图 14-24 所示。

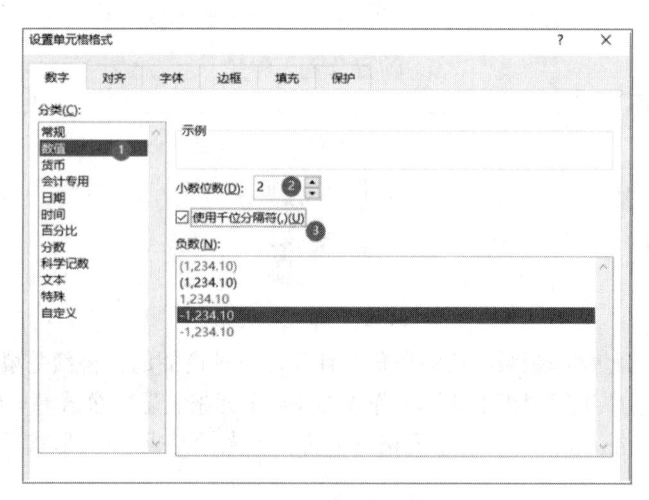


图 14-24　设置单元格格式

**步骤 02**：选中表格数据区域。单击“开始”选项卡“样式”选项组中的“套用表格格式”按钮，在下拉菜单中选择适当的表格样式，如图 14-25 所示，勾选“标题行”复选框，单击“确定”按钮。

**步骤 03**：选中“年度销售汇总”工作表所有单元格区域，单击“开始”选项卡“单元格”选项组中的“格式”按钮，在下拉菜单中选择“行高”命令，如图 14-26 所示。在弹出的对话框中，输入适当的行高值，单击“确定”按钮。再次单击“单元格”选项组中的“格式”按钮，在下拉菜单中选择“自动调整列宽”命令，如图 14-27 所示。

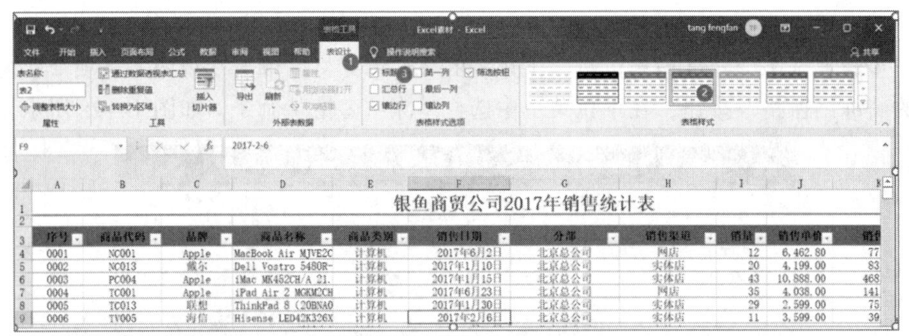


图 14-25　设置表样式

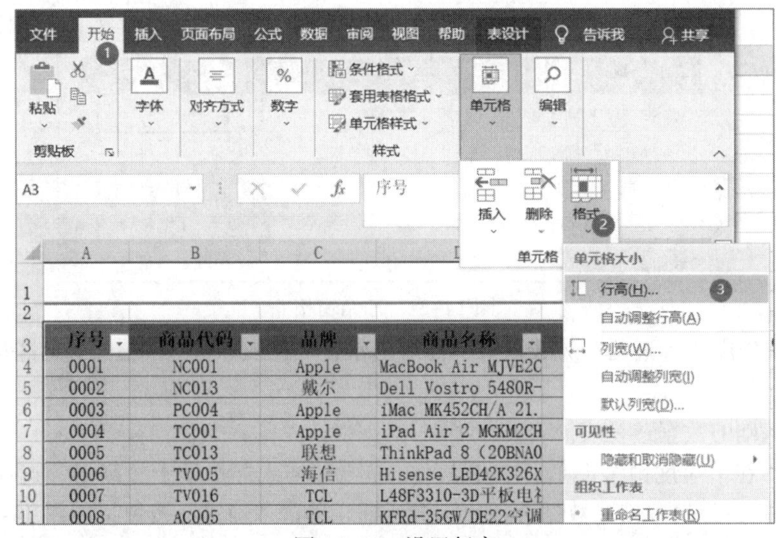


图 14-26　设置行高

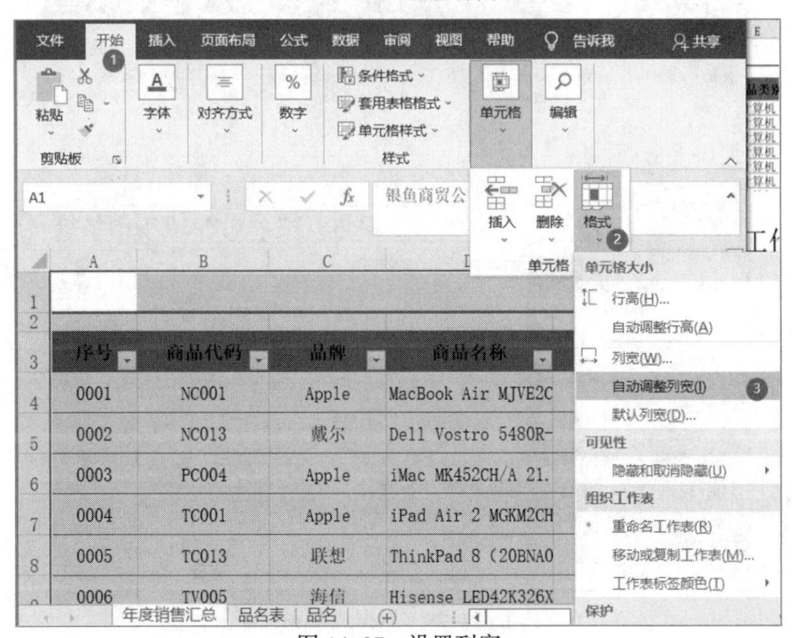


图 14-27　设置列宽

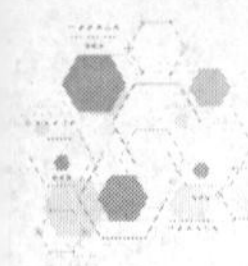

⑨ 锁定工作表的 1～3 行和 A～D 列，使之始终可见。

操作步骤：选中“年度销售汇总”工作表的 E4 单元格，单击“视图”选项卡“窗口”选项组中的“冻结窗格”按钮，在下拉菜单中选择“冻结窗格”命令，如图 14-28 所示。

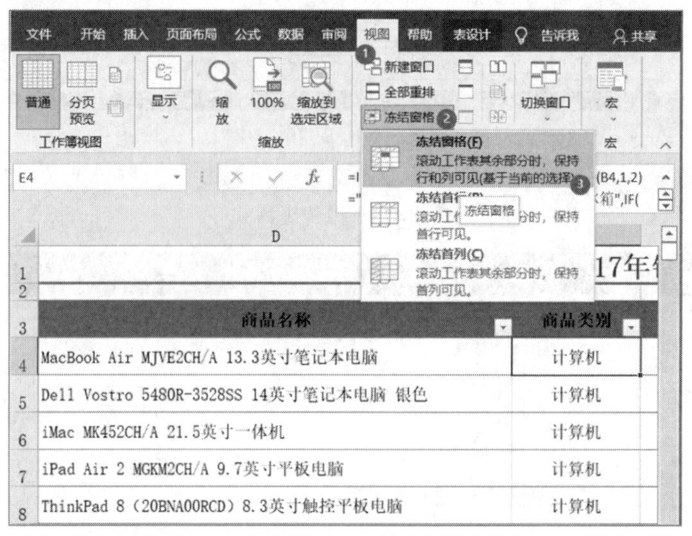

图 14-28　冻结窗格

（3）以“年度销售汇总”为数据源，自新工作表“透视分析”的 A3 单元格开始创建数据透视表。

① 建立基础的数据透视表。

**步骤 01**：在“年度销售汇总”工作表中，单击“插入”选项卡“表格”选项组中的“数据透视表”按钮，弹出“创建数据透视表”对话框，单击“确定”按钮，如图 14-29 所示。

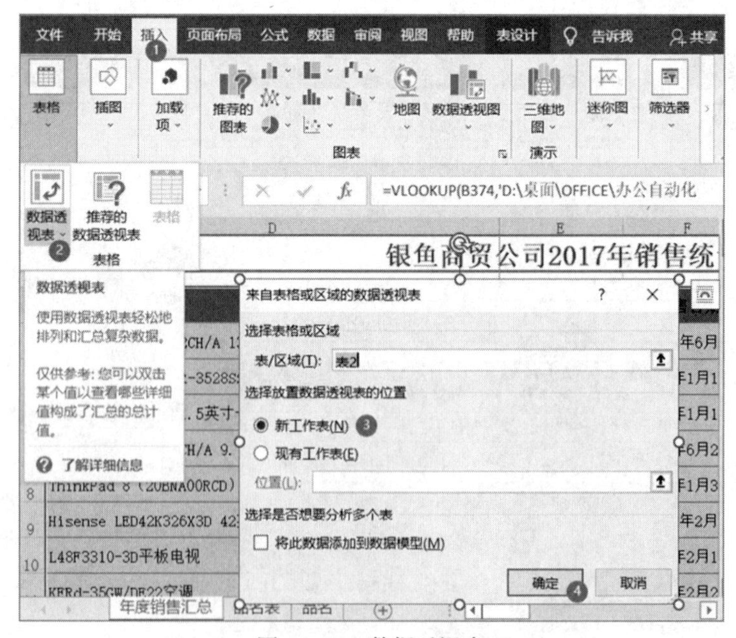

图 14-29　数据透视表

**步骤 02**：双击新建数据透视表的表标签，将表标签名修改为“透视分析”，如图 14-30 所示。

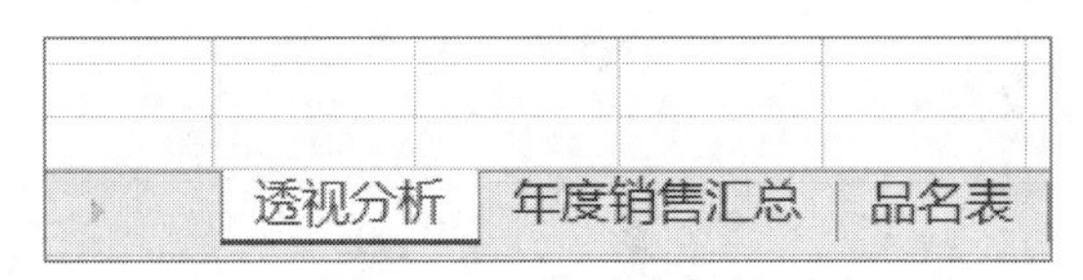


图 14-30　修改表标签

**步骤 03**：将“数据透视表字段”窗格中的“商品类别”字段拖动到“筛选”区域，将“销售渠道”和“分部”字段拖动到“行”区域，将“销售日期”字段拖动到“列”区域，将“销售额”和“进货成本”字段依次拖动到“值”区域，如图 14-31 所示。

图 14-31　数据透视表

② 对创建的数据透视表进行各种设置。

**步骤 01**：单击“数据透视表工具-分析”选项卡“计算”选项组中的“字段、项目和集”按钮，在下拉菜单中选择“计算字段”命令，弹出“插入计算字段”对话框，将名称修改为“毛利”，公式为“=销售额-进货成本”，单击“添加”按钮，单击“确定”按钮，如图 14-32 所示。

**步骤 02**：单击“数据透视表工具-设计”选项卡“布局”选项组中的“报表布局”按钮，在下拉菜单中选择“以表格形式显示”命令，如图 14-33 所示。

**步骤 03**：选中任意单元格，右击，在弹出的快捷菜单中选择“数据透视表选项”命令，弹出“数据透视表选项”对话框，勾选“合并且居中排列带标签的单元格”复选框，单击“确定”按钮，如图 14-34 所示。

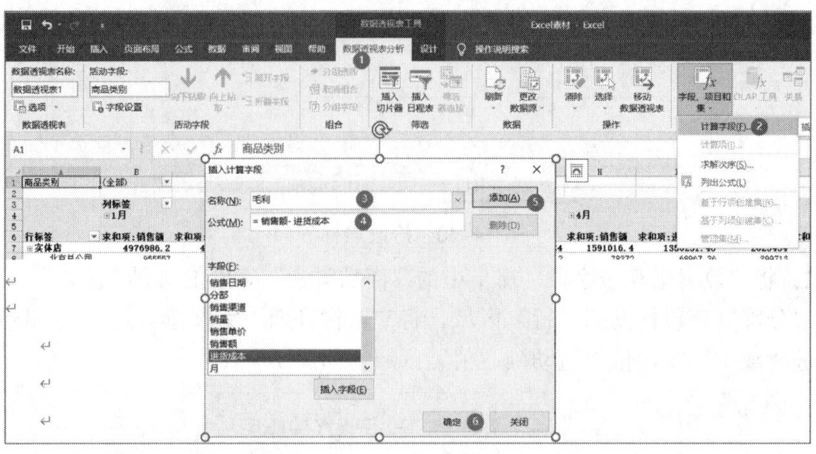


图 14-32　数据透视计算字段

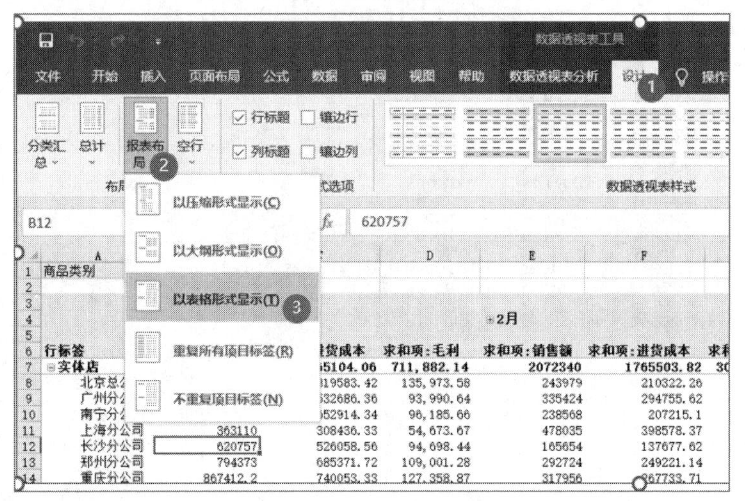


图 14-33　报表布局

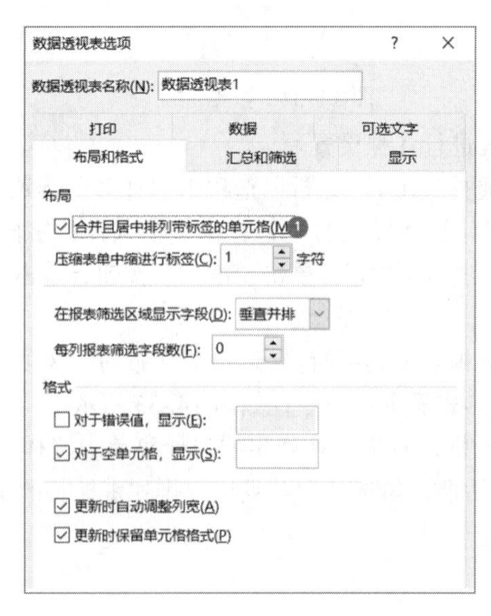


图 14-34　“数据透视表选项”对话框

**步骤 04**：选中数据透视表中任一日期，右击，在弹出的快捷菜单中选择“组合”命令，弹出“组合”对话框，设置步长为“月”，单击“确定”按钮，如图 14-35 所示。单击“销售日期”下拉按钮，在下拉列表中取消“全选”，只勾选“1 月”“2 月”“3 月”复选框，单击“确定”按钮，如图 14-36 所示。

图 14-35　设置步长

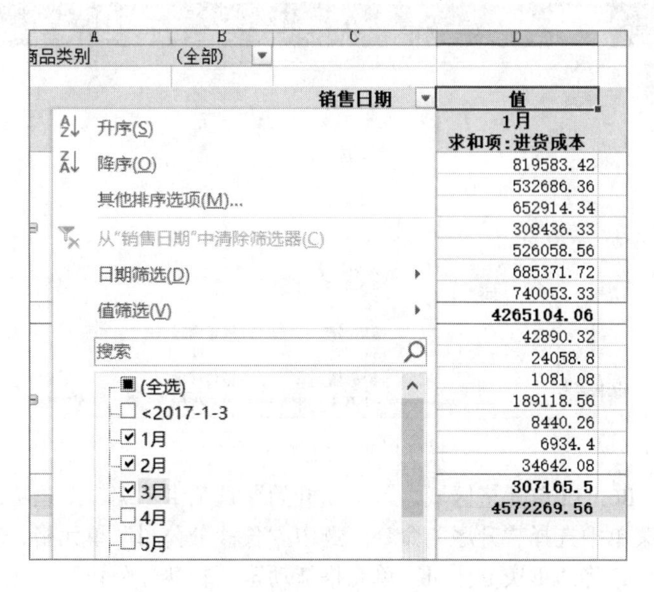


图 14-36　勾选 1 ~ 3 月

**步骤 05**：选中 A1 单元格，单击“开始”选项卡“字体”选项组中的“加粗”按钮，如图 14-37 所示。

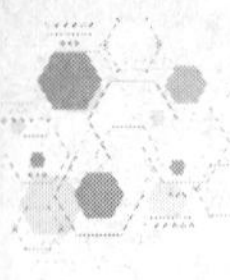

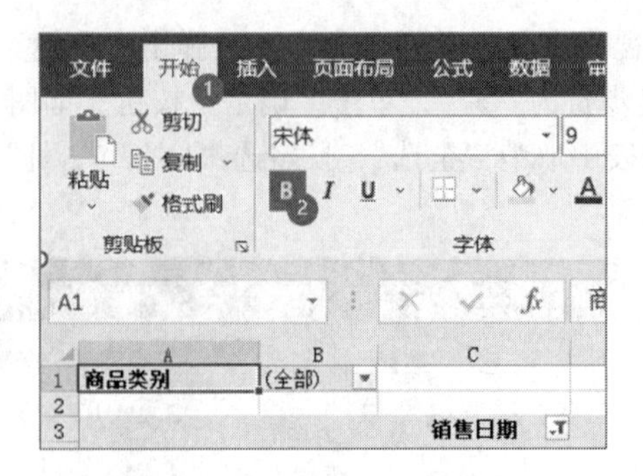


图 14–37　设置单元格字体

③ 对最终的数据透视表进行完善。

**步骤 01**：选中数据透视表中的 D3 单元格，在编辑栏中输入“销售情况”，如图 14–38 所示。

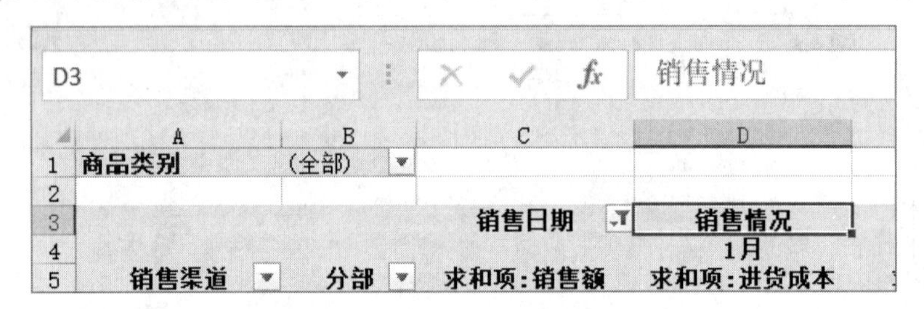


图 14–38　设置单元格

**步骤 02**：选中数据透视表中的 C5 单元格，在编辑栏中输入“销售额”，按【Alt+Enter】组合键实现强制换行，然后输入“(千元)”，如图 14–39 所示。用同样的方式，参照样例，逐一修改其他列标题。适当调整第 5 行的行高，使标题显示完整。

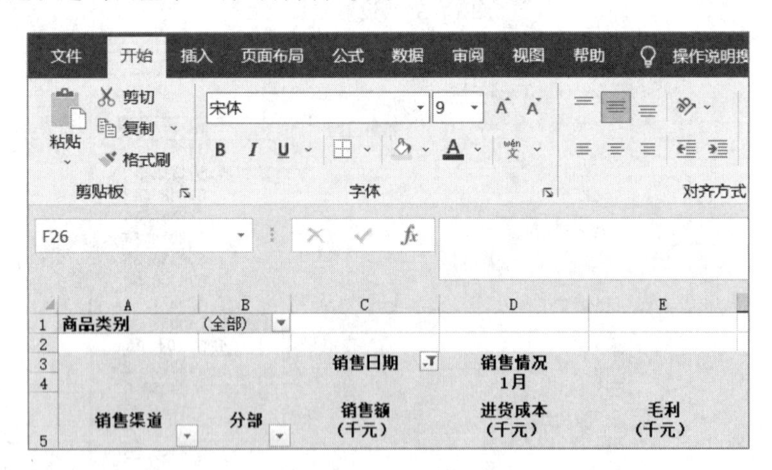


图 14–39　设置单元格

**步骤 03**：选中 B6:B12 单元格区域，单击“开始”选项卡“编辑”选项组中的“排序和筛选”按钮，在下拉菜单中选择“升序”命令。选中“长沙分公司”单元格，将其拖动至“北京总公司”单元格之后，将“重庆分公司”单元格拖动至“长沙分公司”单元格之后（要等光标变成十字形），如图 14–40 所示。

B9　长沙分公司

| | A | B | C | D | E | F | G |
|---|---|---|---|---|---|---|---|
| 1 | 商品类别 | (全部) | | | | | |
| 2 | | | | | | | |
| 3 | | | 销售日期 | 销售情况 | | | |
| 4 | | | | 1月 | | | 2月 |
| 5 | 销售渠道 | 分部 | 销售额（千元） | 进货成本（千元） | 毛利（千元） | 销售额（千元） | 进货成本（千元） |
| 6 | 实体店 | 北京总公司 | 955557 | 819583.42 | 135,973.58 | 243979 | 210322.26 |
| 7 | | 广州分公司 | 626677 | 532686.36 | 93,990.64 | 335424 | 294755.62 |
| 8 | | 南宁分公司 | 749100 | 652914.34 | 96,185.66 | 238568 | 207215.1 |
| 9 | | 长沙分公司 | 620757 | 526058.56 | 94,698.44 | 165654 | 137677.62 |
| 10 | | 上海分公司 | 363110 | 308436.33 | 54,673.67 | 478035 | 398578.37 |
| 11 | | 郑州分公司 | 794373 | 685371.72 | 109,001.28 | 292724 | 249221.14 |
| 12 | | 重庆分公司 | 867412.2 | 740053.33 | 127,358.87 | 317956 | 267733.71 |
| 13 | 实体店 汇总 | | **4976986.2** | **4265104.06** | **711,882.14** | **2072340** | **1765503.82** |
| 14 | | 北京总公司 | 48739 | 42890.32 | 5,848.68 | 60719 | 52825.53 |

图 14-40　移动单元格

**步骤 04**：选中所有带有数据的单元格区域，右击，在弹出的快捷菜单中选择“设置单元格格式”命令，弹出“设置单元格格式”对话框，选择“数字”选项卡，选择“自定义”选项，将“类型”更改为“0.00,”，单击“确定”按钮，如图 14-41 所示。

图 14-41　设置单元格格式

**步骤 05**：按【Ctrl+A】组合键，全选中所有区域。单击“数据透视表工具-设计”选项卡“数据透视表样式”选项组中的下拉按钮，在下拉列表中为表格套用与参考样例类似的表格样式，如图 14-42 所示。

**步骤 06**：完成所有设置后，将工作簿“Excel.xlsx”保存并关闭。

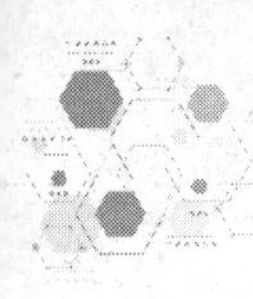

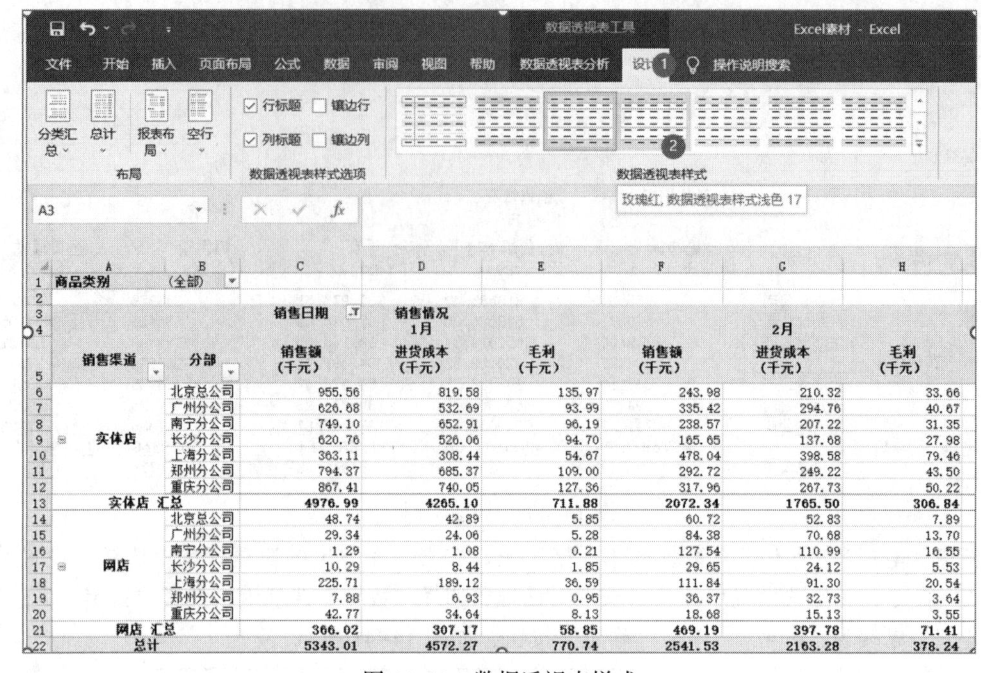


| 商品类别 | (全部) | | | | | | |
|---|---|---|---|---|---|---|---|
| | | 销售日期 | 销售情况 | | | | |
| | | 1月 | | | 2月 | | |
| 销售渠道 | 分部 | 销售额（千元） | 进货成本（千元） | 毛利（千元） | 销售额（千元） | 进货成本（千元） | 毛利（千元） |
| 实体店 | 北京总公司 | 955.56 | 819.58 | 135.97 | 243.98 | 210.32 | 33.66 |
| | 广州分公司 | 626.68 | 532.69 | 93.99 | 335.42 | 294.76 | 40.67 |
| | 南宁分公司 | 749.10 | 652.91 | 96.19 | 238.57 | 207.22 | 31.35 |
| | 长沙分公司 | 620.76 | 526.06 | 94.70 | 165.65 | 137.68 | 27.98 |
| | 上海分公司 | 363.11 | 308.44 | 54.67 | 478.04 | 398.58 | 79.46 |
| | 郑州分公司 | 794.37 | 685.37 | 109.00 | 292.72 | 249.22 | 43.50 |
| | 重庆分公司 | 867.41 | 740.05 | 127.36 | 317.96 | 267.73 | 50.22 |
| 实体店 汇总 | | 4976.99 | 4265.10 | 711.88 | 2072.34 | 1765.50 | 306.84 |
| 网店 | 北京总公司 | 48.74 | 42.89 | 5.85 | 60.72 | 52.83 | 7.89 |
| | 广州分公司 | 29.34 | 24.06 | 5.28 | 84.38 | 70.68 | 13.70 |
| | 南宁分公司 | 1.29 | 1.08 | 0.21 | 127.54 | 110.99 | 16.55 |
| | 长沙分公司 | 10.29 | 8.44 | 1.85 | 29.65 | 24.12 | 5.53 |
| | 上海分公司 | 225.71 | 189.12 | 36.59 | 111.84 | 91.30 | 20.54 |
| | 郑州分公司 | 7.88 | 6.93 | 0.95 | 36.37 | 32.73 | 3.64 |
| | 重庆分公司 | 42.77 | 34.64 | 8.13 | 18.68 | 15.13 | 3.55 |
| 网店 汇总 | | 366.02 | 307.17 | 58.85 | 469.19 | 397.78 | 71.41 |
| 总计 | | 5343.01 | 4572.27 | 770.74 | 2541.53 | 2163.28 | 378.24 |

图 14–42　数据透视表样式

## 技能小拓展

# 第四部分

# PowerPoint 演示文稿案例

# 第 15 章 新员工入职培训演示文稿

## 15.1 案例提要

演示文稿是以图解、图表为中心进行说明和阐释的简报，适用于商务汇报、项目提案和教学培训等。入职培训的对象一般是企业新进职员，主要用于端正员工的工作思想和工作态度。不同的企业对员工培训的重点和内容不同，其目的也会有所区别，一般利用演示文稿对员工进行讲解。

本案例主要涉及如下知识点：

- 应用母版
- 制作形状
- 制作图片
- 添加 SmartArt 图形
- 添加切换效果
- 添加动画

## 15.2 案例介绍

力创公司人力资源部邱雯要制作 PPT 为新员工进行入职培训，根据下列要求帮助她完成演示文稿的操作。

（1）设置演示文稿母版。应用主题快速设置演示文稿样式、修改合适的字体、修改并复制幻灯片母版。

（2）编辑幻灯片内容。在幻灯片中添加图片、形状、SmartArt 图形、输入文本。

（3）添加动态效果。为每一页添加切换效果、为图片和文字添加动画效果。

## 15.3 案例分析

入职培训演示文稿是办公中经常制作的文档，使用 PowerPoint 制作该演示文稿，可以使演示文稿图文并茂、交互性强。在制作演示文稿时需要注意如下 3 个关键点。

（1）标题清晰。

（2）切忌太多文字、颜色。

（3）切记使用太多艺术字和动画。

# 15.4　案例实操

（1）在母版视图中应用主题。

**步骤 01**：打开幻灯片母版。单击“视图”选项卡“母版视图”选项组中的“幻灯片母版”按钮，如图 15-1 所示。

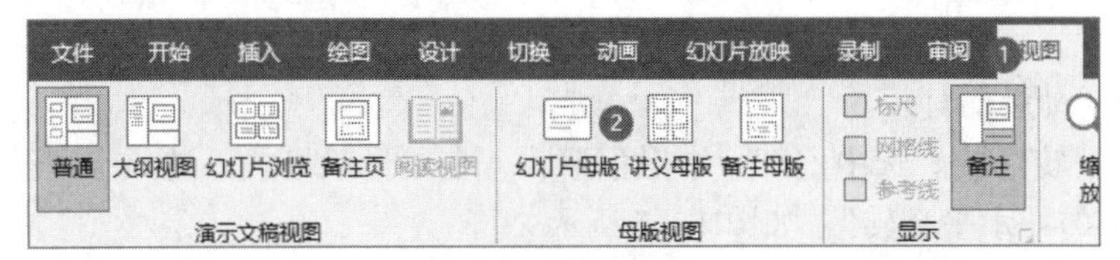


图 15-1　设置母版 1

**步骤 02**：设置母版主题。选中左侧第一张幻灯片，单击“幻灯片母版”选项卡“编辑主题”选项组中的“主题”按钮，从下拉菜单中选择“徽章”主题母版，如图 15-2 所示。效果如图 15-3 所示。

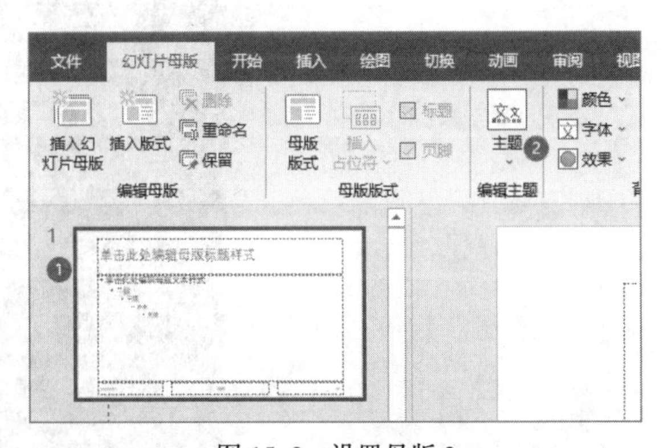


图 15-2　设置母版 2

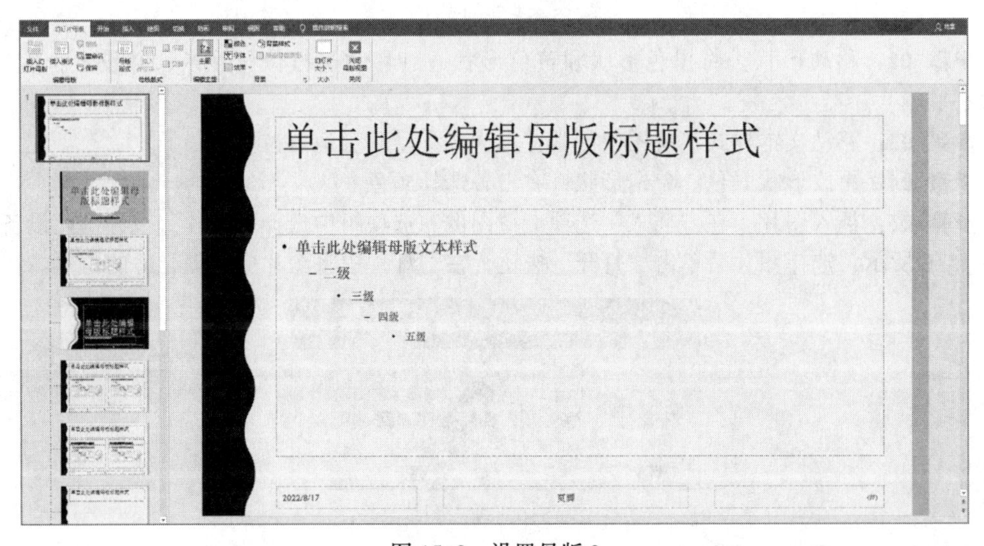


图 15-3　设置母版 3

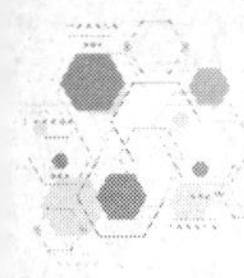



（2）更改母版的字体样式。

操作步骤：在“幻灯片母版”选项卡“背景”选项组中设置“字体”为“黑体”，如图 15-4 所示。

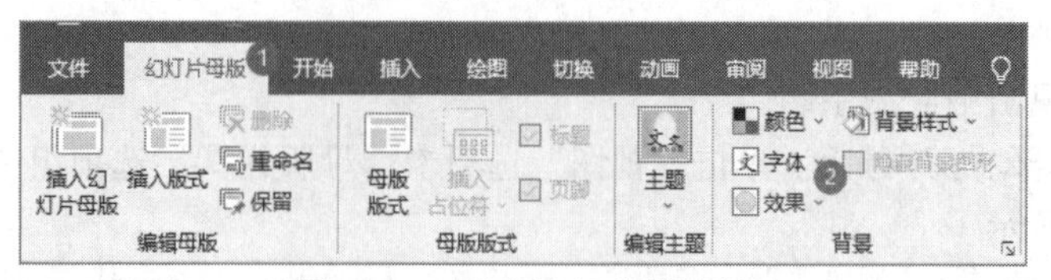


图 15-4　更改母版背景效果

（3）设计新母版幻灯片。

**步骤 01**：翻转形状。选中幻灯片中黑色形状，在“形状格式”选项卡“排列”选项组中选择“旋转”下的“水平翻转”，如图 15-5 所示。

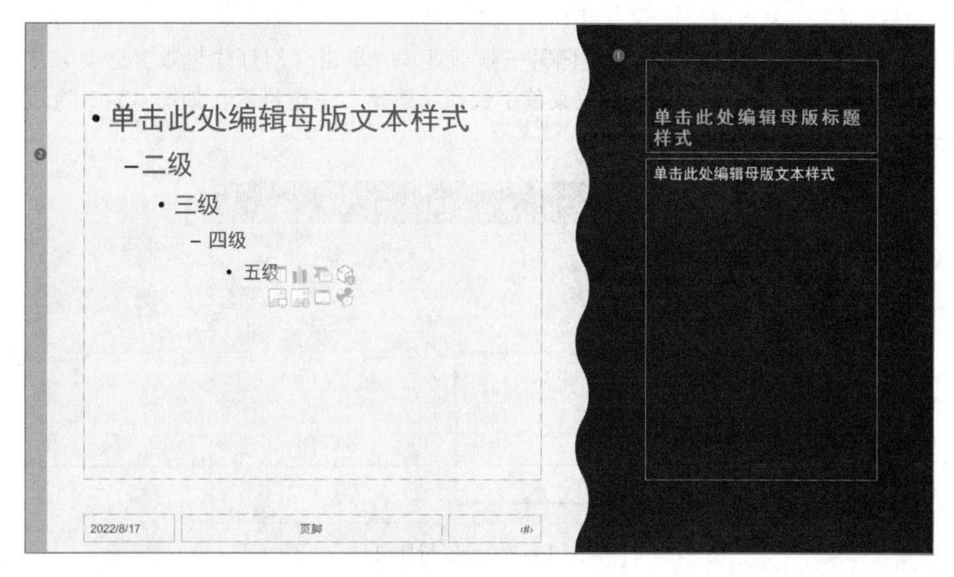


图 15-5　设计新母版

**步骤 02**：移动形状。将黑色形状和黄色形状通过移动进行位置互换，并设置合适的形状大小。

**步骤 03**：移动文本样式。将图中母版文本样式移动到合适的位置。

**步骤 04**：更改形状颜色。单击形状，右击，选择颜色。

**步骤 05**：插入图片。在“插入”选项卡“图像”选项组中选择“图片”下的“此设备”，如图 15-6 所示，选择图片后单击“打开”按钮，在幻灯片中将图片应用到合适的位置。

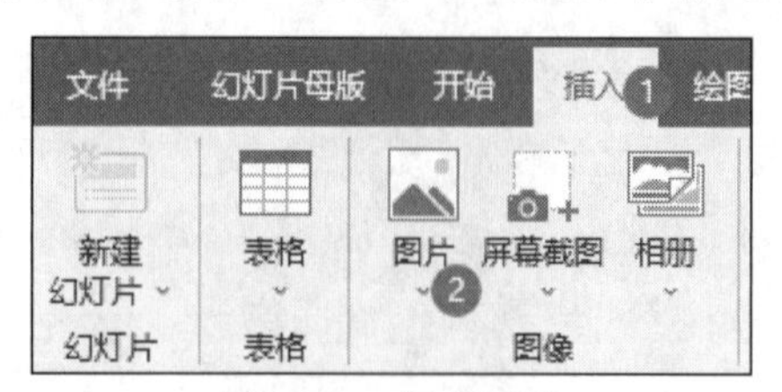


图 15-6　插入图片

**步骤 06**：设置顶层或底层。选中形状或图片后右击，在弹出的快捷菜单中选择“置于顶层”或“置于底层”命令。效果如图 15-7 所示。关闭母版视图。

图 15-7　设置顶层或底层

（4）编辑幻灯片内容。

**步骤 01：** 应用母版幻灯片。选中空白处，按【Enter】键。或者单击“开始”选项卡“幻灯片”选项组中的“新建幻灯片”按钮，如图 15-8 所示，插入要使用的母版。

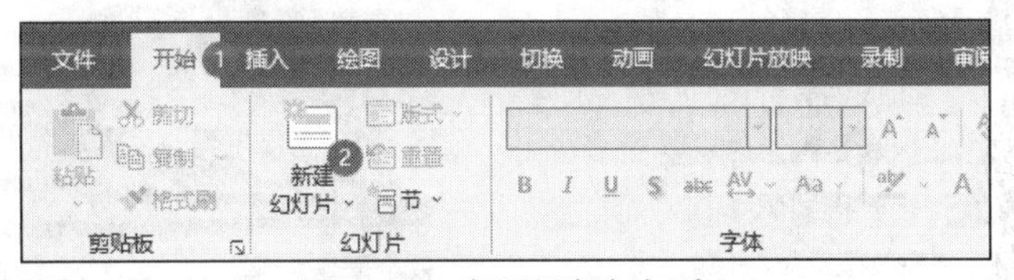


图 15-8　应用母版幻灯片

**步骤 02：** 输入标题文本。设置标题字体为“黑体、54 号、黑色”，落款字体为“黑体、18 号、白色”，并调整至合适位置。效果如图 15-9 所示。

图 15-9　输入标题文本

**步骤 03：** 输入目录文本。新建幻灯片，选择合适的母版样式，设置目录字体为“黑体、44 号、固定值 80”。效果如图 15-10 所示。

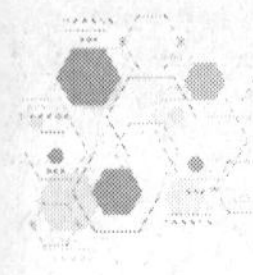

图 15-10　输入目录文本

**步骤 04**：输入正文文本。新建幻灯片，选择合适的母版样式，设置正文标题字体为“黑体、48 号、固定值 80”，正文字体为“黑体、28 号、固定值 40”。效果如图 15-11 和图 15-12 所示。

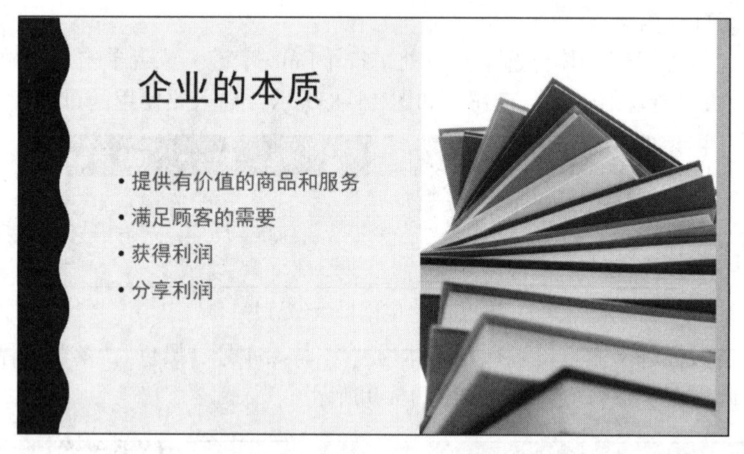


图 15-11　输入正文文本 1

图 15-12　输入正文文本 2

**步骤 05**：添加 SmartArt 图形。单击“插入”选项卡“插图”选项组中的“SmartArt”按钮，如图 15–13 所示。打开“选择 SmartArt 图形”对话框，在左列选择“关系”，在中间列选择“齿轮”，如图 15–14 所示。添加相应文字，效果如图 15–15 所示。

图 15–13 添加 SmartArt 图形 1

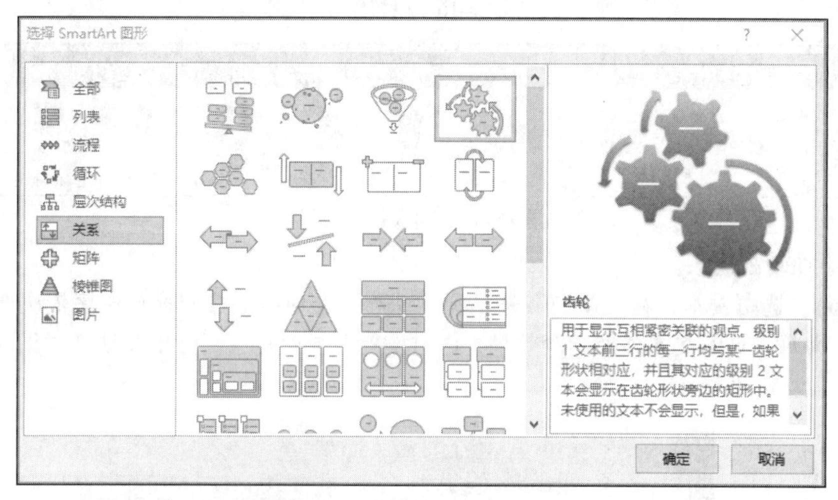


图 15–14 添加 SmartArt 图形 2

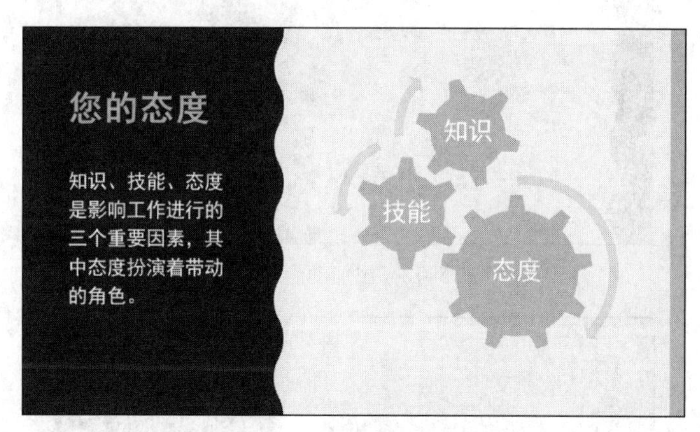


图 15–15 添加文字

**步骤 06**：设置结尾。设置结尾字体为“黑体、100 号”，效果如图 15–16 所示。

（5）添加切换效果。

操作步骤：选中一页幻灯片，单击“切换”选项卡“切换到此幻灯片”选项组中合适的切换模式。为标题页设置“推入”切换模式；目录页设置“擦除”切换模式；其余页设置“淡入/淡出”切换模式，如图 15–17 所示。

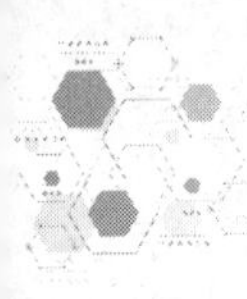

图 15-16　设置结尾

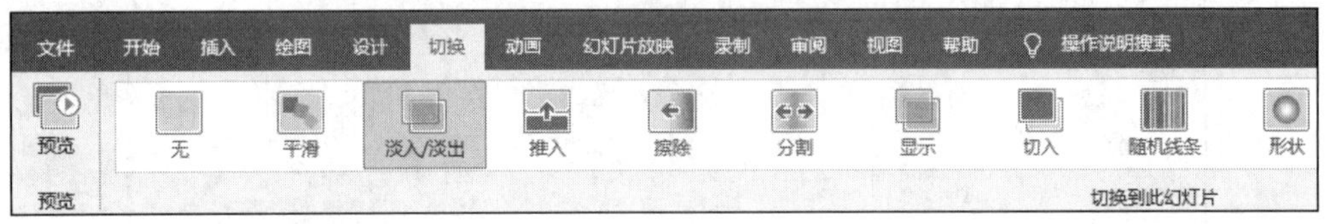


图 15-17　插入切换效果

（6）添加动画效果。

**步骤 01**：选中文本，在“动画”选项卡“动画”选项组中按照播放顺序依次选择合适的动画效果。为每一页的文本添加动画效果，内容设置动画后其左侧会出现动画效果的标识，如图 15-18 和图 15-19 所示。

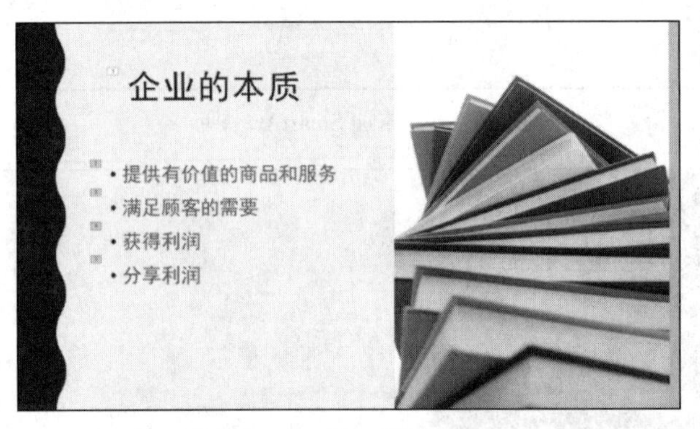


图 15-18　添加动画效果 1

图 15-19　添加动画效果 2

**步骤 02**：设置高级动画。调整“开始”为单击时；“持续时间”为 1 s，如图 15-20 所示。

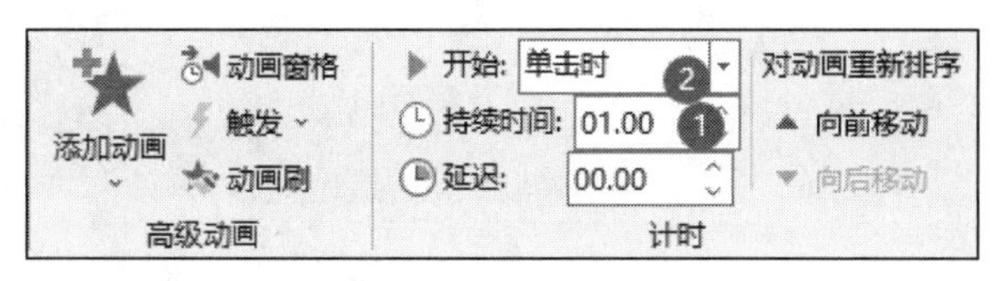


图 15-20 添加动画效果 3

（7）放映演示文稿查看效果。

操作步骤：单击页面右下角“幻灯片放映”按钮，查看幻灯片效果，如图 15-21 所示。

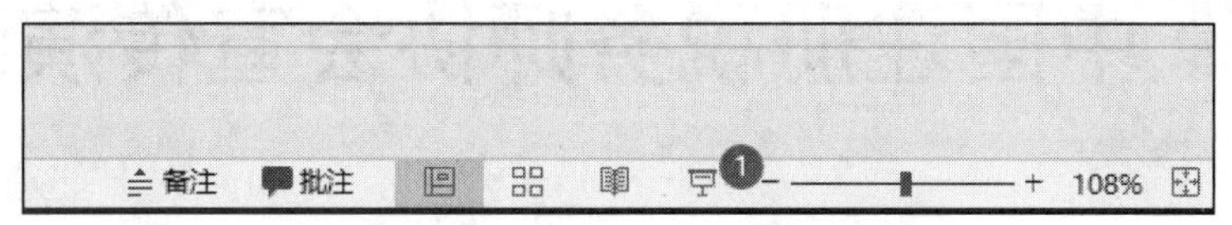


图 15-21 “幻灯片放映”按钮查看效果

## 技能小拓展

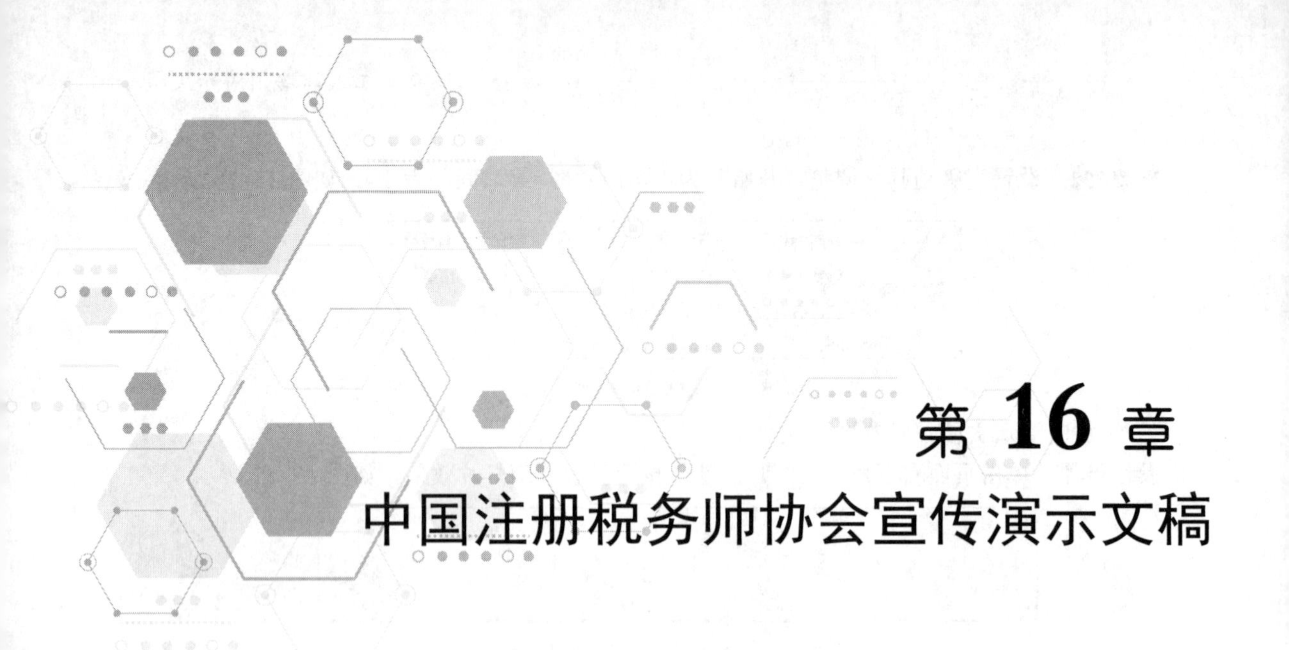

# 第 16 章 中国注册税务师协会宣传演示文稿

## 16.1 案例提要

在办公业务中，有时需要发布新闻、展示新产品、交流科技成果和专题讲座等，为了更好地表达内容和观点，演讲者通常将其制作成演示文稿，通过投影仪向观众展示。PowerPoint（PPT）是一个制作演示文稿的优秀工具软件，下面就应用其制作产品宣传演示文稿。

本案例主要涉及如下知识点：

- 按标题导入 PPT
- 母版设置
- 插入超链接
- 插入图片
- 创建相册

## 16.2 案例介绍

中国注册税务师协会宣传处王干事正在准备一份介绍本协会的演示文稿，按照下列要求帮助王干事组织材料完成演示文稿的整合制作，完成后的演示文稿共包含 14 张幻灯片，且没有空白幻灯片。

（1）从 Word 导入标题至 PPT。打开空白演示文稿“PPT.pptx”，根据 Word 文档“PPT 素材.docx”中提供的大纲内容新建 9 张幻灯片，要求新建幻灯片中不包含原素材中的任何格式。

（2）母版设置。为演示文稿应用“五彩缤纷.thmx”设计主题。将该设计主题下的 3 个版式“两栏内容”“比较”“内容”删除。令每张幻灯片的右上角同一位置均显示图片“logo.png”，将其置于底层且不遮挡其他对象内容。

（3）设置标题动画。为第 1 张幻灯片应用“标题幻灯片”版式。为其中的标题“中国注册税务师协会”和副标题“The china certified tax agents association”分别指定动画效果。

（4）加入超链接。在第 2 张幻灯片中，将文本框中的目录内容设为水平垂直均居中排列，并为每项内容添加超链接，令其分别链接到相应的幻灯片。为第 3 张幻灯片应用版式“节标题”。

（5）插入文档和图片。首先在第 5、6 张幻灯片之间插入两张幻灯片，然后进行下列操作：

① 为新插入的第 6 张幻灯片应用“空白”版式，在其中插入对象文档“中国注册税务师协会章程.docx”，令其仅显示第 1 页内容，并与原文档保持修改同步。当放映幻灯片时，用鼠

标单击对象即可打开原文档。

② 为新插入的第 7 张幻灯片应用版式“标题和内容”，标题为“组织结构”，插入“组织机构素材及参考效果.docx”中的图片。

（6）创建相册。分别为第 9 张和第 11 张幻灯片应用“仅标题”版式，之后利用相册功能，将图片“1.png” ~ “12.png”生成每页包含 4 张图片、不含标题的幻灯片，将其中包含图片的 3 张幻灯片插入到第 9 张幻灯片之后。

（7）插入超链接及图片。为第 15 张幻灯片设置“图片与标题”版式。为网址“http://www.cctaa.cn”添加对应的超链接。在右侧的图片框中插入图片“map.gif”，图片样式设为“剪去对角，白色”。

## 16.3　案例分析

作为一种灵活、高效的沟通方式，PowerPoint 被广泛应用于宣传、汇报、宣讲、培训、咨询、演说、休闲娱乐等领域。虽然大多数人都会制作演示文稿，但制作效果却大相径庭。相当部分制作者认为 PPT 制作简单，无非就是文字、图片、图表的罗列，再加以炫丽的动画效果就算达到演示效果了；也有部分制作者虽然知道演示文稿可以做得更好，却苦于不知何处下手。其实，优秀的演示文稿作品仅需注意如下 3 个关键点。

（1）PPT 更多的是反映作者对作品的策划、设计与创意。

（2）掌握了 PPT 的制作方法、流程和技巧。

（3）学会用 PPT 提供的功能表达出事物的美感。

## 16.4　案例实操

（1）从 Word 导入标题至 PPT。

**步骤 01：**在“PPT 素材.docx”文件中，选中所有一级标题，单击“样式”选项组中的“标题 1”样式进行应用，如图 16-1 所示。使用同样的方法为所有二级标题应用“标题 2”样式；为所有三级标题应用“标题 3”样式。保存并关闭“PPT 素材.docx”文件。

图 16-1　设置样式

**步骤 02：**在“PPT.pptx”文件中，单击“开始”选项卡“幻灯片”选项组中的“新建幻灯片”下拉按钮，如图 16-2 所示，在下拉菜单中选择“幻灯片(从大纲)”命令，弹出“插入大纲”对话框，选择“PPT 素材.docx”文档，单击“插入”按钮。

图 16-2　新建幻灯片

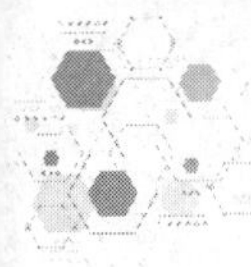

**步骤 03**：选中所有空白幻灯片，按【Delete】键删除，检查幻灯片数量是否为 9 张。

**步骤 04**：选中任一幻灯片，按【Ctrl+A】组合键选中所有幻灯片，单击“开始”选项卡“幻灯片”选项组中的“重置”按钮，如图 16-3 所示。

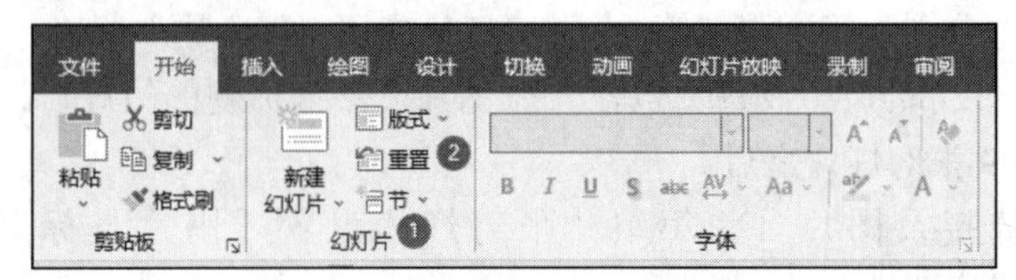


图 16-3　重置幻灯片

（2）母版设置。

**步骤 01**：单击“设计”选项卡“主题”选项组中的下拉按钮，如图 16-4 所示在下拉菜单中选择“浏览主题”命令，弹出“选择主题或主题文档”对话框，选择文件夹中的“五彩缤纷.thmx”主题，单击“应用”按钮。

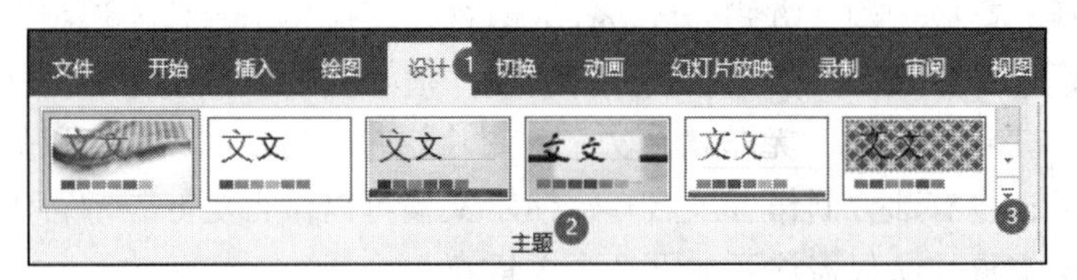


图 16-4　应用主题

**步骤 02**：单击“视图”选项卡“母版视图”选项组中的“幻灯片母版”按钮。进入幻灯片母版视图，删除“两栏内容”“比较”“内容”版式，如图 16-5 所示。

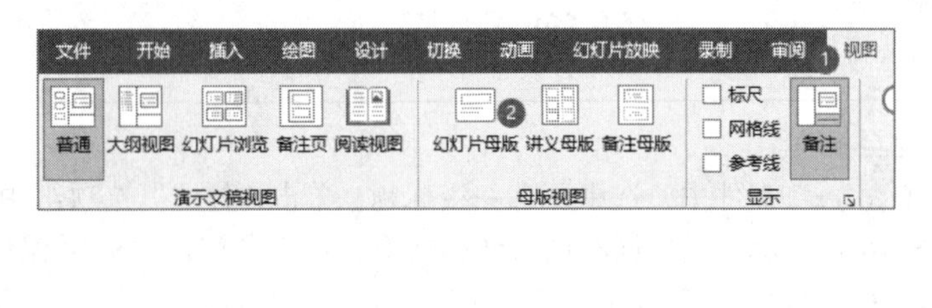


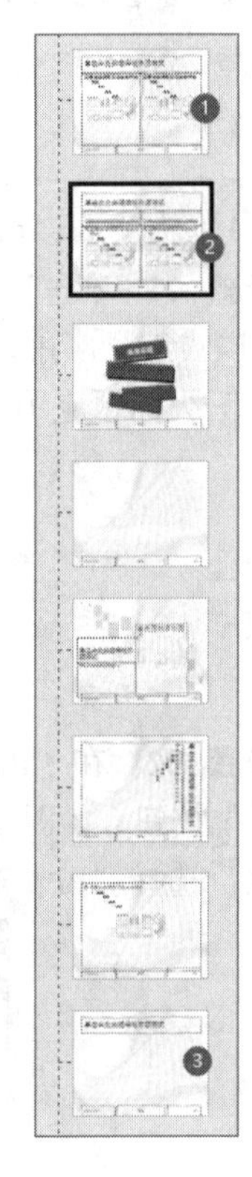

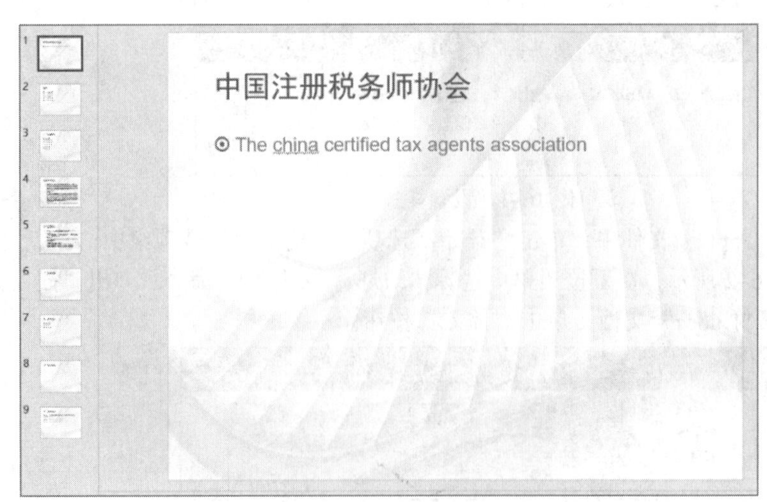


图 16-5　删除部分版式

**步骤 03**：选中第一张“五彩缤纷幻灯片母版”，单击“插入”选项卡“图像”选项组中的“图片”按钮，如图 16-6 所示。在弹出的“插入图片”对话框中，找到“logo.png”图片，单击“插入”按钮。

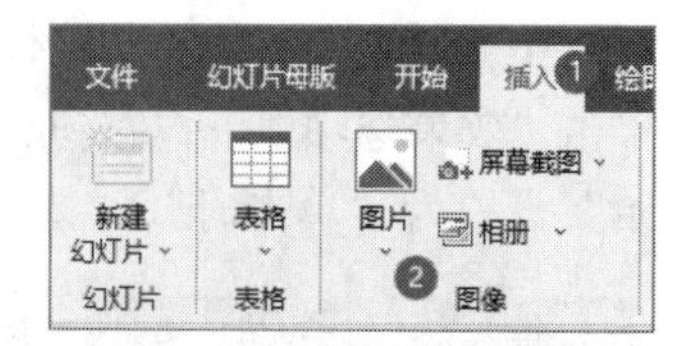


图 16-6　插入图片

**步骤 04**：单击“图片工具”选项卡“排列”选项组中的“对齐”下拉按钮，如图 16-7 所示，在下拉菜单中选择“右对齐”→“顶端对齐”命令，并适当调整图片大小，效果如图 16-8 所示。

图 16-7　图片工具

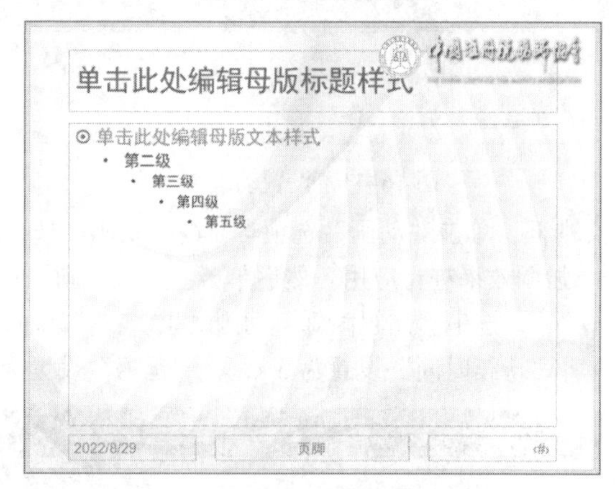


图 16-8　效果图

**步骤 05**：选中图片后右击，在弹出的快捷菜单中选择“置于底层”→“置于底层”命令。单击“幻灯片母版”选项卡“关闭”选项组中的“关闭母版视图”按钮，退出幻灯片母版编辑状态。

（3）设置标题动画。

**步骤 01**：选中第 1 张幻灯片，单击“开始”选项卡“幻灯片”选项组中的“版式”下拉按钮，在下拉菜单中选择“标题幻灯片”命令，效果如图 16-9 所示。

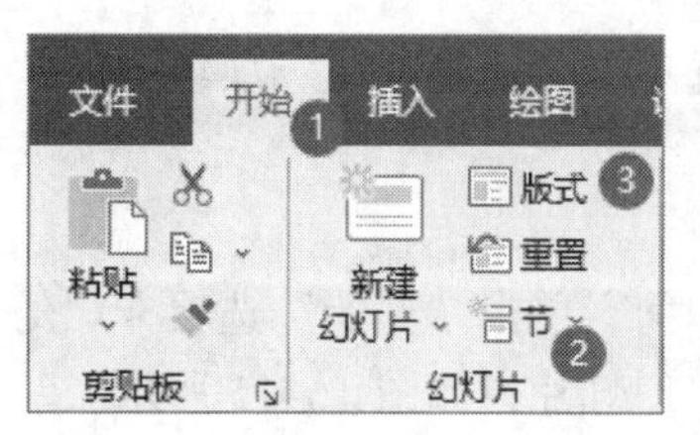

图 16-9　选择并应用版式

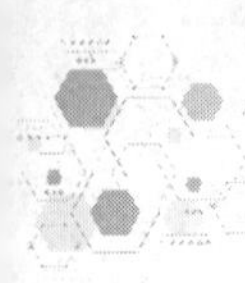



**步骤 02**：选中标题文本框，单击“动画”选项卡“动画”选项组中的“擦除”动画效果。单击“效果选项”下拉按钮，在下拉菜单中选择“自左侧”命令。在“计时”选项组中，将“开始”设置为“单击时”，“持续时间”设置为 5 s，如图 16-10 所示。

图 16-10　设置动画 1

**步骤 03**：选中副标题文本框，单击“动画”选项卡“动画”选项组中的“擦除”动画效果。单击“效果选项”下拉按钮，在下拉菜单中选择“自右侧”命令。在“计时”组中，将“开始”设置为“与上一动画同时”，“持续时间”设置为 5 s，如图 16-11 所示。

图 16-11　设置动画 2

**步骤 04**：选中标题文本框，单击“动画”选项卡“高级动画”选项组中的“添加动画”下拉按钮，选择“加粗闪烁”强调效果进行应用。然后单击“高级动画”选项组中的“动画窗格”按钮，在右侧打开“动画窗格”，选中“加粗闪烁”动画效果，在“计时”选项组中，将“开始”设置为“上一动画之后”，将“持续时间”设置为 3 s，将“延迟”设置为 4 s，如图 16-12 所示。

图 16-12　设置动画 3

（4）加入超链接。

**步骤 01**：切换到第 2 张幻灯片，选中文本占位符中的所有内容。单击“开始”选项卡“段落”选项组中的“居中”按钮，然后单击“对齐文本”下拉按钮，在下拉菜单中选择“中部对齐”命令。

**步骤 02**：选中文本“一、协会概况”（见图 16-13），右击后在弹出的快捷菜单中选择“超链接”命令，弹出“插入超链接”对话框，选择链接到“本文档中的位置”，在中间的列表框中选择“协会概况”，单击“确定”按钮，如图 16-14 所示。用同样的方法为其他目录设置对应的超链接。

**步骤 03**：选中第 3 张幻灯片，单击“开始”选项卡“幻灯片”选项组中的“版式”下拉按钮，在下拉菜单中选择“节标题”版式。

（5）插入文档和图片。

**步骤 01**：将光标置于第 5 张和第 6 张幻灯片中间，单击“开始”选项卡“幻灯片”选项组中的“新建幻灯片”按钮，重复操作插入两张空白幻灯片，如图 16-15 所示。

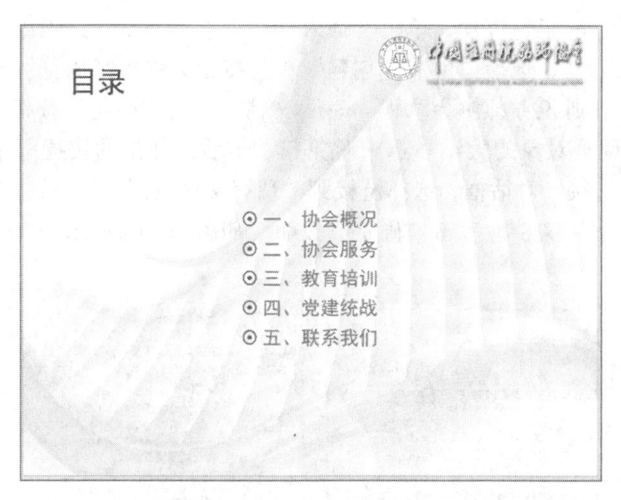


图 16–13　插入超链接 1

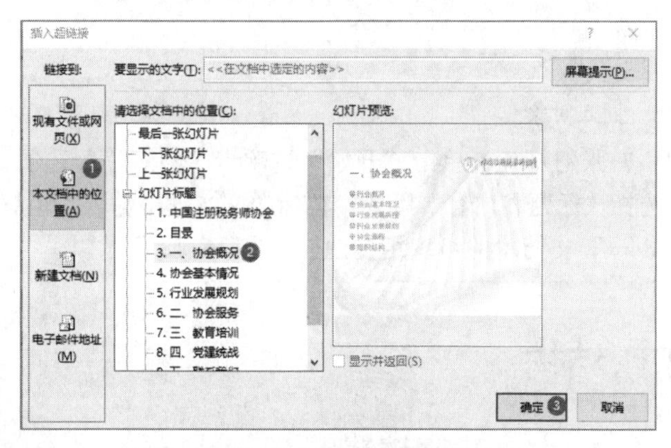


图 16–14　插入超链接 2

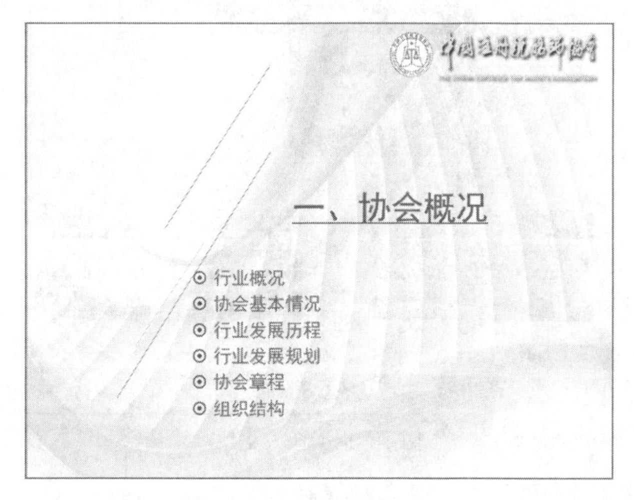


图 16–15　插入空白幻灯片

**步骤 02**：选中新插入的第 6 张幻灯片，单击“版式”下拉按钮，在下拉菜单中选择“空白”版式。

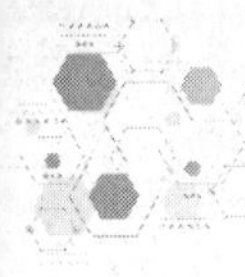

**步骤 03**：选中第 6 张幻灯片，单击“插入”选项卡“文本”选项组中的“对象”按钮，弹出“插入对象”对话框，选择“由文件创建”单选按钮，单击“浏览”按钮，弹出“浏览”对话框，选中“中国注册税务师协会章程.docx”文档，单击“确定”按钮，如图 16-16 所示。

**步骤 04**：适当调整对象的大小。选中对象，右击后在弹出的快捷菜单中选择“超链接”命令，弹出“插入超链接”对话框，选择链接到“现有文件或网页”，选中当前文件夹中的“中国注册税务师协会章程”文档，单击“确定”按钮，如图 16-17 所示。

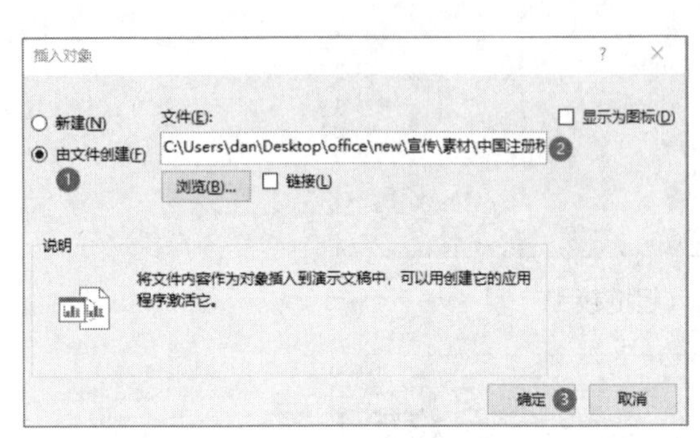


图 16-16　插入对象

图 16-17　插入超链接

**步骤 05**：选中第 7 张幻灯片，单击“开始”选项卡“幻灯片”选项组中的“版式”下拉按钮，在下拉菜单中选择“标题和内容”版式。在标题文本框中输入“组织结构”。插入“组织结构素材及参考效果.docx”文档中的组织结构图，如图 16-18 所示。

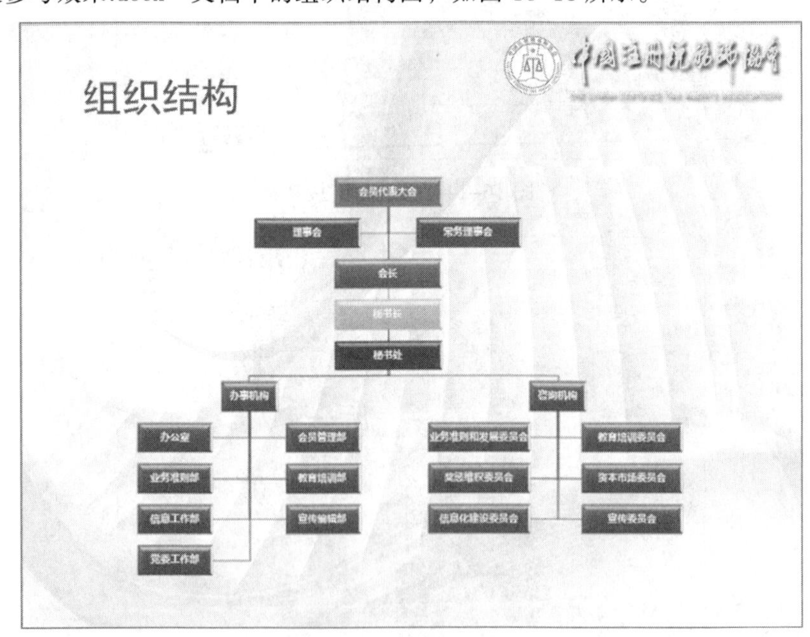


图 16-18　插入文档

（6）创建相册。

**步骤 01**：选中第 8 张幻灯片，按住【Ctrl】键选中第 11 张幻灯片，单击“开始”选项卡“幻灯片”选项组中的“版式”下拉按钮，在下拉菜单中选择“仅标题”版式。

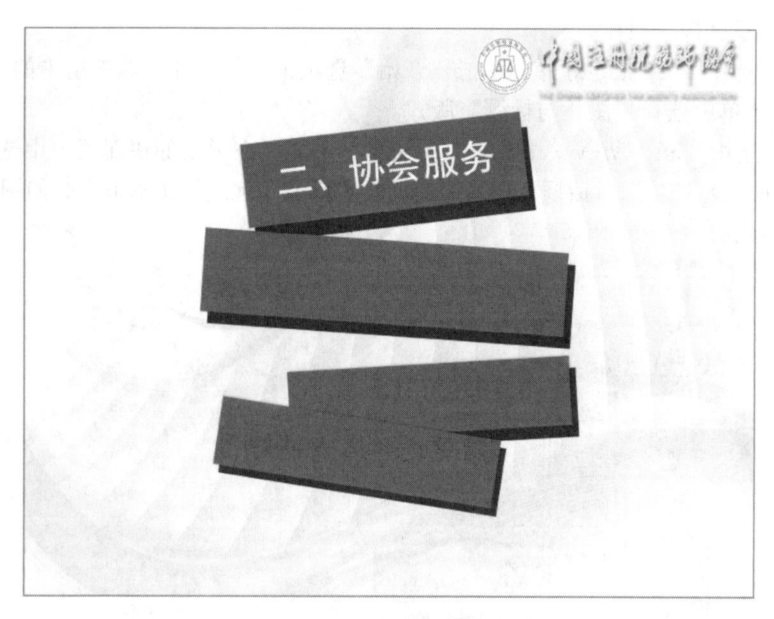


图 16–19　设置版式

**步骤 02**：选中第 9 张幻灯片，单击“插入”选项卡“图像”选项组中的“相册”下拉按钮，在下拉菜单中选择“新建相册”命令，弹出“相册”对话框，单击“文件/磁盘”按钮，选中文件夹下的“1.png”“2.png” ... “12.png”共 12 张 png 格式的图片，单击“插入”按钮。在“图片版式”下拉列表中选择“4 张图片”，单击“创建”按钮，如图 16–20 所示。

**步骤 03**：在打开的新的演示文稿中，选中第 2 张到第 4 张这三张幻灯片并复制，如图 16–21 所示，回到“PPT.pptx”演示文稿中，光标定位在第 9 张和第 10 张幻灯片之间，右击后在弹出的快捷菜单中选择“粘贴选项”→“使用目标主题”命令。

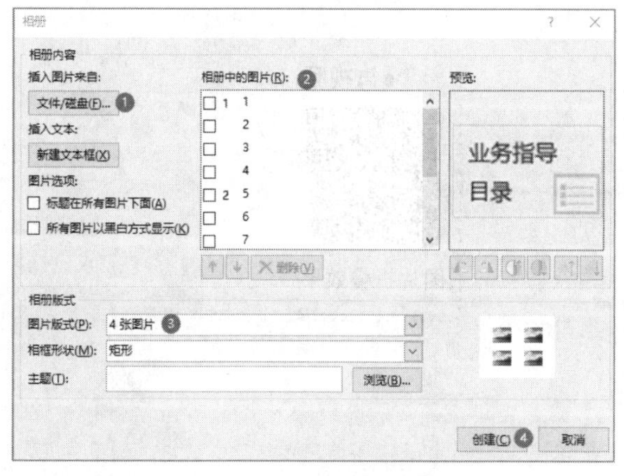


图 16–20　新建相册

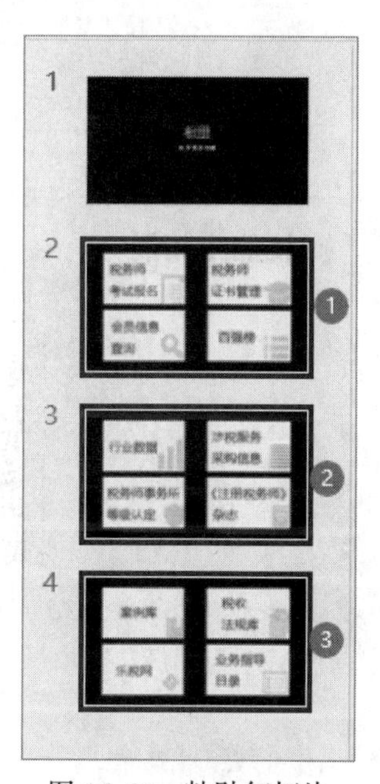

图 16–21　粘贴幻灯片

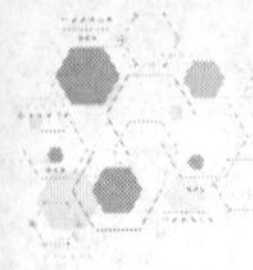

（7）插入超链接及图片。

**步骤 01：**选中第 14 张幻灯片，单击“开始”选项卡“幻灯片”选项组中的“版式”下拉按钮，在下拉菜单中选择“图片与标题”版式。

**步骤 02：**选中“http：//www.cctaa.cn”并复制，右击，在弹出的快捷菜单中选择“超链接”命令，弹出“插入超链接”对话框。将复制的网址粘贴到“地址”文本框中，如图 16–22 所示，单击“确定”按钮。

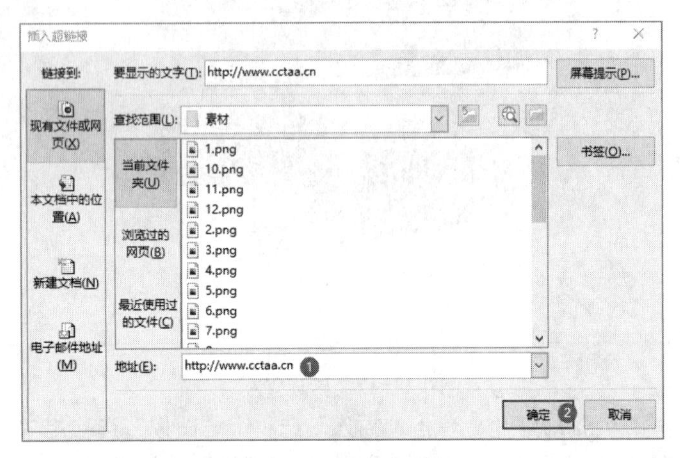


图 16–22　插入超链接

**步骤 03：**单击右侧图片占位符中的“图片”按钮，在文件夹下找到图片“map.gif”并选中，单击“插入”按钮。选中这张图片，单击“图片格式”选项卡“图片样式”选项组中的下拉按钮，选中“剪去对角，白色”样式，如图 16–23 所示。

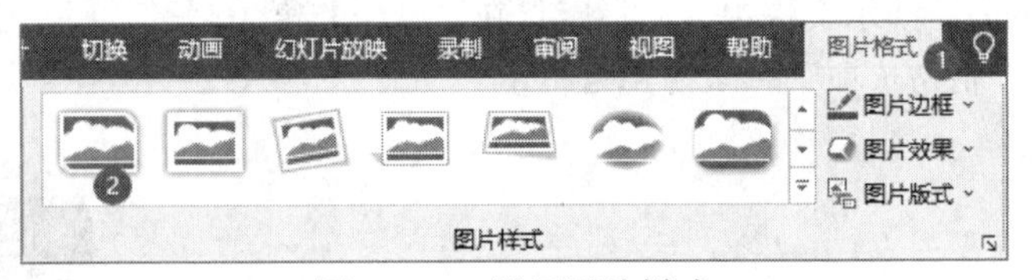


图 16–23　设置图片样式

## 技能小拓展

# 第五部分

# Office 综合应用案例

# 第 17 章 WPS 云共享报销数据的收集与分析

## 17.1 案例提要

对于公司的财务人员来说，员工差旅费用的报销和分析是每月的日常工作。首先可以根据员工出差的时间和出差地区，按照公司的报销制度计算员工的差旅费，还可以利用 Excel 相关函数，汇总计算分析当月的差旅费用报销情况。本案例主要通过差旅费用的计算和分析熟悉常见的 Excel 函数操作，主要涉及如下 Excel 函数：

- WPS 云文档的操作
- Excel 日期函数
- Excel 文本函数
- Excel 条件求和函数

## 17.2 案例介绍

财务部助理小王需要向主管汇报 2013 年度公司差旅费用的报销情况，现在请按照如下需求，在“Excel.xlsx”文档中完成工作。

（1）在 WPS 云文档中新建差旅费汇总文档并共享给员工进行填报。

① WPS 云文档中新建文档并完成表格编辑。

② 共享文档并收集数据。

（2）在“费用报销管理”工作表中完成相关的公式与格式设置。

① 在“费用报销管理”工作表“日期”列的所有单元格中，标注每个报销日期属于星期几，例如，日期为“2013 年 1 月 20 日”的单元格应显示为“2013 年 1 月 20 日 星期日”，日期为“2013 年 1 月 21 日”的单元格应显示为“2013 年 1 月 21 日 星期一”。

② 如果“日期”列中的日期为星期六或星期日，则在“是否加班”列的单元格中显示“是”，否则显示“否”（必须使用公式）。

③ 使用公式统计每个活动地点所在的省份（自治区、直辖市），并将其填写在“地区”列所对应的单元格中，例如“北京市”“浙江省”。

④ 依据“费用类别编号”列内容，使用 VLOOKUP 数，生成“费用类别”列内容。对照关系参考“费用类别”工作表。

（3）在“差旅成本分析报告”工作表中完成相关的汇总计算工作。

① 在“差旅成本分析报告”工作表 B3 单元格中，统计 2013 年第二季度发生在北京市的差旅费用总金额。

② 在“差旅成本分析报告”工作表 B4 单元格中，统计 2013 年员工钱顺卓报销的火车票费用总额。

③ 在“差旅成本分析报告”工作表 B5 单元格中，统计 2013 年差旅费用中，飞机票费用占所有报销费用的比例，并保留 2 位小数。

④ 在“差旅成本分析报告”工作表 B6 单元格中，统计 2013 年发生在周末（星期六和星期日）的通信补助总金额。

⑤ 把“差旅成本分析报告”转换成 PDF 文档，最后呈报公司领导。

## 17.3　案例分析

在公司的报销金额计算过程中，往往需要考虑员工的出差时间、出差地区、岗位级别、交通工具情况等多种因素，然后根据公司的报销制度计算报销金额。如果想通过 Excel 函数自动计算出该金额的话，则需要使用到 Excel 日期函数、Excel 文本函数、Excel 条件函数等一系列复杂函数。在月末报销数据分析时，如需从不同的角度汇总统计当月的报销情况，则需要用到 Excel 条件求和函数。

### 1. Excel 文本函数

Excel 文本函数主要用于文本数据的加工处理，常见的文本函数有 LEFT 函数、RIGHT 函数、MID 函数、FIND 函数等。在该案例中，主要使用了 MID 函数，对其功能说明如下：

```
=MID(text, star_num,num_chars)
```

text：要提取字符的文本。

star_num：从文本第几个字符开始提取。

num_chars：需要提取的字符数。

### 2. Excel 日期函数

Excel 日期函数，主要用于各种与日期有关的计算和处理，常见的日期函数有 year 函数、month 函数、day 函数等。该案例中主要用到了 weekday 函数，对其用法说明如下：

```
=WEEKDAY (serial_number,reture_type)
```

serial_number：日期值。

reture_type：返回值类型，一般选择 2，如果是周一则函数结果为数字 1，周日函数结果为数字 7。

### 3. Excel 条件求和函数

Excel 除了用 SUM 函数汇总数据以外，还提供了强大的 SUMIFS 函数，该函数可以根据设定的各种前提条件有条件地求和，对其用法说明如下：

```
=SUMIFS( sum_range,criteria_range1,criteria1,criteria_range2,criteria2,…)
```

sum_range：汇总求和的区域。

criteria_range1：需要建立标准的第一区域。

criteria1：第一区域对应的标准。

criteria_range2：需要建立标准的第二区域。

criteria2：第二区域对应的标准。

后续可以增长第三区域、第四区域、第五区域等。

# 17.4　案例实操

（1）在 WPS 云文档中新建差旅费汇总文档并共享给员工进行填报。

① WPS 云文档中新建文档并完成表格编辑。

**步骤 01**：输入网址进入金山文档的主页，如图 17-1 所示，并用自己的微信号登录。

图 17-1　输入网址

**步骤 02**：单击“新建”按钮，如图 17-2 所示，选择“表格”命令，新建一个 Excel 云文档的表格。

图 17-2　新建云文档

**步骤 03**：在新建的表格中，完成图 17-3 所示的报销申报模版表格设计，后续将要求公司员工按照模版的要求，填写各自的报销数据。

| | A | B | C | D | E |
|---|---|---|---|---|---|
| 1 | 日期 | 报销人 | 活动地点 | 费用类别编号 | 差旅费用金额 |
| 2 | 2013年1月20日 | 孟天祥 | 福建省厦门市思明区莲岳路118号中烟大厦1702室 | BIC-001 | ¥ 120.00 |
| 3 | … | … | … | … | … |
| 4 | | | | | |
| 5 | | | | | |
| 6 | | | | | |
| 7 | | | | | |
| 8 | | | | | |
| 9 | | | | | |
| 10 | | | | | |
| 11 | | | | | |

图 17-3　添加文字

**步骤 04**：单击“文件”按钮，选择“另存”命令，在弹出的对话框中输入文件名为“报销申报”，单击“另存并打开”按钮，如图 17-4 所示。

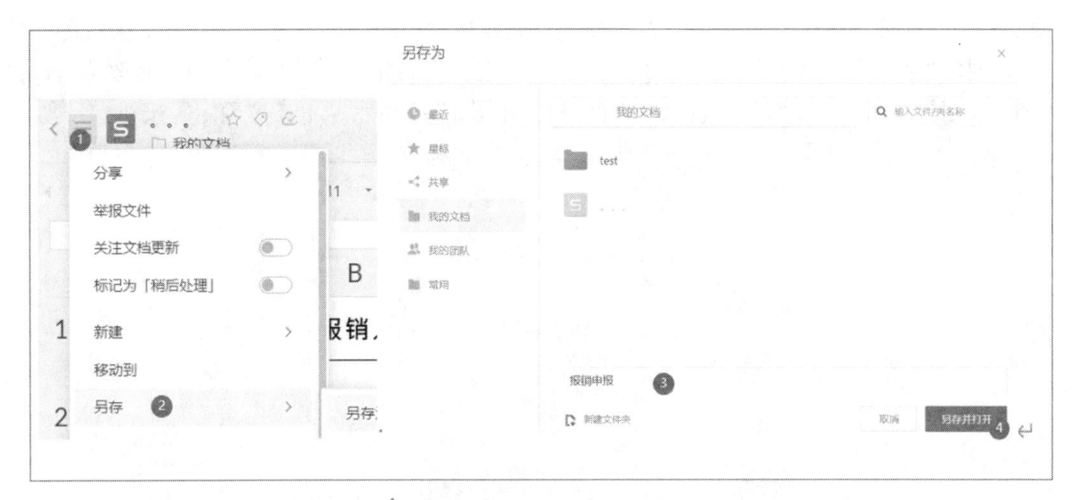


图 17-4　另存文档

② 共享文档并收集数据。

**步骤 01**：单击“分享”选项，在弹出的界面中选择“指定分享的人”并设置为“可编辑”，如图 17-5 所示，最后单击“复制链接”超链接，把该文档的地址发送给公司同事，让大家填报报销数据。

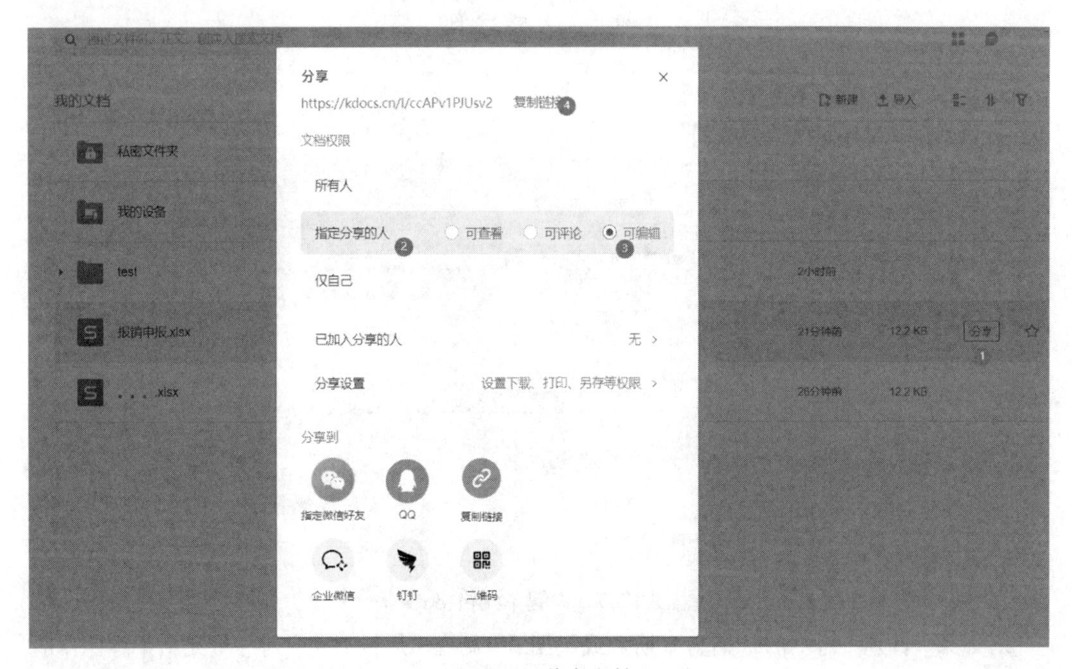


图 17-5　共享文档

**步骤 02**：当公司同事都填报完报销数据以后，选择文档后右击，在弹出的快捷菜单中选择“下载”命令，如图 17-6 所示，将该文档下载到计算机上做后续的加工和处理。

（2）在“费用报销管理”工作表中完成相关的公式与格式设置。

① 在“费用报销管理”工作表“日期”列的所有单元格中，标注每个报销日期属于星期几。

双击打开“Excel.xlsx”素材文件并切换到“费用报销管理”工作表，选中 A3:A401 单元格区域，右击后在弹出的快捷菜单中选择“设置单元格格式”命令，弹出“设置单元格格式”对话框，选择“数字”选项卡，在“分类”列表框中选择“自定义”选项，将类型修改为 yyyy"年"m"月"d"日" aaaa (aaaa 前需要输入一个空格)，如图 17-7 所示，单击“确定”按钮。

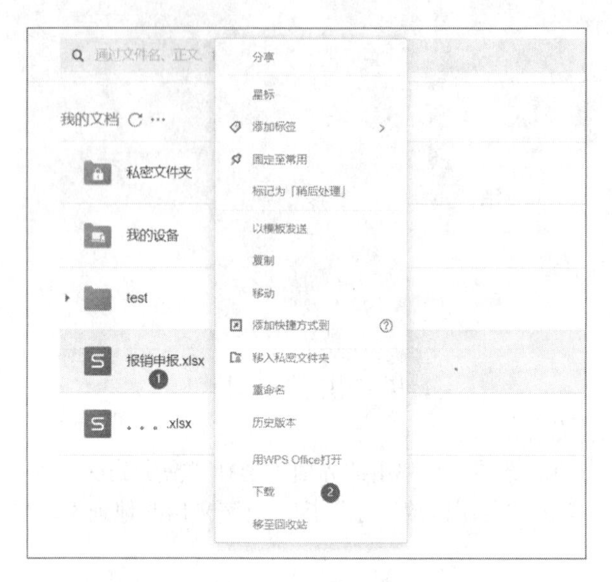


图 17-6　下载文档

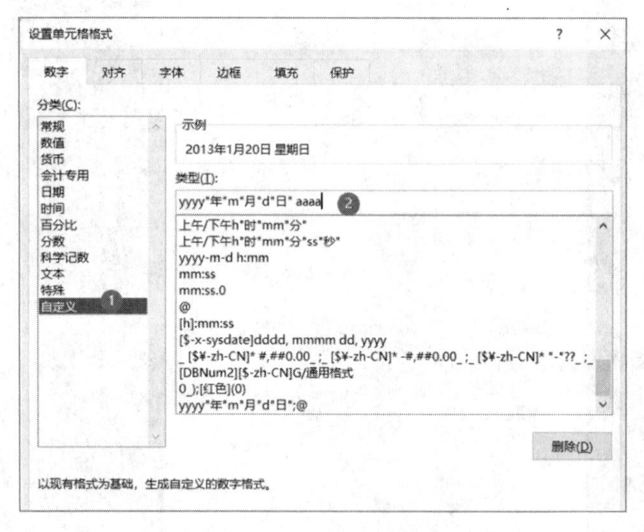


图 17-7　设置单元格格式

② 如果“日期”列中的日期为星期六或星期日，则在“是否加班”列的单元格中显示“是”，否则显示“否”。

在“费用报销管理”工作表中选中 H3 单元格，输入公式“=IF(WEEKDAY(A3,2)>5,"是","否")”，如图 17-8 所示，将光标移动至 H3 单元格右下角，双击填充柄进行填充。

③ 使用公式统计每个活动地点所在的省份（自治区、直辖市），并将其填写在“地区”列所对应的单元格中。

操作步骤：在“费用报销管理”工作表中，选中 D3 单元格，输入公式“=MID(C3,1,3)”，如图 17-9 所示，将光标移动至 D3 单元格右下角，双击填充柄进行填充。

图 17-8　插入公式

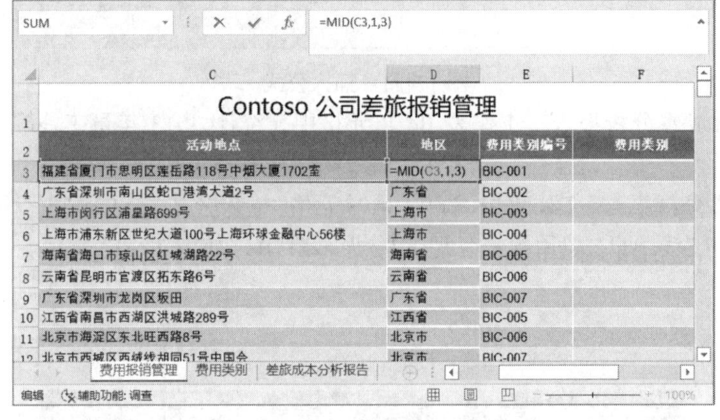

=MID(C3,1,3)

| | C | D | E | F |
|---|---|---|---|---|
| 1 | Contoso 公司差旅报销管理 | | | |
| 2 | 活动地点 | 地区 | 费用类别编号 | 费用类别 |
| 3 | 福建省厦门市思明区莲岳路118号中烟大厦1702室 | =MID(C3,1,3) | BIC-001 | |
| 4 | 广东省深圳市南山区蛇口港湾大道2号 | 广东省 | BIC-002 | |
| 5 | 上海市闵行区浦星路699号 | 上海市 | BIC-003 | |
| 6 | 上海市浦东新区世纪大道100号上海环球金融中心56楼 | 上海市 | BIC-004 | |
| 7 | 海南省海口市琼山区红城湖路22号 | 海南省 | BIC-005 | |
| 8 | 云南省昆明市官渡区拓东路6号 | 云南省 | BIC-006 | |
| 9 | 广东省深圳市龙岗区坂田 | 广东省 | BIC-007 | |
| 10 | 江西省南昌市西湖区洪城路289号 | 江西省 | BIC-005 | |
| 11 | 北京市海淀区东北旺西路8号 | 北京市 | BIC-006 | |

费用报销管理　费用类别　差旅成本分析报告

图 17-9　填充单元格

④ 依据“费用类别编号”列内容，使用 VLOOKUP 数，生成“费用类别”列内容。

操作步骤：在“费用报销管理”工作表中，选中 F3 单元格，输入公式“=VLOOKUP(E3,费用类别!A:B,2,FALSE)”，如图 17-10 所示，将光标移动至 F3 单元格右下角，双击填充柄进行填充。

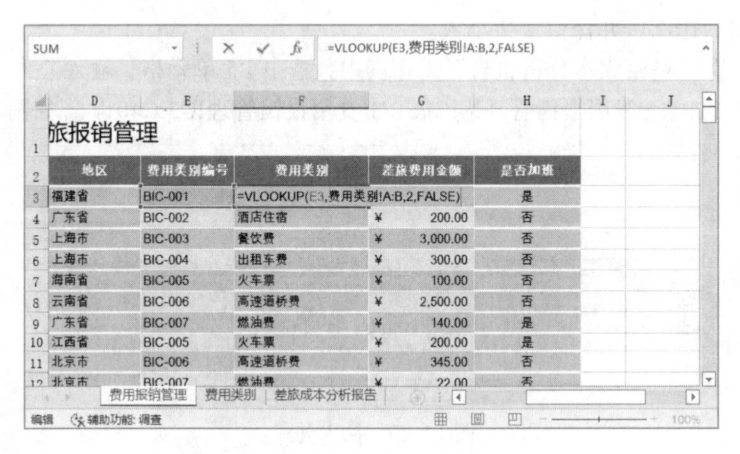

=VLOOKUP(E3,费用类别!A:B,2,FALSE)

| | D | E | F | G | H |
|---|---|---|---|---|---|
| 1 | 旅报销管理 | | | | |
| 2 | 地区 | 费用类别编号 | 费用类别 | 差旅费用金额 | 是否加班 |
| 3 | 福建省 | BIC-001 | =VLOOKUP(E3,费用类别!A:B,2,FALSE) | | 是 |
| 4 | 广东省 | BIC-002 | 酒店住宿 | ¥ 200.00 | 否 |
| 5 | 上海市 | BIC-003 | 餐饮费 | ¥ 3,000.00 | 否 |
| 6 | 上海市 | BIC-004 | 出租车费 | ¥ 300.00 | 否 |
| 7 | 海南省 | BIC-005 | 火车票 | ¥ 100.00 | 否 |
| 8 | 云南省 | BIC-006 | 高速道桥费 | ¥ 2,500.00 | 否 |
| 9 | 广东省 | BIC-007 | 燃油费 | ¥ 140.00 | 是 |
| 10 | 江西省 | BIC-005 | 火车票 | ¥ 200.00 | 是 |
| 11 | 北京市 | BIC-006 | 高速道桥费 | ¥ 345.00 | 否 |

费用报销管理　费用类别　差旅成本分析报告

图 17-10　插入公式

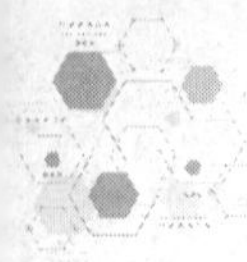

（2）在“差旅成本分析报告”工作表中完成相关的汇总计算工作。

① 在“差旅成本分析报告”工作表 B3 单元格中，统计 2013 年第二季度发生在北京市的差旅费用总金额。

操作步骤：在“差旅成本分析报告”工作表中，选中 B3 单元格，输入公式“=SUMIFS(费用报销管理!G:G,费用报销管理!A:A,">=2013-4-1",费用报销管理!A:A,"<=2013-6-30",费用报销管理!D:D,"北京市")”，如图 17-11 所示。

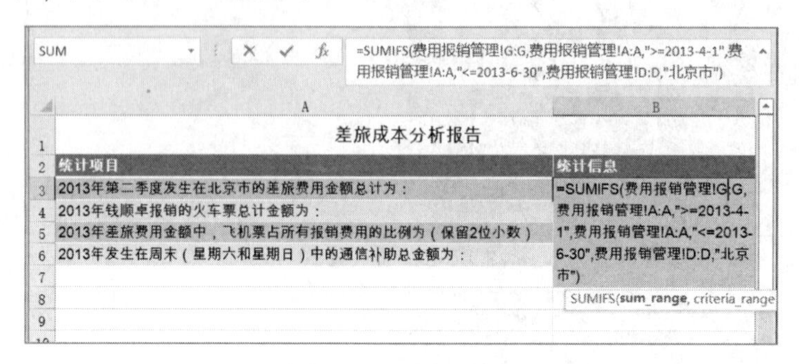


图 17-11　插入公式

② 在“差旅成本分析报告”工作表 B4 单元格中，统计 2013 年员工钱顺卓报销的火车票费用总额。

在“差旅成本分析报告”工作表中，选中 B4 单元格，输入公式“=SUMIFS(费用报销管理!G:G,费用报销管理!B:B,"钱顺卓",费用报销管理!F:F,"火车票")”，如图 17-12 所示。

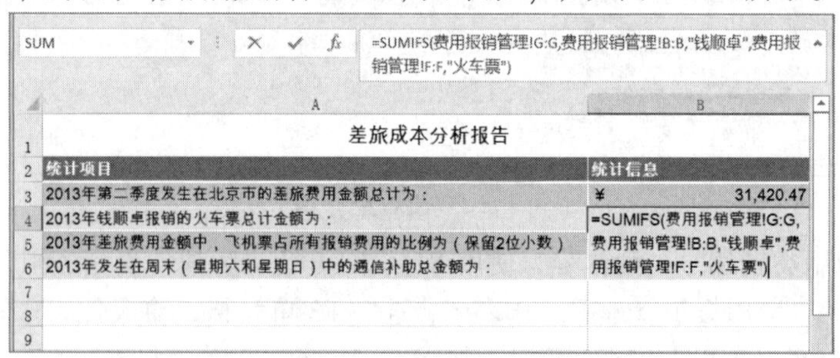


图 17-12　插入公式

③ 在“差旅成本分析报告”工作表 B5 单元格中，统计 2013 年差旅费用中，飞机票费用占所有报销费用的比例，并保留 2 位小数。

操作步骤：在“差旅成本分析报告”工作表中，选中 B5 单元格，输入公式“=SUMIF(费用报销管理!F:F, "飞机票",费用报销管理!G:G)/SUM(费用报销管理!G3:G401)”，如图 17-13 所示。

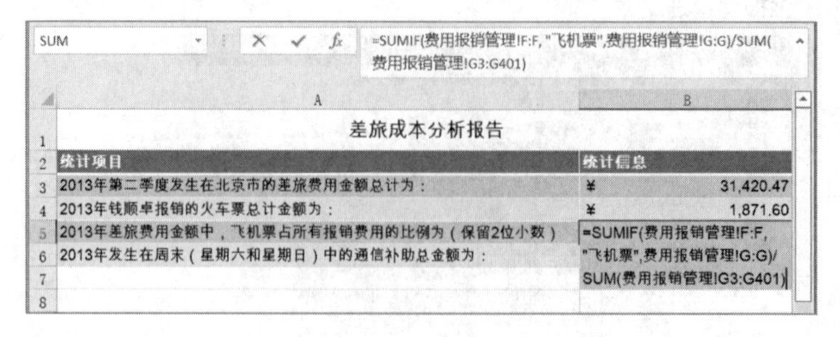


图 17-13　插入公式

④ 在“差旅成本分析报告”工作表 B6 单元格中，统计 2013 年发生在周末（星期六和星期日）的通信补助总金额。

**步骤 01：**在“差旅成本分析报告”工作表中，选中 B6 单元格，输入公式“=SUMIFS(费用报销管理!G:G,费用报销管理!H:H,"是",费用报销管理!F:F,"通信补助")”，如图 17-14 所示。

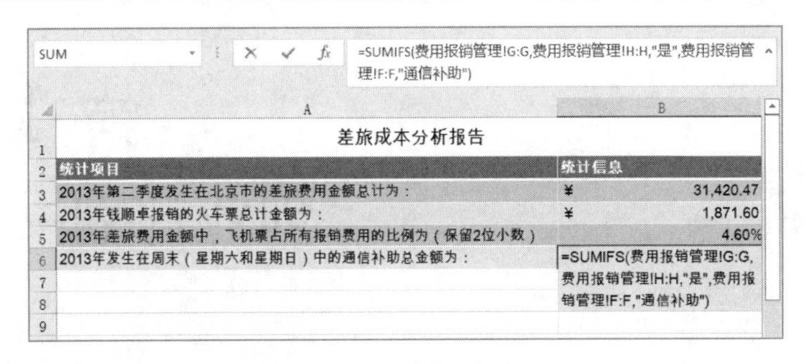


图 17-14　插入公式

**步骤 02：**单击“保存”按钮，保存工作簿“Excel.xlsx”。

⑤ 把“差旅成本分析报告”转换成 PDF 文档，最后呈报公司领导。

**步骤 01：**在“差旅成本分析报告”工作表中，单击“文件”选项卡，选择“另存为”命令，选择合适的保存路径，保存文件名为“报销报告”，保存文件类型为“PDF”，如图 17-15 所示。

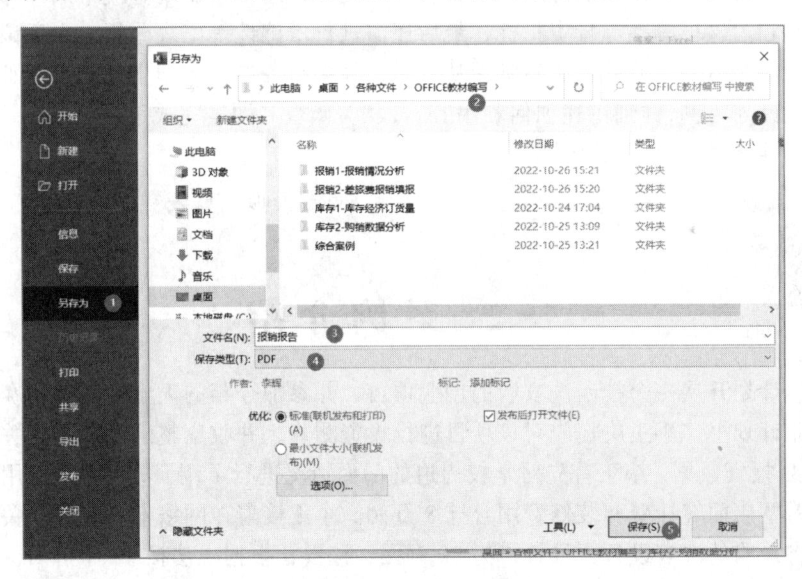


图 17-15　文件另存为

**步骤 02：**打开保存的 PDF 文件查看效果，如图 17-16 所示。

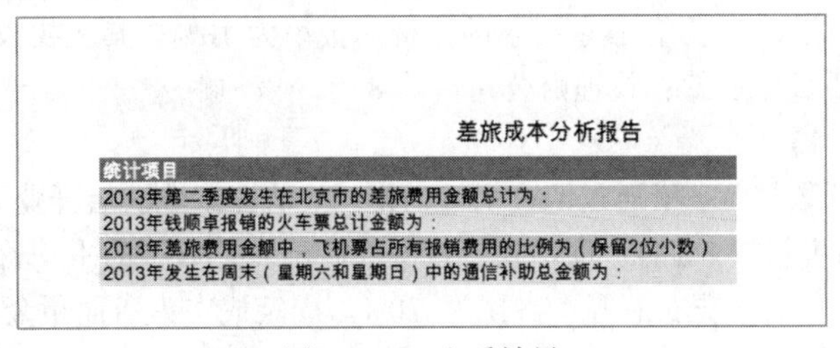
差旅成本分析报告

| 统计项目 |
| --- |
| 2013年第二季度发生在北京市的差旅费用金额总计为： |
| 2013年钱顺卓报销的火车票总计金额为： |
| 2013年差旅费用金额中，飞机票占所有报销费用的比例为（保留2位小数） |
| 2013年发生在周末（星期六和星期日）中的通信补助总金额为： |

图 17-16　查看效果

# 第 18 章 创业计划书的编写

## 18.1 案例提要

在参加创业比赛和编写创业计划书时，有一项内容是对该创业计划的投资收益和风险进行测算。该测算不仅需要对该创业计划的现金流进行测算，还要根据现金流结果计算该项目的净现值、回收期和内含报酬率等投资指标，最后还需进行敏感性等图表分析。由于该测算过程专业性较强，不但非财务专业的学生感觉无从入手，很多财务专业的学生也觉得困难。因此本章将以一个创业计划为例,详细讲述如何利用 Excel 相关函数和图表完成该项目的测算,并以 Word 和 PPT 展示，主要涉及如下知识点：

- NVP 函数
- IRR 函数
- Excel 模拟运算表

## 18.2 案例介绍

小王同学计划开展一个校园洗衣店的创业项目，并参加今年的大学生创业比赛。为了编写该项目的创业计划书，小王决定先对该项目进行投资测算，并收集整理了以下相关项目数据。

（1）项目投资数据。小王首先对学校周边的门面情况进行了调研，了解到租用一个洗衣店门面，大致需要店面转让费和装修费用合计 8 万元。小王接着在网络上查找了相关洗衣设备的报价，预计将采购的洗衣设备大致价格为 30 万元，该设备根据税法按 10 年折旧，预计 5 年以后残值 10 万元。

（2）项目的融资数据。该项目的初始启动资金，小王计划从三个渠道进行筹集。一个是找同学合资入股，筹集资金 15 万，股东要求的投资回报率为 10%；其次找银行贷款 15 万，年贷款利率 7.2%，但需要每年还款；找理财公司借款 8 万，该理财公司不需要每年还款，但要求 5 年后一次性还本付息 13 万。

（3）项目的经营数据。小王通过调查问卷的形式，估计该洗衣店开业以后第一年洗衣量为 16 200 件，以后年销售量按 3%的速度增长。该洗衣店洗一件衣服的平均价格为 15 元，每洗一件衣服的变动成本（水电、洗衣液等）占比为 20%。固定成本为店面租金，6 000 元每年。公司所得税率按 25%计算。

# 18.3　案例分析

在利用 Excel 进行项目投资测算时，需要使用到各种 Excel 时间价值计算的相关的函数，例如 NPV、IRR 等，其用法说明如下。

### 1. NPV 函数

NPV 函数可以用来计算未来一系列现金流的现值，其语法为：

```
NPV(rate,value1,[value2],…)
```

参数说明：

Rate：代表用于折现的贴现率。

value1，value2：代表未来一系列的现金流，其在时间上必须具有相等间隔，并且都发生在期末。

### 2. IRR 函数

IRR 函数用于计算一系列现金流的折现率，其语法为：

```
IRR(values, [guess])
```

参数说明：

value：表示一系列现金流，其必须包含至少一个正值和一个负值，以计算返回的内部收益率。

guess：可选项目，表示对 IRR 函数计算结果的估计值，以避免某些特殊情况下该函数会出现两个返回值。

### 3. Excel 模拟运算表

Excel 模拟运算表是一个单元格区域，它可显示一个或多个公式中替换不同值时的结果。有两种类型的模拟运算表：单输入模拟运算表和双输入模拟运算表。单输入模拟运算表中，用户可以对一个变量键入不同的值从而查看它对一个或多个公式的影响。双输入模拟运算表中，用户对两个变量输入不同值，而查看它对一个公式的影响。

# 18.4　案例实操

（1）计算该项目的资本成本。

① 构建资产成本计算表，并填入初始金额数据。

**步骤 01**：新建一个 Excel 文件，命名为“洗衣店投资测算.xlsx”。

**步骤 02**：在该 Excel 文件中新建一个工作表，命名为“资本成本” 资本成本 。

**步骤 03**：在工作表中建立图 18-1 所示的表格。

| | A | B | C | D |
|---|---|---|---|---|
| 1 | 资金来源 | 金额（万元） | 占比 | 资本成本 |
| 2 | 股东 | 15 | | |
| 3 | 银行贷款 | 15 | | |
| 4 | 理财公司 | 8 | | |
| 5 | 合计 | 38 | | |

图 18-1　新建表格

② 录入资产成本占比的计算公式。

操作步骤：在 C2:C4 单元格区域中，分别录入占比计算公式，如图 18-2 所示。

| | A | B | C |
|---|---|---|---|
| 1 | 资金来源 | 金额（万元） | 占比 |
| 2 | 股东 | 15 | =B2/$B$5 |
| 3 | 银行贷款 | 15 | =B3/$B$5 |
| 4 | 理财公司 | 8 | =B4/$B$5 |

图 18-2　插入公式

③ 录入资产成本占比的计算公式。

操作步骤：在 D2:D4 单元格区域中，分别录入不同资金来源的资本成本，其中理财公司的借款利息需要通过公式计算，其公式为：=RATE(5,,8,-13)，如图 18-3 所示。

| | A | B | C | D |
|---|---|---|---|---|
| 1 | 资金来源 | 金额（万元） | 占比 | 资本成本 |
| 2 | 股东 | 15 | 39% | 10.00% |
| 3 | 银行贷款 | 15 | 39% | 7.20% |
| 4 | 理财公司 | 8 | 21% | =RATE(5,,8,-13) |

图 18-3　插入公式

④ 录入合计行的计算公式。

**步骤 01**：在 C5:D5 单元格区域中，分别录入合计数的计算公式，如图 18-4 所示，由于资本成本的合计数为加权平均值，因此需要使用 SUMPRODUCT 函数。

| | A | B | C | D | E |
|---|---|---|---|---|---|
| 1 | 资金来源 | 金额（万元） | 占比 | 资本成本 | |
| 2 | 股东 | 15 | 39% | 10.00% | |
| 3 | 银行贷款 | 15 | 39% | 7.20% | |
| 4 | 理财公司 | 8 | 21% | 10.20% | |
| 5 | 合计 | 38 | =SUM(C2:C4) | =SUMPRODUCT(C2:C4,D2:D4) | |

图 18-4　插入公式

**步骤 02**：资产成本表的计算结果如图 18-5 所示。

| | A | B | C | D |
|---|---|---|---|---|
| 1 | 资金来源 | 金额（万元） | 占比 | 资本成本 |
| 2 | 股东 | 15 | 39% | 10.00% |
| 3 | 银行贷款 | 15 | 39% | 7.20% |
| 4 | 理财公司 | 8 | 21% | 10.20% |
| 5 | 合计 | 38 | 100% | 8.94% |

图 18-5　效果图

（2）计算该项目的现金流。

① 编制现金流计算的参数表。

**步骤 01**：新建工作表，并命名为“项目测算”（项目测算）。

**步骤 02**：建立图 18-6 所示的表格，用于输入项目参数。

| | A | B | C |
|---|---|---|---|
| 1 | 洗衣店项目参数 | | 调整系数 |
| 2 | 店面装修 | | |
| 3 | 设备 | | |
| 4 | 设备折旧年限 | | |
| 5 | 设备剩余价值（税后） | | |
| 6 | 第一年洗衣件数 | | |
| 7 | 平均洗衣价格 | | |
| 8 | 销售量增长率 | | |
| 9 | 变动成本占比 | | |
| 10 | 固定成本 | | |
| 11 | 税率 | | |
| 12 | 加权平均资本成本 | | |

图 18-6　新建表格

**步骤 03**：在参数表中录入相关的参数数据，如图 18-7 所示，其中包括设备剩余价值、第一年洗衣件数、平均洗衣价格、销售量增长率、变动成本占比、固定成本 6 个参数，因为后续要进行敏感性分析，因此采取了调整系数的方式用公式间接产生，如图 18-8 所示。

| | A | B | C |
|---|---|---|---|
| 1 | 洗衣店项目参数 | | 调整系数 |
| 2 | 店面装修 | 80000 | |
| 3 | 设备 | 300000 | |
| 4 | 设备折旧年限 | 10 | |
| 5 | 设备剩余价值（税后 | =100000*(1+C5) | 0 |
| 6 | 第一年洗衣件数 | =16200*(1+C6) | 0 |
| 7 | 平均洗衣价格 | =15*(1+C7) | 0 |
| 8 | 销售量增长率 | =0.03*(1+C8) | 0 |
| 9 | 变动成本占比 | =20%*(1+C9) | 0 |
| 10 | 固定成本 | =72000*(1+C10) | 0 |
| 11 | 税率 | 0.25 | |
| 12 | 加权平均资本成本 | 0.0894 | |

图 18-7　插入公式

| | A | B | C |
|---|---|---|---|
| 1 | 洗衣店项目参数 | | 调整系数 |
| 2 | 店面装修 | 80,000 | |
| 3 | 设备 | 300,000 | |
| 4 | 设备折旧年限 | 10 | |
| 5 | 设备剩余价值（税后） | =100000*(1+C5) | 0% |
| 6 | 第一年洗衣件数 | =1800*9*(1+C6) | 0% |
| 7 | 平均洗衣价格 | =15*(1+C7) | 0% |
| 8 | 销售量增长率 | =0.03*(1+C8) | 0% |
| 9 | 变动成本占比 | =20%*(1+C9) | 0% |
| 10 | 固定成本 | =6000*12*(1+C10) | 0% |
| 11 | 税率 | 25% | |
| 12 | 加权平均资本成本 | 8.94% | |

图 18-8　插入公式

② 编制该项目的现金流量表。

**步骤 01**：完成现金流量表的基本表格框架（见图 18-9）。

**步骤 02**：完成初始投资项目公式的计算，如图 18-10 所示。

**步骤 03**：完成销售量公式的计算，如图 18-11 所示。

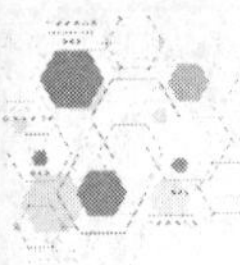



| 14 | 现金流 | | | | | |
|---|---|---|---|---|---|---|
| 15 | | 第0年 | 第1年 | 第2年 | 第3年 | 第4年 | 第5年 |
| 16 | 初始投资 | | | | | | |
| 17 | 销售额 | | | | | | |
| 18 | 变动成本 | | | | | | |
| 19 | 固定成本 | | | | | | |
| 20 | 装修费摊销 | | | | | | |
| 21 | 折旧费用 | | | | | | |
| 22 | 税前利润 | | | | | | |
| 23 | 税费 | | | | | | |
| 24 | 年度税后现金流 | | | | | | |
| 25 | 剩余现金流 | | | | | | |
| 26 | 年度总现金流 | | | | | | |

图 18-9　表格框架

| 现金流 | | | | | | |
|---|---|---|---|---|---|---|
| | 第0年 | 第1年 | 第2年 | 第3年 | 第4年 | 第5年 |
| 初始投资 | =-(B3+B2) | | | | | |

图 18-10　完成初始投资项目公式的计算

| 15 | | 第0年 | 第1年 | 第2年 | 第3年 | 第4年 | 第5年 |
|---|---|---|---|---|---|---|---|
| 17 | 销售额 | | =B6*B7 | =C17*(1+$B$8) | =D17*(1+$B$8) | =E17*(1+$B$8) | =F17*(1+$B$8) |

图 18-11　完成销售量公式的计算

**步骤 04：**完成变动成本公式的计算，如图 18-12 所示。

| 15 | | 第0年 | 第1年 | 第2年 | 第3年 | 第4年 | 第5年 |
|---|---|---|---|---|---|---|---|
| 18 | 变动成本 | | =C17*$B$9 | =D17*$B$9 | =E17*$B$9 | =F17*$B$9 | =G17*$B$9 |

图 18-12　完成变动成本公式的计算

**步骤 05：**完成固定成本公式的计算，如图 18-13 所示。

| 15 | | 第0年 | 第1年 | 第2年 | 第3年 | 第4年 | 第5年 |
|---|---|---|---|---|---|---|---|
| 19 | 固定成本 | | =$B$10 | =$B$10 | =$B$10 | =$B$10 | =$B$10 |

图 18-13　完成固定成本公式的计算

**步骤 06：**完成装修费摊销公式的计算，如图 18-14 所示。

| 15 | | 第0年 | 第1年 | 第2年 | 第3年 | 第4年 | 第5年 |
|---|---|---|---|---|---|---|---|
| 20 | 装修费摊销 | | =$B$2/5 | =$B$2/5 | =$B$2/5 | =$B$2/5 | =$B$2/5 |

图 18-14　完成装修费摊销公式的计算

**步骤 07：**完成折旧费用公式的计算，如图 18-15 所示。

| 15 | | 第0年 | 第1年 | 第2年 | 第3年 | 第4年 | 第5年 |
|---|---|---|---|---|---|---|---|
| 21 | 折旧费用 | | =$B$3/10 | =$B$3/10 | =$B$3/10 | =$B$3/10 | =$B$3/10 |

图 18-15　完成折旧费用公式的计算

**步骤 08**：完成税前利润公式的计算，如图 18-16 所示。

| 15 | | 第0年 | 第1年 | 第2年 | 第3年 | 第4年 | 第5年 |
|---|---|---|---|---|---|---|---|
| 22 | 税前利润 | | =C17-SUM(C18:C21) | =D17-SUM(D18:D21) | =E17-SUM(E18:E21) | =F17-SUM(F18:F21) | =G17-SUM(G18:G21) |

图 18-16　完成税前利润公式的计算

**步骤 09**：完成所得税公式的计算，如图 18-17 所示。

| 15 | | 第0年 | 第1年 | 第2年 | 第3年 | 第4年 | 第5年 |
|---|---|---|---|---|---|---|---|
| 23 | 税费 | | =C22*$B$11 | =D22*$B$11 | =E22*$B$11 | =F22*$B$11 | =G22*$B$11 |

图 18-17　完成所得税公式的计算

**步骤 10**：完成年度税后现金流公式的计算，如图 18-18 所示。

| 15 | | 第0年 | 第1年 | 第2年 | 第3年 | 第4年 | 第5年 |
|---|---|---|---|---|---|---|---|
| 24 | 年度税后现金流 | | =C17-C18-C19-C23 | =D17-D18-D19-D23 | =E17-E18-E19-E23 | =F17-F18-F19-F23 | =G17-G18-G19-G23 |

图 18-18　完成年度税后现金流公式的计算

**步骤 11**：完成剩余现金流公式的计算，如图 18-19 所示。

| 15 | | 第0年 | 第1年 | 第2年 | 第3年 | 第4年 | 第5年 |
|---|---|---|---|---|---|---|---|
| 25 | 剩余现金流 | | | | | | =B5 |

图 18-19　完成剩余现金流公式的计算

**步骤 12**：完成年度总现金流公式的计算，如图 18-20 所示。

| 15 | | 第0年 | 第1年 | 第2年 | 第3年 | 第4年 | 第5年 |
|---|---|---|---|---|---|---|---|
| 26 | 年度总现金流 | =B16+B24+B25 | =C16+C24+C25 | =D16+D24+D25 | =E16+E24+E25 | =F16+F24+F25 | =G16+G24+G25 |

图 18-20　插入公式

**步骤 13**：最终得到图 18-21 所示的数据表。

| 14 | 现金流 | | | | | | |
|---|---|---|---|---|---|---|---|
| 15 | | 第0年 | 第1年 | 第2年 | 第3年 | 第4年 | 第5年 |
| 16 | 初始投资 | -380,000 | | | | | |
| 17 | 销售额 | | 243,000 | 250,290 | 257,799 | 265,533 | 273,499 |
| 18 | 变动成本 | | 48,600 | 50,058 | 51,560 | 53,107 | 54,700 |
| 19 | 固定成本 | | 72,000 | 72,000 | 72,000 | 72,000 | 72,000 |
| 20 | 装修费摊销 | | 16,000 | 16,000 | 16,000 | 16,000 | 16,000 |
| 21 | 折旧费用 | | 30,000 | 30,000 | 30,000 | 30,000 | 30,000 |
| 22 | 税前利润 | | 76,400 | 82,232 | 88,239 | 94,426 | 100,799 |
| 23 | 税费 | | 19,100 | 20,558 | 22,060 | 23,607 | 25,200 |
| 24 | 年度税后现金流 | | 103,300 | 107,674 | 112,179 | 116,820 | 121,599 |
| 25 | 剩余现金流 | | | | | | 100,000 |
| 26 | 年度总现金流 | -380,000 | 103,300 | 107,674 | 112,179 | 116,820 | 221,599 |

图 18-21　效果图

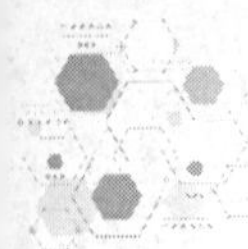



③ 对该项目的现金流进行投资指标的测算。

**步骤 01**：计算该项目的净现值，在 A28:B28 单元格区域使用 NPV 函数计算项目的净现值，如图 18-22 所示。

该公式计算的结果为 119 677.63，表示该项目按 8.94%的资本成本折现以后，该项目净赚 119 677.63 元，因此该项目可行。

**步骤 02**：计算该项目的内部收益率，在 A29:B29 单元格区域使用 IRR 函数计算项目的内部收益率，如图 18-23 所示。

| 28 | 净现值 | =NPV(8.94%,C26:G26)+B26 |
|---|---|---|

图 18-22 使用 NPV 函数计算净现值

| 29 | 内部收益率 | =IRR(B26:G26) |
|---|---|---|

图 18-23 用 IRR 函数计算内部收益率

该公式的计算结果为 19.06%，表示该项目的收益率为 19.06%，远远高于该项目的资本成本 8.94%，因此该项目可行。

**步骤 03**：计算该项目的获利指数，在 A30:B30 单元格区域使用 NPV 函数计算项目的获利指数，如图 18-24 所示。

该公式的计算结果为 1.31，表示该项目的收益为投入的 1.31 倍，因此该项目可行。

**步骤 04**：计算该项目的投资回收期，在 A31:B31 单元格区域使用 SUM 函数计算项目的投资回收期，如图 18-25 所示。

| 30 | 获利指数 | =-NPV(8.94%,C26:G26)/B26 |
|---|---|---|

图 18-24 用 NPV 函数计算获利指数

| 31 | 投资回收期 | =-SUM(B26:E26)/F26+3 |
|---|---|---|

图 18-25 用 SUM 函数计算投资回收期

该公式的计算结果为 3.49，表示该项目的初始投资在 3.49 年可以全部收回。

④ 完成该项目的敏感性分析计算表。

**步骤 01**：在第 35～52 行单元格区域，完成下列敏感性分析图表框架，如图 18-26 所示。

| | A | B | C | D | E | F | G | H |
|---|---|---|---|---|---|---|---|---|
| 34 | | | | | | | | |
| 35 | | | | 敏感性分析 | | | | |
| 36 | 设备剩余价值 | -30% | -20% | -10% | 0% | 10% | 20% | 30% |
| 37 | | | | | | | | |
| 38 | | | | | | | | |
| 39 | 第一年洗衣件数 | -30% | -20% | -10% | 0% | 10% | 20% | 30% |
| 40 | | | | | | | | |
| 41 | | | | | | | | |
| 42 | 平均洗衣价格 | -30% | -20% | -10% | 0% | 10% | 20% | 30% |
| 43 | | | | | | | | |
| 44 | | | | | | | | |
| 45 | 销售量增长率 | -30% | -20% | -10% | 0% | 10% | 20% | 30% |
| 46 | | | | | | | | |
| 47 | | | | | | | | |
| 48 | 变动成本占比 | -30% | -20% | -10% | 0% | 10% | 20% | 30% |
| 49 | | | | | | | | |
| 50 | | | | | | | | |
| 51 | 固定成本 | -30% | -20% | -10% | 0% | 10% | 20% | 30% |
| 52 | | | | | | | | |

图 18-26 敏感性分析

**步骤 02：** 在 A37 单元格录入图 18–27 所示公式。

| | A | B | C |
|---|---|---|---|
| 35 | | | |
| 36 | 设备剩余价值 | -30% | -20% |
| 37 | =NPV(8.94%,C26:G26)+B26 | | |

图 18–27　插入公式

**步骤 03：** 选择 A36:H37 单元格区域，单击“数据”选项卡“预测”选项组中的“模拟分析”按钮，在下拉菜单中选择“模拟运算表”命令，如图 18–28 所示。

图 18–28　模拟分析

**步骤 04：** 在弹出的对话框中，输入引用行的单元格，选择 C5 单元格，然后单击“确定”按钮，如图 18–29 所示。

| | A | B | C |
|---|---|---|---|
| 4 | 设备折旧年限 | 10 | |
| 5 | 设备剩余价值（ | 100,000 | 0% |
| 6 | 第一年洗衣件数 | 16,200 | 0% |
| 7 | 平均洗衣价格 | | |
| 8 | 销售量增长率 | | |
| 9 | 变动成本占比 | | |
| 10 | 固定成本 | | |
| 11 | 税率 | | |
| 12 | 加权平均资本成 | | |

模拟运算表

输入引用行的单元格(R): $C$5

输入引用列的单元格(C):

确定　取消

图 18–29　引用单元格

**步骤 05：** 这样 Excel 就自动完成了设备剩余价值的敏感性分析的计算，如图 18–30 所示。

| | A | B | C | D | E | F | G | H |
|---|---|---|---|---|---|---|---|---|
| 34 | | | | | | | | |
| 35 | | | | 敏感性分析 | | | | |
| 36 | 设备剩余价值 | -30% | -20% | -10% | 0% | 10% | 20% | 30% |
| 37 | 119,677.63 | 100,125.93 | 106,643.16 | 113,160.39 | 119,677.63 | 126,194.86 | 132,712.09 | 139,229.32 |

图 18–30　效果图

**步骤 06**：按照以上步骤，依次完成其他项目的模拟预算，注意"第一年洗衣件数"对应的输入引用行单元格为C6单元格，"平均洗衣价格"对应的输入引用行单元格为C7单元格，"销售量增长率"对应的输入引用行单元格为C8单元格，"变动成本占比"对应的输入引用行单元格为C9单元格，"固定成本"对应的输入引用行单元格为C10单元格，如图18-31所示。

| | A | B | C | D | E | F | G | H |
|---|---|---|---|---|---|---|---|---|
| 35 | | | | | 敏感性分析 | | | |
| 36 | 设备剩余价值 | -30% | -20% | -10% | 0% | 10% | 20% | 30% |
| 37 | 119,677.63 | 100,125.93 | 106,643.16 | 113,160.39 | 119,677.63 | 126,194.86 | 132,712.09 | 139,229.32 |
| 38 | | | | | | | | |
| 39 | 第一年洗衣件数 | -30% | -20% | -10% | 0% | 10% | 20% | 30% |
| 40 | 119,677.63 | -60,344.32 | -337.01 | 59,670.31 | 119,677.63 | 179,684.94 | 239,692.26 | 299,699.58 |
| 41 | | | | | | | | |
| 42 | 平均洗衣价格 | -30% | -20% | -10% | 0% | 10% | 20% | 30% |
| 43 | 119,677.63 | -60,344.32 | -337.01 | 59,670.31 | 119,677.63 | 179,684.94 | 239,692.26 | 299,699.58 |
| 44 | | | | | | | | |
| 45 | 销售量增长率 | -30% | -20% | -10% | 0% | 10% | 20% | 30% |
| 46 | 119,677.63 | 109,861.76 | 113,115.17 | 116,387.10 | 119,677.63 | 122,986.82 | 126,314.78 | 129,661.57 |
| 47 | | | | | | | | |
| 48 | 变动成本占比 | -30% | -20% | -10% | 0% | 10% | 20% | 30% |
| 49 | 119,677.63 | 164,683.11 | 149,681.28 | 134,679.45 | 119,677.63 | 104,675.80 | 89,673.97 | 74,672.14 |
| 50 | | | | | | | | |
| 51 | 固定成本 | -30% | -20% | -10% | 0% | 10% | 20% | 30% |
| 52 | 119,677.63 | 182,788.20 | 161,751.34 | 140,714.48 | 119,677.63 | 98,640.77 | 77,603.91 | 56,567.05 |

图18-31 效果图

⑤ 绘制敏感性分析图。

**步骤 01**：选中B36:H37、B40:H40、B43:H43、B46:H46、B49:H49、B52:H52六块不连续单元格区域（进行不连续单元格区域的选中时要按住【Ctrl】键），如图18-32所示。

| | A | B | C | D | E | F | G | H |
|---|---|---|---|---|---|---|---|---|
| 35 | | | | | 敏感性分析 | | | |
| 36 | 设备剩余价值 | -30% | -20% | -10% | 0% | 10% | 20% | 30% |
| 37 | 119,677.63 | 100,125.93 | 106,643.16 | 113,160.39 | 119,677.63 | 126,194.86 | 132,712.09 | 139,229.32 |
| 38 | | | | | | | | |
| 39 | 第一年洗衣件数 | -30% | -20% | -10% | 0% | 10% | 20% | 30% |
| 40 | 119,677.63 | -60,344.32 | -337.01 | 59,670.31 | 119,677.63 | 179,684.94 | 239,692.26 | 299,699.58 |
| 41 | | | | | | | | |
| 42 | 平均洗衣价格 | -30% | -20% | -10% | 0% | 10% | 20% | 30% |
| 43 | 119,677.63 | -60,344.32 | -337.01 | 59,670.31 | 119,677.63 | 179,684.94 | 239,692.26 | 299,699.58 |
| 44 | | | | | | | | |
| 45 | 销售量增长率 | -30% | -20% | -10% | 0% | 10% | 20% | 30% |
| 46 | 119,677.63 | 109,861.76 | 113,115.17 | 116,387.10 | 119,677.63 | 122,986.82 | 126,314.78 | 129,661.57 |
| 47 | | | | | | | | |
| 48 | 变动成本占比 | -30% | -20% | -10% | 0% | 10% | 20% | 30% |
| 49 | 119,677.63 | 164,683.11 | 149,681.28 | 134,679.45 | 119,677.63 | 104,675.80 | 89,673.97 | 74,672.14 |
| 50 | | | | | | | | |
| 51 | 固定成本 | -30% | -20% | -10% | 0% | 10% | 20% | 30% |
| 52 | 119,677.63 | 182,788.20 | 161,751.34 | 140,714.48 | 119,677.63 | 98,640.77 | 77,603.91 | 56,567.05 |

图18-32 选中不连续单元格区域

**步骤 02**：单击“插入”选项卡“图表”选项组中的“散点图”按钮，在下拉菜单中选择“带直线和数据标记的散点图”命令，如图 18-33 所示。

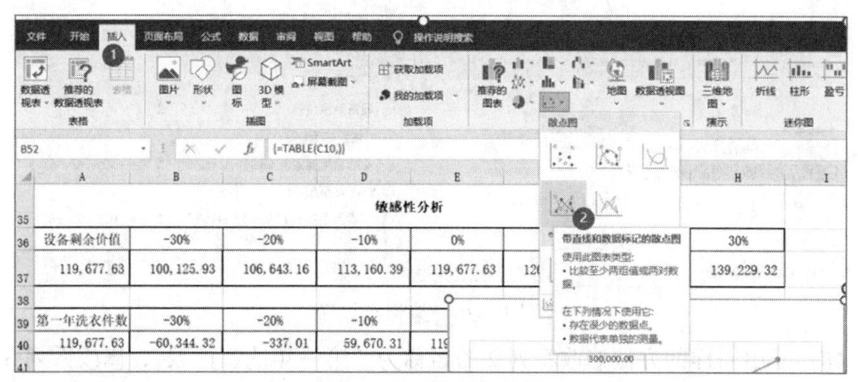

图 18-33　插入散点图

**步骤 03**：修改图表标题为“洗衣店项目敏感性分析”，删除图表的横竖网格线，如图 18-34 所示。

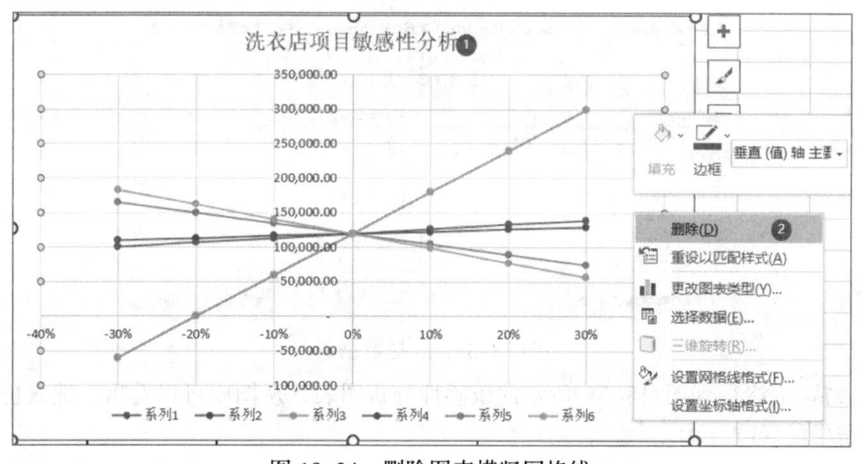


图 18-34　删除图表横竖网格线

**步骤 04**：在图表区右击，在弹出的快捷菜单中选择“选择数据”命令，如图 18-35 所示。

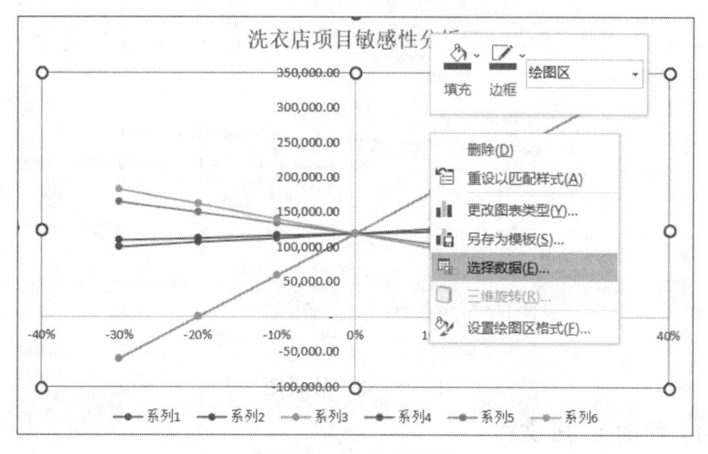


图 18-35　选择数据

**步骤 05**：选择系列 1，单击“编辑”按钮，弹出“编辑数据系列”对话框，输入系列名称为“设备剩余价值”，如图 18-36 所示。

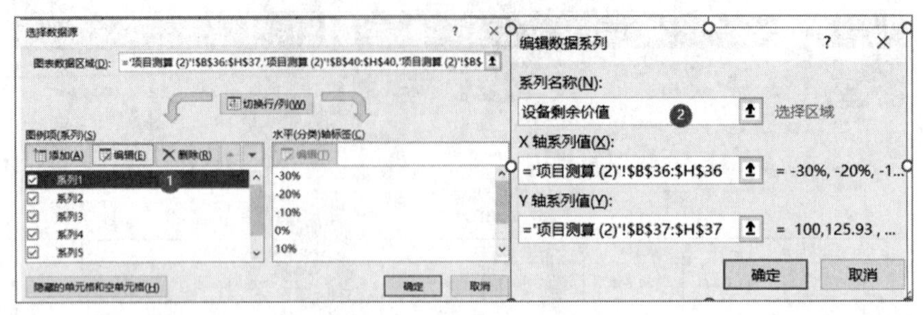


图 18-36　编辑数据源

**步骤 06**：采用同样的方法修改系列 2 的名称为“第一年洗衣件数”，修改系列 3 的名称为“平均洗衣价格”，修改系列 4 的名称为“销售量增长率”，修改系列 5 的名称为“变动成本占比”，修改系列 6 的名称为“固定成本”，如图 18-37 所示。

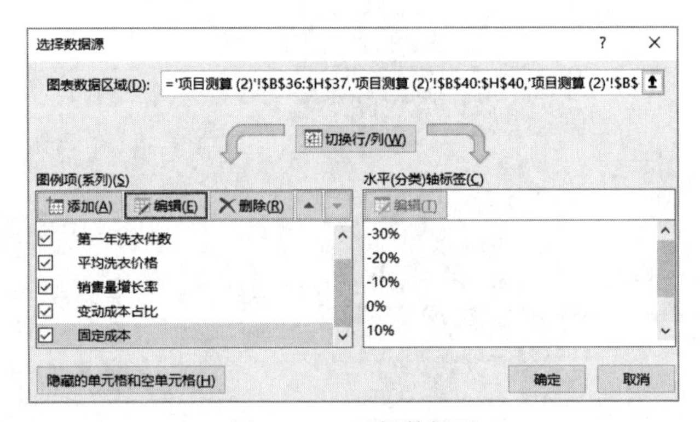


图 18-37　选择数据源

**步骤 07**：最终得到图 18-38 所示的敏感性分析图表，从图中可以看出，洗衣价格和洗衣件数对于结果的影响最大。

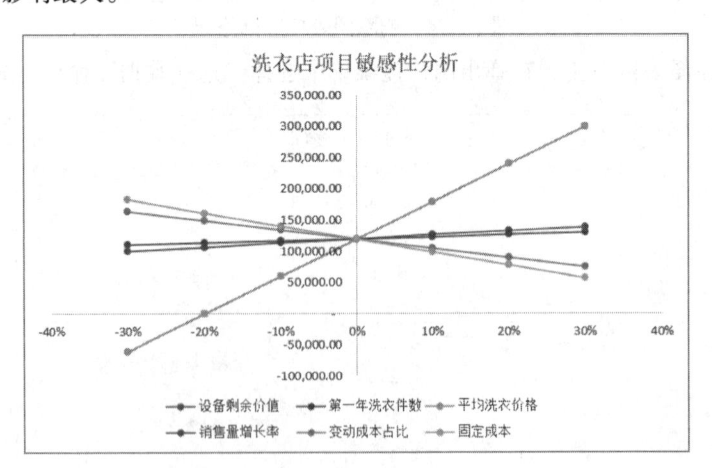


图 18-38　效果图

⑥ 编写项目介绍的 Word 文档。

**步骤 01**：新建一个 Word 文档，在该 Word 文档中录入文章的标题（“洗衣店创业项目介绍”），并自行设计好相应的字体与段落格式。

**步骤 02**：录入该文档的第一部分（“项目基本情况介绍”），可以从项目投资、项目融资、项目经营几个方面介绍并使用段落编号，最后自行设计好相应的字体与段落格式，样式可参考图 18-39。

洗衣店创业项目介绍

一、　项目基本情况介绍

小王同学计划开展一个校园洗衣店的创业项目，并参加今年的大学生创业比赛。为了编写该项目的创业计划书，小王决定先对该项目进行投资测算，并收集整理了以下相关的项目数据。

（1）项目投资数据

小王首先对学校周边的门面情况进行了调研，了解到租用一个洗衣店门面，大致需要店面转让费和装修费用合计 8 万元。小王接着在网络上查找了相关洗衣设备的报价，预计将采购的洗衣设备大致价格为 30 万元，该设备根据税法按 10 年折旧，预计 5 年以后残值 10 万元。

（2）项目的融资数据

该项目的初始启动资金，小王同学计划从三个渠道进行筹集。一个是找同学合资入股，筹资资金 15 万，股东要求的投资回报率为 10%；其次找银行贷款 15 万，年贷款利率 7.2%，但需要每年还款；找理财公司借款 8 万，该理财公司不需要每年还款，但要求 5 年后一次性还本付息 13 万。

（3）项目的经营数据

小王通过调查问卷的形式，估计该洗衣店开业以后第一年洗衣量为 16200 件，以后年销售量按 3%的速度增长。该洗衣店洗一件衣服的平均价格为 15 元，每洗一件衣服的变动成本（水电、洗衣液等）占比为 20%。固定成本为店面租金，6000 元每年。公司所得税率按 25%计算。

图 18-39　项目基本情况介绍

**步骤 03**：编写文档的第二部分（“项目资金来源”），其中的表格可以将 Excel 的资本成本计算表复制粘贴过来并进行表格样式设计，最后自行设计好相应的字体与段落格式，如图 18-40 所示。

二、　项目的资金来源

该项目的初始启动资金，某同学从三个渠道进行筹集。一个是找同学合资入股，筹资资金 15 万，股东要求的投资回报率为 10%；其次找银行贷款 15 万，年贷款利率 7.2%，但需要每年还款；找理财公司借款 8 万，该理财公司不需要每年还款，但要求 5 年后一次性还本付息 13 万，具体的融资结构见下表：

| 资金来源 | 金额（万元） | 占比 | 资本成本 |
|---|---|---|---|
| 股东 | 15 | 39% | 10.00% |
| 银行贷款 | 15 | 39% | 7.20% |
| 理财公司 | 8 | 21% | 10.20% |
| 合计 | 38 | 100% | 8.94% |

图 18-40　融资结构

**步骤 04**：编写文档的第三部分（“项目收益和风险”），其中的表格可以将 Excel 的现金流表复制粘贴过来并进行表格样式设计，最后自行设计好相应的字体与段落格式，如图 18-41 所示。

三、 **项目的收益和风险**

主要假设：预计开业以后第一年销售量为 16200 件，以后年销售量按 3%的速度增长。平均销售价格为 15 元每件，每洗一件衣服的变动成本占比为 20%。固定成本为店面租金，6000 元每月。公司所得税率按 25%计算。

根据该假设计算出的现金流量表如下：

**现金流量表**

单位：元

| | 第 0 年 | 第 1 年 | 第 2 年 | 第 3 年 | 第 4 年 | 第 5 年 |
|---|---|---|---|---|---|---|
| 初始投资 | -380,000 | | | | | |
| 销售额 | | 243,000 | 250,290 | 257,799 | 265,533 | 273,499 |
| 变动成本 | | 48,600 | 50,058 | 51,560 | 53,107 | 54,700 |
| 固定成本 | | 72,000 | 72,000 | 72,000 | 72,000 | 72,000 |
| 装修费摊销 | | 16,000 | 16,000 | 16,000 | 16,000 | 16,000 |
| 折旧费用 | | 30,000 | 30,000 | 30,000 | 30,000 | 30,000 |
| 税前利润 | | 76,400 | 82,232 | 88,239 | 94,426 | 100,799 |
| 税费 | | 19,100 | 20,558 | 22,060 | 23,607 | 25,200 |
| 加：折旧与摊销 | | 46,000 | 46,000 | 46,000 | 46,000 | 46,000 |
| 剩余现金流 | | | | | | 100,000 |
| 年度总现金流 | -380,000 | 103,300 | 107,674 | 112,179 | 116,820 | 221,599 |

图 18–41 现金流量表

**步骤 05**：进行项目现金流指标的分析和陈述，其中的数学公式可以单击“插入”选项卡中的“公式”按钮进行设置（建议使用墨迹公式进行手绘），最后自行设计好相应的字体与段落格式，如图 18–42 所示。

根据该现金流，我们可以得出如下结论：

1. 项目净现值

根据项目净现值的计算公式 $NPV = \sum_{t=1}^{n}(CI-CO)_t(1+i)^{-t}$，该项目的净现值为 119677.63，净现值大于 0，因此该项目可行。

2. 项目回收期

根据项目回收期的计算公式 P't =(累计净现金流量现值出现正值的年数-1)+上一年累计净现金流量现值的绝对值/出现正值年份净现金流量的现值，该项目回收期为 3.49，即 3.49 年可以全面收回该项目的初始投资。

3. 项目内含报酬率

根据项目内含报酬率的计算公式 $IRR = \sum_{t=1}^{n}(CI-CO)_t(1+IRR)^{-t} = 0$，该项目的内含报酬率 19.06%，大于该项目的资本成本 8.94%，因此该项目可行。

图 18–42 项目可行性分析

**步骤 06**：在文档中进行项目敏感性分析的陈述，其中的表格和图片可以将 Excel 的敏感分析表和分析图复制粘贴过来（分析表需要稍作加工），最后自行设计好相应的字体与段落格式，如图 18–43 所示。

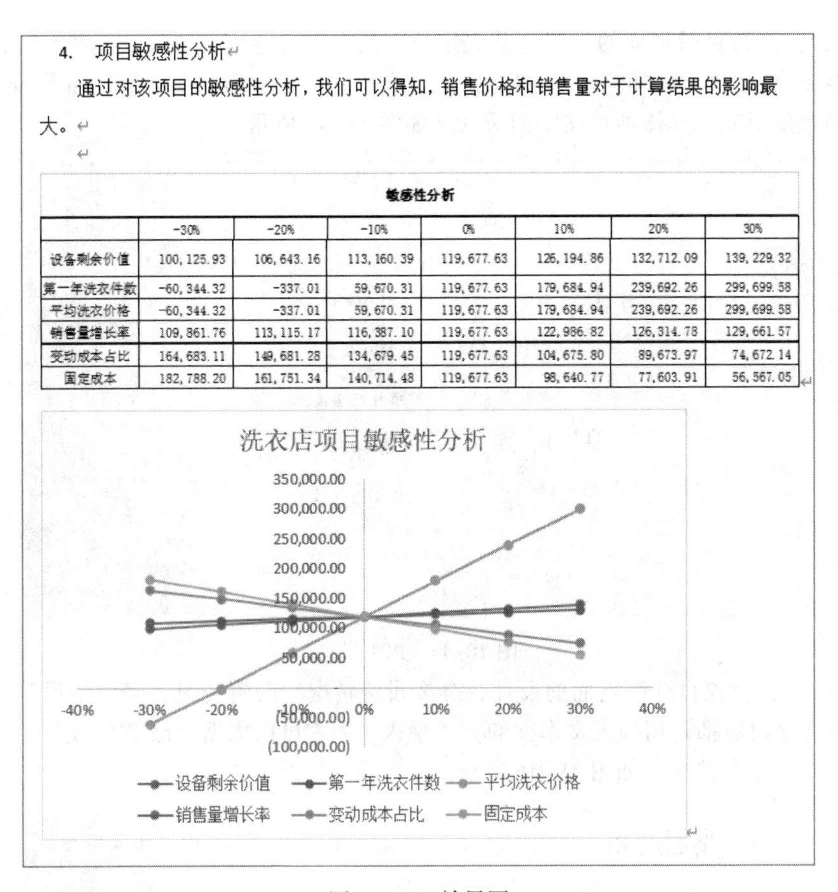

4. 项目敏感性分析

通过对该项目的敏感性分析，我们可以得知，销售价格和销售量对于计算结果的影响最大。

敏感性分析

| | -30% | -20% | -10% | 0% | 10% | 20% | 30% |
|---|---|---|---|---|---|---|---|
| 设备剩余价值 | 100, 125.93 | 106, 643.16 | 113, 160.39 | 119, 677.63 | 126, 194.86 | 132, 712.09 | 139, 229.32 |
| 第一年洗衣件数 | -60, 344.32 | -337.01 | 59, 670.31 | 119, 677.63 | 179, 684.94 | 239, 692.26 | 299, 699.58 |
| 平均洗衣价格 | -60, 344.32 | -337.01 | 59, 670.31 | 119, 677.63 | 179, 684.94 | 239, 692.26 | 299, 699.58 |
| 销售量增长率 | 109, 861.76 | 113, 115.17 | 116, 387.10 | 119, 677.63 | 122, 986.82 | 126, 314.78 | 129, 661.57 |
| 变动成本占比 | 164, 683.11 | 149, 681.28 | 134, 679.45 | 119, 677.63 | 104, 675.80 | 89, 673.97 | 74, 672.14 |
| 固定成本 | 182, 788.20 | 161, 751.34 | 140, 714.48 | 119, 677.63 | 98, 640.77 | 77, 603.91 | 56, 567.05 |



图 18–43　效果图

⑦ 编写项目介绍的 PPT 文档。

**步骤 01**：新建一个 PPT 文档，首先进行封面的设计，大家可以选择一个适合的 PPT 主题模板，然后插入一张和创业有关的图片，封面文字可以插入艺术字完成，最后调整相应的大小和格式，如图 18–44 所示。

图 18–44　PPT 主题

**步骤 02**：进行目录页面的设置，首先用插入艺术字功能输入“目录”两个字，然后用插入形状功能完成“01”到“05”的编号录入并在右边添加三角形标记，最后插入 SmartArt 中列表的垂直列表图形完成具体项目文字的录入，如图 18-45 所示。

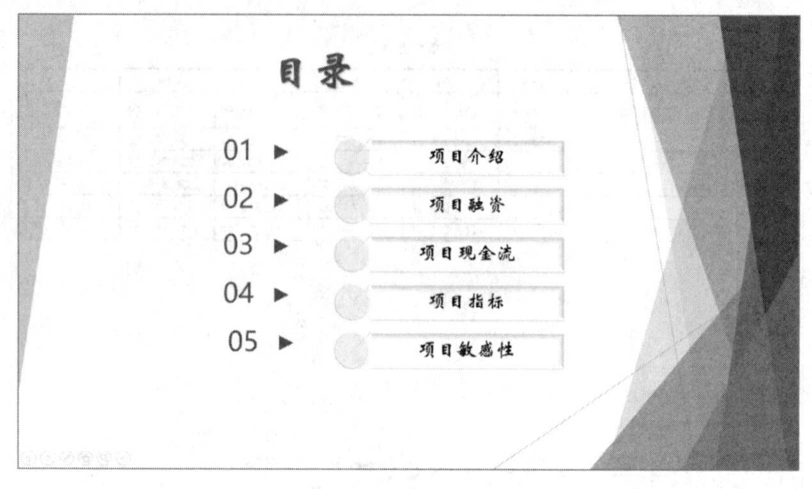


图 18-45　PPT 目录

**步骤 03**：进行项目介绍页面的设计，分成投资情况、融资情况、经营情况三个模块进行介绍，其中文字内容都是用插入文本框的方式录入，大家可以根据自己 PPT 模板的特点自行设置相应的字体和颜色选项，如图 18-46 所示。

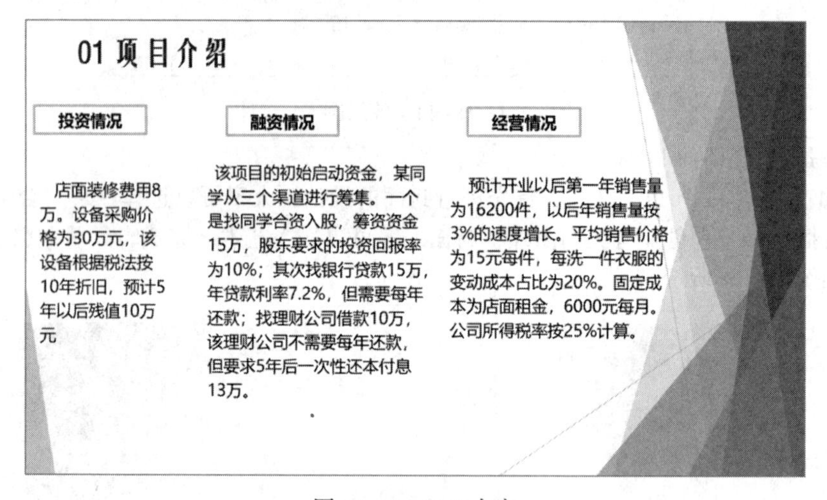


图 18-46　PPT 内容

**步骤 04**：进行项目融资页面的设计，该内容主要通过表格和饼图的方式呈现，其中的表格可以从 Word 文稿中复制粘贴过来，其中的饼图可通过 Excel 表产生后再粘贴过来，也可以在 PPT 中直接产生，如图 18-47 所示。

**步骤 05**：进行项目现金流页面的设计，该内容主要通过表格方式呈现，其中的表格可以从 Word 文稿中复制粘贴过来，表格的标题可以采用竖排的形式，如图 18-48 所示。

**步骤 06**：进行项目投资指标页面的设计，该内容主要通过 SmartArt 形状完成，是四个指标并列展示处理，大家可以根据自己 PPT 模板的特点自行选择合适的 SmartArt 形状，如图 18-49 所示。

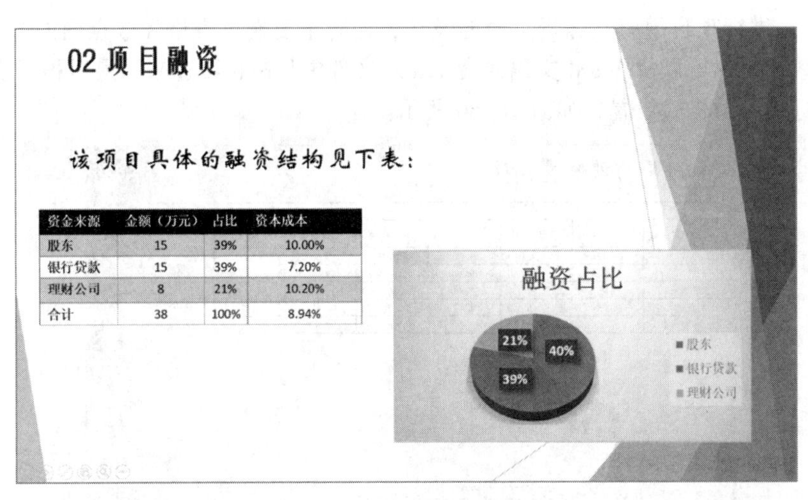

02 项目融资

该项目具体的融资结构见下表：

| 资金来源 | 金额（万元） | 占比 | 资本成本 |
|---|---|---|---|
| 股东 | 15 | 39% | 10.00% |
| 银行贷款 | 15 | 39% | 7.20% |
| 理财公司 | 8 | 21% | 10.20% |
| 合计 | 38 | 100% | 8.94% |



图 18–47　PPT 内容

## 03 项目现金流

项目现金流量表（元）：

| | 第 0 年 | 第 1 年 | 第 2 年 | 第 3 年 | 第 4 年 | 第 5 年 |
|---|---|---|---|---|---|---|
| 初始投资 | -380,000 | | | | | |
| 销售额 | | 243,000 | 250,290 | 257,799 | 265,533 | 273,499 |
| 变动成本 | | 48,600 | 50,058 | 51,560 | 53,107 | 54,700 |
| 固定成本 | | 72,000 | 72,000 | 72,000 | 72,000 | 72,000 |
| 装修费摊销 | | 16,000 | 16,000 | 16,000 | 16,000 | 16,000 |
| 折旧费用 | | 30,000 | 30,000 | 30,000 | 30,000 | 30,000 |
| 税前利润 | | 76,400 | 82,232 | 88,239 | 94,426 | 100,799 |
| 税费 | | 19,100 | 20,558 | 22,060 | 23,607 | 25,200 |
| 加：折旧与摊销 | | 46,000 | 46,000 | 46,000 | 46,000 | 46,000 |
| 剩余现金流 | | | | | | 100,000 |
| 年度总现金流 | -380,000 | 103,300 | 107,674 | 112,179 | 116,820 | 221,599 |

图 18–48　PPT 内容

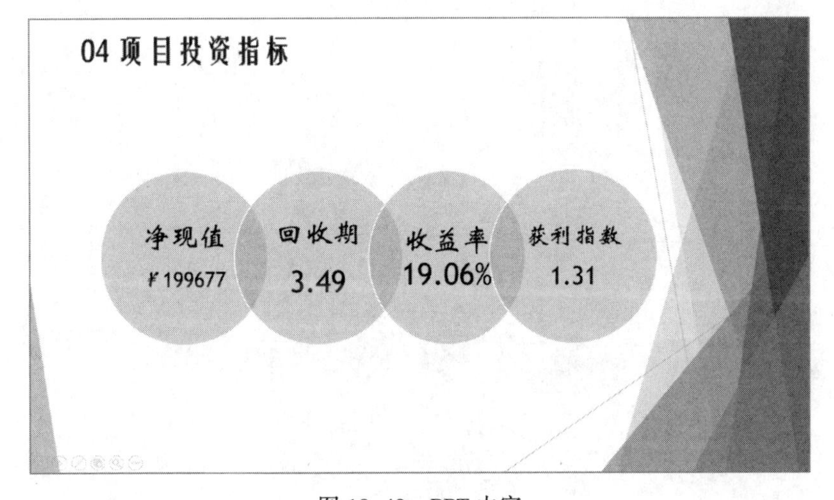



图 18–49　PPT 内容

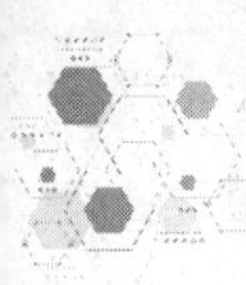

**步骤 07**：进行项目敏感性分析页面的设计，内容主要通过表格和散点图的方式呈现，其中的表格和散点图都可以从 Word 文稿或者 Excel 文件中复制粘贴过来，最后根据自己 PPT 模板的特点进行相关的格式设置，如图 18-50 所示。

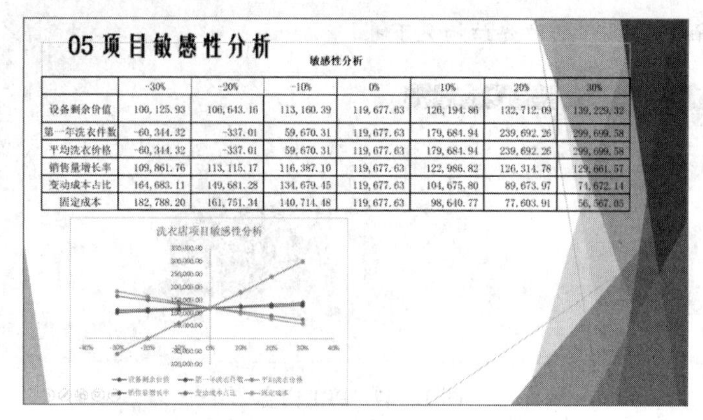


| | -30% | -20% | -10% | 0% | 10% | 20% | 30% |
|---|---|---|---|---|---|---|---|
| 设备剩余价值 | 100,125.93 | 106,643.16 | 113,160.39 | 119,677.63 | 126,194.86 | 132,712.09 | 139,229.32 |
| 第一年洗衣件数 | -60,344.32 | -337.01 | 59,670.31 | 119,677.63 | 179,684.94 | 239,692.26 | 299,699.58 |
| 平均洗衣价格 | -60,344.32 | -337.01 | 59,670.31 | 119,677.63 | 179,684.94 | 239,692.26 | 299,699.58 |
| 销售量增长率 | 109,861.76 | 113,115.17 | 116,387.10 | 119,677.63 | 122,986.82 | 126,314.78 | 129,661.57 |
| 变动成本占比 | 164,683.11 | 149,681.28 | 134,679.45 | 119,677.63 | 104,675.80 | 89,673.97 | 74,672.14 |
| 固定成本 | 182,788.20 | 161,751.34 | 140,714.48 | 119,677.63 | 98,640.77 | 77,603.91 | 56,567.05 |

图 18-50　PPT 内容

# 参 考 文 献

[1] 卜言彬，王瑞，曹海燕. Office 2016 办公应用案例教程[M]. 北京：人民邮电出版社，2022.

[2] 贾小军，童小素，顾国松，等. Office 高级应用：慕课版[M]. 3 版. 北京：北京邮电出版社，2021.

[3] 刘卫国，牛莉. Office 高级应用[M]. 2 版. 北京：北京邮电出版社，2021.

[4] 刘万辉，季大雷. Office 2016 办公软件高级应用案例教程[M]. 2 版. 北京：高等教育出版社，2021.

[5] 杨华. Office 高级应用案例教程[M]. 北京：高等教育出版社，2020.

[6] 欧秀芳，陈秉彬. Office 2016 办公软件实例教程：微课版[M]. 北京：清华大学出版社，2021.

[7] 叶娟，朱红亮，陈君梅. Office 2016 办公软件高级应用[M]. 北京：清华大学出版社，2021.

[8] 梁义涛，胡江汇. Office 2021 办公应用从入门到精通[M]. 北京：北京大学出版社，2022.

[9] 周庆麟，周奎奎. 精进 Office：成为 Word/Excel/PPT 高手[M]. 北京：北京大学出版社，2019.

[10] 梁燕，何桥. 办公自动化案例教程[M]. 3 版. 北京：中国铁道出版社有限公司，2019.

[11] 贾小军，童小素. 办公软件高级应用与案例精选：Office 2016[M]. 北京：中国铁道出版社有限公司，2019.

[12] 耿文红，王敏，姚亭秀. Office 2019 办公应用入门与提高[M]. 北京：清华大学出版社，2021.

[13] 秋叶，陈文登，赵倚南，等. 和秋叶一起学：秒懂 Word+Excel+PPT 全彩新版[M]. 北京：人民邮电出版社，2021.

[14] 金松河. Office 2016 高效办公六合一[M]. 北京：中国青年出版社，2018.